Jürgen Beetz

E = mc²: Physik für Höhlenmenschen

Springer Spektrum

Jürgen Beetz
Berlin
Deutschland

ISBN 978-3-642-54408-8   ISBN 978-3-642-54409-5 (eBook)
DOI 10.1007/978-3-642-54409-5

Die Deutsche Nationalbibliothek verzeichnet diese Publikation in der Deutschen Nationalbibliografie;
detaillierte bibliografische Daten sind im Internet über http://dnb.d-nb.de abrufbar.

Springer Spektrum

Planung und Lektorat: Andreas Rüdinger, Martina Mechler
Redaktion: Martin Radke
Einbandabbildung und Kapiteleröffnungsbilder: Joanna Hegemann, Hamburg: (http://www.joanna4illu.de/)
Grafiken: Dr. Martin Lay, Breisach a. Rh.

Gedruckt auf säurefreiem und chlorfrei gebleichtem Papier

Springer Spektrum ist eine Marke von Springer DE. Springer DE ist Teil der Fachverlagsgruppe Springer
Science+Business Media
www.springer-spektrum.de

Vorwort

Die Physik ist der ernsthafteste Versuch des Menschen, die Welt zu verstehen.
Peter Grünberg, Nobelpreis für Physik 2007
*Naturwissenschaft ist letztlich nichts anderes als ein Versuch des Menschen,
Klarheit zu gewinnen über seine eigene Rolle, seine Stellung im Ganzen.*
Hoimar von Ditfurth: *Kinder des Weltalls. Der Roman unserer Existenz*

Dies ist das zweite „Höhlenmenschen“-Buch, das sich nun mit Physik beschäftigt – sozusagen bereits Teil einer kleinen Serie. Zweck einer Buchreihe ist ja auch ein Wiedererkennungswert und eine gewisse Ähnlichkeit untereinander. Deswegen sind auch Wiederholungen nicht nur zulässig, sondern z. T. auch wünschenswert oder notwendig. Daher steht auch in diesem Vorwort manches, was die Leser des ersten Buches bereits kennen. Sollten Ihnen also Eddi, Rudi, Siggi und natürlich und vor allem Willa bereits vertraut sein, dann lesen Sie über ihre Vorstellung einfach hinweg.

Einige haben das Buch „$1 + 1 = 10$ – Mathematik für Höhlenmenschen“ vielleicht *nicht* gelesen (ein schweres Versäumnis, das sich jetzt bitter rächt). Dort sind die mathematischen Grundkenntnisse beschrieben, die man für die Physik braucht. Denn Mathematik ist die notwendige Voraussetzung für Physik. Brüche zum Beispiel sollten Ihnen nicht unbekannt sein, auch nicht deren Zähler und Nenner. Wenn letzterer gegen null tendiert, sollten bei Ihnen die Warnlampen angehen. Und ähnliches Grundwissen … Denn das ist die schlechte Nachricht: Das Werkzeug der Physiker ist die Mathematik – wie die Rohrzange für den Installateur. Sie sollten damit umzugehen wissen.

Die gute Nachricht ist: Physik versteht man auch, wenn man mal eine Zeile nicht nachrechnen kann. Sie beschreibt die reale Welt, die uns umgibt, und fasst sie in Gesetze – daher ist sie auch unserer Umgangssprache zugänglich. Für Profis ist Mathematik die „Sprache der Physik“: Manipulation von Formeln und Gleichungen, Koordinatensysteme und Funktionen, Sinus und Kosinus, Differenzial- und Integralrechnung, … – und ein paar Dinge mehr, aber insgesamt überhaupt nichts Beängstigendes. Niemand verlangt Höhenflüge von Ihnen – ein paar mathematische Grundlagen reichen aus. Und das auch nur, wenn Sie jede Einzelheit nachvollziehen wollen. Physikalische

Zusammenhänge erschließen sich auch dem gesunden Menschenverstand und einer rein sprachlichen Beschreibung. Also lehnen Sie sich zurück und genießen Sie einfach spannende Entdeckungsgeschichten!

Die Kunst, Physik zu erklären, ohne den Leser und die Leserin zu erschrecken, muss etwas Wichtiges berücksichtigen: Unser Gehirn in seiner heutigen Form ist etwa 40.000 Jahre alt und hat sich seitdem biologisch nicht wesentlich verändert. Wir werden von Trieben und Begierden gesteuert – Hunger, Durst, Sexualtrieb, Geltungssucht, Kommunikationsbedürfnis und Machtgier – die „kulturelle Evolution" hat dem nur ein rationales Mäntelchen übergestülpt. Denn wir sind „im Grund noch immer die alten Affen".[1]

Erfreulicherweise gehören „Neu*gier*" und „Wissens*durst*" auch zu diesen Grundantrieben – so hat sich das spielerische, nur zum Teil an den Problemen und Erfordernissen des Alltags orientierte Denken entfaltet. Daran möchte ich auch die Linie dieses Buches entwickeln. Es sollen nicht nur die einfachen, fast gefühlsmäßig zu erfassenden physikalischen Fragen des täglichen Lebens beantwortet werden. Ich möchte auch die Lust wecken, mehr zu wissen und weiter zu denken, als es zur Lösung der Aufgabe erforderlich gewesen wäre.

Deswegen kann ich bei dem Versuch, Physik „begreiflich" zu machen, erneut in die Steinzeit zurückgehen – genauer gesagt: etwa in die Jungsteinzeit, zufällig 7986 v. Chr., also vor genau 10.000 Jahren. Ackerbau und Viehzucht hatten schon begonnen. Dorfgemeinschaften, Rundhäuser und eine arbeitsteilige Gesellschaft existierten bereits. Dort treffen Sie Rudi Radlos, den Physiker (die paradoxe Bedeutung dieses Namens wurde im ersten Buch erklärt) und seinen Freund Eddi Einstein, den Denker (wie konnte ein Topmathematiker in der Jung*stein*zeit auch anders heißen!?). Ein *dritter* Geselle gehörte zu der Truppe: Siggi Spökenkieker, der Druide und Seher.[2] Warum nun alle Namen auf „i" enden – diese Frage beschäftigt noch die Historiker. Man vermutet, dass ein lang gezogenes „i" („Komm mal her, Rudiiii!") in der damals noch unverschmutzten Luft am weitesten zu hören war – aber daran arbeiten die Paläontophysiker noch.

Siggis Rolle ist eine bedeutende: Man glaubte damals noch an Determinismus und Vorbestimmung – da traf es sich gut, dass der Seher mit der Gabe der Präkognition gesegnet war.[3] So können wir Rudi und Eddi mit Erkenntnissen ausstatten, die erst Jahrtausende später von bedeutenden Philosophen, Mathematikern und Physikern erlangt worden waren.

Die wahre Meisterin der Wissenschaft ist jedoch Wilhelmine Wicca, meist „Willa" genannt. Sie ist die erste Mathematikerin der Geschichte und würde es auch lange bleiben.[4] Zu Unrecht, wie man weiß, benutzt eine Frau doch nicht nur eine, sondern *beide* Gehirnhälften. Und da durch diese Verbindung nach den Regeln der Systemtheorie ein neues Gesamtsystem entsteht („Das Ganze ist mehr als die Summe seiner Teile"), ist es nicht verwunderlich, dass Willa so klug war wie die drei Kerle *zusammen*. Deshalb galt sie auch als Hexe[5] – was damals ein Ehrentitel war – und als weise Frau.

Wir werden die Gedankengänge und Erfahrungen unserer Vorfahren hier verfolgen und nachvollziehen. Ich werde schwierige Gedanken nicht nur in einfache Worte kleiden, sondern sie in kleine verdaubare Häppchen zerlegen. Ein kompliziertes Problem bleibt nämlich kompliziert, auch wenn man es einfach nur umgangssprachlich ausdrückt. Erst die Verringerung des Schwierigkeitsgrades durch Zerlegung in einzelne Teilprobleme schafft Klarheit – ein Vorgehen, das seit jeher zum Prinzip der Naturwissenschaft gehört.

Physik ist eine exakte Wissenschaft – mit kleinen „Löchern", die wir noch thematisieren werden. Sie zeichnet sich auch durch eine präzise Schreibweise aus und verschiedene typographische Regeln, die beachtet werden sollten. Aber an diesem Konjunktiv merken Sie schon: *so* ernst wollen wir das hier nicht nehmen. So werden hier manchmal mathematische Größen (wie es in Fachbüchern üblich ist) klein oder groß oder kursiv oder steil geschrieben, manchmal aber auch nicht. Da Sie ja mitdenken, wird Sie das nicht verwirren. Und die kursive Schreibweise verwenden wir auch (wie Sie drei Sätze weiter oben sehen), um etwas zu betonen und hervorzuheben.

Physik durchzieht unseren Alltag und ist mit den zentralen Fragen unseres Lebens verbunden: Was hängt wie zusammen? Welche Gesetze bestimmen das Dasein des Menschen und der Natur? Welche Strukturen gibt es und wie kann der menschliche Geist sie in Erkenntnisse umformen? Wie ziehen wir aus unseren Wahrnehmungen angemessene und logische Schlüsse?

Auch muss ich dem Autor Dietrich Schwanitz widersprechen. Er schreibt in seinem Buch „Bildung" freimütig:[6] „Die naturwissenschaftlichen Kenntnisse werden zwar in der Schule gelehrt; sie tragen auch einiges zum Verständnis der Natur, aber wenig zum Verständnis der Kultur bei. ... So bedauerlich es manchem erscheinen mag: Naturwissenschaftliche Kenntnisse müssen zwar nicht versteckt werden, aber zur Bildung gehören sie nicht." Nein, finde ich, sie sind immens wichtig zum Verständnis der Kultur – die Wendung vom erdzentrierten Weltbild des Mittelalters (und der Kirche) zur modernen kopernikanischen Erkenntnis der Neuzeit, wonach die Sonne im Mittelpunkt unseres Planetensystems steht, hat unser gesamtes Denken und unsere Kultur beeinflusst. Naturwissenschaften prägen unser gesamtes Weltbild, zum Leidwesen vieler Dogmatiker, die im Mittelalter stehen geblieben sind. Aber ich möchte nicht polemisieren, ich möchte *begreiflich* machen. Deswegen habe ich bei vielen Fachbegriffen auch die sprachlichen Wurzeln ausgegraben. Da ein „gebildeter" Mensch *Vincent van Gogh* nicht für einen niederländischen Fußballspieler hält, sollte er auch *Gottfried Wilhelm Leibniz* nicht die Erfindung eines Butterkekses zuschreiben. Apropos „Bildung": Das Buch enthält mehr oder weniger Stoff einer höheren Schule – nur *reloaded and remixed*. Also nichts, was man nicht bewältigen könnte.

Ich habe versucht, Ihnen hier die Grundlagen der Physik zu zeigen. Dabei will ich Ihnen nur die (aus meiner subjektiven Sicht) wesentlichen *Basics* vermitteln. Physik ist ein riesiges Gebiet, das sich unmöglich in einem kleinen Büchlein abhandeln lässt. Sie werden schnell erkennen, wo meine persönlichen Präferenzen liegen. Damit es nicht allzu technisch wird, habe ich öfter Formeln und Einzelheiten weggelassen und lieber auf die interessante und oft langwierige und von Irrtümern begleitete Entdeckungsgeschichte geschaut. Sicher werden einige Fachleute sagen: „Wo steht denn etwas über XYZ? Das gehört doch hierher!!" Unbescheiden könnte ich Goethe zitieren: „In der Beschränkung zeigt sich erst der Meister!" Aber eher danke ich meinen Lektoren Martina Mechler und Dr. Andreas Rüdinger für ihren freundlichen Warnhinweis: „Sie können über alles schreiben, nur nicht über 350 Seiten!"

Viele Lerninhalte sind auch seit meiner Schulzeit verschüttet worden. So bin ich besonders Herrn Dr. Martin Radke, Lektorat Textgärtnerei in Bremen, für seine fachliche Korrektur sowie wertvolle Anregungen verpflichtet. Dr. Oscar Bandtlow, Physiker und Dozent für angewandte Mathematik an der *University of London* (UK) hat ebenso wichtige Beiträge geliefert wie Prof. Dr. Helmut Föll vom Institut für Materialwissenschaft der Christian-Albrechts-Universität zu Kiel, die ich (zum Teil) wörtlich und (immer) respektvoll übernommen habe. Auch die intensive fachliche Betreuung von Dr. Andreas Rüdinger hat mir sehr geholfen. Nun sind alle Fehler beseitigt – bis auf die, die wir trotz größter Mühe übersehen haben. Und ich bekenne mich zu meiner genetischen Vorbelastung, indem ich mich bezüglich Gliederung und Inhalt auf den „Leitfaden der Physik" meines Ururgroßvaters stütze.[7] Damit sind Sie, meine verehrten Leserinnen und Leser, auf dem exakten Stand der Erkenntnis der Dinge, die man wissen sollte. Genießen Sie es!

Gehen wir nun in die Steinzeit zurück und lernen wir etwas über die Gegenwart (und sogar die Zukunft)! „Physik" bedeutet ja – dem altgriechischen Ursprung des Wortes folgend – die „Naturforschung". Damit Sie das nicht als

Mühe empfinden, habe ich es in unterhaltsame Geschichten verpackt. Also machen wir uns auf die Reise ins Neolithikum …

Doch an Eines werden Sie schon stirnrunzelnd gedacht haben: Wie konnten Menschen vor 10.000 Jahren schon so weit entwickelt gewesen sein – ohne Metalle, ohne Maschinen, ohne Technik? Wie wahr! Was auf dem Gebiet der Mathematik noch gerade eben vorstellbar war – scharfsinnige Denker, die die Erkenntnisse späterer Jahrtausende vorwegnahmen –, wird unter diesem Aspekt zunehmend unwahrscheinlich. Warten Sie ab und seien Sie gespannt, wie ich mich aus der Affäre ziehe! Und bleiben Sie kritisch mit wachem Verstand. Nicht alles, was gedruckt ist, ist auch wahr. Vielleicht nicht einmal der vorstehende Satz. Damit lasse ich Sie jetzt allein …

Jürgen Beetz, Mai 2014 (10.000 Jahre nach diesen Geschichten)
Besuchen Sie mich auf meinem Blog http://beetzblog.blogspot.de:

Inhalt

1

Was bisher geschah und wie Rudi zur Physik kam

Mathematik als Hilfsmittel der Physik

Was bisher geschah (oder für exakte Historiker: hätte geschehen können), ist schnell erzählt. Eddi, der Mathematiker, wurde bei einem neuen Stamm aufgenommen, nachdem seiner von hirnlosen Barbaren vernichtet worden war. Er hatte Zahlen, Schrift und Geld erfunden, sein neuer Freund Rudi den Meter (aus einem Streit um die Länge des Fußes des Druiden). Andere Ereignisse, die sich heute näherungsweise mathematisch erfassen lassen – wirtschaftliche Erschütterungen, die Kurskapriolen an der SILEX-Börse, Zufallsereignisse –, spielten auch damals schon eine Rolle.

Willa, weise Frau und Hexe, hatte es Eddi angetan – nicht nur durch ihre Klugheit, sondern auch durch ihre liebenswerte Art. Er hatte sich in sie verknallt. Aber da sie die Frau des Stammesführers war, verbot sich jede Annäherung. Doch der Wunsch, ihr zu gefallen, spornte ihn zu immer weiteren Entdeckungen in der Mathematik an.

Nach ungefähr zwei Jahren der vorwiegend theoretischen Höhenflüge in die Mittelgebirge der Mathematik kam das, was kommen musste. Siggi hatte es natürlich vorausgesehen, aber – wie meist – seine Vorsehung nicht öffentlich verkündet und auch den Betroffenen nicht mitgeteilt.

Rudi begegnete seinem Freund Eddi mit unwirscher Miene und kam sofort zur Sache: „So, jetzt habe ich langsam die Nase voll von all dem Formelkram und theoretischen Zeugs! Zahlen und Mengen, Rechnen und Symbole, Zinsen und Prozente, Potenzen und Wurzeln, Geometrie und Algebra, Koordinaten und Funktionen, Gleichungen und Beweise, Iteration und Rekursion, Differenzieren und Integrieren, Zufall und Chaos und so weiter … Wer braucht das schon?!" Eddi hatte unbeeindruckt auf eine Pause zum Atemholen gewartet und konterte: „*Du* hast das gebraucht. Für all deine physikalischen Experimente, wie den Regelapparat bei deinem Wassertrog. Für die Ermittlung der Fallgesetze. Ich will dir ja nicht alles aufzählen, wozu der Physiker die Mathematik benötigt." Rudi ließ aber nicht locker: „Das zeigt es ja: Mathematik ist eine Hilfswissenschaft. *Wir* lösen die Probleme des täglichen Lebens. Wir brauchen *euch* nur zur Unterstützung." Eddi grinste bösartig: „Die Physik braucht die Mathematik – aber die Mathematik braucht die Physik nicht. Also mach' dich nicht so dick! Das Buch der Natur ist in der Sprache der Mathematik geschrieben."[8]

Wie viele etwas zu klein geratene Pykniker war Rudi nicht zu stoppen – wie immer, wenn er sich etwas in den Kopf gesetzt hatte: „Egal! Mit Mathematik ist jetzt erst einmal Schluss. Ich will etwas Praktisches machen, etwas Naturverbundenes, etwas Brauchbares. Ich konzentriere mich jetzt auf die Physik. Du kannst mitmachen oder weiter über unendliche Summen unendlich kleiner Größen nachdenken, hihi!"

Eddi dachte kurz nach. Die Freundschaft aufs Spiel setzen …? Allein forschen müssen, ohne interessante Diskussionen …? Und überhaupt, Rudi würde sich noch wundern – unendliche Summen unendlich kleiner Größen würden ihm früher über den Weg laufen, als ihm lieb war … „Na gut!", sagte er und hieb dem Kumpel auf die Schulter, „Dann machen wir das. ‚Physik‘, was ist denn das überhaupt?"

„Das ist einfach", sagte Rudi, „Im Gegensatz zur Mathematik nichts Abstraktes, sondern etwas Konkretes. Ihr denkt, wir machen. Wir erforschen Naturerscheinungen mit wissenschaftlichen Methoden." „Und denkt dabei *nicht?*“, grinste Eddi. „Na jaa, schon … Wir bilden uns ein theoretisches Modell, eine physikalische Theorie. Dann aber hat das trockene Grübeln ein Ende. Der mathematische Beweis wird durch das Experiment, den Versuch ersetzt. Klappt er, ist die Theorie bewiesen. Klappt er nicht, ist sie widerlegt.“

Eddi grinste immer noch: „Was, *ein* Versuch soll eine Theorie beweisen?! Was ist, wenn er nur zufällig gelingt?“ „Na jaa, wir machen natürlich eine ganze Versuchsreihe, variieren verschiedene Kenngrößen dabei. ‚Parameter‘ sagt Siggi dazu, ich habe mich erkundigt. Und Physikerkollegen wiederholen das Experiment, damit man mir nicht nachsagen kann, ich hätte geschummelt. Aber *ein* Gegenbeispiel genügt, um die Theorie zu Fall zu bringen.“

„Deine Theorien und Versuche vereinfachen die reale Welt aber gewaltig. Deine schiefe Ebene hat Reibung, die du vernachlässigst. Dein Pendel hat ein Seil, dessen Gewicht du nicht berücksichtigst. Deine Fallversuche berücksichtigen nicht den Widerstand der Luft. Also eigentlich ist die ganze Physik nur eine Abstraktion.“ „Na jaa, das ist schon wahr. Aber der Fehler ist klein, und wir geben auch immer an, wie genau unsere Ergebnisse sind.“

Eddis gute Laune nahm nicht ab: „Das sind aber ziemlich viele ‚Na jaa‘s. Ich glaube, du kannst deinen Standpunkt nicht aufrechterhalten. Und, nebenbei, ein Standpunkt ist ein Gesichtskreis vom Radius null!“[9]

Bevor Rudi antworten konnte, tauchte Willa „zufällig“ auf (Siggi hatte das Gespräch zwischen Eddi und Rudi offensichtlich telepathisch empfangen) und fragte, noch lächelnd: „Nun, ihr Beiden … Ein neues Projekt?!“ Rudi ging in die Falle: „Ja, warum nicht?! Die Wissenschaft muss voranschreiten.“

Willa bekam diese von allen gefürchtete senkrechte Falte zwischen den Augenbrauen und fragte streng: „Was denkt ihr euch eigentlich?! Zwischendurch frage ich mich, wovon ihr eigentlich den ganzen Tag lebt. Könnten die Damen des Dorfes, die euch täglich mit mühsam gezogenen und geernteten Feldfrüchten versorgen und bekochen, nicht ab und zu eine praktische Nutzanwendung eurer hehren wissenschaftlichen Tätigkeit erwarten?“[10] Rudi grinste: „Arbeitsteilung. Wir leben ja schließlich nicht mehr im Paläolithikum!“ Willas Falte wurde tiefer: „Wo hast du denn dieses Wort her?! In Umgehung des Dienstweges mit Siggi gesprochen?? So geht es aber nicht!“

Nun war Gefahr im Verzuge … Rudi wollte sein Vorhaben nicht gefährden und war einsichtig genug, Willas Kritik zu akzeptieren: „Nun gut, gib uns ein wenig Zeit für die theoretischen Grundlagen. Danach wird die Physik jede Menge nützliche Anwendungen für unseren Stamm hervorbringen. Versprochen! Denn eigentlich bin ich ja ein Ingenieur: jemand, der scharfsinnige und sinnreiche Erfindung macht.“[11] Und Eddi nickte dazu.

Willa lächelte wieder, und Eddis Herz schlug höher: „Ich behalte euch im Auge, Jungs!“

2
Rudi Radlos und die einfachen Dinge
Mechanik, Masse und Materie

Wie wir noch genauer sehen werden, besteht die physische „Welt" aus drei Kontinenten: Mikronesien, Mesonesien und Makronesien.[12] Der erste Kontinent ist die Welt der Atome, auf dem zweiten leben wir und der dritte ist das gesamte Universum.[13] Auf den drei „Kontinenten" gelten zum Teil dieselben, zum Teil andere Gesetze – anders als in der Mathematik.[14] Dort gelten alle Regeln überall, auch für die kleinsten oder die größten Zahlen. Aber die Physik ist die reale Welt, die Mathematik die Welt der Ideen, des bloß Gedachten (nach dessen Regeln die reale Welt komischerweise funktioniert). *Size matters* (es kommt auf die Größe an), „die Dosis macht das Gift", „mehr ist anders" – das sind die gängigen Sprüche zu diesem Thema.[15]

Natürlich gibt es auch in der Physik die „Skaleninvarianz", also Gegebenheiten, die sich in alle Größenordnungen transformieren lassen. Andernfalls könnten wir z. B. keine kleinen Modelle von großen Dingen bauen und damit ihr Verhalten studieren. Bei den Aufgaben der Messung physikalischer Größen unterscheiden sich die drei Welten oft gravierend. Wir messen Entfernungen in unserer „Mittelwelt" mit dem Zollstock (mal salopp gesagt) – ein Verfahren, das sich im atomaren Bereich ebenso wenig eignet wie in fernen Galaxien. Auch von der Gravitation, der gegenseitigen Anziehung von Massen, merken wir im Alltag nichts (natürlich abgesehen von der allgegenwärtigen Erdanziehung) – aber sie hält unser Sonnensystem zusammen. Auch das ist wieder zu salopp gesagt, deswegen werden wir später hier noch genauer hinschauen.

Beschäftigen wir uns zuerst mit der Mechanik. Mechanik ist der Zweig der Physik, der die Bewegungen der Körper unter dem Einfluss von Kräften untersucht. Ihre Aufgabe ist es, die mechanischen Zusammenhänge mathematisch zu formulieren und Lösungsmethoden für mechanische Fragestellungen bereitzustellen.[16] Und – Voraussetzung für alle Experimente – sie überhaupt erst einmal korrekt zu *messen*.

2.1 Messung von Raum, Zeit und Kraft

Rudi hatte sich von Willa einige pädagogische Tipps geben lassen. Daraufhin beschloss er, mit einem einfachen Thema anzufangen: dem Messen von Entfernungen. So begann er: „Natürlich hat auch in der Physik der Raum drei Dimensionen, genau wie in der Mathematik. Warum sollte es auch anders sein? Wir messen Länge, Breite und Höhe und benutzen dazu einen Vergleichsmaßstab: den Meter. Unser Meter hat schöne Kerben, an denen wir kürzere Längen ablesen können. Nun muss ich dich schon auf eine Gepflogenheit der Physiker hinweisen: Korrekterweise geben wir alle Maße immer zusammen mit ihrer Maßeinheit und der Messgenauigkeit an." „Na schön", sagte Eddi, „das ist ja nichts Neues. Physikalisch gesehen bist du nicht 1,50 groß – ein kleiner dicker Knubbel – sondern 1,50 ± 0,01 m, weil ich nur auf einen Zentimeter genau ablesen kann.[17] Und ohne die physikalische ‚Dimension', wie man die Maßeinheit auch nennt, sagt eine Zahl nichts aus."[18] „Na prima", grinste Rudi, „kaum hast du es verstanden, schon machst du es richtig." „Das hatten wir schon vor zwei Jahren: Jede Messung ist ohne die Kenntnis ihrer Genauigkeit völlig bedeutungslos. Jetzt wollen wir uns dabei nicht aufhalten, lass uns weitermachen."[19]

Eigenschaften von Körpern werden gemessen

„Ja, wir Physiker interessieren uns für die messbaren Eigenschaften der Körper. Wir wollen nicht wissen, ob sie schön sind, und wir wollen auch nicht sagen, dass sie ‚schwer‘ sind. Wir möchten angeben, *wie* schwer sie sind – in einer eigens dafür geschaffenen Maßeinheit.“ „So ist es“, sagte Eddi, „der mathematische Körper hat ein Volumen, ist aber nur gedacht. Der natürliche, also physische Körper hat auch ein Volumen, aber dieses ist mit Stoff gefüllt. Den nennen wir ‚Materie‘. Sie verleiht dem Körper gewisse Eigenschaften, zum Beispiel eine bestimmte Festigkeit.“ Rudi nickte und Eddi fuhr fort: „Ihr sagt ja auch nicht: ‚Das hat aber lange gedauert‘, sondern gebt es in der passenden Maßeinheit an.“ „Ja“, sagte Rudi stolz, „und ich habe eine besonders fixe Sanduhr dafür entwickelt. Sie misst ein Sechzigstel eines Sechzigstels einer Stunde, und ich nenne es ‚Sekunde‘. Aber zurück zu den Körpern: Ihre träge Masse, mit der sie sich einer Geschwindigkeitsänderung widersetzt, wird in Kilogramm angegeben. Durch die Erdbeschleunigung erhält die Masse ein Gewicht, also eine Kraft, mit der sie auf die Erde drückt. Man nennt sie deswegen auch die schwere Masse – so wie bei dir. Das müssen wir aber noch genauer betrachten.“ „Ich hoffe nur, deine Physik bleibt weiterhin so einfach!“, sagte Eddi und verdrehte die Augen.

„Ja, aber *warum* verwenden wir diese Maßeinheiten?“, wollte Eddi dann wissen. „Tja, zum Teil ist es willkürlich, historisch gewachsen, ein Einigungsprozess“, erklärte Rudi, „Wir haben uns auf den Meter geeinigt, die Größe dreier mittlerer Füße unseres Stammes, und das Kilo ist ziemlich genau das Gewicht eines Laibes Ziegenkäse. Die Gelehrtenkommission der Stammesführerkonferenz hat es abgesegnet.[20] Der Meter hängt als Referenz an der Hütte unseres Anführers. Bei der Zeitmessung sind die Dinge komplexer: Schon unsere Urahnen – besonders die Hirten – haben den nächtlichen Himmel beobachtet. Der „Hundsstern“ war jedes Jahr an der gleichen Stelle, und so wusste man, dass das Jahr aus 365 Tagen besteht.[21] So haben sie den ersten bekannten Kalender gebaut.[22] Und was ein Tag ist, weißt ja sogar du!“ „Na, na!“, sagte Eddi warnend und fragte gleich weiter: „Und wieso hat der Tag 2 mal 12, also 24 h zu je 60 min zu je 60 Sekunden? Wozu habe ich euch Rundschädeln das Dezimalsystem beigebracht?!“ Rudi verzog das Gesicht: „Wieder historisch gewachsen.[23] Und bei unserem Zählwettbewerb haben wir ganz übersehen, dass man mit einer Hand bis 12 und mit zwei Händen bis 60 zählen kann. Also passt das doch!“[24] „Und wie misst du die Zeit konkret?“, fragte Eddi überflüssigerweise. „Ganz einfach: durch Vergleich mit Bekanntem – mit den Definitionen, auf die wir uns geeinigt haben. Ein Eichvorgang bestimmt die abgeleiteten Größen, zum Beispiel eiche ich ein Pendel, dessen Schwingungsdauer eine Sekunde beträgt, mit einer Sanduhr, deren Durchlauf eine Minute dauert – und die mit einer Stundenuhr, von denen ich 24 für eine Tageslänge brauche." Rudi holte Luft – diese langen Sätze beanspruchten ihn doch sehr.

Hier wollen wir die Szene verlassen, damit keine Langeweile aufkommt. Das Gesagte können wir in einer Zeile zusammenfassen. Denn wir unterscheiden 3 Dinge: die physikalische Größe, die Dimension (in „{ }") und die Maßeinheit (in „[ ]"):

Länge l {L} [m], Masse m {M} [kg], Zeit t {T} [s][25]

Das sind fundamentale Einheiten der Physik: Länge ist Länge, Masse ist Masse, Zeit ist Zeit. Sie lassen sich nicht auf andere Größen zurückführen, aber andere Größen werden aus ihnen (bzw. den zugehörigen Gesetzen oder Dimensionen) abgeleitet: Geschwindigkeit ist Weg dividiert durch Zeit, also ist ihre Einheit [m/s]. Oft werden auch kleine oder andere Buchstaben verwendet, aber auch andere (teils „exotische") Maßeinheiten – z. B. Länge l [Zoll], Masse m [Pfund], Zeit t [Stunde].

Hier können wir auch sauberer unterscheiden: „Dimensionen" sind die qualitativen Eigenschaften einer Größe (Länge, Masse, Zeit), „Einheiten" ihre Messgröße (m, kg, s).

So wird eine physikalische Größe angegeben: der Zahlenwert (auch „Maßzahl" genannt) und das „Einheitenzeichen" als Abkürzung für die Maßeinheit in „[ ]". Plus, wie schon gesagt, die Messgenauigkeit des Zahlenwertes. Anders als in der Küche eines Feinschmeckers gibt es hier keine „Prise Salz", keinen „Schuss Rum", keine „Messerspitze Butter". Und wir dürfen auch nicht beliebige Einheitenzeichen mischen – etwa [mm], [Pfund] und [Jahr], denn im offiziellen „SI-Einheitensystem" sind die Einheitenzeichen definiert, genormt und festgeschrieben.[26] Natürlich ist es oft unpraktisch, die genormten Größen darin anzugeben – das Alter der Erde wird man nicht in Sekunden messen. Aber das ist normale Bequemlichkeit oder Gepflogenheit. Auf jeden Fall müssen sich die „umgangssprachlichen" Einheiten immer in das korrekte Maß umrechnen lassen.

Die einfachste Messung ist die des Ortes – so einfach, dass wir sie im Leben kaum bemerken. Höchstens ein Autofahrer oder ein Segler fragen sich manchmal verzweifelt: „Ei, wo bin ich denn?" Auf einer Linie genügt eine Angabe, auf einer Fläche braucht man zwei: „e3" auf einem Schachbrett, „49°26'18"N 8°39'10"E" auf der Erdoberfläche. Im Raum braucht man drei Koordinaten – und immer eine Angabe des Nullpunktes. Jede Entfernung wird immer relativ zu einem Bezugspunkt gemessen.

Wenn wir die drei „Grundgrößen" der klassischen Physik betrachten (Länge, Masse, Zeit), dann kommen wir sofort zu weiteren – im täglichen Leben oft wichtigen – Einheiten: z. B. der „Dichte". Natürlich hätte ich noch erwähnen müssen, dass sich aus der Länge unmittelbar das Volumen [m³] ableiten

Tab. 2.1 Dichte einiger Gebrauchsmaterialien

Material	[g/cm³]	Material	[g/cm³]
Platin	21,45	Meerwasser	1,02
Gold	19,29	Wasser	1,00
Blei	11,34	Eis	0,92
Kupfer	8,92	Olivenöl	0,92
Eisen	7,86	Alkohol	0,79
Granit	ca. 2,8	Lindenholz	ca. 0,5
Aluminium	2,70	Kork	ca. 0,12–0,20
Porzellan	ca. 2,4	Styropor	ca. 0,015
Erdreich (trocken)	ca. 1,3–2,0	Kohlendioxid	0,0020
Salzsäure	1,2	Luft	0,0012

lässt, aber das ist nun fast *zu* einfach. Die Dichte wird auch „spezifisches Gewicht" genannt. Sie ergibt sich ganz einfach aus der Masse bzw. dem Gewicht eines Körpers, dividiert durch sein Volumen:

$$\text{Dichte}\left[\,\text{kg}/\text{m}^{3}\right] = \frac{\text{Masse}\left[\text{kg}\right]}{\text{Volumen}\left[\text{m}^{3}\right]}$$

Und Sie alle kennen die Geschwindigkeit = Länge [m]/Zeit [s] oder das geläufigere Maß [km/h], die bekannten „Ka-em-ha". Man könnte auch sagen: „Die Dimension der Geschwindigkeit ist die Dimension der Länge dividiert durch die Dimension der Zeit". Die Dimension der „Dichte" (s. o.) wäre M/L^3.

Zur Illustration sehen Sie in Tab. 2.1 die Dichte einiger Stoffe des täglichen Lebens,[27] gemessen in der praktischeren Einheit [g/cm³][28] und natürlich mit einer Messgenauigkeit von – sagen wir mal – ungefähr ± 5 % oder weniger. Wenn eine Zahl mit x Stellen angegeben ist, dann gelten diese üblicherweise als „sicher" und die nächste als unsicher. Kurz: „21,2" heißt „21,2?" – was nach der 3. Stelle folgt, ist unsicher.

Nun wissen Sie, warum Eis auf Wasser schwimmt, warum Metalle das nicht tun und warum sich Meerwasser unter Süßwasser schichtet.

Eine physikalisch exakte Messung

„Also wir messen", sagte Eddi, „Aber die zentrale Frage ist doch: *Wie* messen wir?" „Genau", sagte Rudi, „wir messen *genau*. Und wir geben an, *wie* genau. In der gesamten Physik gilt ein eiserner Grundsatz: Jede Messung ist ohne die Kenntnis ihrer Genauigkeit völlig bedeutungslos. Die Angabe ‚Der Hinkelstein wiegt 5 Kilo' ist also physikalisch unkorrekt: Es muss z. B. ‚5 ± 0,2 kg' heißen. Die Genauigkeit schätzen wir oder ermitteln sie als Mittelwert aus mehreren Messungen, üblicherweise drei.“[29]

„Lass uns das ausprobieren!“, sagte Eddi und stellte sich neben Rudis sorgfältig eingeritzten Längenmaßstab aus bestem Hartholz, der sogar eine Millimeter-Einteilung hatte. Rudi nahm hintereinander drei Maße und notierte die Werte: 182,7 cm, 183,4 cm und 183,5 cm. Dann rechnete er:

$$\frac{182,7 + 183,4 + 183,5}{3} = 183,2$$

„Du bist also 183,2 cm oder 1,832 m groß“, sagte er, „und zwar mit einer geschätzten Genauigkeit von 3,3 mm. ‚183,2 ± 0,33 cm‘ müsste ich schreiben.“[30] Eddi wiegte den Kopf: „Als Wissenschaftler bin ich skeptisch. Vielleicht drückt mein mit Wissen gefüllter Kopf mich zusammen? Vielleicht bin ich im Liegen sogar noch größer?!“[31] „Ja, das sollten wir ausprobieren. Wenn der Effekt sich deutlich von der Messungenauigkeit abhebt, dann kann ich ihn akzeptieren. Leg' dich auf dieses Brett und ich messe deine Länge – von ‚Größe‘ würde ich hier nicht sprechen – noch einmal.“

Eddi folgte seiner Anweisung und Rudi machte seine drei Messungen: „Im Durchschnitt 185,7 ± 0,4 cm. Erstaunlich. Der Effekt liegt deutlich über der Messgenauigkeit. Du bist im Liegen 2,5 cm länger. Klar, bei deinem schweren Kopf!“

Mehr ist nicht dazu zu sagen. Nur eins noch: Wenn die umständliche Angabe „± x [Einheit]“ fehlt, dann geht man davon aus, dass die letzte angegebene Dezimalstelle um ± 1 ungenau ist: 9,81 bedeutet, dass der Wert zwischen 9,80 und 9,82 liegt.

2.2 Grundbegriffe von Kraft und Bewegung

Auch hier beginnen wir mit den einfachsten Werkzeugen in unserem Kasten: den Begriffen. Zum Beispiel „Kraft“. Kraft ist eine Fähigkeit, etwas zu bewirken, etwa die Bewegung eines Körpers zu ändern (Beschleunigung, d. h. Geschwindigkeits- oder Richtungsänderung) oder einen Körper zu verformen. Sowohl eine Kraft als auch eine Bewegung haben eine Richtung. Und beide brauchen einen Bezugspunkt: Eine Kraft hat einen Bezugspunkt (wo die Kraft angreift) und eine Richtung sowie eine Größe. Eine Bewegung wird auch immer relativ zu einem Bezugspunkt festgestellt.

Kraft und Gegenkraft

Rudi saß am Ufer des Sees, auf dem Fritz („Fritzi" gerufen), der Fischer, und Eddi in ihren Booten herumpaddelten. Offensichtlich versuchten sie, in einem zwischen ihnen gespannten Netz ein paar Fische für das Abendessen zu fangen. Was auch erfolgreich war, denn nach einiger Zeit fuhren sie aufeinander zu und wuchteten das volle Netz gemeinsam in Fritzis Boot. Dann paddelte Eddi zu dem Steg an Land, auf dem Rudi saß. Er kam einen halben Meter vor dem Steg zu stehen und sagte zu Rudi: „Mach mich fest!"

Rudi tat so, als sei er in Gedanken versunken und ignorierte das kurze Grasseil, das Eddi ihm hinhielt. „Steig halt rüber!", sagte er wie nebenbei. Was Eddi auch tat, mit einem großen Schritt.

Was dann folgte, können Sie sich denken: Es gab einen großen „Platsch!" und Eddi lag im Wasser. Denn durch seinen kräftigen Schritt hatte er das Boot, das ungefähr sein Gewicht (genauer: seine Masse) hatte, im Wasser nach hinten geschoben. Am Ende der Bewegung war der Steg nicht den geschätzten halben, sondern einen vollen Meter von ihm entfernt und sein Schritt führte ihn ins Leere. Die Kraft, mit der er sich vom Boot abstieß, erzeugte eine gleich große Gegenkraft, die das Boot von ihm weg schob. Und da die Masse des Bootes ungefähr seiner eigenen entsprach, schob er das Boot genauso schnell und damit weit weg, wie er sich vorwärts bewegte – und diese Strecke fehlte ihm dann bei seinem Schritt.

Darüber dachten die beiden nach, nachdem Eddi sich beruhigt hatte. Und es dauerte lange, bis er sich beruhigt hatte, denn er fühlte sich von Rudi hereingelegt und akzeptierte dessen Entschuldigung, es hätte nur pädagogischen Zwecken gedient, nicht im Geringsten. „Wenn es aber ein großes und schweres Boot gewesen wäre", fragte er, „hätte ich es dann mit derselben Kraft abgestoßen?" „Ja, hättest du. Stößt du dich mit einer Kraft F vom Boot ab, übst du eine Gegenkraft –F auf das Boot aus. Und Kraft ist gleich Masse mal Beschleunigung, wie du an dieser Formel siehst." Und er schrieb sie hin:

$$\vec{F} = m \cdot \vec{b}$$

Rudi erklärte weiter: „Beides sind gerichtete Größen, ‚Vektoren‘, wie wir Fachleute sagen, und die Beschleunigung $\vec{b}$ wirkt in derselben Richtung wie die Kraft. Umgekehrt ist die Beschleunigung gleich der Kraft $\vec{F}$ geteilt durch die Masse. Ist die Masse groß, wie bei dem dicken Schiff, dann ist die Beschleunigung klein, das Schiff setzt sich kaum in Bewegung, und du fällst nicht ins Wasser." Eddi begann zu verstehen: „Wenn ich also eine kräftigen Schritt nach Osten mache, dann schiebe ich mit gleicher Kraft die Erde nach Westen und ihre Drehung verlangsamt sich ein wenig?"[32] „So ist es", bestätigte Rudi,

„aber da sie hunderttausend Milliarden Milliarden mal schwerer ist als du, bemerkt es kein Schwein."[33]

Recht hat er. Und wenn 1,4 Mrd. Chinesen (zu je 70 kg) gleichzeitig in die Höhe springen würden, dann wäre das Massenverhältnis zur Erde immer noch ca. 10^{11} zu $6 \cdot 10^{24}$ – die Erde ist einfach verdammt schwer. Anders dagegen ein Hubschrauber: Er dreht seinen Rotor, aber der Rotor dreht auch ihn. Deswegen hat er den senkrechten Propeller am Heck, um die entsprechende Gegenkraft zu erzeugen.

Mit diesem Zusammenhang (Kraft gleich Masse mal Beschleunigung) wird auch die Definition der Maßeinheit „Newton" klar: $1 \text{ N} = 1 \text{ kg} \cdot \text{m/s}^2$. Ein Newton ist also die Kraft, die eine Masse von 1 kg mit 1 m/s^2 beschleunigt. Denn die Beschleunigung ist die Veränderung der Geschwindigkeit (m/s) pro Zeit (s). Mit ihr werden wir uns gleich noch beschäftigen.

Die SI-Einheiten sind menschlich, stammen aus der „Mittelwelt". Sie sagen langsam „einundzwanzig" – 1 s. Sie halten Ihre Unterarme mit den Fingerspitzen gegeneinander – 1 m. Sie werfen einen leichten Medizinball – 1 kg. So weit, so gut. Was in aller Welt ist aber 1 Newton?! Ganz einfach: Sie *tragen* den Ball – 10 N ziehen an Ihrem Arm. 1 Apfel oder 100 g Wurst auf der Waage – 1 N (genauer: 0,981 N). In der Weltraumstation hat der Medizinball immer noch eine Masse von 1 kg und setzt sie einer Beschleunigung entgegen, aber auf die Waage bringt er … nichts!

Zwei kämpfende Böcke

Ein weiteres lehrreiches Beispiel sahen die beiden am nächsten Tag. Zwei Böcke, etwa gleich groß, trugen einen Revierkampf aus, indem sie mit ihren Hörnern aneinanderrannten. „*Die* Kopfschmerzen möchte ich nicht haben!", sagte Eddi, „Das ist ja, als ob ich mit dem Kopf gegen eine Felswand rennen würde!" „Ist es das wirklich?", fragte Rudi, „Wenn der eine Bock gegen einen Felsen donnert, ist es doch nur die halbe Kraft, denn der Felsen steht still. Wenn er aber gegen den anderen Bock knallt, der mit gleicher Geschwindigkeit auf ihn zurennt, dann muss er doch doppelt so viel Kraft aufwenden, oder!?" Eddi schüttelte den Kopf: „Das sehe ich nicht so. Denn der zweite Bock mit seiner Geschwindigkeit – und die ist wichtig! – ersetzt den Felsen. Stände er still, würde er durch den Aufprall des Gegners in Bewegung gesetzt."

„Wie könnten wir das testen?", fragte Rudi, noch zweifelnd. Eddi hatte eine Idee: „Wir binden einen Ochsen an einen Pfahl und lassen ihn ziehen. Mit deiner famosen Erfindung messen wir die Kraft. Dann ersetzen wir den Pfahl durch einen zweiten Ochsen, der in die andere Richtung zieht. Dazu müssen wir nur das Seil zum Pfahl durchschneiden, wenn der zweite angezo-

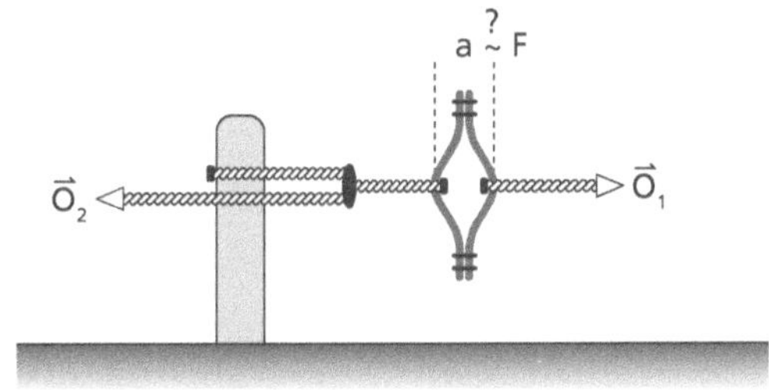

Abb. 2.1   Das Ochsen-Experiment mit dem Kraftmesser

gen hat.[34] Im Idealfall ändert sich dein Kraftmesser nicht. Wie funktionier er überhaupt?" (Abb. 2.1)

„Ich habe zwei biegsame Weidenzweige aneinandergebunden. Wenn ich sie beide nach außen ziehe, kann ich die Kraft dadurch messen, dass ich den Abstand a messe." „Welcher Kraft F entspricht ein Zentimeter für a?" „Das weiß ich nicht." „Ist a denn immer genau proportional zu F?" „Das weiß ich auch nicht." „Das sind aber ziemlich viele ‚Weiß ich nicht'!" Rudi blieb gelassen: „Die Physik macht eben Fortschritte, abhängig von der Technik. Wenn ich meinen Kraftmesser geeicht habe, wissen wir mehr."[35]

Was soll ich Ihnen sagen? Das Experiment ergab das von Eddi vorausgesehene „Nullresultat": Der Pfosten „zog" mit derselben Kraft gegen den Ochsen Nr. 1 wie der Ochse Nr. 2. In der modernen Welt finden wir diese Regel im Straßenverkehr wieder (wenn es auch ein makaberes Beispiel ist): Die physikalische Wirkung ist dieselbe, wenn ein Auto gegen eine Betonwand kracht oder in ein mit gleicher Geschwindigkeit entgegenkommendes Auto mit gleicher Masse.

Ein schöner Beleg für das Prinzip „Kraft gleich Gegenkraft". Und die Summe aller Kräfte ist null. Das bringt uns zu einer neuen Anwendung.

Kraft und Gewicht

„Hatten wir das nicht schon?!", fragte Eddi mit gerunzelter Stirn, als sie über den Fall eines Körpers zur Erde und die dabei wirkenden Kräfte sprachen. „Nein", sagte Rudi und Eddi konterte: „Klar hatten wir das schon! Ich erinnere mich genau, vor etwa zwei Jahren, als wir unter dem Apfelbaum saßen."[36] „Na, schön, wenn du meinst. Fass es noch einmal zusammen, bitte!" Eddi holte aus: „Die Geschwindigkeit ist der zurückgelegte Weg, in diesem Fall der Fallweg – haha! Schönes Wortspiel! – dividiert durch die Zeit oder anders gesagt: die zeitliche Veränderung des Weges. Beim freien Fall wird sie durch eine Kraft hervorgerufen, die durch die konstante Erdbeschleunigung entsteht. Wir haben ja damals erkannt, dass die Erde mit ihrer Riesenmasse alle Körper zu sich zieht. Wir wissen nur nicht, warum. Werden sie nicht durch eine Gegenkraft gehalten – wie bei uns, die wir durch die Kraft, die der feste Boden auf uns ausübt, gestützt werden –, dann fallen sie und werden immer schneller." „Kannst du etwas kürzere und weniger verschachtelte Sätze verwenden?!", maulte Rudi. „Na, gut. Die Geschwindigkeit v ist gleich der Beschleunigung g mal der Zeit t. Beschleunigung ist definiert als Geschwindigkeitsänderung pro Zeiteinheit. Geschwindigkeit ist definiert als Wegänderung pro Zeiteinheit. Den Weg nenne ich s. Kürzer kann ich es nicht sagen. Nur aufschreiben." „Dann mach's!" Und Eddi tat es, wobei er gleich die Einheiten hinzufügte:

$$v\left[\frac{m}{s}\right] = g\left[\frac{m/s}{s}\right]\cdot t\,[s]$$

$$v = \frac{ds}{dt} \Rightarrow s = \int v\cdot dt = \frac{1}{2}\cdot g\cdot t^2$$

„Ein Integral …", sagte Eddi, „Kannst du dich erinnern?" Rudi konnte sich erinnern, um sich keine Blöße zu geben, und spann den Faden weiter: „Wenn ich also die Zeit t für verschiedene Fallhöhen s messen kann, dann kann ich daraus die Erdbeschleunigung g bestimmen."

Gesagt, getan. Es dauerte ein paar Stunden, bis die beiden in verschiedenen Experimenten den Wert von g mit einfacher Genauigkeit bestimmt hatten: $g \approx 9,8$ m/s². Eine gute Annäherung, denn in einer DIN-Norm (DIN 1305) wird sie als $g = 9,80665$ m/s² festgelegt.[37]

Das brachte die beiden sofort zu einer praktischen Anwendung: die Messung der Reaktionszeit. Rudi hielt einen ca. 50 cm langen Holzmaßstab an eine glatte Felswand. Die Testperson musste ihren Daumen dicht über sein unteres Ende halten. Irgendwann ließ Rudi den Stab los, und die Versuchsperson sollte ihn so schnell wie möglich mit dem Daumen gegen die Wand drücken. Die Jäger des Stammes waren die schnellsten. Sie schafften es, den Stab nach ca. 20 cm zu stoppen. Rudi rechnete:

$$t = \sqrt{\frac{2s}{g}} \Rightarrow t = \sqrt{\frac{0,4}{9,8}} \approx 0,20\,\text{s}.$$

„Was ist aber nun mit dem Gewicht?", fragte Eddi. „Es ist die Kraft, die der Erdbeschleunigung entspricht", sagte Rudi, „Die Gewichtskraft G ist die Masse m, multipliziert mit der Erdbeschleunigung g. Gewicht ist keine Eigenschaft eines Körpers wie seine Masse, sondern eine Kraftwirkung." Eddi schaute ihn fragend an: „Würde das bedeuten, dass etwas auf dem Mond *weniger* wiegt? Der ist ja viel kleiner als die Erde und müsste ein kleineres ‚g'

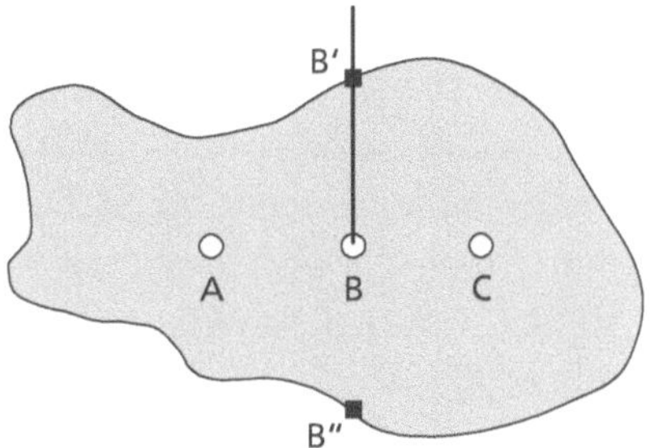

Abb. 2.2 Die Masse eines Körpers kann man sich im Schwerpunkt B konzentriert denken

haben. Das würde dir gut tun, denn du brächtest vielleicht nur 30 Kilo auf die Waage! Aber … welche Waage? Wenn wir eine Balkenwaage verwenden und auf die eine Seite unsere Kilosteine verwenden, dann würden die ja auch weniger wiegen." Rudi überhörte die Bosheit und dachte nach.

Das wollen wir auch tun, um zu einer Erkenntnis zu kommen: Masse ist das, was sich einer Beschleunigung widersetzt. Gewicht ist die Kraft auf einen Körper in einem Schwerefeld, in unserem Fall dem Schwerefeld der Erde. Auf dem Mond ist die Masse (und damit ihre Trägheit) die gleiche wie auf der Erde, aber die Gewichtskraft ist kleiner als auf der Erde. Daher werden fallende Gegenstände auf dem Mond langsamer beschleunigt. Auf der Erde ist das Gewicht $G = $ Masse m [kg] $\cdot$ Erdbeschleunigung g [m/s²]. Auf dem Mond ist das Gewicht $G = $ Masse m [kg] $\cdot$ Mondbeschleunigung g_M [m/s²] mit $g_M = 1{,}62$ m/s². Rudi besitzt eine Masse von 90 kg – will man ihn „anschieben", d. h. beschleunigen, dann braucht man auf der Erde ebenso viel Kraft zum Erreichen einer bestimmten Geschwindigkeit wie auf dem Mond oder irgendwo im Weltraum, weit entfernt von allen Anziehungskräften. Doch seine Gewichtskraft ist auf der Erde $G = 90 \cdot 9{,}81 = 883$ kg $\cdot$ m/s² $= 883$ N. Auf dem Mond wiegt er $G_M = 90 \cdot 1{,}62 = 146$ kg $\cdot$ m/s² $= 146$ N, also etwa ein Sechstel. Natürlich – Eddi hatte Recht – nicht mit Kilosteinen auszuwiegen, sondern z. B. mit einer „Federwaage".[38] Im kräftefreien Weltraum wiegt Rudi … nichts, wie wir inzwischen aus zahllosen Übertragungen aus Raumkapseln anschaulich erfahren haben. Seine Masse ist dieselbe wie auf der Erde, aber sie ist keinerlei Beschleunigung ausgesetzt.

Noch eine Anmerkung zu Gewicht und Masse: Bei kompliziert geformten Körpern kann man sich die gesamte Masse im „Schwerpunkt" konzentriert vorstellen. Das ist der Punkt, in dem man den Körper in einem Schwerefeld unterstützen kann, ohne dass er sich danach bewegt. Abbildung 2.2 zeigt das anschaulich: Denken Sie sich eine unregelmäßig zurechtgesägte Metallscheibe. Hängt man sie im Punkt A auf, kippt ihre rechte Seite nach unten. Hängt man sie im Punkt C auf, kippt ihre linke Seite nach unten. Hängt man sie im Punkt B auf, bleibt sie im Gleichgewicht. Das ist der Massenmittelpunkt oder Schwerpunkt) des Körpers. Nebenbei: Er muss nicht im Körper selbst liegen – denken Sie an einen Bumerang oder einen Donut.

Um den Schwerpunkt dreht sich alles – im wahrsten Sinn des Wortes. Läge unsere Scheibe aus Abb. 2.2 auf dem Eis (nahezu reibungsfrei) und würde man ihr an der linken oberen Ecke einen Stoß nach oben geben, dann würde sie sich um den Schwerpunkt drehen und in Richtung des Stoßes davonrutschen. Wird eine Drehung eines Körpers um einen anderen Punkt als dem Massenmittelpunkt erzwungen (z. B., weil dort eine Achse hindurchgeht), dann entsteht eine Unwucht. Das kennen Sie von Ihrem Auto: Die Radnabe sollte der Massenmittelpunkt sein – ist er es nicht (z. B. durch eine Unwucht im Reifen), dann sorgt ein kleines Ausgleichsgewicht für die Beseitigung der Unwucht.

Damit sind wir sofort bei den 3 Formen des Gleichgewichts: Wird ein Körper *über* seinem Schwerpunkt in B' gestützt (d. h. aufgehängt), befindet er sich im *stabilen* Gleichgewicht. Jede Auslenkung bringt ihn nach einiger Zeit wieder dorthin zurück. Wird er genau *unter* seinem Schwerpunkt in B" gestützt, befindet er sich im *labilen* Gleichgewicht. Jede Auslenkung bringt ihn unweigerlich aus dem Gleichgewicht. Die Aufhängung genau *im* Schwerpunkt B ist das *indifferente* Gleichgewicht, das nach jeder Auslenkung im neuen Zustand verbleibt. Manche vergleichen das mit menschlichen Beziehungen oder Verhandlungen (konstruktiv, destruktiv, ergebnislos).

Fassen wir zusammen

Abstraktes Denken ist die Stärke des Menschen, unsere „evolutionäre Nische". Einige Tiere können das im Ansatz auch, aber Sprache, Logik und Mathematik sind unsere Domäne – und Physik gehört auch dazu. Denn wie wir gesehen haben, beschäftigt sie sich zwar mit körperlichen Dingen, vereinfacht oder vernachlässigt aber viele ihrer Eigenschaften und enthält daher auch Abstraktionen von der „Wirklichkeit".

In diesem Kapitel haben wir exemplarisch einige Regeln, Formeln und Berechnungen der Mechanik gezeigt. Wenn Ihnen also nun nach längerem Stehen die Füße wehtun, dann denken Sie an die Regel „Kraft = Gegenkraft". Nicht nur Ihre Füße drücken auf den Boden, sondern der Boden drückt auch gegen Ihre Füße. Sind Kraft und Gegenkraft nicht von gleicher Größe und genau entgegengesetzter Richtung, dann setzt sich etwas in Bewegung. Das merkt man beim alpenländischen Fingerhakeln, wenn jemand einen „über den Tisch zieht".

Das „Herz der Physik" ist ein gedankliches Modell, das aus Beobachtungen gebildet wurde. Es enthält die wesentlichen Größen des Phänomens (z. B. die Geschwindigkeit einer Masse bei einer auf sie einwirkenden Kraft) und vernachlässigt die unwesentlichen Größen (z. B. die Reibung und den Luftwiderstand). Wir drücken das Modell in der Sprache der Mathematik aus – kurz, prägnant und exakt. Damit können wir Voraussagen machen, was in der Wirklichkeit unter bestimmten Bedingungen passiert (z. B., wenn wir die einwirkende Kraft verdoppeln und die Masse halbieren). Messen wir den vorausgesagten Effekt mit hinreichender Genauigkeit, dann ist unser Modell korrekt – wenn nicht, dann stimmt etwas nicht. Das ist Physik. Mehr nicht.

„Das Buch der Natur ist in der Sprache der Mathematik geschrieben", hat Galileo Galilei gesagt. Und wir haben es hier schon gesehen, dass die Mathematik das Werkzeug der Physik ist. Physikalische Erscheinungen werden mathematisch formuliert, diese Formeln werden nach den Gesetzen der Mathematik und damit der Logik umgeformt und führen zu Aussagen, die die Natur im Experiment bestätigt. Ist das nicht fantastisch?!

3
Kräfte bewegen die Welt
Kräfte, die auf den ganzen Körper wirken

Die Geometrie hat den Vorzug, gewisse mathematische oder physikalische Gesetzmäßigkeiten anschaulich zu machen. Wer sich mit abstrakten Formeln nicht spontan anfreunden kann, findet beispielsweise Gefallen an einfachen Zeichnungen, die die Zusammensetzung und Zerlegung von Kräften oder Bewegungen nicht nur illustrieren, sondern auch quantitativ (innerhalb bescheidener Grenzen) bestimmbar machen. Denn beide sind „gerichtete Größen": Sie haben eine Größe *und* eine Richtung. Im Gegensatz zur Masse, die einfach nur träge herumliegt.

3.1 Statik: Zusammensetzung von Kräften

Statik ist, wenn sich nichts bewegt. So primitiv könnte man dieses Gebiet umreißen. Kräfte sind trotzdem da und können eine Wirkung zeigen. Sie zu erkennen, zu messen und zu berechnen – das ist hier die Aufgabe.

Kraft wirkt auf Körper – aber wie?

Bevor wir uns ausgiebig mit Kräften beschäftigen, müssen wir eine Grundeigenschaft kennenlernen: Kräfte addieren sich. Wenn zwei Leute von je 70 kg an einem Seil hängen, wird es mit 140 kg belastet. Aber so einfach ist die Welt nicht. Zuerst müssen (und werden) wir sauber zwischen Masse und Gewicht unterscheiden. Und wenn sie an ihm ziehen, ziehen sie vielleicht in verschiedene Richtungen – im schlimmsten Fall genau entgegengesetzt. Und – wie man schon am Titelbild sieht – zu jeder Kraft gehört eine Gegenkraft. Das ist das „Wechselwirkungsprinzip", das „Dritte Gesetz" des großen Physikers Sir Isaac Newton (1643–1727):[39]

> Kräfte treten immer paarweise auf. Übt ein Körper A auf einen anderen Körper B eine Kraft aus (*actio*), so wirkt eine gleichgroße, aber entgegengerichtete Kraft von Körper B auf Körper A (*reactio*)

Wenn also Rudi mit seinen 90 kg Gewicht auf den Erdboden drückt, dann muss der Erdboden mit genau der gleichen Kraft dagegendrücken, um ihn zu halten (was Rudi spätestens dann merkt, wenn er im Moor steht – dort ist die Gegenkraft des Bodens geringer und er versinkt langsam).

Zurück zur Addition: Hier ist 1 + 1 nicht immer gleich 2, denn man muss den Angriffswinkel der Kraft berücksichtigen. Das wussten unsere beiden Wissenschaftler schon vor zwei Jahren.[40] Sie sehen es noch einmal in Abb. 3.1: Zwei Ochsen ziehen einen Baumstamm durch eine Rinne.

„Kräfte sind Vektoren", sagte Eddi und war stolz, wieder etwas Eigenes zur Diskussion beitragen zu können. „Das hat mir Siggi verraten, dass ‚Vektoren' gerichtete Größen sind". Sie haben eine Richtung, zeigen also irgendwo hin. Und wenn du dich erinnerst … aber auch, wenn du es wieder vergessen hast … wir können sie in einem x-y-Koordinatensystem darstellen. Also durch eine Zahl mit einer x- und einer y-Komponente. Und als Kennzeichen bekommen sie einen Pfeil über dem Buchstaben. Du siehst das hier (Abb. 3.2):

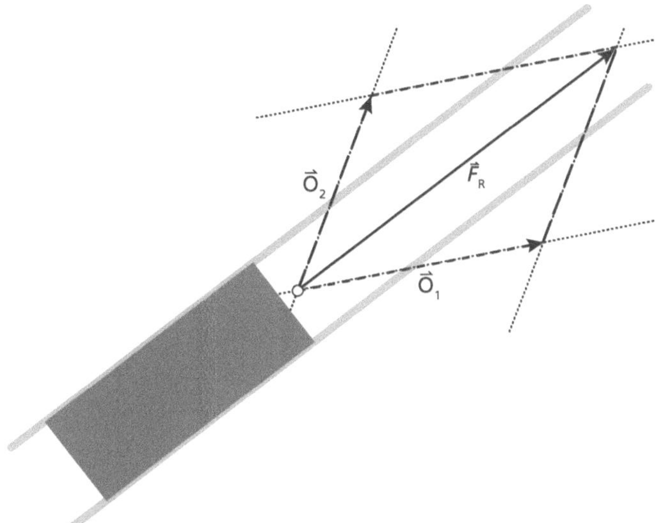

Abb. 3.1   Addition zweier Kräfte mit verschiedenen Winkeln

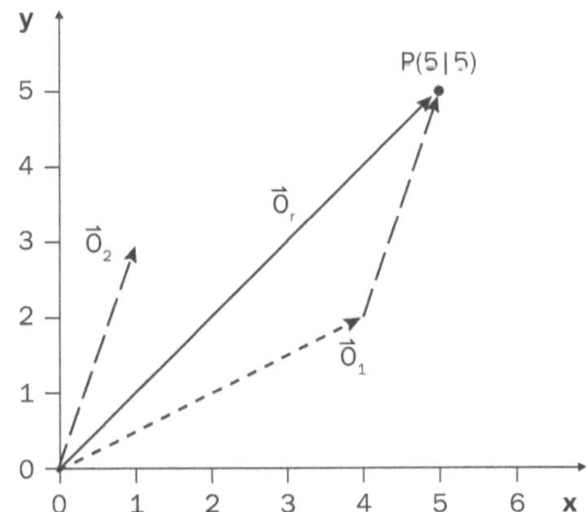

Abb. 3.2   Vektoren im kartesischen Koordinatensystem

Rudi nickte: „Ich schreibe mal die drei Kräfte auf, nehme einfach Zahlenwerte und lasse die Einheit ‚Newton' weg. Von mir aus kannst du dir ‚1' als 50 N denken. Dazu brauchen wir den ‚Einheitsvektor' e, der uns die Richtung angibt. Richtung ‚x' oder Richtung ‚y'. Er hat die Größe 1, daher der Name." Und er tat es:

$$\vec{O}_1 = 4e_x + 2e_y \quad \vec{O}_2 = 1e_x + 3e_y \quad \vec{O}_R = 5e_x + 5e_y$$

Und fuhr fort: „Die Pfeile über dem ‚e' habe ich mir gespart. Ich weiß sogar noch, wie man das rechnet: Man addiert einfach die Horizontal- und

Vertikalteile getrennt, also die e_x- und die e_y-Werte. $4e_x + 1e_x = 5e_x$ und $2e_y + 3e_y = 5e_y$, mehr ist das nicht. Das liefert O_R. Und der Betrag – angedeutet durch die beiden senkrechten Striche – einer solchen Vektoraddition ist nach dem alten Pythagoras einfach:

$$|O_R| = \sqrt{5^2 + 5^2}$$

Beide Ochsen ziehen zusammen mit der Kraft $\sqrt{25 + 25} \approx 7{,}07$. Wäre also eine Krafteinheit im Bild gleich 50 Newton, dann zöge Ochse ‚1' mit 224 N, Ochse ‚2' mit 158 N und beide zusammen mit 354 N.[41] Von der gesamten Ochsenkraft gehen 28 N durch den Winkel zwischen beiden dem Vortrieb verloren. Im dreidimensionalen Raum funktioniert das Prinzip genauso. Noch Fragen?"

Eddi klopfte ihm auf die Schulter: „Ich bin ganz stolz, dass du ein so gelehriger Schüler warst. Sag' ich doch: Ohne Mathematik ist die ganze Physik nichts wert!" Rudi verzog das Gesicht: „Wenn ich das mit dem richtigen Maßstab exakt aufgezeichnet hätte, hätte ich das auch gesehen."

Da hat er Recht: Eine einfachere Methode ist eine zeichnerische. Man zeichnet die wirkenden Kräfte in einem passenden Maßstab auf: z. B. eine Kraft von 50 Newton als Linie von 5 cm Länge in die richtige Richtung. Wirken auf einen Körper mehrere Kräfte, so können ihre Pfeile miteinander verbunden werden, um die resultierende Kraft zu ermitteln. Nehmen wir ein Beispiel: In Abb. 3.3 links sehen Sie sechs Kräfte, die an einem Körper angreifen. Wie groß ist die resultierende Kraft?

In Abb. 3.3 rechts sehen Sie das Ergebnis: 0. Das hätte man bei einem flüchtigen Blick auf die linke Seite nicht sofort vermutet. Alle bezeichneten Kräfte heben sich auf, der Körper bewegt sich nicht. Man setzt die Kräfte (in beliebiger Reihenfolge) einfach aneinander, Pfeilende an Pfeilspitze. Eine Berechnung mithilfe der komplexen Zahlen hätte natürlich zum selben Ergebnis geführt, aber etwas länger gedauert.

Die Summe aller Kräfte ist null – die der „Momente" auch

Der griechische Mathematiker, Physiker und Ingenieur Archimedes von Syrakus soll angeblich die Hebelgesetze gefunden und formuliert haben.[42] Das ist vermutlich falsch. Höhlenmalereien belegen ziemlich eindeutig, dass sie auf Rudi Radlos zurückgehen. Dort fand man nebst anderen Dingen, die eindeutig auf unseren Stamm der Steinzeitmenschen hinweisen, folgende Zeichnung (Abb. 3.4).[43]

Rudi hatte die Gesetzmäßigkeit schon früh erkannt: $F_L \cdot l_L = F_K \cdot l_K$ und $F_A = F_K + F_L$. So war er in der Lage, mit seinen 90 kg einen Stein zu stem-

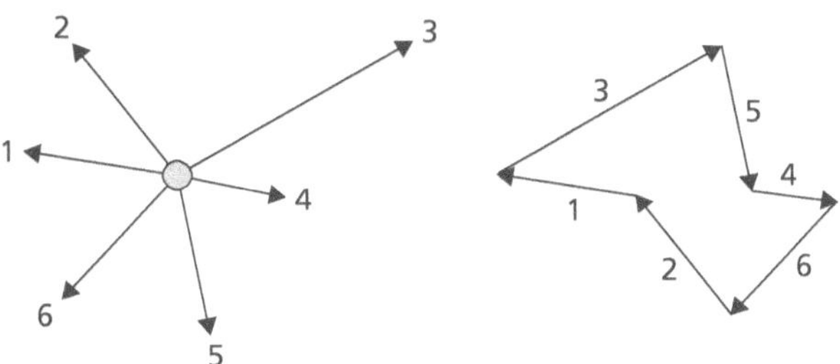

Abb. 3.3 Zeichnerische Addition von Kräften

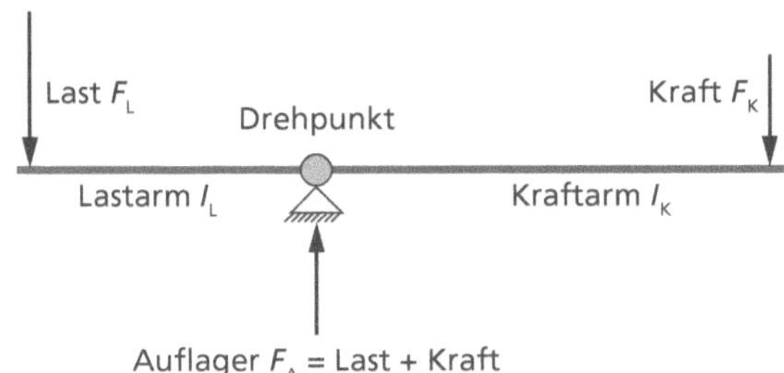

Abb. 3.4 Das Hebelgesetz „Kraft · Kraftarm = Last · Lastarm"

men, der 900 kg wog. Ein kräftiger Ast von 2,20 m Länge diente als Hebel. In 20 cm Entfernung von der Steinkante, unter die er mühsam das eine Ende des Astes geschoben hatte, platzierte er das Auflager als Drehpunkt. Natürlich musste es stabil sein, denn es musste 990 kg aufnehmen. Aber wozu war man schließlich in der *Stein*zeit? An dem Hebelarm von 2 m, dem „Kraftarm", drückte er mit seinem ganzen Gewicht nach unten, und die Gleichung stimmte: 0,2 m · 900 kg = 2 m · 90 kg = 180 m · kg. „Moment!", sagte Eddi, der ihm zusah, „Das ist ja eine neue physikalische Größe. Ich nenne sie mal das ‚Drehmoment' M oder einfach nur ‚Moment'. Korrekterweise hat sie als Maßeinheit ‚Newtonmeter', denn die Kilogramm ergeben sich ja nur daraus, dass wir Gewichte als Kraftquelle genommen haben." „Das gefällt mir! Eine Kraft F übt im Radius r ein Drehmoment M aus", sagte Rudi und schrieb es gleich an die Höhlenwand:

$$\vec{M} = \vec{r} \cdot \vec{F} \left[\frac{\mathrm{kg} \cdot \mathrm{m}^2}{\mathrm{sec}^2} \right]$$

„Jetzt denke ich mal", fuhr Rudi fort, „dass ich damit ein Problem lösen kann, das mich schon lange beschäftigt. Wenn die Summe aller Kräfte auf einen Gegenstand null sein muss, damit er sich nicht bewegt, dann muss auch die Summe aller Momente null sein, damit er sich nicht dreht. Und zwar um je-

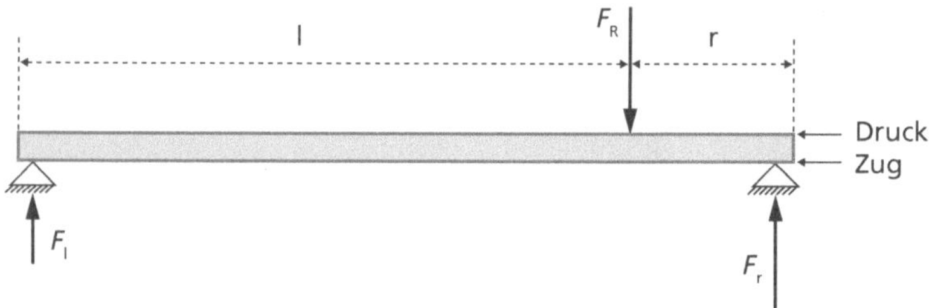

Abb. 3.5   Kräfteverteilung auf der Brücke

den beliebigen Punkt – den kann ich mir frei aussuchen."[44] „Mag ja sein", sagte Eddi, „Ist mir aber zu theoretisch. Wozu ist das *gut*?" „Unsere Brücke über den Bach … Welche Kräfte wirken auf ihre Lager? Denn abhängig davon, wo ich stehe – oder wo wir beide stehen, sind sie ja unterschiedlich. Mein oder unser Gewicht verteilt sich ja auf *zwei* Lager – aber *wie*?" „Mal mal!", sagte Eddi und Rudi tat es (Abb. 3.5).

„Ich habe mich immer gefragt, wie ich die beiden Kräfte auf die Lager links und rechts, F_l und F_r, errechnen kann, wenn ich r Meter vom rechten entfernt stehe", erläuterte Rudi, „Ich vernachlässige mal das Gewicht der Brücke …" „Ja, die Physik lebt von Vernachlässigungen. Ein völlig abstraktes System – wie die Mathematik", warf Eddi ein. Rudi beachtete das nicht: „Wenn r gleich null, dann ist F_l gleich null … und umgekehrt: Ich stehe über dem linken Lager und die Kraft im rechten ist null. Aber wie verteilen sie sich, wenn ich *irgendwo* stehe? Ist l gleich r, ist es auch wieder klar: F_l gleich F_r."

„Jungs, ihr habt es doch schon gesagt!", ertönte eine helle Stimme und Willa erschien zu Eddis Freude. „Die Summe aller Kräfte ist null – die Summe aller Momente ist null. Zum Beispiel um das linke Lager. Muss ich es euch vorrechnen?" Eddi wog schnell seinen Stolz gegen das Vergnügen ihrer Gegenwart ab und entschied sich für Letzteres: „Schreib' es uns auf!" Und Willa tat es:

$$\text{Kräfte: } F_R - F_l - F_r = 0 \quad \Rightarrow \quad F_r = F_R - F_l$$

$$\text{Momente: } l \cdot F_R - (l + r) \cdot F_r = 0 \quad \Rightarrow \quad F_r = \frac{l \cdot F_R}{l + r} \quad \Rightarrow \quad F_l = \frac{r \cdot F_R}{l + r}$$

„Haa!", sagte Eddi und strahlte sie an, „Die zwei unbekannten Lagerkräfte werden durch zwei Gleichungen eindeutig bestimmt. Und jede Lagerkraft geht in das Drehmoment um das andere Lager mit ein, obwohl sie – im Gegensatz zu Rudis stattlichem Gewicht – gar nicht sichtbar ist. Die Lagerkräfte verteilen sich proportional zu Rudis Abstand. Steht er in der Mitte, dann ist l gleich r und beide Kräfte entsprechen Rudis halbem Gewicht."

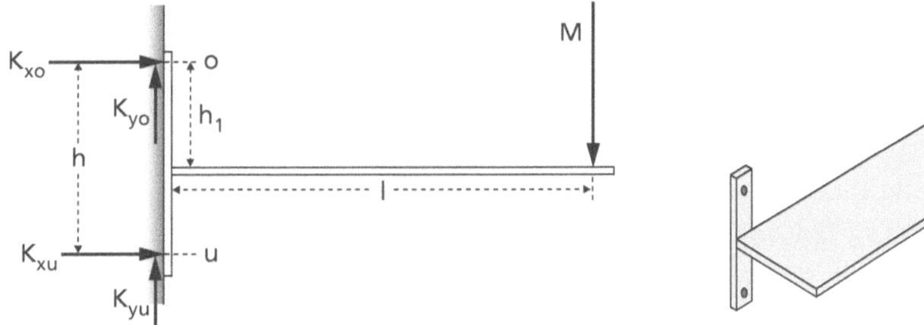
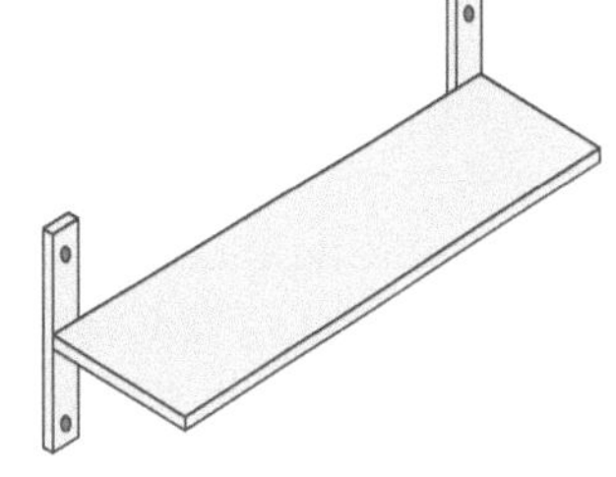

Abb. 3.6 Kräfte bei der Montage eines Wandregals

Willa strahlte unschuldig zurück: „Na seht ihr! Da hättet ihr auch selbst darauf kommen können!"

Und Ihnen, liebe Leser, überlasse ich es, dasselbe mit dem Moment um das rechte Lager zu errechnen. Und wenn Sie nun in der heutigen Welt bei einer Brücke ein Lager sehen, dann werden Sie oft bemerken, dass die gesamte Brücke auf Stahlrollen ruht. Dann wissen Sie: erstens, die Kräfte sollen durch einen bestimmten „Punkt" gehen; zweitens, das Lager soll kein Drehmoment übertragen.

In dem Balken, in senkrechter Richtung gesehen, herrscht oben eine Druckkraft und unten eine Zugkraft (Abb. 3.5). Also muss es in der Mitte irgendwo eine Linie geben, wo *keine* Querkraft zu finden ist. Architekten, die „leichte und luftige" Bauten lieben, ersetzen daher gerne massive waagerechte Betonträger durch dünne für die obere Schicht, an denen unten ein Stahlseil die Zugkräfte aufnimmt (Beton ist nicht auf Zug belastbar!).

Ein Möbelhaus in der Steinzeit

Betrachten wir ein modernes Wandregal und schauen wir, was die Statik dazu zu sagen hat. Hätte es das damals schon gegeben, dann hätte es vermutlich NORDSTRØM geheißen – oder so ähnlich. Wir werden ein neues Phänomen kennenlernen, für das es auch einen Fachausdruck gibt: „statisch unbestimmt". Meist ist das unerwünscht, und deswegen bieten wir auch gleich eine Lösung an.

In Abb. 3.6 rechts unten sehen Sie das Regal, das Sie nun an der Wand befestigen müssen (vier Dübel nebst Schrauben sind mitgeliefert, auch eine Montageanleitung – aber benutzen Sie lieber Ihren gesunden Menschenverstand). Inzwischen können Sie ja die Kräfte routiniert einzeichnen (Abb. 3.6 links): Wir nehmen zur Vereinfachung wieder eine punktförmige Last $2 \cdot M$ auf dem Regal, die im Abstand l zur Wand angreift. Sie verläuft vertikal, d. h., niemand und nichts zerrt oder drückt an unserem Regal in horizontaler Richtung. Außerdem nehmen wir eine „glatte Wand" und vielleicht geringfügig herausstehende Dübel an, sodass eine Kraftübertragung nur und ausschließlich bei O und U möglich ist. Die „2" ist ein kleiner Trick, damit der Faktor ½ verschwindet, wenn wir nur *eine* Seite des Regals betrachten. Es geht ja nur um das Prinzip. Dort sei die Entfernung vom unteren Befestigungspunkt U zum oberen O die Größe h und dessen Abstand zum Regalbrett die Größe h_1.

Sie suchen die Kräfte K_{xo}, K_{yo}, K_{xu} und K_{yu}, die durch die Punktmasse M (genauer: die Gewichtskraft $M \cdot g$) im Abstand l verursacht werden. Mit der Kräfte- und Momentenregel können Sie sofort 3 Gleichungen aufschreiben:

(1) $K_{yo} + K_{yu} = M$

(2) $K_{xo} + K_{xu} = 0$

(3) $K_{xo} \cdot h_1 - K_{xu} \cdot (h - h_1) + M \cdot l = 0$

Fertig. Fertig? Vier Kräfte und nur drei Gleichungen?! Aber mehr gibt das System nicht her, tut uns leid. Also ist das Ganze „statisch unbestimmt" – was Statiker im wirklichen Leben hassen. Aber Sie sind Praktiker und finden sofort eine Lösung (die Ihnen auch noch 2 Schrauben plus Dübel beschert und etwas Arbeit und Dreck erspart): In den unteren Befestigungspunkt U kommt keine Schraube. Denn man sieht ja sofort: K_{xu} ist negativ, eine Druckkraft. Verwenden Sie Ihre Sorgfalt auf den Punkt O, denn dort zieht es den Dübel aus der Wand. Mit diesem Trick wird $K_{yu} = 0$.

Damit errechnen wir die 3 Kräfte aus den 3 Gleichungen:

(1) $\Rightarrow$ $K_{yo} = M$

(2) $\Rightarrow$ $K_{xu} = -K_{xo}$

(3) $\Rightarrow$ $K_{xo} = -M \cdot l/h$

Fertig? Fertig![45] Noch einige Anmerkungen: „Statisch unbestimmt" hätte bedeutet, dass die vertikale Kraftverteilung auf die beiden Dübel unklar wäre. Das mögen Statiker nicht und sehen zum Beispiel Rollenlager vor, die nur senkrechte Kräfte übertragen können. Auf den ersten Blick überraschend ist auch, dass die horizontalen Kräfte nicht nur entgegengesetzt, sondern auch gleich groß sind. Auf den zweiten Blick eigentlich ja nicht, wenn es nur zwei horizontale Kräfte gibt und das System im Gleichgewicht ist.

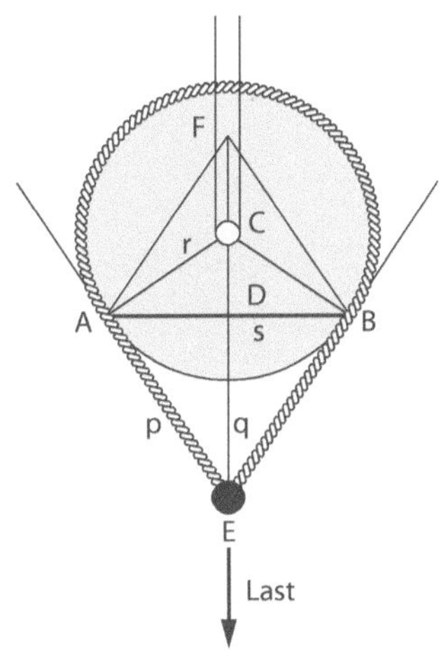

Abb. 3.7 Kräfteverhältnisse an der Seilrolle

Der Flaschenzug

Mechanik ist eine feine Sache, das hatte Rudi schnell erkannt. Denn jetzt konnte er einfache Maschinen bauen. Schiefe Ebenen und Hebelmechanismen, um Lasten zu befördern. Waagen, um Gewichte zu vergleichen. Doch die Krönung des Ganzen war eine neue Erfindung.

Wie man ja mittlerweile weiß, war die Steinzeit eigentlich eine „Holzzeit". Nur, dass die Steinwerkzeuge erhalten geblieben und die hergestellten Produkte verrottet sind. So ist von Rudis Erfindung nur eine Zeichnung an der Höhlenwand überliefert. Vor der standen die beiden und Rudi erläuterte, was Eddi tiefsinnig betrachtete (Abb. 3.7): „Ich habe hier eine einfache Seilrolle. Sie hängt mit dem Mittelpunkt C an der Höhlendecke. Ein festes Seil aus Gras oder Tiersehnen ist um sie geschlungen, zum Beispiel vom Punkt A um die Rolle herum bis zum Punkt B. Denn ich denke mir, dass im Punkt E an den zwei Seilenden eine Last hängt. Nehmen wir an, dass die Strecken AE und BE die beiden tangentialen Kräfte p sind. Da sich die Rolle nicht bewegt, herrscht Gleichgewicht, und ich kann die Last q aus den Strecken AE und BE konstruieren. Es ergibt sich aus dem Kräfteparallelogramm, da FA = BE ist. Also muss q = FE sein." „Schön gedacht", sagte Eddi, „man sieht doch, dass du auch Geometrie studiert hast. Da aber die Dreiecke EAF und ACB ähnlich sind, kann ich eine weitere Schlussfolgerung ziehen. AC ist ja der Radius r der Rolle, und AB die Sehne s." „Jetzt nimm mir nicht die Pointe weg", sagte Rudi, „denn jetzt kann ich die Kräfte und die Strecken vergleichen. Es ist p : q = r : s. Die Kraft verhält sich zur Last wie der Radius der Rolle zur Sehne des vom Seil umschlungenen Bogens." Eddi nickte: „Hinge die Last an einer gleich großen Rolle, dann wären die Strecken AE und BE parallel. Somit wäre

Abb. 3.8 Ein Flaschenzug mit zwei Rollen

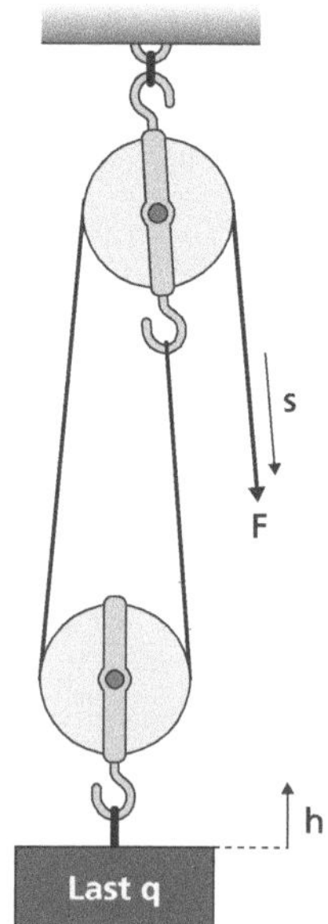

s = 2r und p = q/2. Und das ist ja einleuchtend, da die Last einfach auf zwei Seile verteilt wird."[46]

Rudi zog die Stirn in Falten: „Lass mich mal nachdenken …" „Lass das nicht zur Gewohnheit werden! Es besteht Suchtgefahr!" „An das Denken habe ich mich schon durch die Mathematik gewöhnt. Aber ich habe eine Idee. Warum befestigen wir nicht das eine Seilende an der oberen Rolle und ziehen nur das freie Ende herum?" „Verstehe ich nicht. Male es auf." Und Rudi tat es (Abb. 3.8).

Dann fuhr er fort: „Die Last wird jetzt wieder auf zwei Seile verteilt. Also ist meine Zugkraft F gleich q/2. Würde ich sie durch eine dritte Rolle auf drei Seile verteilen, dann bräuchte ich nur mit dem Drittel der Kraft zu ziehen."[47]

„Ist ja schön und gut", sagte Eddi, „Aber der Weg s, den du ziehen musst, ist dann doppelt so lang. Denn die Arbeit bleibt die gleiche, Kraft mal Weg. Also ist q·h dasselbe wie F·s, denn q/2 ist F und s ist 2h." „Tja", sagte Rudi und zuckte mit den Achseln, „das ist die Goldene Regel der Mechanik. Wenn ich Kraft spare, muss ich Weg investieren. Und umgekehrt."

Willas Begeisterung hielt sich in engen Grenzen: „Wieder etwas für euch Kerle, um euch die Arbeit leicht zu machen. Wann erfindet ihr denn mal was für *uns*?" „Du siehst das falsch", protestierte Rudi, „wir können jetzt doppelt so viel für *euch* heben. Ist das nichts?"

So wurde der Flaschenzug etwa 8000 v. Chr. von zwei Höhlenmenschen erfunden. Die Erfindung des zusammengesetzten Flaschenzuges geht eigentlich

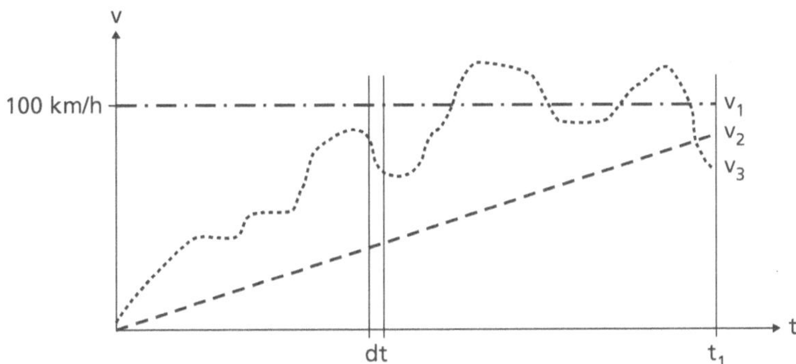

Abb. 3.9 Drei Formen von Geschwindigkeit

auf Archimedes zurück, aber es ist wahrscheinlich, dass ihn schon die Ägypter oder die Assyrer kannten.

3.2 Dynamik: Bewegung durch Kräfte

Mit dem Wort „Dynamik" verbinden wir im Alltag eine Bewegung, vielleicht sogar eine Beschleunigung. In der Physik ist der Begriff leicht unterschiedlich: Das altgriechische *dynamis* heißt „Kraft", und damit ist die Statik nicht das *Gegen*teil von Dynamik, sondern ein Teil von *ihr*. Etwas verwirrend, aber so ist es.

Weg, Geschwindigkeit, Beschleunigung – alles eine Frage der Zeit

Schauen wir uns kurz einen grundsätzlichen Zusammenhang zwischen Weg, Geschwindigkeit, Beschleunigung und der Zeit an. In Abb. 3.9 sehen Sie ein Koordinatensystem (was das ist, das wissen Sie ja)[48]: drei Geschwindigkeiten v_1, v_2 und v_3 abhängig von der Zeit t als konkrete Beispiele. Im Einzelnen bedeutet das:

- $v_1(t)$ ist eine gleichförmige Geschwindigkeit: Sie fahren auf einer abgesperrten Strecke mit 100 km/h.
- $v_2(t)$ ist eine gleichförmig beschleunigte Geschwindigkeit: Sie fahren auf derselben Strecke mit konstanter Beschleunigung und erreichen zum Zeitpunkt t_1 genau 86,4 km/h.
- $v_3(t)$ ist eine ungleichförmig beschleunigte Geschwindigkeit: Sie fahren auf der Landstraße mit variabler (manchmal sogar negativer) Beschleunigung und sind zum Zeitpunkt t_1 zufällig 70 km/h schnell.

Wie weit sind Sie zum Zeitpunkt t_1 gekommen? Das allgemeine Gesetz lautet: Geschwindigkeit ist Weg durch Zeit, also $v = s/t$. Ist beim fliegenden Start $v_1(t)$ eine gleichförmige Geschwindigkeit, dann ist der Weg $s_1 = v_1 \cdot t_1$. Fertig. Sind Sie 10 min so gefahren, dann haben Sie (Achtung, alles in SI-Einheiten umrechnen!) 100 km/h $\cdot$ 1/3600 h/s $\cdot$ 1000 m/km $\cdot$ 10 min $\cdot$ 60 s/min $=$ 16.667 m zurückgelegt. Diese Umrechnungsschlange ist zwar umständlich dargestellt und lässt sich verkürzen, aber sie zeigt, wie sich die Maßeinheiten so wegkürzen, dass nur noch [m] übrigbleibt.

Anders ist es im Fall der gleichförmig beschleunigten Bewegung. Hier *ändert* sich die Geschwindigkeit mit einer konstanten Rate, der Beschleunigung b. Die momentane Geschwindigkeit v in einem winzigen Zeitraum dt führt zu einem Wegstückchen ds, denn $v = ds/dt$. Diese Wegstückchen müssen wir summieren – und hier kommt wieder die Mathematik ins Spiel: Diese Summe nennt man das „Integral": [49]

$$v = \frac{ds}{dt} \;\Rightarrow\; s = \int v \cdot dt$$

Die Mathematik ist ein prall gefüllter Werkzeugkasten, den sich die Physik zunutze machen kann. So hat man bewiesen, dass das Integral nichts anderes ist als die Fläche unter der jeweiligen Kurve in Abb. 3.9. Beim Weg $s_1 = v_1 \cdot t_1$ stimmt das schon mal. Bei der Dreieckskurve ist die Fläche $\frac{1}{2} \cdot t_1 \cdot v_2(t_1)$. Im Beispiel also $\frac{1}{2} \cdot 600$ s $\cdot 24$ m/s (das sind die 86,4 km/h) $= 7200$ m. Ein deutlicher Unterschied zu den 16.667 m im ersten Fall – aber Sie landen ja bei einer niedrigeren Endgeschwindigkeit und müssen die ja durch eine gleichförmige Beschleunigung erst einmal erreichen. Von wegen „fliegender Start"!

Im dritten Fall gilt natürlich (wie ja auch im ersten und zweiten), dass der Weg das Integral der Geschwindigkeit über die Zeit ist. Da wir die Schnipselchen der gepunkteten Kurve $v_3(t)$ nicht in eine mathematische Formel kleiden können, bleibt uns nur die rechnerische Summierung der einzelnen Teile $dv_3 \cdot dt$. Im Zeitalter der Computer ist das mit hinreichender Genauigkeit zu erledigen. Früher hätte man die Fläche unter der Kurve auf dicke Pappe oder eine Kupferplatte gezeichnet, sie ausgeschnitten und gewogen und daraus die Fläche errechnet. Kein Witz, sondern Physik-Geschichte.

Rudi beschleunigt und bremst sein „Sitzgehrad"

Wir haben es ganz vergessen: Rudi Radlos hatte eine wirklich tolle Erfindung gemacht, geboren aus der Schmach, das Rad nicht erfunden zu haben. Eine Laufmaschine oder ein „Sitzgehrad", wie er es nannte. Mithilfe zweier verbundener Räder, hintereinander angeordnet, konnte man im Sitzen gehen,

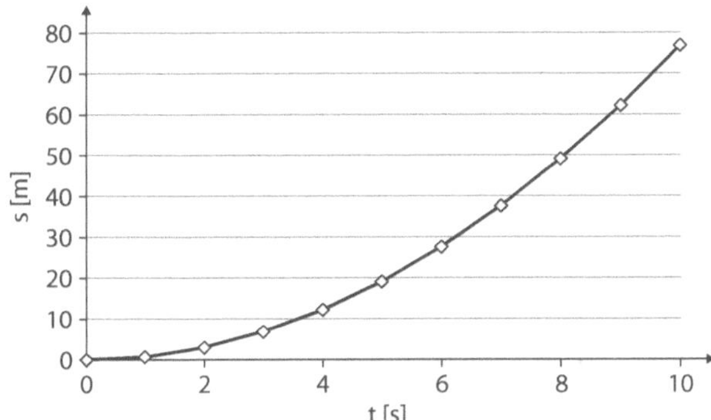

Abb. 3.10   Rudis Wegstrecke je Sekunde

ja sogar schnell laufen.[50] Ein Gerät, das heute als „Draisine" bekannt ist (benannt nach dem badischen Erfinder Karl Drais, der Ursprung des heutigen Fahrrads).

„Ich übe eine Kraft aus, wenn ich mich nach vorne mit den Beinen abstoße", sagte Rudi und Eddi ergänzte: „Ja, dadurch wird das Rad beschleunigt. Wollen wir das einmal ausrechnen?! Kraft ist ja gleich Masse mal Beschleunigung, wie ich seit meinem Bootsunfall weiß." Und er schrieb die Formel hin:

$$\vec{F} = m \cdot \vec{b} \implies b = \frac{F}{m} \left[\frac{m}{s^2} \right]$$

„Für die Masse m müssen wir natürlich die Masse des Rades – schweres Steineichenholz – und meine paar Kilo zusammenrechnen", schlug Rudi vor, „Da komme ich auf 130 kg. Ich rechne mal ganz bescheiden, dass ich mit meinen Beinen als Dauerleistung locker 20 kg stemmen kann, das wäre dann eine Kraft von etwa 200 Newton. Wie schnell werde ich dann?" „Das ist einfach", meinte Eddi, „Geschwindigkeit ist Beschleunigung mal Zeit, $v = b \cdot t$."

„Ein alter Hut! Das hatten wir ja schon bei der Erdbeschleunigung!", kommentierte Rudi, „Aus der Geschwindigkeit, die der Differenzialquotient ds durch dt ist, wie wir ja wissen, seit wir uns mit der Mathematik beschäftigen, die ja die Grundlage der Physik ist, was wir nie vergessen …" Eddi wurde böse: „Komm zum Ende! Schreibe es gleich auf … dieses endlose Gerede!"

$$v = \frac{ds}{dt} \implies s = \int v \cdot dt = \frac{1}{2} \cdot b \cdot t^2$$

Dann machten die beiden Wissenschaftler ein Experiment, maßen den von Rudi zurückgelegten Weg s(t) abhängig von der dafür benötigten Zeit. Abbildung 3.10 zeigt das Resultat, wobei nicht auszuschließen ist, dass die beiden

Abb. 3.11   Was passiert, wenn der Affe am Seil nach oben klettert?

die Ergebnisse ein wenig manipuliert haben, um eine so schöne glatte Kurve zu erhalten. Mit der Kraft von 200 N ergab sich eine Beschleunigung b von ca. 1,54 m/s² (wobei Rudi gut in der Mitte zwischen einem heutigen Freizeit-Fahrradfahrer und einem Radprofi liegt).[51] Das leuchtet ja unmittelbar ein, dass der zurückgelegte Weg quadratisch anwächst, wenn die Geschwindigkeit aufgrund konstanter Beschleunigung linear zunimmt. Nun dürfen Sie selbst überlegen, wie die Verhältnisse bei linear zunehmender Beschleunigung sein würden.

Der Affe am Seil

Inzwischen war Rudi vollkommen abgedriftet – ein Wunder, dass Willa noch nicht aufgetaucht war, um ihn zur Ordnung zu rufen. Schließlich hatte auch sie ja seherische Kräfte. Er hatte sich gerade ausgedacht, dass ebenso gut ein Affe anstatt einer Last an seiner Seilrolle hätte hängen können (Abb. 3.11 links). Nun stellte er seinem Freund Eddi eine interessante Frage: „Der Affe und das Gewicht sind im Gleichgewicht. Das Seil hat kein Gewicht, die Rolle keine Reibung und so weiter – das Übliche. Was passiert, wenn der Affe an-fängt, an dem Seil nach oben zu klettern?" „Das ist eine gute Frage. Zieht sich der Affe am Seil hoch und das Gewicht bleibt auf gleicher Höhe hängen? Oder zieht der Affe das Gewicht am Seil hoch und *er* bleibt auf gleicher Höhe hängen? Oder bewegen sich beide gleichmäßig nach oben?"

„Ich zeichne das mal um", sagte Eddi (Abb. 3.11 rechts). Er fuhr fort: „Die Rolle spielt keine Rolle, haha! Kleiner Kalauer! Das Problem ist dasselbe, wenn Affe und Gewicht auf zwei kleinen Wagen stehen, reibungsfrei. Ob die Zugkraft durch die Rolle umgelenkt wird oder die Gravitation den Affen und das Gewicht zur Erde zieht oder auf die Wagenräder drückt, das macht keinen Unterschied. Sie könnten auch auf zwei Booten im Wasser stehen. Wie bei der Situation, als du mich hereingelegt hast. Kraft gleich Gegenkraft, Aktion gleich Reaktion. Das dritte Gesetz von Newton."[52] „Ich habe dich

Abb. 3.12 Und was
passiert, wenn die Kiste
schwerer ist?

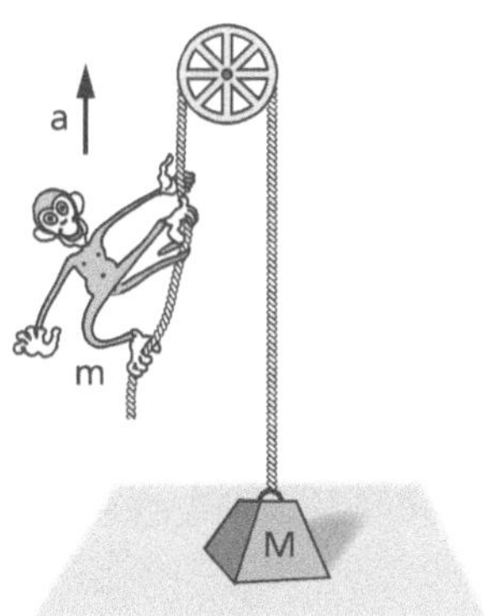

nicht hereingelegt, sondern das war ein pädagogischer Effekt, wie man ja jetzt
sieht. Denn es ist so: Der Affe und das Gewicht bewegen sich gleichmäßig.
Der Affe klettert eine Strecke nach oben, sagen wir: einen Meter. So viel Seil
läuft durch seine Pfoten. Danach sitzt er einen halben Meter höher und das
Gewicht ist auch um diese Höhe gestiegen." „Ich könnte das noch komplizierter machen", sagte Eddi, „Was passiert, wenn der Affe *leichter* ist als das
Gewicht?" „Dann liegt es auf dem Boden." „Das war eine dumme Antwort,
mein Freund. Ich meine: Wie stark muss er nach oben klettern, um das Gewicht zu heben, um also wieder ins Gleichgewicht zu kommen?" „Wenn du
das meinst, warum sagst du es nicht deutlich? Du bist doch Mathematiker
und drückst dich exakt aus."

Eddi wurde ungeduldig: „Jetzt rede nicht rum, sondern lass uns an die
Arbeit gehen. Das Gewicht hat die Masse M und der Affe die Masse m. Seine
Beschleunigung nach oben ist a. Wie rechnen wir das?"

Rudi warf einen kurzen Blick auf die Skizze (Abb. 3.12) und fing an, die
Sache zu erläutern:[53] „Der Affe zieht das Seil mit der Kraft F nach unten. Mit
dieser Kraft wirkt er zunächst der Erdbeschleunigung $m \cdot g$ entgegen. Der Rest
ist seine Beschleunigung. Also schreibe ich $F - m \cdot g = m \cdot a$. Die Kraft F wird
durch die Rolle auf das Gewicht umgelenkt und zieht es nach oben. Um es ein
klein wenig anzuheben, muss seine Gewichtskraft $M \cdot g$ kompensiert werden.
Dann ergibt sich Folgendes, um die Beschleunigung a zu ermitteln:"

$$F - m \cdot g = m \cdot a \Rightarrow M \cdot g - m \cdot g = m \cdot a \Rightarrow a = \frac{M - m}{m} \cdot g$$

$$\text{Z.B.: } m = 20\,\text{kg}, M = 30\,\text{kg} \Rightarrow a = \frac{30 - 20}{20} \cdot 9{,}81\,\text{m/s}^2 = 4{,}9\,\text{m/s}^2$$

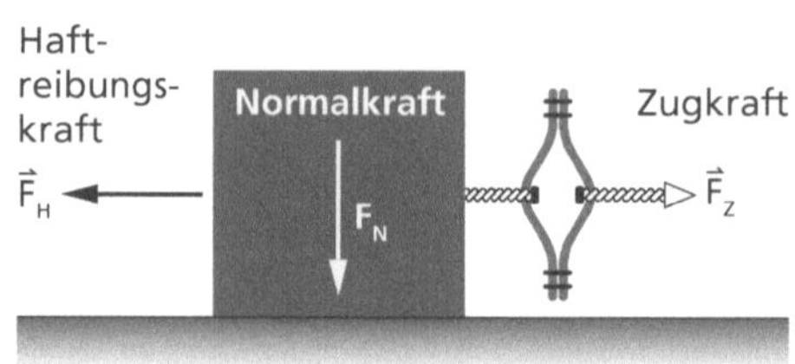
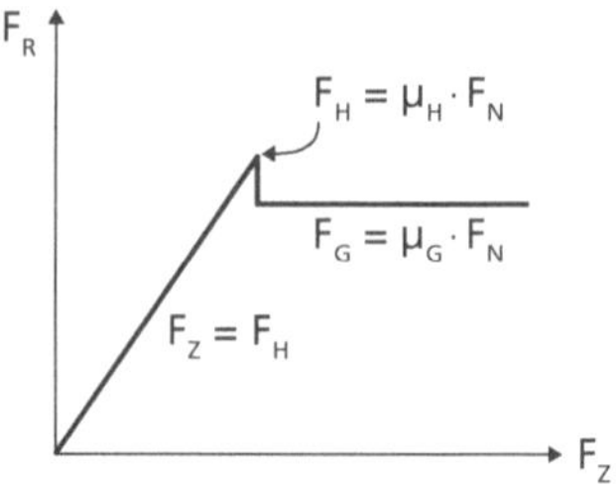

Abb. 3.13   Haftreibung und Gleitreibung

Reibereien können ganz schön bremsen

Vernachlässigungen und Vereinfachungen werden in der Physik oft verwendet, um ein ideales oder abgeschlossenes System zu konstruieren und damit Berechnungen zu vereinfachen. Die Newton'schen Gesetze sind ein Beispiel dafür, und sie widersprechen unserer Alltagserfahrung, denn *kein* Körper bewegt sich gleichförmig und ewig fort. Das sagt Herr Newton so leichthin: „… gleichförmige Bewegung, sofern er (der Körper) nicht durch einwirkende Kräfte zur Änderung seines Zustands gezwungen wird." Wir sehen und vermuten diese Kräfte ja oft nicht – so haben unsere Steinzeitforscher bei Rudis ˈSitzgehrad sicher nicht an den Luftwiderstand gedacht. Dass er das Rad abbremst, fällt zumindest für kleinere Geschwindigkeiten kaum ins Gewicht. Anders ist es, wenn ein Meteorit oder ein Satellit in die Erdatmosphäre eintritt. Dabei kann der Körper durch die Reibung so stark erhitzt werden, dass er verglüht.

Mit Reibung hatte Rudi auf seiner schiefen Ebene auch bereits Erfahrungen gemacht. Er hatte sogar mit seinem Kraftmesser (vergl. Abbildung 1.1) die Reibung zwischen verschiedenen Oberflächen gemessen. Seine Versuchsanordnung sah aus wie in Abb. 3.13 links. Dabei hatte er Interessantes festgestellt. Das berichtete er voller Begeisterung seinem Freund Eddi: „Ich habe die Zugkraft F_Z langsam gesteigert. Nach dem dritten Newton'schen Gesetz muss ihr eine gleichgroße Reibungskraft, die Haftung F_H, entgegenwirken. Irgendwann setzt sich der Klotz in Bewegung. Dabei entsteht natürlich wieder eine Reibung, aber nun gleitet ja der Klotz über die Oberfläche. Und – halte dich fest – die Gleitreibung ist kleiner als die Haftreibung!" „Klingt irgendwie logisch", sagte Eddi, „sonst würde auf einer schiefen Ebene, wenn du sie weiter ankippst, ein Körper ja nicht erst liegen bleiben und dann ins Rutschen geraten, sondern umgekehrt." „Ja", sagte Rudi, „ich habe auch gleich ein Diagramm dazu gezeichnet und die passenden Formeln aufgeschrieben. Seltsamerweise sind die Kräfte nur von der Schwere des Gegenstandes F_N abhängig, aber unabhängig von der Größe der Berührungsflächen. So kann ich

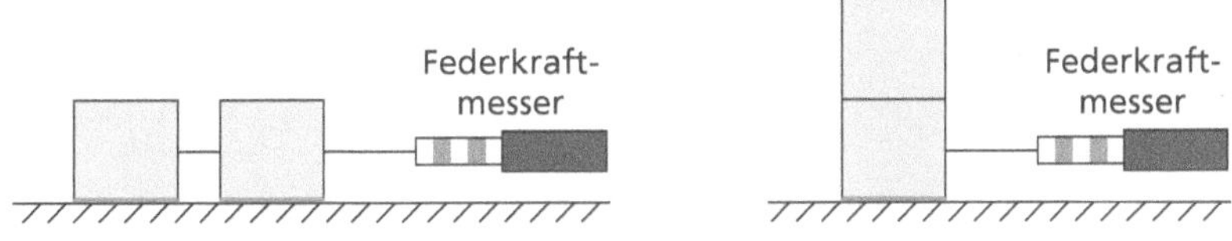

Abb. 3.14 Die Reibung ist von der Berührungsfläche unabhängig

Haftungskoeffizienten ermitteln, die vom Material abhängig sind. Siggi hat mir empfohlen, den griechischen Buchstaben ‚mü' dazu zu verwenden. Aber der Unterschied zwischen Gleitreibung und Haftreibung ist gering."

Und er schrieb die Formeln noch einmal in den Sand:

$$F_N = m \cdot g, F_H = \mu_H \cdot F_N, F_G = \mu_G \cdot F_N, \mu_G < \mu_H$$

„Sehr kompakt!", nickte Eddi, „Gib mal ein Beispiel." „Ein Zehn-Kilo-Holzklotz drückt mit etwa 98 Newton auf den Boden, das ist F_N. Liegt er auf einem Brett, dann ist $\mu_H = 0,65$ für ‚Holz auf Holz', wie ich gemessen habe. Also muss ich mit ungefähr 64 Newton seitlich ziehen, um ihn aus der Haftung zu befreien, sozusagen." „Das heißt, wenn du dein Zugseil über eine reibungsfreie Rolle umlenken würdest, müsstest du nur sechseinhalb Kilo daran hängen, um den Klotz in Bewegung zu setzen." „Ja, Eddi, genau so ist es. Meine Experimente haben es bestätigt."

Damit ist das Wichtigste gesagt. Manche verwenden hier allerdings nicht den Begriff „Reibung", da ja keine Bewegung entsteht, also keine Energie in Wärme umgewandelt wird. Das findet erst bei der Gleitreibung statt. Halten wir noch einmal fest: die Reibung (Haften, Gleiten, Rollen) ist von der Größe der Berührungsfläche *un*abhängig. Das möchte ich Ihnen in Abb. 3.14 für die Freunde der Breitreifen noch einmal zeigen.[54]

In diesem Zusammenhang möchte ich Ihre Aufmerksamkeit noch auf einen *Cliffhanger* (im wahrsten Sinn des Wortes) lenken. Das sieht man ja in vielen Filmen: Der Bösewicht ist in den Abgrund gestürzt und hängt an einem Seil, das der großmütige Held um einen Baumstamm gewickelt hat. Er zieht ihn ächzend hoch und rettete ihm das Leben. Das wollen wir Physiker uns mal kurz anschauen (Abb. 3.15).

Den dicken Bösewicht zieht es mit der Kraft F_1 zur Erde, während der Retter ihn mit F_2 hochzieht – über einen Baumstamm, um den das Seil im Winkel α geschlungen ist. Rechnen wir nicht lange herum, benutzen wir einfach die Formel, die andere gefunden haben:[55]

$$F_2 = F_1 \cdot e^{\mu_H \cdot \alpha}$$

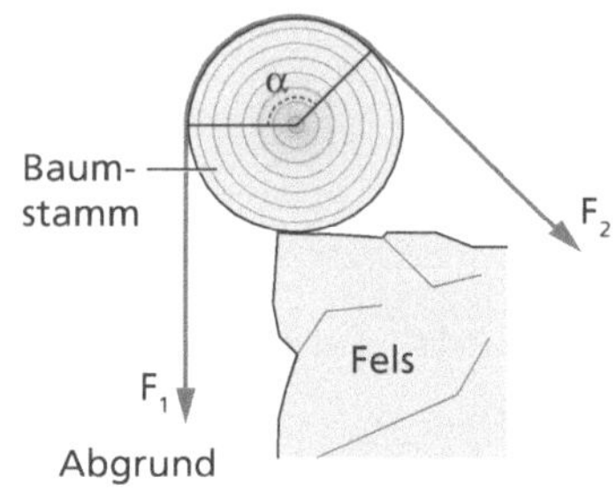

Abb. 3.15 Das Geheimnis des Umschlingungswinkels

Sagen wir: Der Schurke wiegt F_1 = 92 kg (900 N), der Reibungskoeffizient (Hanfseil an Holz) sei μ_H = 0,55 und der Winkel α = 120° (im Bogenmaß 2,1 rad). Also rechnen wir $e^{1,155}$ = 3,17 – die notwendige Zugkraft ist das über Dreifache des Schurkengewichts. Lachen Sie also beim nächsten *Cliffhanger* nicht zu laut! Es ist einer der üblichen Filmtricks oder Gedankenlosigkeiten wie die leeren Koffer oder die hektischen Bewegungen am Lenkrad, wenn das Auto geradeaus fährt.

3.3 Impuls, Energie und Arbeit

Mechanik ist anfassbar. Ihre Grundlagen sind uns allen intuitiv geläufig. Wir sprechen von „träger Masse" und spüren die Kraft, die wir brauchen, um eine große Masse in Bewegung zu setzen – selbst wenn die Reibung gering ist. Wir fürchten die Energie, die in ihrer Bewegung steckt, wenn sie auf uns zurollt. Wir werden müde von der Arbeit, solche Massen zu bewegen oder zu heben. Bergleute früherer Zeiten, die Loren mit Kohle durch die Schächte schieben mussten, haben das am eigenen Leib erfahren. Oft hätten sie sich mehr Leistung in Form von einigen PS gewünscht. Und in der Tat, Pferde kamen damals unter Tage zum Einsatz.

Etwas weniger greifbar ist der „Impuls". Er bezeichnet nicht wie umgangssprachlich eine spontane Lustanwandlung, sondern eine physikalische Größe, die man sich z. B. als „Wucht" eines Aufpralls vorstellen kann. Klar: eine gerichtete Größe, also ein Vektor. Ebenso klar: proportional zur Masse m eines Körpers und zu seiner Geschwindigkeit (in deren Richtung der Impuls p wirkt). Also p = m · v. Spielen Sie mal Billard, dann erleben Sie es direkt. Und auch den „Impulserhaltungssatz": Der Gesamtimpuls in einem abgeschlossenen System (d. h. ohne Wechselwirkungen mit seiner Umgebung) ist konstant. Wenn Sie mit ihrer Billardkugel eine andere ideal treffen, bleibt sie liegen und die andere rollt mit derselben Geschwindigkeit davon. Idealerweise, ohne die in der Praxis unvermeidlichen Energieverluste durch Wärme. Einer der wichtigsten Erhaltungssätze der Physik. Doch darauf kommen wir noch.

Wenn Sie also auf der Straße mit gemächlichen 108 km/h (flotte 30 m/s) fahren, dann haben Sie Ihrem Auto von 1000 kg einen Impuls von 1000 kg · 30 m/s = 30 kN · s verliehen. Hätte es die Elastizität einer Billardkugel, dann würden Sie beim Aufprall auf ein gleich schweres Auto stehen bleiben und das andere mit 108 km/h davonfahren. Genauer gesagt: Ihr *Auto* würde stehen bleiben, aber Sie würden darin weitersausen wollen. Und das wäre ohne die energievernichtenden Knautschzonen moderner Autos sowie Gurten und Airbags ziemlich unangenehm für Sie. Aber ich möchte auf etwas anderes hinaus: auf eine Impuls*änderung*. Sie geben Gas, Ihr Motor reagiert sofort und übt eine Kraft auf Ihr Auto aus, einen Kraftstoß sozusagen. Wenn die Kraft 100 N beträgt und der Kraftstoß eine Minute dauert, dann haben Sie einen zusätzlichen Impuls von 6000 N·s erhalten. Achten Sie auf stehende Autos!

Rudi dreht sich im Kreise

Rudi hatte seine alte Töpferscheibe umgebaut und vergrößert, sodass er darauf stehen konnte. Damit wollte er einen Beitrag zur Physik der Drehbewegung leisten. Er hatte sich auf seinen Drehteller gestellt und ihn mit dem Fuß in Bewegung gesetzt. Siggi und Eddi standen daneben und sahen ihm zu. Er streckte die Arme aus und die Drehung wurde langsamer. Dann zog er sie wieder dicht an den Körper und die Drehung wurde schneller. „Was ist das?", fragte er. „Eine Pirouette", antwortete Siggi. „Du mit deinen Wörtern aus der Zukunft! Gib mir lieber einen Hinweis auf die Physik!" Auch hier konnte der Seher aushelfen: „Trägheitsmoment, der Widerstand eines starren Körpers gegenüber einer Änderung seiner Rotationsbewegung. Das entspricht der trägen Masse bei geradliniger Bewegung." Eddi grinste: „Einen ‚starren Körper‘ würde ich Rudis Schwabbelbauch nicht nennen, aber der Physik wegen sei dir verziehen. Nun sage mir, welche Kraft verleiht Rudi diese Beschleunigung der Drehbewegung. Denn du sagtest ja: ‚Ein Körper verharrt im Zustand der Ruhe oder der gleichförmigen Translation, sofern er nicht durch einwirkende Kräfte zur Änderung seines Zustands gezwungen wird.‘ Ein Grundgesetz."[56] „Erstes Newton'sches Gesetz", brummelte Siggi, „Die Erhaltung des Impulses. Bei der Drehbewegung gibt es eine Erhaltung des Drehimpulses. Das kann man ausrechnen."

Das wollen wir nun tun. So wie sich der Impuls p eines Körpers, der sich gradlinig bewegt, aus Masse mal Geschwindigkeit ergibt, ist analog der Drehimpuls L bestimmt durch das Trägheitsmoment J (anstelle der Masse) und der Winkelgeschwindigkeit ω (statt der normalen Geschwindigkeit):

$$L = J \cdot \omega$$

Die Winkelgeschwindigkeit (man kann auch Rotationsgeschwindigkeit oder Drehgeschwindigkeit dazu sagen) gibt an, um welchen Winkel sich ein Körper um eine Achse in einer bestimmten Zeit dreht. Der Winkel wird natürlich nicht in Grad [°] gemessen, sondern in [rad], also Grad mal $\pi/180°$. Das Trägheitsmoment J eines Körpers ist ein Maß dafür, wie träge sich ein Körper gegenüber einem Drehmoment M verhält. So wie die Masse durch Kraft F und Beschleunigung a bestimmt ist (m = F/a), so ist das Trägheitsmoment J durch das Drehmoment M und die Winkelbeschleunigung α festgelegt (J = M/α). Die Winkelbeschleunigung a wiederum ist die Änderung der Winkelgeschwindigkeit ω (der griechische Buchstabe „omega") pro Zeit t.

Da Rudi auf der Töpferscheibe (abgesehen von der Reibung) kein Drehmoment erfährt, das den Drehimpuls ändern könnte, bleibt dieser konstant. Ändert er sein Trägheitsmoment zu J′, dann ändert sich auch seine Winkelgeschwindigkeit ω′:

$$J \cdot \omega = J' \cdot \omega' \Rightarrow \frac{J}{J'} \cdot \omega = \omega'$$

Bleibt also der Drehimpuls erhalten (was er ja tut) und nimmt das Trägheitsmoment J ab, wenn Rudi die Arme an den Körper heranzieht (was etwas komplizierter auszurechnen ist), dann erhöht sich die Winkelgeschwindigkeit ω – Rudi wird schneller. Und streckt er die Arme, wird das Trägheitsmoment also größer, dann nimmt die Winkelgeschwindigkeit wieder ab.

Nachtrag: „Translation" heißt: Alle Punkte des Körpers bewegen sich geradlinig in dieselbe Richtung. Der Körper bewegt sich nicht in einem Bogen und dreht sich auch nicht um sich selbst.[57]

Die „Fliehkraft" und ihre Gegenkraft

Eddi traf Rudi auf einem Feld abseits des Dorfes, wo er mit einer seltsamen Tätigkeit beschäftigt war. Er schleuderte einen dicken Stein, den er an ein Seil gebunden hatte, im Kreis um sich herum. In das Seil hatte er seinen Weidenkraftmesser eingebunden und versuchte verzweifelt, während der Drehung die Spreizung der beiden Weidenzweige zu erfassen. „Das sieht aber sehr albern aus", kommentierte Eddi, „Arbeiten Physiker immer so?" „Mach's doch besser!", knurrte Rudi, „Wie soll ich denn sonst hinter die Kraft kommen, die den Stein bei der Drehung nach außen zieht?!"

Eddi sprach weiter: „Siggi hat mich schon vorgewarnt. Ihm entgeht ja nichts – schließlich ist er Seher. Er hat mir die Fachausdrücke verraten und mir empfohlen, dir mit mathematischen Methoden zu helfen. Darauf wäre ich auch selbst gekommen, aber ich habe mir nichts anmerken lassen. Er

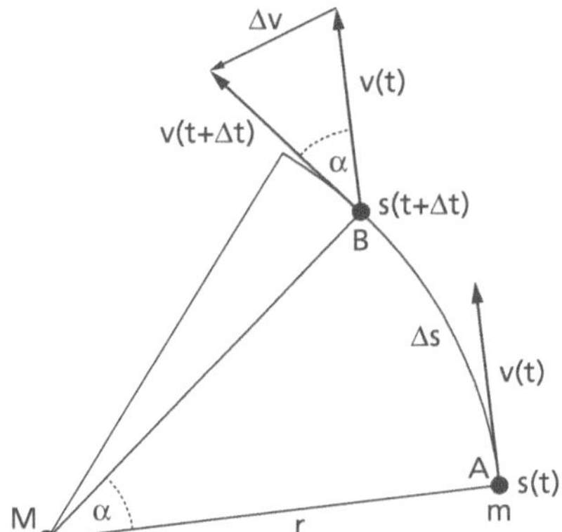

Abb. 3.16 Ermittlung der Zentrifugalkraft

sprach von der ‚Zentrifugalkraft', die durch eine ‚Zentripetalkraft' als Gegenkraft aufgehoben wird.[58] Lass es uns mal aufmalen!" (Abb. 3.16).

„Ich sehe, was du meinst", interpretierte Rudi das Bild, „und da tauchen ja
auch wieder die Deltas auf." „Schön, dass du dich an die Mathematik erinnerst: Mit ‚Δ-irgendwas' bezeichnen wir kleine Größen, kleine Unterschiede.
‚Δt' ist eine kleine Zeiteinheit und ‚t + Δt' heißt: zur Zeit t und ein klein wenig
später." „Also willst du mit dem Bild sagen: Im Punkt A hat der Massepunkt
m irgendeine Strecke s(t) zurückgelegt und bewegt sich mit der Geschwindigkeit v(t) tangential zum Drehmittelpunkt M im Abstand r, denn er will
ja geradeaus weiterfliegen. Wenn man ihn nur ließe." „So ist es", bestätigte
Eddi, „und ein Augenblickchen Δt später ist er am Punkt s(t + Δt) und hat die
Strecke Δs zurückgelegt. Jetzt kommt's: Im Punkt B zwingt ihm die Zentripetalkraft eine Geschwindigkeit Δv in Richtung auf M auf. Jetzt fangen wir
an, das in Formeln zu fassen. Wir gehen vom Winkel α im Bogenmaß aus,
den wir im Punkt B wiederfinden. Aber das male ich dir lieber auf, anstatt es
mit Worten zu erklären." Sprach's und tat es:[59]

(1) $\Delta s = \alpha \cdot r \Rightarrow \alpha = \Delta s / r$

(2) $\Delta v = v(t + \Delta t) - v(t) = v \cdot \alpha$

Die „Zentripetalbeschleunigung" (wie aus Abb. 3.16 zu ersehen) ist $a = \Delta v / \Delta t$.
Aus (1) und (2) folgt

(3) $a = \dfrac{v \cdot \Delta s}{r \cdot \Delta t} \, .$

Da $\dfrac{\Delta s}{\Delta t} = v$, folgt

$$(4) \quad a = \frac{v^2}{r}$$

Zentripetalkraft $F_z = m \cdot a = m \cdot \dfrac{v^2}{r}$

Freunde der Differenzialrechnung nehmen mathematisch sauberer die Kreisbewegung in Vektorform: Der Ort $x(t)$ ist $x(t) = r(\cos\omega t, \sin\omega t)$. Die Geschwindigkeit als erste Ableitung ist

$$\frac{dx}{dt} = \dot{x} = r\omega(-\sin\omega t, \cos\omega t).$$

Rudi nickte zufrieden: „Sauber hergeleitet. Ich nehme meinen Stein: Gewicht 5 kg. Seil plus mein Arm sind etwa 1,50 m, zwei Sekunden pro Umdrehung. Lass mich rechnen.“

$$s = 2\pi r = 9,42\,\mathrm{m} \;\Rightarrow\; v = 4,71\,\mathrm{m/s}.$$

$$F_z = 5\,\mathrm{kg} \cdot 22,2\,\mathrm{m}^2/\mathrm{s}^2 /1,5\,\mathrm{m} = 74\,\mathrm{m}\cdot\mathrm{kg}/\mathrm{s}^2$$

„Ja“, sagte Eddi, „ein schönes Beispiel ist auch ein Pferd, das sich in die Kurve legt. Muss es ja, weil die Zentrifugalkraft es sonst nach außen kippen würde. Es ist ja nicht mit einem Seil am Drehpunkt fixiert, sondern wird durch die Gravitationswirkung in der Schräglage gehalten. Es wiegt 600 kg, läuft in einem Kreis mit 30 m Radius mit 20 Stundenkilometern. Wie stark muss es sich in die Kurve legen? Lass uns ein wenig rechnen … die Formeln benutzen und die manchmal lästige Umrechnung der Maßeinheiten hinter uns bringen.“ Und so sah das Ergebnis aus:

$v = 20$ km/h $= 5,55$ m/s

$a = 5,55^2/30 = 1,03$ m/s²

„Das Pferd legt sich entlang der gestrichelten Linie in die Kurve, um durch seine Neigung die notwendige Zentripetalbeschleunigung zu liefern“, sagte Rudi, „Ich brauche bloß a im Verhältnis zur Erdbeschleunigung $g = 9,81$ m/s² aufzuzeichnen.“ (Abb. 3.17)

„Ich schätze mal, der Neigungswinkel α beträgt etwa 5°“, sagte Rudi, „Aber wir können ihn ja sauber berechnen. Denn $a/g = 1,03/9,81 = 0,105$. Das ist der Wert von $\tan\alpha$. Wie ich mich erinnere, ist für kleine Winkel $\tan\alpha \approx \alpha$. Also brauchen wir $a = 0,105$ nur vom Bogenmaß in Grad umzurechnen.“

α [°] $: 360° = \alpha$ [rad] $: 2\pi \Rightarrow \alpha = 6°$

„Na, habe ich das nicht sauber geschätzt?!“ „Ja. Jetzt habe ich nur noch eine Frage“, sagte Eddi, „Woher kennt das Pferd den Tangens von Alpha?“[60]

Abb. 3.17 Zeichnerische Ermittlung des Neigungswinkels

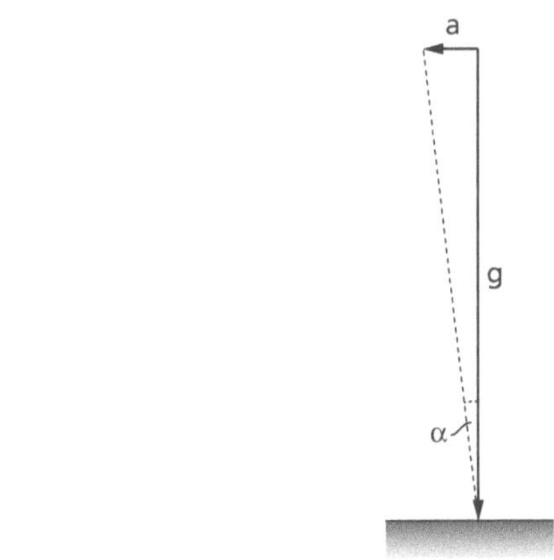

Abb. 3.18 Kräfte auf der schiefen Ebene

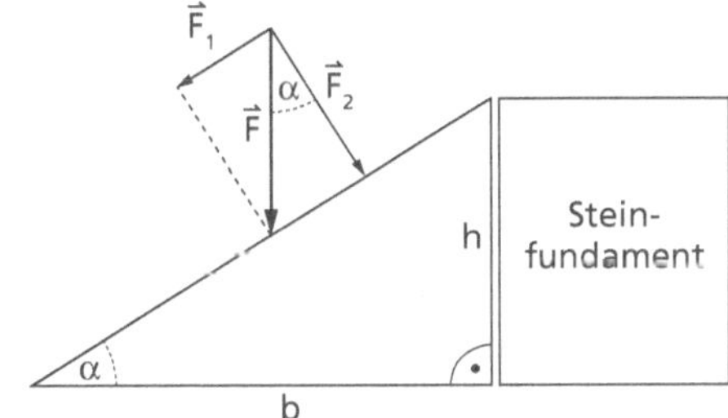

Rudi gerät auf die schiefe Bahn

Rudi sah etwas unglücklich aus: „Ich muss einen schweren Baumstamm auf ein hohes Steinfundament heben. Ich wüsste gerne, ob ich das überhaupt schaffe. Ich habe mir eine schiefe Ebene gebaut, eine Rampe, um ihn da hochzurollen. Die Physik müsste mir doch helfen, das vorher zu berechnen, bevor ich mir das Kreuz breche!" Eddi schlug vor, den Fall doch einfach mal aufzuzeichnen (Abb. 3.18).

„Das Steinfundament hat die Höhe h. Die Spitze meiner Rampe ist b davon entfernt. Die Steigung h/b, die sich im Winkel α ausdrückt, findet sich ja an der Spitze des Kräfteparallelogramms wieder", erläuterte Rudi. „Dann kannst du wieder die Mathematik zu Hilfe nehmen", stimme Eddi zu, „denn nun kannst du die Kraft F_1 berechnen, mit der du die Last F hochdrücken musst. Die Kraft F_1 ist gleich $F \cdot \sin \alpha$. Die andere, F_2, drückt ja nur den Boden deiner Rampe ein. Und α ist leicht zu bestimmen, denn $\tan \alpha = h/b$." „Dabei vernachlässigen ..." „Natürlich vernachlässigen wir wieder die Reibung. Deswegen würde ich die Last auf Rollen legen, um sie so gering wie möglich zu halten."

„Mich würde noch interessieren, wie kaputt ich nach der ganzen Arbeit bin", sagte Rudi. „Arbeit im physikalischen Sinne ist Kraft mal Weg, das wissen wir schon. Der Weg, gegen den die Kraft aufgewandt werden muss. Wäre deine Rampe eine Ebene und würdest du die Reibungskraft kennen, gegen die du anarbeiten musst, könntest du sie damit berechnen, wie wir ja gesehen haben. Hier aber haben wir die Reibung vernachlässigt. Du arbeitest nur gegen die senkrechte Komponente an, als ob du die Last einfach hochheben würdest", erklärte Eddi. Und Rudi war enttäuscht: „Also nur F · h?" „Ja", sagte Eddi, „Diese Arbeit ist die Energie, die in dem Körper steckt, also Masse mal Erdbeschleunigung mal Höhenunterschied. Und sie kommt wieder zum Vorschein, wenn er von dort oben auf deine Füße fällt. ‚Potenzielle Energie', sozusagen. Du gewinnst sie, indem du mit deinem Laufrad durch den Schwung der Geschwindigkeit auf einen kleinen Hügel rollst und verlierst sie wieder, wenn du auf der anderen Seite herabrollst." Rudi musste ihn korrigieren: „‚Verlieren' ist vielleicht nicht das richtige Wort, denn ich gewinne sie ja als Energie der Bewegung wieder."

„Korrekt, ihr Beiden! Eine reife Leistung", tönte die tiefe Stimme Siggis, der dazugetreten war, „Das ist die ‚kinetische Energie'. Energie geht nicht verloren, das solltet ihr euch merken. Energie gehorcht einem Erhaltungssatz, wie ihr noch sehen werdet. Und schreibt die Formeln an die Höhlenwand, sie sind wichtig. Heute und in der Zukunft, in die ich bald wieder reisen werde, um euch die neuesten physikalischen Erkenntnisse mitzubringen."

Und sie taten es:

$$\text{Arbeit} = \text{Kraft} \cdot \text{Weg} \quad W = \vec{F} \cdot \vec{s} \; [Nm]$$

$$\text{Potenzielle Energie:} \quad F = m \cdot g \quad \Rightarrow E_{pot} = m \cdot g \cdot h \; [Nm]$$

$$\text{Kinetische Energie:} \quad \vec{p} = m \cdot \vec{v} \quad \Rightarrow E_{kin} = \frac{m}{2} \cdot v^2 \; [Nm]$$

Da gibt es noch einiges zu erklären, ohne uns in Details zu verlieren. Unter „Leistung", von Siggi so nebenbei und in umgangssprachlicher Bedeutung verwendet, versteht man in der Physik die Arbeit pro Zeiteinheit. Die Maßeinheit war einmal die gute alte „Pferdestärke" [PS] = 75 m · kg/s. Ein Pferd zieht 75 kg in einer Sekunde über eine Seilrolle einen Meter hoch. Der „Döschewo" (der Citroën 2CV) erinnert daran, obwohl er eine Leistung von mehr als 2 PS hatte. Nachdem nun die Arbeit in [Nm] oder [kg · m²/s²] gemessen wird, muss die Leistung die Dimension M L²/T³ oder die Maßeinheit [Nm/s] oder [kg · m²/s³] haben. Verdammt unanschaulich, das gebe ich zu. Wenn wir über elektrische oder Wärmeenergie sprechen (beides sind ja auch Energieformen), werden wir eine einfache und im Alltag – wenn auch nicht in der

Steinzeit – verwendbare Alternative kennenlernen. Da tauchen Bekannte aus dem Alltag auf: die „Kilowattstunde" [kWh] und das moderne „Joule" [J], das die „Kilokalorie" abgelöst hat.

Alles ist relativ

„Alles ist relativ", sagen manche, die die Weisheit mit Löffeln gegessen haben. Na, die werden sich noch wundern, wenn wir über das Licht und die Relativitätstheorie (!) sprechen. Aber in der klassischen Mechanik spielt die Relativität eine große Rolle – etwa bei der Geschwindigkeit oder der Energie.

Unsere Erfahrung hat uns gelehrt, dass Geschwindigkeiten relativ zu einem Bezugspunkt sind bzw. dass sie sich vorzeichengerecht addieren. Schon öfter dachte mancher in einem sanft und unmerklich anfahrenden Eisenbahnzug, er stände still und der Zug auf dem Nachbargleis würde abfahren. Wenn er in einem mit 60 km/h fahrenden Zug in Fahrtrichtung geht, dann erscheint er einem Außenstehenden 65 km/h schnell, geht er entgegen der Fahrtrichtung, dann misst der externe Beobachter nur 55 km/h. Die klassische Physik spricht hier von „zueinander gleichförmig bewegten Bezugssystemen", auch „Inertialsystem" genannt. Lässt man in einem passend langen Zug eine Stahlkugel fallen und schießt gleichzeitig eine Pistolenkugel in waagerechter Richtung ab, dann treffen beide gleichzeitig auf dem Fußboden auf – egal, ob der Zug steht oder fährt. Bewegt sich ein Beobachter mit der Geschwindigkeit der Pistolenkugel in dieselbe Richtung, dann fällt sie aus seinem Blickwinkel senkrecht zu Boden.[61]

Das ist die Relativität der Bewegung. Wir brauchen ein Bezugssystem. Fehlt es uns, merken wir die Bewegung nicht – weder, dass wir uns am Äquator mit 1667 km/h drehen, noch, dass wir mit der gesamten Erde mit der „Orbitalgeschwindigkeit" von 107.208 km/h um die Sonne fliegen.[62] Fehlt nur noch, dass sich das gesamte Sonnensystem durch die Milchstraße (in der es angesiedelt ist) bewegt …! Tut es: mit gemächlichen ca. 83.000 km/h.[63] Und Sie merken von allem … nichts!

Relativ ist auch die Energie: Die potenzielle Energie eines 1-kg-Gewichtes, das Sie einen Meter hoch heben, beträgt 9,81 Nm. Relativ zum Erdboden. Wenn Sie es fallen lassen, trifft es mit demselben Betrag in Form von kinetischer Energie auf Ihren Fuß. Ein Mitmensch am Fuße eines 100 m tiefen Schachtes sieht (und fühlt!) das völlig anders.

Die Naturgesetze haben für alle Beobachter dieselbe Form. Alle physikalischen Gesetze im fahrenden Zug sind identisch zu denen auf dem Bahnsteig. Man kann die Welt überall mit denselben Grundsätzen beschreiben. Auf dem Mond gelten die gleichen physikalischen Gesetze wie hier auf der Erde oder in den Tiefen des Weltraums. Die Relativität des Ortes ist die Voraussetzung

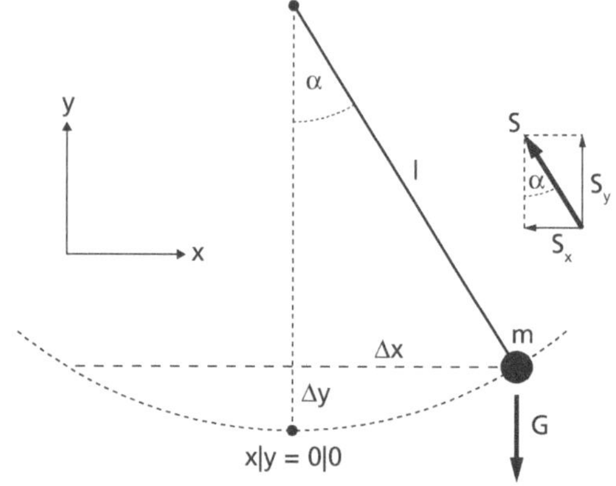

Abb. 3.19 Kräfteverhältnisse am klassischen Pendel

dafür, dass man mit den auf der Erde gefundenen Gesetzmäßigkeiten die Vorgänge auf den Planeten unseres Sonnensystems und im interstellaren Raum beschreiben kann.[64] Dies ist das „Relativitätsprinzip", das seit Galileo Galilei eine der Grundfesten der Naturwissenschaften darstellt. Aber es gibt eine Einschränkung: *nur* in sich gleichförmig bewegenden, also *nicht beschleunigten* Bezugssystemen. Der Fachausdruck ist „Inertialsystem" – ein Bezugssystem, in dem sich kräftefreie Körper geradlinig und gleichförmig bewegen. Unterliegt es einer Beschleunigung, z. B. durch eine Drehung (die eine Zentrifugalbeschleunigung zur Folge hat), dann ist Vorsicht geboten. Es sei denn, die „Verzerrung" der Ergebnisse ist so gering, dass sie – wie so oft in der Physik – der Vernachlässigung zum Opfer fallen.

Das ideale Pendel

Das klassische mechanische Objekt ist das Pendel. So klassisch, dass es schon Rudi interessierte. Eddi traf ihn, wie er die Verhältnisse in den Sand kritzelte (Abb. 3.19), und Rudi erklärte ihm den Sachverhalt: „Eine Masse m hängt an einem Faden der Länge l und schwingt hin und her. Wir denken sie uns – wie immer – in ihrem Schwerpunkt konzentriert. Wie können wir hinter die Gesetze dieser Schwingung kommen? Der Auslenkungswinkel ist α. Ihr Gewicht G zerrt sie senkrecht nach unten, aber die Gegenkraft – sie muss ja immer da sein! – ist die Spannung S im Faden. Wie gehen wir jetzt vor?" „Das ist einfach", sagte Eddi, „Da die Spannung S immer in Richtung des Fadens wirkt, können wir sie in zwei Komponenten zerlegen. Dazu nehme ich mir ein x|y-Koordinatensystem zu Hilfe. Die x-Komponente von S ist $S_x = S \cdot \sin \alpha$, die senkrechte ist $S_y = S \cdot \cos \alpha$. So weit die Geometrie. Jetzt kommst du!" Rudi fuhr fort: „Das Gewicht G ist ja nichts anderes als die Masse m mal der Erdbeschleunigung g. Jetzt muss ich das zweite Newton'sche Gesetz anwenden: ‚Die Änderung der Bewegung ist der Einwirkung der bewegenden Kraft proportional.' Die ‚Änderung der Bewegung' ist nichts anderes als die Beschleunigung …" „Die wir in x- und in y-Richtung getrennt betrachten sollten. Und – erinnerst du dich an die Mathematik? – wir bezeichnen Strecken in x-Richtung mit x, Geschwindigkeiten in x-Richtung mit $\dot{x}$ und Beschleunigungen in x-Richtung mit $\ddot{x}$. Denn $\dot{x}$ ist ja als dx/dt definiert und …" „Jaja. Also können wir zwei Gleichungen hinschreiben, eine für die x- und eine für die y-Richtung. Wir brauchen die Winkelfunktionen aus der Mathematik, den Sinus und den Kosinus." „Mach's!" Und Rudi tat es:

$$(1) \quad m \cdot \ddot{x} = -S \cdot \sin\alpha = S \cdot x/l$$

$$(2) \quad m \cdot \ddot{y} = S \cdot \cos\alpha - m \cdot g$$

Willa, die man lange Zeit nicht gesehen hatte, war unbemerkt dazugetreten und kommentierte lächelnd das Ergebnis: „Na zau-ber-haft! Zwei gekoppelte partielle Differenzialgleichungen … Die müsst ihr auflösen. Das scheint mir ein hoffnungsloses Unterfangen zu sein." Eddi lächelte zurück und hoffte, bei ihr zu punkten – nicht ohne einen kleinen Seitenhieb auf Rudi: „Die Physik lebt doch von Vernachlässigungen. Wir nehmen einfach nur kleine Winkel, dann ist sin $\alpha \approx \alpha$ und der cos $\alpha \approx 1$. Bei $\alpha = 10°$ ist der Fehler beim Sinus nur 0,5 % und beim Kosinus 1,5 %."[65] Rudi ließ sich aber nicht verblüffen, sondern setzte noch einen drauf: „Die Auslenkung Δx ist ja auch wesentlich größer als Δy. Also ist die Beschleunigung in y-Richtung zu vernachlässigen und wir können $\ddot{y}$ vergessen. Das vereinfacht die Sache noch einmal."

Willa nickte anerkennend: „Ich sehe, ihr seid lernfähig. Dann macht mal schön weiter … Und sagt Bescheid, wenn ihr was Nützliches für die Allgemeinheit herausbekommen habt." Und weg war sie.

„Da gibt es nicht viel weiterzumachen", sagte Rudi, „denn aus Gleichung (2) ergibt sich ja sofort, dass $S = m \cdot g$ ist." „Und mit Gleichung (1) bekomme ich auch etwas Nettes heraus", fuhr Eddi fort und schrieb:

$$(3) \quad m \cdot \ddot{x} + m \cdot g \cdot x/l = 0 \quad \Rightarrow \quad \ddot{x} = -\frac{g}{l} \cdot x$$

Rudi schaute noch immer etwas ratlos: „Und wie knacken wir das?" „Mit Köpfchen. Wir haben ja Funktionsverläufe vor uns, denn der Weg x und die Beschleunigung $\ddot{x}$ sind ja zeitabhängig: x(t) und $\ddot{x}$ (t). Die Funktion x(t) ist die zeitabhängige Bewegungsgleichung für x. Eigentlich müssten wir $\ddot{x}$ zweimal integrieren … Aber das ist ja eine leichte Frage: Welche Funktion ist gleich dem Negativen ihrer zweiten Ableitung?" Rudi kramte in seinem Gedächtnis, wurde aber nicht fündig. Deswegen sprach Eddi weiter: „Für uns

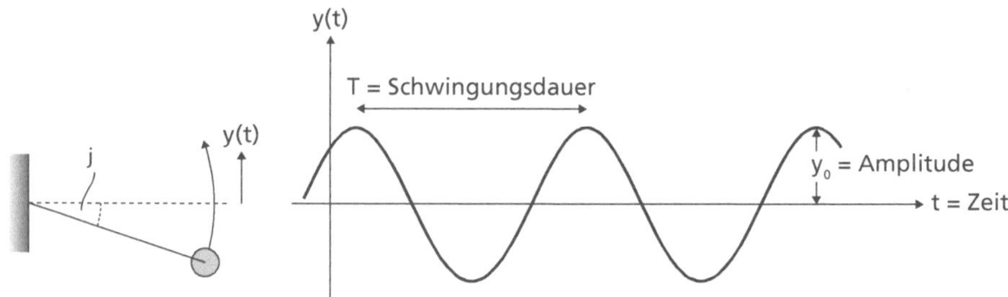

Abb. 3.20   Ein schwingendes Pendel erzeugt eine Sinuskurve

Mathematiker ist das eine ‚Mitternachtsfrage'. Du kannst mich um Mitternacht aus dem Tiefschlaf holen und ich sage es dir: der Sinus. Denn die erste Ableitung des Sinus ist der Kosinus, und dessen erste Ableitung ist minus Sinus.“[66]

Hier können wir die beiden allein lassen und den Rest des Weges zurücklegen – im Wortsinne, denn wir gehen gewissermaßen rückwärts: von der Schwingungsgleichung zu ihrem Pendelgesetz. Und in jedem guten Physikunterricht wird hoffentlich der Versuch gezeigt, unter einem schwingenden Pendel mit einer Schreibspitze einen Papierstreifen gleichmäßig hindurchzuziehen und so Abb. 3.20 zu erhalten.

Die Schwingungsgleichung hat die allgemeine Form

$$y(t) = \sin(\omega t + \varphi)$$

Darin ist ω („omega") die „Winkelgeschwindigkeit", eine Konstante, die die Zeit t in einen Winkel umrechnet. Falls der Sinus nicht bei 0 beginnt (wie in Abb. 3.20), nennt man φ („phi") die „Phasendifferenz" der Schwingung. Nun verfolgen wir Eddis Idee: Die erste Ableitung des Sinus ist der Kosinus – und danach gleich die zweite Ableitung.

$$\frac{dy}{dt} = \dot{y} = \omega \cdot \cos(\omega \cdot t + \varphi) \Rightarrow \frac{d^2y}{dt^2} = \ddot{y} = -\omega^2 \cdot \sin(\omega t + \varphi) = -\omega^2 \cdot y$$

Das müssen wir nur noch mit Gleichung (3) vergleichen und sehen sofort die Winkelgeschwindigkeit:

$$\omega = \sqrt{\frac{g}{1}} \text{ mit der korrekten Einheit } \left[\sqrt{\frac{m}{s^2 \cdot m}}\right] = \left[\frac{1}{s}\right]$$

Die Schwingungsdauer T (siehe Abb. 3.20) ergibt sich aus folgender Überlegung: Am Anfang der Schwingung ist das Argument (also der Wert hinter) der Sinusfunktion „$(\omega t + \varphi)$". Nach einer kompletten Schwingung ist er „$(\omega(t+T)+\varphi)$" oder „$(\omega t + \omega T + \varphi)$". Das ist in der Sinusfunktion die Strecke 2π, also ein kompletter Kreisumlauf. Also gilt

$$T = 2\pi \cdot \sqrt{\frac{1}{g}} \ [s] \cdot {}^{67}$$

Fällt Ihnen etwas auf? Natürlich fällt Ihnen etwas auf: Die Schwingungsdauer T und damit die Frequenz $f = 1/T$ ist von der Masse m des Pendels völlig *unabhängig*! Egal, ob ein Kilo an einem 1-m-Pendel hängt oder ein 100-kg-Klotz, die Schwingungsdauer T ist immer ziemlich genau 2 Sekunden für eine komplette Hin-und-her-Bewegung.

Auch hier könnte man wieder eine Energiebetrachtung anstellen und den Wechsel zwischen potenzieller und kinetischer Energie bemerken. Am Tiefpunkt des Pendels hat es nur (kinetische) Bewegungsenergie und keine (potenzielle) Lageenergie. Denn im ruhenden Zustand hängt es ja senkrecht. Am obersten Auslenkungspunkt hat es keine Geschwindigkeit (denn deren Richtung kehrt sich ja gerade um), also auch keine Bewegungsenergie. Es steht ja für einen Sekundenbruchteil still. Da dies gleichzeitig der höchste Punkt über dem Ruhepunkt ist, ist hier das Maximum der Lageenergie.

Harmonische Schwingungen

Wenn wir das Pendel betrachten, sehen wir wieder ein Prinzip. Wäre es ein „ideales System", dann käme die Schwingung nie zum Stillstand. Keine Reibung, kein Luftwiderstand, nichts. Die harmonische Schwingung – beschrieben durch die Sinusfunktion – ginge für alle Zeiten weiter. Die anfänglich beim Anstoß des Pendels aufgebrachte Energie würde im Wechsel zwischen potenzieller und kinetischer Energie nie verloren gehen. Energieerhaltungssatz, Sie verstehen schon! So wenig, wie der Drehimpuls der Erde um die Sonne jemals verloren geht. Wir drehen uns im Wechsel zwischen Sommer und Winter bis zum Ende aller Tage um sie.[68] Ein Gewicht an einer Feder, eine schwingende Saite, ein sich verdrillender Draht – alle führen harmonische Schwingungen aus (Abb. 3.21).

Eine harmonische Schwingung mit der Schwingungsdauer T und der Amplitude A sowie einer möglichen Phasenverschiebung φ_0 hat die allgemeine Formel

$$y(t) = A \cdot \sin\left(\frac{2\pi}{T}t + \varphi_0\right)$$

Sie ergibt sich aus der Projektion eines mit gleichmäßiger Winkelgeschwindigkeit ω (auch „Kreisfrequenz" genannt) umlaufenden Strahls auf die y-Ach-

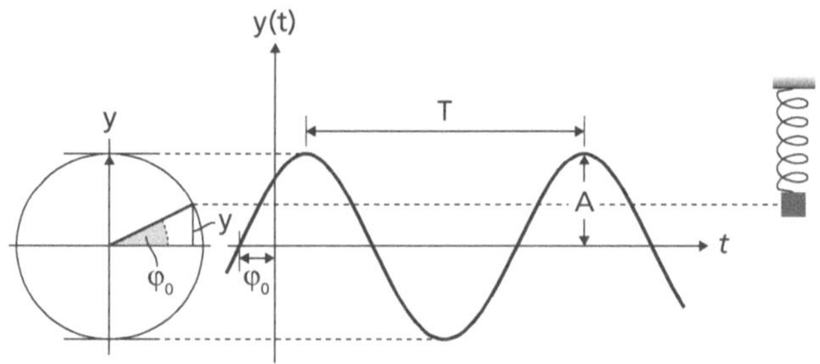

Abb. 3.21   Harmonische Schwingung

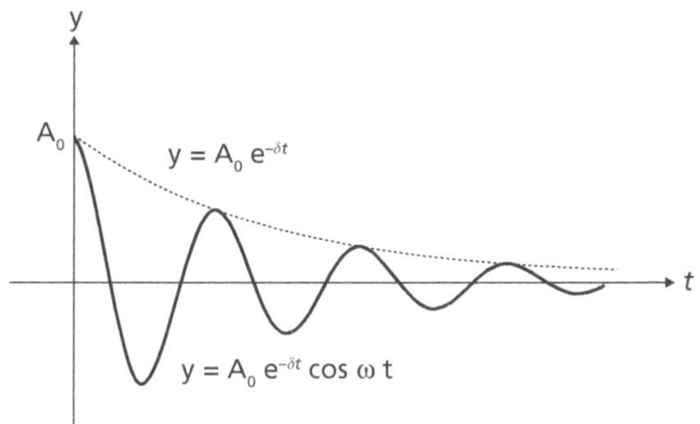

Abb. 3.22   Abklingende harmonische Schwingung

se (Abb. 3.21, links). Da die Schwingungsdauer T gleich dem Kehrwert der „Frequenz" f ist, kann man dafür auch $A \cdot \sin(2\pi f \cdot t + \varphi_0)$ schreiben oder (weil $\omega = 2\pi f$ ist) auch gleich $A \cdot \sin(\omega t + \varphi_0)$. Nun fragt der Physiker sofort: „Wie wird die Frequenz gemessen?" Die Antwort ist: in Hertz (1 Hz = 1 s⁻¹), zu Ehren des deutschen Physikers Heinrich Hertz. Dieses Maß begegnet uns im Alltag oft, vom Wechselstrom (50 Hz) über den Kammerton a (440 Hz) und den UKW-Funk (87,5 MHz bis 108,0 MHz, 1 MHz = 10^6 Hz) bis zum Mikrowellen-Herd (im GHz-Gereich, 1 GHz = 10^9 Hz) – und das ist noch nicht alles. Licht schwingt, wie Sie noch sehen werden, mit ca. 384 THz bis 789 THz (1 THz = 10^{12} Hz).

Im „wirklichen Leben" (es gibt kein „ideales System") klingen harmonische Schwingungen ohne Zufuhr von Energie ab. In Abb. 3.22 ist die Schwingung zur Abwechslung mit der Kosinusfunktion beschrieben – Sinus und Kosinus sind ja „dasselbe", nur um 90° phasenverschoben. Idealerweise folgt die Abnahme der Amplitude der Abklingfunktion $y = k \cdot e^{-\delta t}$, die aus der Mathematik bekannt ist.[69]

In der Physik wimmelt es von Wellen, von der Pendelschwingung über die Schallwellen einer Stradivari bis zu den Wogen des Ozeans. Die meisten von ihnen sind gut durch eine mathematische Sinus-Funktion bzw. eine Überlagerung mehrerer solcher Verläufe zu beschreiben.

3.4 Die Welt ist voller Energie

Grundlegende Begriffe in der Physik sind Raum, Zeit, Masse und Energie. Aber was *ist* Energie? Man kann sie nicht beobachten, nicht erzeugen und nicht vernichten. Sie ist einfach *da*. Sie ist „eigentlich" (dieses Wort sollte immer in Anführungsstrichen geschrieben werden) nur eine abstrakte Rechengröße, die Naturwissenschaftler eingeführt haben, um Veränderungen von Systemen zu beschreiben. Man könnte das erste Newton'sche Gesetz auch so formulieren, dass alle physikalischen Prozesse auf Energieunterschiede zurückzuführen sind. Lassen Sie uns auf die Erhaltungssätze, denen wir gerade begegnet sind, noch einen tieferen Blick werfen.

Energie kommt in unterschiedlichen Qualitäten vor: „wohlgeordnet" z. B. in Form von potenzieller Energie (eine Kugel auf der Spitze einer schiefen Ebene), von kinetischer Energie (durch die Geschwindigkeit der Kugel, die die schiefe Ebene herabrollt) und schließlich völlig „ungeordnet" in Form von Wärme, die durch die Reibung erzeugt worden ist. Die Energie, die aus der Steckdose kommt und die wir „verbrauchen", wird ja auch nur in „nutzlose" Wärme umgewandelt. „Nutzlos" insofern, als dass wir sie schlecht wieder in „geordnetere" zurückverwandeln können. Und wie kam sie in die Steckdose hinein? Zum Beispiel durch Solarmodule, die die Energie der Sonnenstrahlung in elektrische Energie verwandeln. In der Sonne werden Wasserstoff-Atomkerne zu Helium verschmolzen, und dabei wird Energie frei, wie Sie in Kap. 11 noch sehen werden. Unsere „Energieerzeuger" sind also nur Energieverwandler.[70]

Nichts geht verloren – im Idealfall

Rudi hatte sich beim Bau einer neuen Rundhütte mächtig ins Zeug gelegt. Langsam stieg die Anerkennung seiner Forschungsarbeiten, da er statische Probleme beim Bau der Hütte elegant gelöst hatte. „Das war eine Menge Arbeit!", sagte einer der Bauleute anerkennend, „Du hast ja viel geleistet!" „Der Mann ist voller Energie!", stimmte ein anderer zu. „Ach", wehrte Rudi ab, „ich hatte einfach den Impuls, euch zu helfen."

„In der Physik ...", hörte er eine helle Stimme hinter sich. Ein Konkurrent auf *seinem* Gebiet?! Rudi fuhr herum: „Willa! Davon hast du doch keine Ahnung!" „Ich bin eine Frau. Ich habe von *allem* eine Ahnung. Außerdem bin ich eine *weise* Frau und dazu noch Hexe. Also versuche nicht, es mit mir aufzunehmen!" Rudi sah seine aussichtslose Position sofort ein: „Also, was wolltest du sagen?"

„In der Physik haben alle diese Alltagsbegriffe – Energie, Arbeit, Leistung, Impuls – eine eigene Bedeutung. Am einfachsten sind noch Energie und

Arbeit. Arbeit ist verrichtete Arbeit und Energie ist mögliche Arbeit. Energie ist die Fähigkeit, Arbeit zu leisten. Arbeit wird verrichtet, wenn eine Kraft längs eines Weges auf einen Körper wirkt. Das hast du ja beim Schieben der Karren gemerkt. Aber sie gehen auch ineinander über, weil Energie ja nicht verschwindet. Und sie werden mit den gleichen Einheiten gemessen: kg mal m² durch s².“ „Ja“, sagte Rudi, „aber Leistung ist etwas anderes. Leistung ist Arbeit pro Zeiteinheit. Wenn ich die Arbeit, die ein fauler Sack in einer Stunde verrichtet, in einer halben schaffe, dann ist meine Leistung doppelt so hoch. Ihre Einheit ist also: kg mal m² durch s³. Sekunden hoch drei im Nenner.“ „Korrekt“, sagte Willa und lächelte, „kommen wir zum Impuls …“ „Ja, äh, Impuls … ist mir noch nicht begegnet.“ „O doch! Er ist dir schon begegnet. Beim Kugelschubsen …“[71] „Du meinst: wenn meine rollende Kugel eine andere trifft, bleibt sie liegen, und die andere rollt weiter?“ „Genau. Auch der Impuls geht nicht verloren, so wenig wie die Energie. Er ist Masse mal Geschwindigkeit, und seine Einheit ist kg mal m durch s. Ist doch einfach, oder?“

Rudi brachte es noch einmal auf den Punkt: „Das war eine Hundsarbeit, den Dachstein auf den First des Dorfhauses zu kriegen!“ Willa tröstete ihn: „Sieh es positiv, Rudi! Es speichert jetzt deine Arbeit in Form von Lageenergie. Für immer und ewig, denn die Energie verschwindet nicht. Sozusagen ein Gedenkstein für deine Mühe. Er kann jetzt selbst Arbeit verrichten. Das merkst du, wenn er dir in drei Jahren auf den Fuß fällt – dann wird aus Lageenergie eine Bewegungsenergie. Auch die bleibt erhalten, sie verwandelt sich in Wärme, denn dein Fuß schwillt an und wird heiß. Naja, kleiner Scherz, das sind ja andere Prozesse. Auch die Wärme geht nicht im eigentlichen Sinne verloren, sie verteilt sich nur gleichmäßig, bis du nichts mehr von ihr bemerkst. Aber du hast den Erdball um ein Trilliardstel Grad aufgeheizt durch deine heutige Arbeit.“

Das ist richtig – und wichtig und droht in der verbalen Form etwas unübersichtlich zu werden. Deswegen wollen wir es noch einmal kurz zusammenfassen. Dabei führen wir auch eine neue, etwas einfachere Maßeinheit für die Arbeit ein: das Joule [J], eine abgeleitete SI-Einheit:[72]

$$1\,\mathrm{J} = 1\,\frac{\mathrm{kg} \cdot \mathrm{m}^2}{\mathrm{s}^2} = 1\,\mathrm{W} \cdot \mathrm{s}$$

Ein „Joule“ ist dasselbe wie eine „Wattsekunde“. Schon wieder eine neue Einheit, aber wenigstens eine bekannte: W (Watt).[73] Sie wird uns im Kap. 8 bei der Elektrizität wieder begegnen.

Sie sehen, auch Physiker machen sich das Leben gerne einfach. Nun können wir das Gesagte in einer kleinen Tabelle zusammenstellen (Tab. 3.1).

Tab. 3.1 Energie, Arbeit, Leistung und Impuls

Physikalische Größe	Formel	Dimension	Einheit SI	Einheit SI$_{abgeleitet}$
Arbeit	$W = \vec{F} \cdot \vec{s}$	$M \cdot L^2/T^2$	kg·m²/s²	N·m
Energie (pot.)	$E_{pot} = m \cdot g \cdot h$	$M \cdot L^2/T^2$	kg·m²/s²	N·m
Energie (kin.)	$E_{kin} = \frac{1}{2} \cdot m \cdot v^2$	$M \cdot L^2/T^2$	kg·m²/s²	N·m
Leistung	$P = \vec{F} \cdot \vec{v}$	$M \cdot L^2/T^3$	kg·m²/s³	J/s
Impuls	$\vec{p} = m \cdot \vec{v}$	$M \cdot L/T$	kg·m/s	N·s

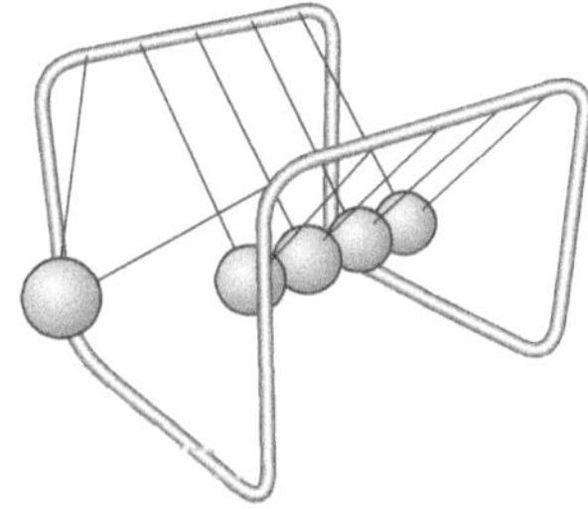

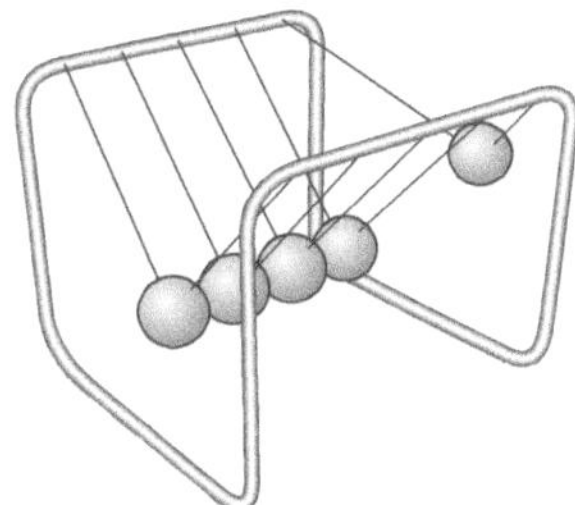

Abb. 3.23 Kugelstoßpendel in zwei Momentaufnahmen

„Erhaltungssatz", das Wort ist ja schon gefallen. Den „Impulserhaltungssatz" bekommen Sie sehr schön an einem Kugelstoßpendel (man nennt es auch Newtonpendel) demonstriert (Abb. 3.23). Wenn es Sie manchmal nervt, dann denken Sie daran: Bei Ihnen kommt es wegen des Luftwiderstandes und der Reibungskräfte irgendwann einmal zu Ruhe. Ohne Reibung und im Weltraum ohne Luftwiderstand würde es *nie* aufhören. Oder doch?

Vorsicht! Die Physik arbeitet mit Idealisierungen, mit Vernachlässigungen. Vielleicht gibt es in der Wirklichkeit kein „abgeschlossenes System"? Denn am Aufprallpunkt der Kugeln entsteht durch die minimale elastische Verformung ein klein wenig Wärme, die durch Strahlung „verloren" geht. Auch im Weltraum. Es ist wie am Aktienmarkt: Das Geld ist nicht verloren, es hat nur ein anderer. Energie geht nicht verloren, sie wird nur „zerstreut".[74]

Mehr als ein Rechentrick

In einem abgeschlossenen System ohne Energieaustausch mit der Umgebung und unter Vernachlässigung jedweder Reibung gilt zu jedem Zeitpunkt der Energieerhaltungssatz der klassischen Mechanik: Die Summe aus potenzieller

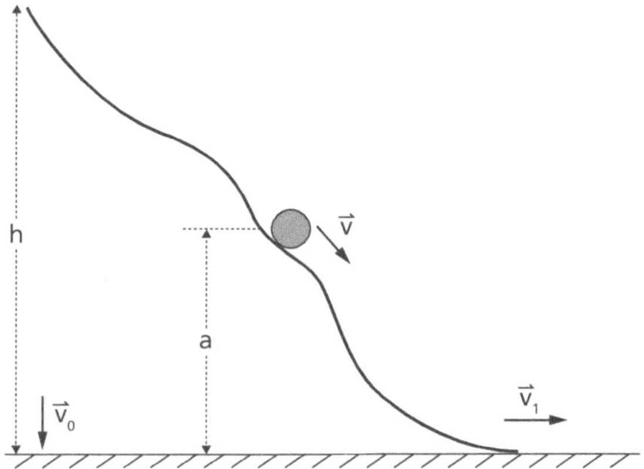

Abb. 3.24 Ermittlung der Geschwindigkeit einer Kugel auf einem Abhang

und kinetischer Energie, einschließlich der Rotationsenergie, ist konstant und entspricht der Gesamtenergie des mechanischen Systems.[75]

„Du bist doch Physiker …", sagte Eddie. Rudi mochte diese Eröffnung gar nicht, denn meist verbarg sich dahinter eine knifflige Frage. So war das auch diesmal: Eddi malte eine seltsame Kurve in den Sand (Abb. 3.24) und erläuterte sein Problem: „Ich habe eine sorgfältig rund geschliffene Steinkugel, die einen Abhang herunterrollt. Wie groß ist ihre Geschwindigkeit an einem bestimmten Punkt, zum Beispiel bei a? Ich müsste die Kurve des Abhanges in eine mathematische Formel fassen und an jedem Punkt die Beschleunigung der Kugel integrieren, um die Geschwindigkeit zu ermitteln. Das erscheint mir wahnsinnig kompliziert."[76]

„Ist es auch", sagte Rudi, „Ich habe eine viel bessere Idee. Wir arbeiteten mit dem Energieerhaltungssatz. In einem abgeschlossenen System ist die Summe aller Energien konstant. Die Gesamtenergie bleibt erhalten. Ein ‚abgeschlossenes System' haben wir hier, wenn wir alle anderen Effekte – Luftwiderstand, Reibung und so weiter – vernachlässigen. Wenn die Kugel die Masse m hat, ist ihre potenzielle Energie am Startpunkt gleich Masse m mal Höhe h."

„Das weiß ich auch", sagte Eddi, „Die Aufprallgeschwindigkeit v_0 beim freien Fall kann ich ja leicht errechnen. Sie ergibt sich aus der Gleichsetzung der beiden Energien. Das hatten wir ja schon." Und er zeichnete das Ergebnis in den Sand:

$$E_{pot} = m \cdot g \cdot h \, [Nm] \Rightarrow E_{kin} = \frac{m}{2} \cdot v_0^2 \, [Nm] \Rightarrow v_0 = \sqrt{2gh} \, [m/s]$$

„Na siehst du", sagte Rudi, „und die Geschwindigkeit v_1, mit der die Kugel unten ausrollt, ist genau so groß: $v_1 = v_0$. Es geht nichts verloren, es kommt nichts hinzu. Immer vorausgesetzt, dass wir die Reibung und alles andere vernachlässigen können. Aber es dauert natürlich länger, weil der Weg länger ist." „Klar", sagte Eddie, „wenn der Abhang matschig ist, bleibt sie vielleicht in der Mitte stecken. Ich sehe, worauf du hinaus willst: Auf der Höhe a ist ein Teil der potenziellen Energie noch vorhanden und der andere ist in die Geschwindigkeit v umgesetzt." Rudi nickte und schrieb die Formeln in den Sand:

$$E_{pot}(h) = E_{pot}(a) + E_{kin}(a) \Rightarrow v = \sqrt{2g(h-a)}$$

„Ein übler Trick!", sagte Eddi, aber Rudi korrigierte ihn: „Ein eleganter Trick!"

Was die beiden Physiker nicht erwähnt haben, wollen wir hier noch ergänzen: die Rotationsenergie. Sie kennen sie von einem Schwungrad, das um eine feste Achse rotiert. Diese Energie errechnet sich aus dem Trägheitsmoment J und der Winkelgeschwindigkeit w des Körpers:

$$E_{rot} = \frac{1}{2} J \cdot \omega^2 \left[Nm \right]$$

Das Trägheitsmoment und damit die Rotationsenergie ist stark von der Verteilung der Masse abhängig: Ein Rohr hat eine andere Rotationsenergie als ein gleich schwerer Zylinder. Die kinetische Energie eines rollenden Körpers (z. B. einer Walze) teilt sich also auf in Rotationsenergie und „Translationsenergie" (die Energie der reinen Bewegung, so als würde er auf Eis rutschen). Zum Beispiel bauten Ingenieure in den 1990er-Jahren einen „Gyrobus", der von einem Schwungrad angetrieben wurde. Es wurde vor Fahrbeginn elektrisch „auf Drehzahl gebracht", z. B. 3000 Umdrehungen pro Minute. Daraus ergibt sich die Winkelgeschwindigkeit $\omega = 2\pi \cdot 3000/60 \ s^{-1} = 314 \ s^{-1}$ (nur zur Erinnerung: s^{-1} ist nur eine andere Schreibweise für 1/s). Das Trägheitsmoment J eines Zylinders der Masse M um die Längsachse (des Gyrobus-Schwungrades) ist $\frac{1}{2} \cdot M \cdot r^2$, wenn r sein Radius ist. Nehmen wir aus Bequemlichkeit M = 1000 kg und r = 1 m, dann wird $J = 1000 \ kg \cdot m^2$. Jetzt errechnen wir

$$E_{rot} = \frac{1}{2} \cdot 1000 \cdot 314^2 \left[\frac{kg \cdot m^2}{s^2} \right]$$

Das Ergebnis sind 49.298 kNm, denn 1 N ist ja 1 kg m/s². Wenn wir in Kap. 8 die Kilowattstunde [kWh] kennengelernt haben werden (die Ihnen aber ja vertraut ist), dann werden wir die Umrechnungsformel der Einheiten kennen: $1 \ Nm = 2{,}778 \cdot 10^{-7} \ kWh$. Damit wird die Rotationsenergie des Gyrokreisels zu 13,7 kWh. Damit kommt er etwa 20 km weit, dann muss der Kreisel wieder Schwung bekommen. Leider führte die technische Evolution zu seinem Aussterben.[77]

Wenn Sie Lust haben, dann können Sie auch die Rotationsenergie der Erde berechnen. Sie werden bei ca. $2 \cdot 10^{29}$ Nm landen.

Irgendwas bewegt sich immer

„Energie geht nicht verloren", sagte Rudi nachdenklich, „und wenn es ein mechanisches System ohne Reibung oder anderen Energieverlust gäbe …" „Der ja in dem Sinne kein echter Verlust ist, sondern nur eine Energieumwandlung in andere Formen", unterbrach Eddi. „… dann müsste es ja etwas geben, was sich immerzu bewegt." „Ein *Perpetuum mobile*", ertönte Siggis Stimme hinter ihm. „Hä?", fragten die beiden Forscher wie aus einer Kehle und Siggi erläuterte: „Das ist Lateinisch, eine Sprache, die es einmal geben wird. Etwas ‚sich ständig Bewegendes'. In ein paar Tausend Jahren wird es viele Spinner geben, die behaupten werden, eine solche Maschine erfunden zu haben. Wenn man sie in Gang gesetzt hat, soll sie sich immer weiterbewegen *und* dabei noch zusätzlich Arbeit verrichten – und zwar *ohne* dass ihr von außen weitere Energie zugeführt wird. Das ist *eine* von drei Möglichkeiten.[78] Eine solche Konstruktion soll im Grunde aus ‚nichts' Arbeit erzeugen, und dieses soll zudem dauerhaft geschehen. Auf den ersten Blick scheinen sie Recht zu haben, doch schaut man genauer hin, entdeckt man immer eine verborgene Energiequelle – nicht im Sinne von ‚absichtlich versteckt', sondern man hat sie nicht als solche erkannt." „Ist mir zu theoretisch, gib ein Beispiel!", forderte Rudi.

„Nun, du hast ja schon ein Wasserrad erfunden, das sich im Kreis bewegt, wenn von oben Wasser auf die Schaufeln des Rades fällt. Und eine Art Schraube, die Wasser nach oben pumpen kann, wenn ein Esel sie antreibt.[79] Jetzt koppelst du die beiden, und die Schraube pumpt Wasser nach oben in einen Trog, von dem es auf das Wasserrad fällt und es antreibt, wodurch sich die Schraube dreht, die das Wasser wieder nach oben pumpt." „Jetzt wird mir ganz schwindelig", sagte Rudi und wandte sich zum Gehen. Wie gut, dass es das nicht gibt, nicht geben *kann*!

Fassen wir zusammen

Statisches Gleichgewicht – das (u. a.) interessiert in der Mechanik. Dazu muss nicht nur die Summe aller Kräfte, die auf einen Körper wirken, gleich null sein – andernfalls würde er beginnen, sich von der Stelle zu bewegen. Es muss auch die Summe aller Momente, die auf einen Körper wirken, gleich null sein – andernfalls würde er sich um irgendeinen Punkt anfangen zu drehen. Er würde Beschleunigungen erfahren.

Ein Beispiel ist das Hebelgesetz: Kraft · Kraftarm = Last · Lastarm. Man trifft es im täglichen Leben oft: Flaschenzug, Zahnräder, Schraubgewinde, Nussknacker, Balkenwaage, Nageleisen usw.

Und mit den Beschleunigungen kommt Dynamik ins Spiel: Bewegung. Kräfte, die sich nicht ausgleichen, bewegen Körper, beschleunigen oder bremsen sie. Ist die Beschleunigung konstant (und bremsen bedeutet ja nur eine negative Beschleunigung, denn alle diese Größen sind Vektoren, also gerichtete Größen), dann wächst die Geschwindigkeit linear und der zurückgelegte Weg quadratisch. Deswegen ist der Bremsweg bei 100 km/h nicht doppelt so lang wie bei 50 km/h, sondern *vier*mal so lang. Physik, die Sie nicht überlisten können.

Wir wollen auch noch einmal die Newton'schen Gesetze explizit erwähnen:[80]

1. Körper, auf die keine Kraft wirkt, verharren in ihrem Bewegungszustand der Ruhe oder der gleichförmigen Bewegung.
2. Die Änderung der Bewegung (Beschleunigung) ist proportional zur bewegenden Kraft und geschieht in der Richtung derjenigen geraden Linie, in der die Kraft wirkt: $\vec{F} = m \cdot \vec{a}$.
3. Wirkt ein Körper A auf einen Körper B mit der Kraft F, so wirkt der Körper B auf den Körper A mit einer gleich großen entgegengesetzten Kraft (*actio = reactio*): $\vec{F}_{AB} = -\vec{F}_{BA}$.

Der Energieerhaltungssatz in der klassischen Physik sagt aus, dass die Gesamtenergie eines Systems durch Prozesse, die ausschließlich innerhalb des betrachteten Systems stattfinden, nicht verändert werden kann. Das heißt, es ist unmöglich, innerhalb eines abgeschlossenen Systems Energie zu erzeugen bzw. zu vernichten. In anderen Worten ausgedrückt: Energie kann nicht aus dem Nichts entstehen und kann auch nicht verschwinden.[81] Eine besondere Form der Energieerhaltung ist der Wechsel zwischen potenzieller Energie (Lageenergie in einem Gravitationsfeld) und kinetischer Energie (Bewegungsenergie). Sie geschieht z. B. in Form einer harmonischen Schwingung, die durch die mathematische Sinusfunktion beschrieben wird. Wegen der Schwierigkeit, den Begriff „Energie" überhaupt präzise zu definieren („Energie ist die Fähigkeit, Arbeit zu leisten" ist als genaue Definition etwas mager), hat ihn ein Physiker gewissermaßen „von hinten" über den Erhaltungssatz definiert: Der Physiker versteht unter Energie ganz allgemein eine abstrakte Größe eines Systems, die sich nie verändert, was immer in dem System geschieht.[82]

Oftmals wird irrtümlich diese Umwandlung von Energieformen mit dem *Verlust* von Energie identifiziert (man spricht z. B. von Energieverbrauch).

Dies ist im strengen physikalischen Sinn aber unsinnig, da z. B. ein Kraftfahrzeug keine Energie verbraucht (vernichtet), sondern lediglich chemische Energie in kinetische Energie und Wärme umwandelt. Wäre Rudi noch etwas pfiffiger gewesen, dann hätte er Willa eine peinliche Frage stellen können: „Wenn Energie nicht verloren geht und nicht geschaffen werden kann, woher hatte ich sie, um den Firststein aufs Dach zu kriegen?"[83]

Der Energieerhaltungssatz schließt ein *Perpetuum mobile* und damit auch eine Vorrichtung oder Maschine aus, die mit einem Wirkungsgrad von 100 % arbeitet. Energie geht zwar nicht verloren in dem Sinne, dass sie sich in nichts auflöst – aber sie geht verloren im Sinne ihrer Nutzbarkeit, denn sie verwandelt sich in (meist nicht nutzbare) Wärme.[84]

4

Kräfte verändern Körper
Kräfte, die in den Teilen der Körper wirken

Es ist ja nicht so, dass Kräfte nur ohne Wirkung in der Gegend herumhängen oder Körper in Bewegung setzen. Sie haben noch viel dramatischere Auswirkungen auf Körper: Sie verformen, verbiegen, zerbrechen sie. Zum Teil ist die Verformung vorübergehend und verschwindet wieder, wenn die Kraft auf den Körper verschwindet, z. B. bei einer zusammengedrückten Feder. Das nennt man „Elastizität". Bei einer „plastischen" Verformung geschieht das nicht.

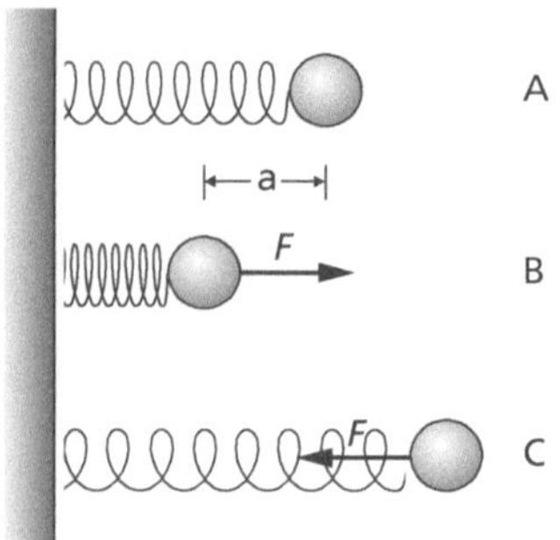

Abb. 4.1   Kräfte auf eine Feder

4.1 Elastizität bei Zug und Drehung

Elastizität ist die Fähigkeit von Körpern, erlittene Gestaltveränderungen wieder auszugleichen. Diese sind nicht immer so groß und damit sichtbar wie bei einer Stahlfeder, die nach dem Auseinanderziehen oder Zusammendrücken wieder in den Ursprungszustand zurückkehrt. Sie kann auch fast unmessbar klein sein und ist trotzdem vorhanden und nachweisbar, schon aus Gründen der Energieerhaltung. Prallt ein Ball auf den Boden, dann dellt ihn die negative Beschleunigung (Abbremsen des Falles) ein. Diese Energie speichert er vorübergehend in seinem Material und gibt sie dann wieder als Kraft ab: Der Ball prallt zurück. Die Delle kann man mit einer Hochgeschwindigkeitskamera bei einem Gummiball vielleicht sehen, bei einer Stahlkugel eher nicht.

Und natürlich gibt es Elastizität nur in gewissen Grenzen, jenseits derer es zu plastischen Veränderungen kommt: Die Verformung bleibt bestehen.

Eine gespannte Feder enthält Energie

Rudis einfacher Kraftmesser (Abb. 2.1) ist nichts anderes als eine Feder. Natürlich haben moderne Stahlfedern eine bessere lineare Abhängigkeit zwischen der einwirkenden Kraft F und der Auslenkung a. In Abb. 4.1 wird eine Feder aus der Ausgangslage A zusammengedrückt und reagiert mit derselben Kraft F nach der Formel $F = -k \cdot a$, wobei k die „Federkonstante" ist. Sie hat die Maßeinheit [N/m] und ist vom Material abhängig. Dieser lineare Zusammenhang gilt natürlich nur für den elastischen Bereich der Feder – wird sie überdehnt, ist die Linearität im Eimer. Darauf beruht das Prinzip der Federwaage, eines Kraftmessers. Die Auslenkung a wird an einer geeichten Skala sofort in die entsprechende Kraft „umgerechnet". Sie ist in Abb. 3.14 zu besichtigen.

Lässt man nun die Feder der Abb. 4.1 in Position B los, dann führt die in ihr gespeicherte Energie zur Position C: Die Feder wird gedehnt und die

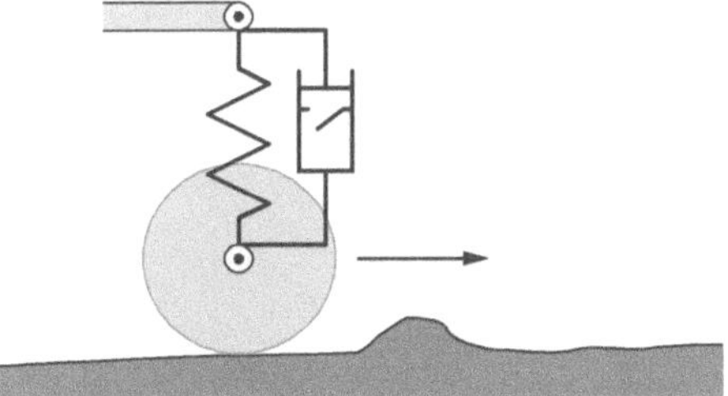

Abb. 4.2 Autofeder und Stoßdämpfer

Rückstellkraft F wirkt in die andere Richtung. Die Masse schwingt an der Feder hin und her – in einem „idealen System" (reibungsfrei, kein Energieverlust, kein Einfluss von Schwerkraft) bis zum Ende aller Tage.

Nun denken Sie an die Federung Ihres Autos, kratzen sich am Kopf und fragen sich als Newton-III-Spezialist: „Kraft gleich Gegenkraft … Was habe ich gewonnen? Nichts?" Doch, die Federung lässt dem Auto Zeit, der Bodenwelle in der Bewegung zu folgen, die Beschleunigungen und damit Kräfte sind deswegen geringer. Allerdings wird die in der Federung gespeicherte Energie wieder in kinetische Energie des Autos umgewandelt: Es fängt kräftig an zu schaukeln. Was brauchen Sie also? Richtig, einen Stoßdämpfer. Der trägt nämlich seinen Namen zu Unrecht und müsste eigentlich Schwingungsdämpfer heißen. In Abb. 4.2 sehen Sie die Konstruktion.

Der Stoßdämpfer ist im Prinzip ein Kolben in einem Rohr, das mit Flüssigkeit oder Gas gefüllt ist. Zusammendrücken lässt er sich leicht und schnell (hier durch das „Türchen" im Rohr angedeutet, das die Flüssigkeit leicht nach unten fließen lässt). Auseinanderziehen lässt er sich schwer und langsam, denn das Türchen schließt sich bis auf eine kleinen Spalt und die Flüssigkeit fließt nur schwer zurück nach oben. Das Fahrwerk kann dadurch leicht einfedern, aber nur verlangsamt ausfedern – Schwingungen werden so unterbunden. Doch nicht nur Ihr Fahrkomfort ist eine erfreuliche Folge dieser Idee, sondern (und besonders) auch erhöhte Sicherheit: Ein Rad mit Stoßdämpfer „klebt" besser auf der Straße und hüpft nicht bei jeder Unebenheit auf und ab. Das hätte bei Kurvenfahrten und Vollbremsungen üble Konsequenzen. Und wo bleibt die Energie der Schwingung, die durch den Stoß in das Auto kam (Energieerhaltungssatz!)? Richtig: Der Schwingungsdämpfer verwandelt sie in Wärme (wie so oft, wenn man nach „verlorener" Energie sucht).

Die gewickelte Feder erhält ihre Rückstellkraft nicht durch das „Zusammenstauchen" oder Auseinanderziehen von Material, sondern durch die Verdrehung, die „Torsion", wie der Fachausdruck lautet. Die Wirkung ist dieselbe: Das Material „möchte" wieder in seinen Ausgangszustand zurück.

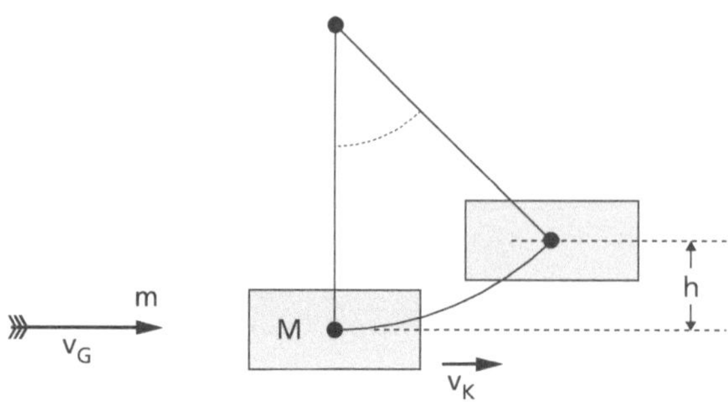

Abb. 4.3 Ballistisches Pendel zur Bestimmung des Impulses

Pfeil und Bogen

Pfeil und Bogen waren schon lange vor Rudis Zeit bekannt. Die Menschen beherrschten die Technik schon in der Altsteinzeit. Doch Rudi war der Erste, der die physikalischen Gesetze näherungsweise berechnen konnte.

Der Anführer der Jagdgemeinschaften kam eines Tages „zufällig" vorbei.[85] Er hatte zwei Fragen an Rudi: „Wie schnell fliegt denn so ein Pfeil? Und in welcher Kurve fliegt er? Das weiß ich zwar ungefähr, aber du und deine Wissenschaft könnten da doch sicher noch etwas herausfinden!" „Auf jeden Fall *zu* schnell! Das kann ich nicht mehr direkt messen. Deine Leute packen ja so einen Wumm mit ihrem Bogen hinein. Aber ich habe eine andere Idee … Lass mich ein bisschen malen!" (Abb. 4.3).

„So etwa?", fragte Rudi und erntete einen leeren Blick. Er musste erläutern: „Ich schieße ein Geschoss – also etwa einen Pfeil – der Masse m mit der Geschwindigkeit v_G auf ein schweres Pendel der Länge l und der Masse M. Was wird passieren?" „Na, das sieht man sofort", sagte der Jagdaufseher, „das Pendel fliegt ein wenig zur Seite und hebt sich um die Strecke h. Und nun?" „Und nun kommt die Physik. Doch erst die Frage: Ist die Masse M aus Holz?" „Blöde Frage! Warum willst du nicht auch noch wissen, wie alt der Schütze ist?!" „Ja, entschuldige! Ich verbessere mich: Bleibt der Pfeil im Klotz stecken?" „Ja." „Dann kommt die Physik. Der Impuls muss erhalten bleiben, Masse mal Geschwindigkeit. Der Klotz samt darin steckendem Pfeil fliegt mit v_K nach rechts. Ich schreibe das mal hin."

$$ m \cdot v_G = (m + M) \cdot v_K \quad \Rightarrow \quad v_G = \frac{m + M}{m} v_K $$

„Gut und schön", sagte der Jagdaufseher, „das verstehe ich ja gerade noch. Aber wie misst du die Geschwindigkeit des Klotzes?" „Gar nicht", grinste Rudi, „Ich arbeite mit einem zweiten Erhaltungssatz: Wenn das Pendel nach

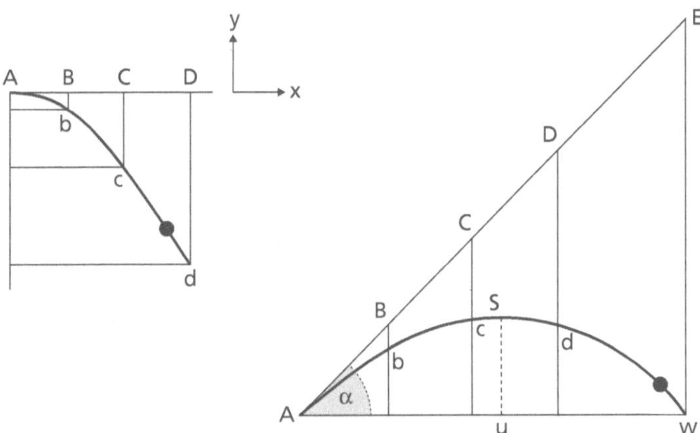

Abb. 4.4 Wurfparabel (waagerecht und schräg nach oben)

oben schwingt, geht keine Energie verloren, sie wandelt sich nur in potenzielle Energie um. Die Energie des Pfeils leistet Arbeit und hebt den Klotz um die Höhe h, die ich bequem messen kann. Dafür habe ich wieder meine Formeln:"[86]

$$\tfrac{1}{2} \cdot (m + M) \cdot v^2_K = (m+M) \cdot g \cdot h \Rightarrow v_K = \sqrt{2 \cdot g \cdot h} \Rightarrow v_G = \frac{m+M}{m} \cdot \sqrt{2 \cdot g \cdot h}$$

„Ui juijui!", sagte der Jagdaufseher, „All die vielen Buchstaben. Was ist denn g? Egal, lass mich das ausprobieren!"

Gesagt, getan. Rudi holte einen Klotz von 3 kg. Der Jagdaufseher schoss mit aller Kraft, bis ihm der Arm lahm war. So kam man auf zehn Versuche, aus denen die schwer exakt zu messende Höhe h auf 4 cm gemittelt wurde. Der Pfeil wog ziemlich genau 50 g, also konnte Rudi die Rechnung hinschreiben:

$$v_G = \frac{0,05 + 3}{0,05} \cdot \sqrt{2 \cdot 9,81 \cdot 0,04} \, \text{m/s} \Rightarrow v_G = 54 \, \text{m/s} = 194 \, \text{km/h}^{[87]}$$

So hatte Rudi das „Ballistische Pendel" erfunden, lange bevor der britische Militäringenieur Benjamin Robins es 1742 erneut konstruierte.[88]

Der Jagdaufseher war begeistert und erinnerte Rudi an den zweiten Teil der Frage nach dem Weg des Pfeils. Und der fing wieder an zu zeichnen (Abb. 4.4).

Rudi erklärte: „Ich habe gleich mal zwei Fälle der Wurfparabel – so nennen wir Fachleute die Kurve – aufgezeichnet. Links der Fall, dass du bei A auf einer Bergspitze stehst und genau waagerecht schießt. Rechts die Situation in der Ebene: Du schießt nach schräg oben und der Pfeil beschreibt eine Kurve, ‚Parabel‘ genannt. Sie gehorcht einem mathematischen Gesetz." „Ach!", sagte der Anführer der Jäger, „Das wäre mir aber aufgefallen …" „Na jaa, nur unter abstrakten Bedingungen, kein Luftwiderstand und so weiter … Ich will dir ja nur das Prinzip erklären. Das erste und das zweite Newton'sche Gesetz …" „Kenn' ich nicht!" „Ein Körper verharrt im Zustand der Ruhe oder der gleichförmigen Bewegung, sofern er nicht durch einwirkende Kräfte zur Änderung seines Zustands gezwungen wird." Der Jäger schaute zweifelnd: „Du meinst, der Pfeil flöge immer geradeaus weiter? Für alle Ewigkeit? Jaja, ohne Luftwiderstand und so weiter … Aber trotzdem: Warum fällt er dann nach unten?" „Zweites Newton'sches Gesetz: ‚Die Änderung der Bewegung ist der Einwirkung der bewegenden Kraft proportional und geschieht nach der Richtung derjenigen geraden Linie, nach welcher jene Kraft wirkt.‘ Und welche Kraft könnte das sein?" „Die Erdanziehung, so viel weiß ich ja schon. Die Linie Bb, Cc oder Dd im linken Bild." Rudi war zufrieden: „Siehst du, Physik ist doch gar nicht so schwer!"

Hier wollen wir die beiden allein lassen und noch schnell die Wurfparabel berechnen. Mit einem üblichen x-y-Koordinatensystem ist der waagerechte Weg x abhängig von der Zeit t gleich $x(t) = v_G \cdot t$, wenn v_G wieder die Geschwindigkeit des Geschosses ist. Die Geschwindigkeit in y-Richtung ist nach dem Fallgesetz $v_y(t) = -g \cdot t$. Falls Sie sich erinnern: Dann ist der zurückgelegte Weg y(t) das Integral der Geschwindigkeit, also $y(t) = -\frac{1}{2} g \cdot t^2$.[89] Da $t = x/v_G$ ist, ergibt sich die nach unten offene Parabel

$$y(x) = -\frac{g}{2 \cdot v_G^2} x^2 \cdot$$

Rechnen wir ein Beispiel mit $v_G = 194$ km/h $= 54$ m/s, unserer gemessenen Geschossgeschwindigkeit:

$$y(x) = -\frac{9{,}81}{2 \cdot 54^2} x^2 [m] = -0{,}00168 \cdot x^2 [m]$$

Der kleine Faktor rührt natürlich von dem enorm schnellen Pfeil her: Nach einem Meter in waagerechter Richtung ist er um 1,68 mm nach unten gefallen, nach 2 m um 6,72 mm, nach 10 m schon um 16,8 cm und nach 20 m um 67,2 cm. Schießt der Jäger waagerecht von einem Hügel auf ein 50 m entferntes Tier, dann sollte der Hügel 4,20 m hoch sein.

Nun müssen wir noch schnell errechnen, wie *weit* er schießen kann (Abb. 4.4 rechts), physikalisch die Wurfweite bei schrägem Wurf. Der Pfeil

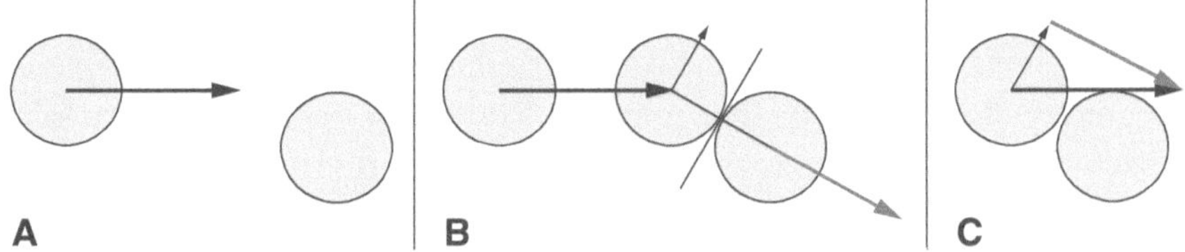

Abb. 4.5   Der elastische Stoß beim Billard und seine Kräfte

wird unter dem Winkel α schräg mit der Geschwindigkeit v_G nach oben geschossen. Er legt in gleichen Zeiten die Wege AB, BC, CD usw. zurück und
fällt dabei durch sein Gewicht (also die Erdbeschleunigung) um die Stre-
cken Bb, Cc, Dd. Horizontal legt er den Weg $x(t) = v_G \cdot t \cdot \cos \alpha$ zurück, vertikal $y(t) = v_G \cdot t \cdot \sin \alpha - \frac{1}{2}\, g \cdot t^2$. Im Scheitelpunkt S bei $x(t) = u$ ist die Tan-
gente an die Parabel waagerecht und die Flugrichtung kehrt sich um: Der
Pfeil steigt nicht mehr, er fällt. Die Wurfweite w ergibt sich aus $y(w) = 0$ zu
$w = \frac{1}{g} \cdot v_G^2 \cdot \sin 2\alpha$. Kleine Rechnung gefällig? Irgendwie hat man das Gefühl, als ob ein Winkel von $\alpha = 45°$ nach oben die größte Reichweite erzielen
würde. Das stimmt, denn dann ist $\sin 2\alpha$ gleich 1 und größer kann der Wert
des Sinus nicht werden. Also nehmen wir die gerundete Geschossgeschwindigkeit von 54 m/s unseres muskulösen Jagdaufsehers zum Quadrat und dividieren durch die Erdbeschleunigung (dabei achten wir auf die Einheiten, die
sich schön wegkürzen):

$$w = \frac{54^2}{9{,}81}\,\frac{\mathrm{m}^2}{\mathrm{s}^2}\,\frac{\mathrm{s}^2}{\mathrm{m}} = 297\ \mathrm{m}$$

Beeindruckend, aber der Jäger war eben ein kräftiger Bursche!

Billard – der elastische Stoß

Der elastische Stoß verläuft nach dem Prinzip der Feder. Er zeigt sich sehr
deutlich im Kugelstoßpendel (Abb. 3.23) und ist die perfekte Illustration des
Impulssatzes. Das haben wir ja schon besprochen. Das wird Billardfreun-
de interessieren (Abb. 4.5).[90] Zwei Kugeln – oder auch Scheiben auf einer
reibungsfreien Ebene – stoßen zusammen. Natürlich wieder unter den (ir-
realen!) idealen Bedingungen: ohne Reibung, ohne Energieverlust durch die
Verformung der Körper. Es gilt der Energieerhaltungssatz: Die Summe der
Bewegungsenergien (kinetische Energien) vor dem Stoß und nach dem Stoß
ist gleich. Es gilt der Impulserhaltungssatz für die vektorielle Summe der Impulse und damit der Kräfte.

Die Impulse und Kräfte müssen nach der gewohnten Vektorregel zerlegt werden, wie Abb. 4.5 zeigt. Dort rollt in Bild A eine Kugel nicht zentrisch auf eine andere zu. In Bild B sieht man die Zerlegung der Kräfte in tangentiale und zentrale Richtung, was zur Vektoraddition in Bild C führt.[91]

Stößt eine bewegte Kugel genau zentrisch auf eine ruhende mit gleicher Masse, so bleibt sie liegen und die zweite Kugel bewegt sich mit der Geschwindigkeit der ersten weiter (wie beim Kugelstoßpendel in Abb. 3.23). Bewegen sie sich mit gleicher Geschwindigkeit aufeinander zu, fliegen sie mit umgekehrt gleicher Geschwindigkeit in entgegengesetzter Richtung auseinander. Sind Massen und Geschwindigkeiten unterschiedlich (und ggf. in gleicher oder entgegengesetzter Richtung), dann … muss man rechnen.

Stellen wir uns zwei Wagen mit reibungsfreien Rädern auf einer Ebene vor. Dabei sind ihre Massen m_1 und m_2, ihre Geschwindigkeiten vorher v_1 und v_2 und nachher u_1 und u_2 (jeweils mit korrektem Vorzeichen, d. h. negativ bei Bewegung nach links).[92] Sie stoßen genau geradlinig zusammen, sodass wir uns mit Vektoraddition nicht herumschlagen müssen.

Nach dem Energieerhaltungssatz und dem Impulserhaltungssatz müssen zwei Gleichungen gelten. Sie setzen die kinetischen Energien $\frac{1}{2} \cdot m \cdot v^2$ und die Impulse $m \cdot v$ vorher und nachher gleich. Dabei können wir uns den Faktor $\frac{1}{2}$ vor allen Gliedern sparen. Danach werden die Gleichungen (1) und (2) nach den „nachher"-Geschwindigkeiten (3) und (4) u_i durch längeres Umgraben aufgelöst:

$$(1) \quad m_1 v_1^2 + m_2 v_2^2 = m_1 u_1^2 + m_2 u_2^2$$

$$(2) \quad m_1 v_1 + m_2 v_2 = m_1 u_1 + m_2 u_2$$

$$(3) \quad u_1 = \frac{m_1 v_1 + m_2 (2v_2 - v_1)}{m_1 + m_2}$$

$$(4) \quad u_2 = \frac{m_1 v_2 + m_1 (2v_1 - v_2)}{m_1 + m_2}$$

Die Gleichungen (3) und (4) sind absolut symmetrisch. Nun können Sie nach Herzenslust alle Verhältnisse von Massen und Geschwindigkeiten (auch gleiche und entgegengesetzte Richtung) durchrechnen. In Sonderfällen (z. B. $m_1 = m_2$ oder $v_1 = -v_2$) vereinfachen sich (3) und (4) natürlich entsprechend. So ergibt z. B. $m_1 = m_2$ und $v_2 = 0$ sofort $u_1 = 0$ und $u_2 = v_1$, also den oben geschilderten Fall. Stößt eine Billardkugel an die Bande, so bewegt sich natürlich auch der Tisch – *actio* gleich *reactio*, das dritte Newton'sche Gesetz. Daran haben Sie doch gedacht, oder?! Dann ist aber $m_1 \ll m_2$ (sehr klein gegen) und es ergibt sich (klar: $v_2 = 0$) $u_1 = -v_1$ (die Kugel prallt mit gleicher Geschwindigkeit zurück) und $u_2 = 0$ (die Bewegung des Tisches ist vernachlässigbar – deswegen ist er ja auch so schwer!).

Knetmasse – der unelastische Stoß

Der unelastische Stoß verläuft anders. Wir ersetzen die zwei Billardkugeln durch solche aus Knetmasse (an Autos mit perfekten Knautschzonen denken wir lieber nicht). Wenn wir sie genau mittig mit gleichen Geschwindigkeiten aufeinander zurollen lassen, macht es „patsch!" und sie bleiben zusammengeklumpt liegen. Rollt ein Eisenbahnwagen auf einen gleich schweren stehenden zu und sie verhaken sich miteinander (die Puffer entfalten also keine elastische Wirkung), dann rollen sie beide mit halber Geschwindigkeit in gleicher Richtung weiter.[93]

Die Formel für verschiedene Massen und Geschwindigkeiten ist nahezu trivial: $m_1 \cdot v_1 + m_2 \cdot v_2 = (m_1 + m_2) \cdot v$. Egal wie, beide zusammen bewegen sich mit der Geschwindigkeit v weiter. Und das war's auch schon zu diesem Thema.

4.2 Kräfte in Luft und Wasser

Kräfte sind natürlich nicht nur auf feste Körper beschränkt. Auch in Gasen und Flüssigkeiten wirken Kräfte. Natürlich bewirken auch sie Formänderungen.

Was schwimmt denn da im Wasser … und warum?

Rudis Wasserbassin und sein Wasserstandsregler wurden ja schon vor einem Jahr erbaut.[94] Das diente der Wasserversorgung des Stammes und natürlich auch wissenschaftlichen Versuchen, dank eines an seinem Rand angebrachten exakten Pegelstandsanzeigers. Zum Baden allerdings war es nicht vorgesehen, die Frauen des Stammes hatten es aus hygienischen Gründen verboten. Man hatte ja hölzerne Zuber, und in einen von ihnen stieg Rudi gerade … in Gedanken verloren und gar nicht so recht bei der Sache. Denn der Stammesführer hatte ihm gerade ein schwieriges physikalisches Problem mit auf den Weg gegeben. Sein Freund Eddi liebte Willa, die Frau des Chefs, ohne dass jemand davon wusste (wie er glaubte) – und er hatte ihm aufgetragen, es nicht zu versemmeln. Es drehte sich um ihren Goldschmuck: Plötzlich waren dem Stammesführer Zweifel an seiner Echtheit gekommen und daran, ob er wirklich massiv war, wie der Händler beteuert hatte. Nun wollte er einen Beweis, ohne natürlich die kostbaren Geschmeide zu zersägen – ein Gedanke, der Rudi durch den Kopf geschossen war, den er aber zu seinem Glück nicht ausgesprochen hatte.

Nachdenklich stieg er in das warme Wasser, und plötzlich erhellte sich seine Miene. „Heureka?", fragte Siggi, der scheinbar unbeteiligt daneben gestanden hatte, aber als Seher natürlich wusste, was kommen würde. „Heu… was?", frage Rudi. „*Heureka*! Griechisch ‚Ich habe es gefunden'. Denn das hast du doch, ich kann es in deinem Kopf erkennen. Du hast das ‚archimedische Prinzip' entdeckt – mehr als siebentausend Jahre vor seinem Namensgeber. Gratuliere! Ich werde Eddi herschicken, der nur darauf gewartet hat, dann könnt ihr darüber diskutieren. Und du kannst Willas Mann beruhigen … mir glaubt er ja nicht, er will Beweise!" „So verdrängt die Wissenschaft die Wahrsager!", grinste Rudi und stieg eilig aus der Wanne.

„Was hast du denn entdeckt?", fragte Eddi wenig später. „Der Wasserspiegel schwappte über, als ich hinein stieg …" „Das hätte ich dir vorher sagen können, bei deinem dicken Wanst!" „Lass das! Wir betreiben Physik. Das bedeutet doch, dass ein Körper Wasser verdrängt. Luft kannst du zusammendrücken, Wasser aber nicht. Das heißt, wenn der Körper untergeht und nicht schwimmt, dann muss das Volumen des verdrängten Wassers genau dem Volumen des Körpers entsprechen. Wir probieren das an unserem Wasserbassin aus und messen den Pegelstand." „Ein wissenschaftlicher Versuch …", grinste Eddi, aber er machte mit.

Wenig später hatten sie es mit Kugeln, Zylindern und Quadern aus Stein, deren Volumen sie berechnen konnten, exakt verifiziert. Dann verstand Eddi plötzlich: „Und jetzt wirfst du Willas Schmuck in ein Gefäß mit Wasser und bestimmst sein Volumen. Da du ihn auch wiegen kannst, kannst du seine Dichte bestimmen. Ist sie 19,3 g/cm³, dann ist es reines schweres Gold. Ist sie geringer, wirst du es ihm sagen müssen – und niemand liebt den Überbringer schlechter Nachrichten!"

Anders ist es bei Körpern, deren Dichte kleiner als 1 g/cm³ (der Dichte von Wasser) ist. Genauer: kleiner als die Dichte der Flüssigkeit, in die man sie hineinwirft (z. B. Quecksilber ca. 14 g/cm³). Sie schwimmen, denn sie erfahren einen Auftrieb. Das ist die Kraft auf einen Körper in Flüssigkeiten oder Gasen, die der Schwerkraft entgegenwirkt. Sie entsteht durch die Verdrängung des umgebenden Mediums und heißt deswegen „statischer Auftrieb". Denn für Gase gilt dasselbe Prinzip: Ist die Dichte der warmen Luft in einem Heißluftballon geringer als die der umgebenden Luft (und das ist sie), dann schwebt er davon. Denn Luft hat in der Atmosphäre bei 15 °C eine Dichte von 1,23 kg/m³, bei 100 °C aber nur noch etwa 0,95 kg/m³. Der „dynamische Auftrieb" entsteht dagegen durch die Umströmung von Körpern, wie wir gleich sehen werden.

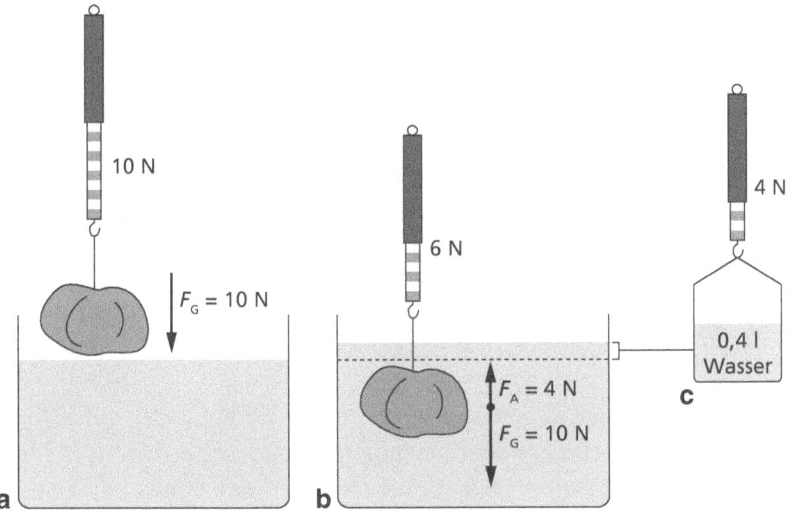

Abb. 4.6 Das archimedische Prinzip und seine Kräfte

Wasser hat die Dichte von 1 g/cm³, also 1000 kg/m³. Ein Kubikmeter wiegt eine Tonne. Die Dichte von uns Menschen liegt geringfügig darüber, deswegen gehen wir ohne Schwimmbewegungen im Süßwasser unter, wenn wir ausgeatmet haben. In normalem Meerwasser mit ca. 1,025 g/cm³ schwimmt es sich schon etwas leichter. Anders ist es im Toten Meer. Dort hat das Seewasser aufgrund des hohen Salzgehalts eine Dichte von ca. 1240 kg/m³ – wir schwimmen wie ein Korken an der Oberfläche.

Das archimedische Prinzip lautet also in Worten: „Der statische Auftrieb eines Körpers in einem flüssigen oder gasförmigen Medium ist genauso groß wie die Gewichtskraft des vom Körper verdrängten Mediums." Woraus Sie messerscharf schließen können, dass es in der gewichtsfreien Erdumlaufbahn in der Badewanne der Astronauten keinen Auftrieb für das Quietscheentchen (englisch *rubber duck*) gibt.

Allgemein steht die Auftriebskraft F_A der Gewichtskraft F_G entgegen, wie in Abb. 4.6 zu sehen.[95] Nehmen wir als Beispiel a einen Bimsstein mit der Masse m = ca. 1 kg, dessen Gewicht $F_G \approx 10$ N beträgt ($F_G = 9{,}81$ kg·m/s²).[96] Wir tauchen ihn ins Wasser und er wiegt nur noch 6 N (Beispiel b), erfährt also eine Auftriebskraft $F_A = 4$ N. Also hat er 0,4 l Wasser verdrängt, was einem Volumen von 400 cm³ entspricht (1 L = 1000 ccm = 1000 cm³).

Ist $F_A > F_G$, dann schwimmt der Körper. Wenn ein voll beladener Großtanker 300.000 t wiegt, dann sollte er tunlichst mehr als 300.000 t Wasser verdrängen können, sonst geht er unter. Die Gravitation bildet die Ursache für die Auftriebskraft – sie führt zu einem Druckunterschied zwischen der Ober- und der Unterseite des eingetauchten Körpers. Denn an der Unterseite ist der Wasserdruck höher als auf der Oberseite, da ja die Wassersäule in der

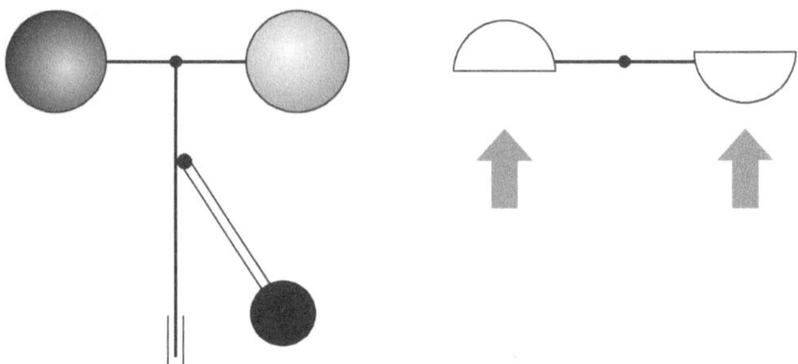

Abb. 4.7 Wie funktioniert Rudis Windmesser?

Höhe des Gegenstandes gewissermaßen auf der Ebene der Unterseite lastet. Das weiß jeder Taucher: Je tiefer er taucht, desto höher wird der Druck. Ihr Körper wiegt – sagen wir – 78 kg bei einem Volumen von ca. 77 L. Ihre Dichte ist also 1,013 g/cm³ – Sie schwimmen so gerade eben nicht in normalem Wasser. Atmen Sie tief ein, dann vergrößert sich Ihr Volumen auf ca. 79 L und die Dichte sinkt auf 0,987 g/cm³ – Sie schwimmen!

Wie man den Wind messen kann

Willa war ungehalten, um es vorsichtig zu formulieren. Eddi war froh, dass nicht er, sondern Rudi ihren Unmut abbekommen hatte. Tagelange physikalische Versuche, wie er behauptete, aber nichts außer Erkenntnis sei herausgekommen. „Was Nützliches! Was Brauchbares! Was uns bei der täglichen Arbeit hilft!", das hatte Willa gefordert. So war Rudi in seiner Hütte verschwunden und hatte trotz seiner groben Hände einen fragilen Apparat gebastelt, den er nun seinem Forscherkollegen stolz präsentierte: „Ein Windmesser! Damit den Bauern bei der Aussaat nicht die Samenkörner wegfliegen. So brauchen sie bei starkem Wind gar nicht erst auf die Felder zu gehen." Eddi grinste: „Das merken sie auch so!" „Außerdem ist er höchst nützlich bei unseren langfristigen Wetteraufzeichnungen. Das sagt auch Siggi." „Egal! Erkläre mir, wie er funktioniert!" „Ich habe auch eine Konstruktionsskizze auf eine Kuhhaut gezeichnet (Abb. 4.7). Links siehst du den Windmesser von der Seite, rechts von oben. Zwei verbundene Halbschalen mit einer Drehachse. Seitlich hängt ein Fliehkraftgewicht, das sich umso mehr hebt, je schneller sich das Ganze dreht. Da könnte man auch eine Skala anbringen." „Ja, aber", protestierte Eddi, „die Windkraft auf beide Halbschalen ist doch gleich groß, wenn ich das mal mit zwei Pfeilen andeuten darf." (Abb. 4.7 rechts)

„Formelmäßig habe ich das noch nicht ergründet", gestand Rudi, „Ich kann den Windwiderstand noch nicht errechnen, aber offensichtlich bietet die linke, zum Wind geöffnete Halbkugel einen höheren Strömungswider-

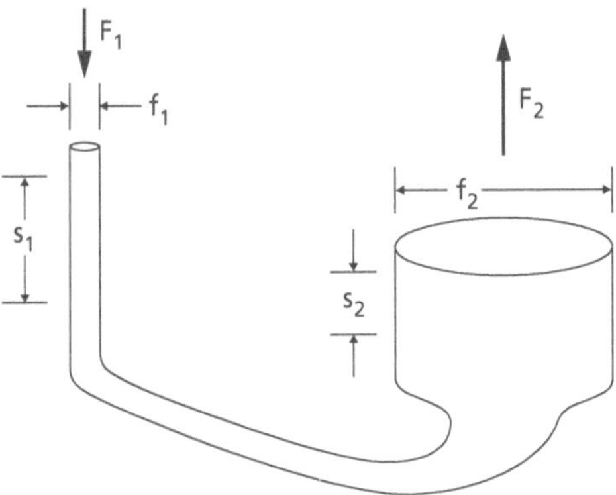

Abb. 4.8   Der hydraulische Hebel

stand als die rechte, wo der Wind an der runden Kugelform gewissermaßen ,abläuft'. Dadurch entsteht ein Drehimpuls nach rechts."[97] „Interessant!", kommentierte Eddi, „Jetzt weiß ich, warum du beim Rückschwimmen immer die Handflächen krümmst: Der Widerstand wird dadurch größer und du kannst mehr Kraft ausüben." „Genau!", bestätigte Rudi, „Und wir sollten das unseren Leuten erzählen, die die Paddel für unsere Kanus schnitzen!"

Rudi wird zum Kraftprotz

„Du ahnst ja gar nicht, wie genau und sauber ich inzwischen Steine schleifen kann!", verkündete Rudi seinem Freund stolz, „Und jetzt kann ich Kräfte multiplizieren – nicht nur mit einem Hebel oder einem Flaschenzug, sondern auch mit Wasser!" Eddi kam aus dem Staunen gar nicht mehr heraus. Rudi zeichnete das Prinzip auf (Abb. 4.8) und erklärte: „Ich habe zwei Röhren, eine dünne mit dem Querschnitt f_1 und eine dicke mit f_2. Sie sind mit Wasser gefüllt, das ja bekanntlich nicht zusammengedrückt werden kann. Sie werden mit einem Kolben abgeschlossen, den ich aber nicht mitgezeichnet habe, um dich nicht zu verwirren."

„Sprich weiter, Rudi!" „Ich drücke den Kolben im dünnen Rohr mit der Kraft F_1 um die Strecke s_1 herunter. Im dicken Rohr hebt er sich um die Strecke s_2 und übt eine Kraft F_2 aus. Nun kommt der Knaller: Die Strecken stehen mit den Kräften und den Querschnitten in einem bestimmten Verhältnis." „Lass mich raten, Rudi … Ich glaube, ich hab's … Der Druck muss ja derselbe sein, also muss F_2/f_2 genau so groß wie F_1/f_1 sein. Und da man eine Flüssigkeit nicht komprimieren kann, müssen auch die Volumina gleich sein, also $f_1 \cdot s_1$ gleich $f_2 \cdot s_2$. Das kann man dann zusammenfassen und umformen … Ich schreibe es mal hin."

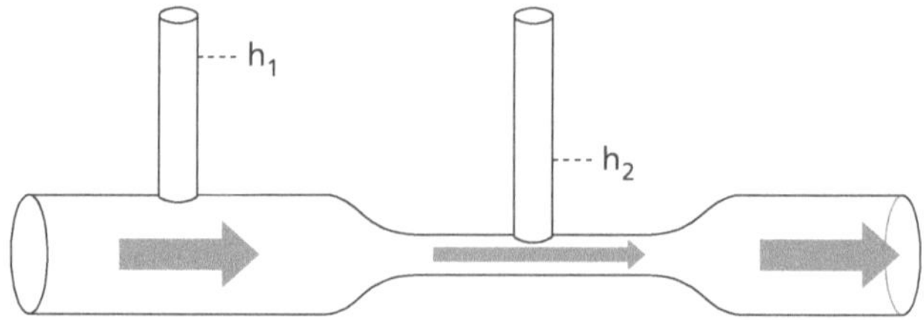

Abb. 4.9 Strömungsmesser für die Druckverhältnisse

$$\frac{F_2}{F_1} = \frac{s_1}{s_2} = \frac{f_2}{f_1}$$

„Korrekt!", bestätigte Rudi, „Wenn f_1 zwei Quadratzentimeter sind und f_2 hundert, dann habe ich eine Kraftverstärkung um den Faktor 50. Drücke ich den kleinen Kolben ein Stück weit hinein, hebt sich der große aber nur um ein Fünfzigstel dieses Weges. Die physikalische Arbeit bleibt die Gleiche, sieht man von den unvermeidlichen Reibungsverlusten einmal ab." Siggi trat hinzu und konnte wieder etwas aus der Zukunft beisteuern: „Hydraulik oder hydraulisches Prinzip, vom griechischen *hýdor* ‚Wasser' und *aulós* ‚Rohr'. Im Jahr 1795 gab es eine mit Druckwasser betriebene hydromechanische Maschine, die die eingebrachte Kraft 2034-fach vergrößerte."[98] Eddi grinste: „Rudi, streng dich an!"

Mit unserer heutigen Technik haben wir die Hydraulik so perfektioniert, dass sie aus dem täglichen Leben nicht mehr wegzudenken ist – von der Servolenkung über die Betätigung der Höhen- und Seitenruder im Flugzeug bis zu den beeindruckenden Baumaschinen, von deren Leistung die Steinzeitmenschen nur träumen konnten. Was sie aber nicht taten, denn Siggi hielt sich mit seinen Erkenntnissen zurück, um seine Leute nicht unglücklich zu machen.

Rudi misst den Strömungsdruck

Auch Seher können mal irren. Siggi hatte aus Versehen eine Reise in die Vergangenheit unternommen. „Vorzeichenfehler", konstatierte Eddi, der Mathematiker, lakonisch. Aber der Druide hatte Birkenpech mitgebracht, das schon in der Altsteinzeit als Kleber bekannt war. Damit bastelte Rudi eine Vorrichtung, die seine Vermutung erhärten sollte. Sein Verdacht war, dass dieses Verhalten etwas mit strömenden Flüssigkeiten zu tun habe. So baute er aus einigen Röhrchen aus Birkenrinde mit dem Kleber einen Messapparat (Abb. 4.9).

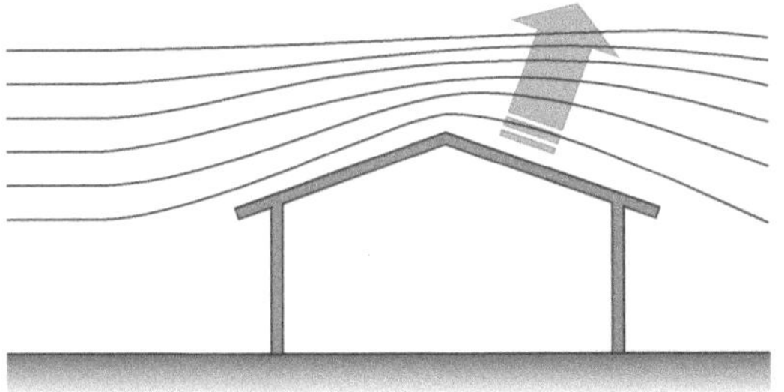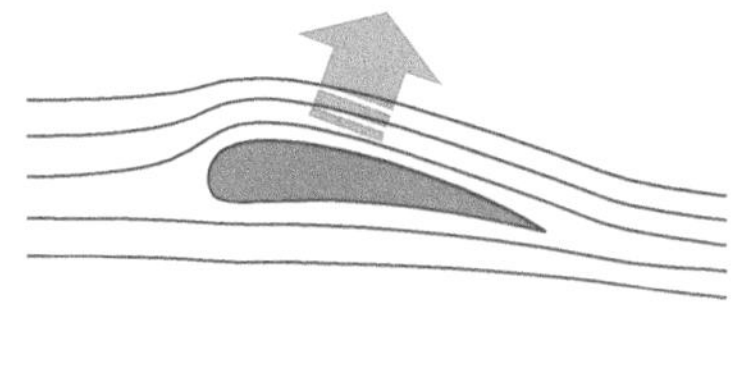

Abb. 4.10 Luftströmungen und ihre Kraftwirkung

Stolz berichtete er nach zwei Tagen seinem Freund Eddi, was er beobachtet hatte: „Ich habe durch dieses Rohr, das sich in der Mitte verengt, Wasser fließen lassen. An der dicken und an der dünnen Stelle habe ich zwei senkrechte Messröhrchen aufgeklebt und Wasser eingefüllt. Du wirst es nicht glauben: In der Mitte war der Wasserstand h_2 kleiner als h_1 an der dicken Stelle. Da das Wasser der dünnen Stelle schneller fließen muss, um die gleiche Wassermenge durch das Rohr zu bekommen, kann das nur eines bedeuten: Der Strömungsdruck bei schnell fließenden Medien muss geringer sein, ein Unterdruck." Eddi runzelte die Stirn: „*Druck*? Hast du mir das schon physikalisch definiert? Oder meinst du es umgangssprachlich?" „Das ist doch ganz einfach: Kraft pro Fläche. Gemessen in Newton pro Quadratmeter. Genauer gesagt, da Kraft ja ein Vektor ist, eine gerichtete Größe: *der* Betrag der Kraft, der *senkrecht* auf die Fläche wirkt."

Eddi dachte nach und nickte: „Das mit dem Unterdruck würde so manches erklären. Ich skizziere es mal." (Abb. 4.10). Dann fuhr er fort: „Links habe ich ein Haus gezeichnet. Bei Sturm hebt es immer unsere Dächer aus Schilfgras ab – vielleicht gilt der Druckabfall auch bei Luftströmungen? Das würde sogar erklären, warum Vögel fliegen, ohne die Schwingen zu bewegen, wie ich rechts gezeichnet habe. Die Luft auf der Oberseite der gewölbten Flügel wird zusammengepresst, fließt schneller und erzeugt einen Unterdruck. Der hält den Vogel in der Luft. Klingt das nicht gut?!" „Tja", wiegte Rudi den Kopf, „Wenn man das experimentell nachweisen könnte!"

Daniel Bernoulli, der Dachabdecker

Leider müssten unsere Wissenschaftler noch bis zum 18. Jahrhundert warten. Der „Bernoulli-Effekt", benannt nach dem Schweizer Mathematiker und Physiker Daniel Bernoulli, ist dafür verantwortlich. Bernoulli fasste die Beziehung zwischen der Fließgeschwindigkeit einer Flüssigkeit oder eines Gases und dessen Druck in Formeln, basierend auf einem Effekt, den der Italiener

Giovanni Battista Venturi entdeckte. Deswegen spricht man auch vom „Venturi-Effekt", und das „Venturi-Rohr" dient noch heute zur Messung der Geschwindigkeit von Flugzeugen. Dies ist der „dynamische Auftrieb" im Gegensatz zum „statischen".

Das können Sie (mit der gebotenen Vorsicht) selbst überprüfen: Halten Sie aus einem fahrenden Auto die Hand waagerecht seitlich heraus, Handflächen nach unten. Wenn Sie jetzt den Handteller krümmen, wird Ihre Hand nach oben gehoben.

Doch ganz so einfach ist es nicht zu erklären, warum ein Flugzeug fliegt. Es gibt eine vollständige theoretische Erklärung, die aber wenig anschaulich ist. Einfache Darstellungen wiederum liefern nur eine unzulängliche Erklärung für das Geschehen am Flügel. Natürlich benötigt man für den dynamischen Auftrieb eine Tragfläche und einen Luftstrom. Man kann Tragflächen auch im Windkanal testen, denn es kommt nur auf die Relativgeschwindigkeit zwischen Luft und Tragfläche an. Für eine aufwärts gerichtete Kraft muss die Vorderkante der Tragfläche nach oben gekippt sein. Dann strömt die Luft auf der Oberseite der Fläche schneller als auf der Unterseite. Mit diesen unterschiedlichen Geschwindigkeiten sind auch verschiedene Drücke auf den beiden Seiten der Tragfläche verbunden. Oben entsteht ein Unterdruck, unten ein Überdruck. Diese Druckdifferenz hebt das Flugzeug an. Auf die Wölbung kommt es dabei kaum an, denn auch eine symmetrische, auf beiden Seiten gleich stark gewölbte Tragfläche erfährt Auftrieb und sogar ein ungewölbtes, flaches Brett kann fliegen. „*The Whopper Flying Machine*", das erste Flugzeug der Brüder Wright, hatte zum Beispiel dünne, nur wenig gekrümmte Flügel.

Doch der Bernoulli-Effekt allein reicht auch noch nicht zur Erklärung (Physik ist eben nicht immer ganz einfach). Versuche im Windkanal zeigen, dass oben die entlang strömenden Luftteilchen früher am Flügelende ankommen als die unteren. An der hinteren Kante des Flügels entsteht dadurch ein Wirbel. Wegen der Drehimpulserhaltung können Wirbel aber nur paarweise auftreten. So bildet sich als Ausgleich eine Strömung in der anderen Richtung um den gesamten Flügel herum – nach *vorne*. Durch die Geschwindigkeit des Flugzeugs fließt die Luft unter dem Flügel zwar insgesamt nach hinten, nur eben oben deutlich schneller als unten. Die Druckdifferenz steigt – das Flugzeug hebt ab und bleibt oben.[99]

Druck ist also Kraft pro Fläche, gemessen in [N/m²], das man auch „Pascal" (Pa) nennt. Da ein Newton auf eine Fläche von einem Quadratmeter ein sehr geringer Druck ist, rechnet man in der Meteorologie beim Luftdruck mit Hektopascal (1 hPa = 100 Pa). Der mittlere Luftdruck der Atmosphäre auf Meereshöhe sind ca. 1013 hPa, also immerhin 101.300 N/m². Da ein Körper mit der Masse 1 kg die Gewichtskraft von 9,81 N hat oder umgekehrt 1 Newton die Gewichtskraft ist, welche auf einen Körper mit der Masse 102 g wirkt, steht also auf jedem Quadratmeter eine Luftsäule mit der Masse von 10 t. Das ertragen Sie so einfach?!

Druckunterschiede zur normalen Luft benutzt man auch beim Barometer, wörtlich „Druckmesser". Schon Galilei wunderte sich darüber, dass Saugpumpen Wasser nicht höher als etwa 10 m ansaugen konnten. Damals nahm man an, dass die Natur „Abscheu vor der Leere" (lateinisch *horror vacui*) habe und dadurch das Wasser in den Pumpen nach oben stiege. In Wirklichkeit drückt das Gewicht der Luftsäule das Wasser hinein, das größer als der Unterdruck in der Pumpe ist – also der uns immer umgebende Luftdruck. Ein italienischer Physiker namens Evangelista Torricelli konstruierte um 1644 herum das erste Quecksilberbarometer, an dessen oberem Ende er ein künstliches Vakuum erzeugte. Aber, wie gesagt, die Existenz eines Vakuums war damals höchst umstritten und veranlasste den großen René Descartes zu der Bemerkung, diese „Torricelli'sche Leere" sei wohl nur in dessen Kopf anzutreffen. Später übte er tätige Reue, indem er Torricellis Barometer eine Papierskala hinzufügte.

Aber schon 1663 konnte der deutsche Physiker und Erfinder Otto von Guericke (1602–1686) den Luftdruck nachweisen. Er pumpte den Raum in zwei dicht aneinanderliegenden halben Hohlkugeln mit etwa 30 cm Durchmesser „luftleer", so weit man das damals konnte. Dann behauptete er, der Außendruck der Luft würde sie untrennbar zusammenpressen. Da er auch Politiker und Jurist war, benutzte er aus Showgründen *zwei* Pferdegespanne von je bis zu 15 (!) Pferden, um die „Magdeburger Halbkugeln" auseinanderzuziehen – was natürlich nicht gelang (nach Abb. 2.1 hätte er das eine Gespann ja sparen können). Damit war die Existenz des Vakuums und des Luftdrucks nachgewiesen.

Fassen wir zusammen

Die Mechanik handelt von Kräften. Von Kräften zwischen Körpern, aber auch *auf* Körper und *in* Körpern. Körper können verformt werden, setzen dem aber einen Widerstand entgegen (sonst gälte ja das dritte Newton'sche Gesetz nicht). Wird die Verformungsenergie in eine direkte Gegenkraft verwandelt, ist der Körper elastisch. Führt sie zur Formänderung des Körpers, ist er plastisch (wie die Knautschzone Ihres Autos) und die Energie wird in „nicht so wertvolle" Wärmeenergie umgesetzt.

„Statischer Auftrieb" wird durch die Verdrängung des umgebenden Mediums in Flüssigkeiten oder Gasen hervorgerufen. Er ist eine Kraft auf einen Körper, die der Schwerkraft entgegengesetzt ist. Auf die Unterseite des Körpers wirkt ein höherer Druck als auf die Oberseite. Deswegen schwimmen Schiffe und fliegen Heißluftballons. Diese Auftriebskräfte fallen in einer schwerelosen Umgebung weg, wie uns die Astronauten in ihren Raumkapseln so schön demonstrieren. Ein Swimmingpool zur Erfrischung hätte dort wenig Sinn.

Auftriebskräfte werden durch Druckunterschiede verursacht, die u. a. durch Unterschiede in den Strömungsgeschwindigkeiten hervorgerufen werden, der „dynamische Auftrieb". Davon profitieren Gleitvögel, Flugzeuge und Segler. Letztere nutzen nicht nur den Winddruck, der sie – wie zu Zeiten der alten Rahsegler – von hinten irgendwo hin schiebt, sondern sie können auch entgegen der Windrichtung segeln (wenn auch nicht direkt, sondern in einem Winkel von max. ca. 45°) – vom Unterdruck am Segel gezogen. Bernoulli sorgt auch hier für „Auftrieb", der in diesem Fall nicht nach oben wirkt, sondern nach vorne – der „Tragflächeneffekt".

Gewicht und Druck hat auch Materie, die wir nicht sehen – Luft zum Beispiel. Kein Gewicht und keinen Druck hat nur das „Nichts", das Vakuum. Als man das neu erfundene Barometer auf Berge schleppte, war auch klar, dass dort der Luftdruck geringer sein musste: Das Gewicht der darüber stehenden (und offensichtlich in ihrer Höhe begrenzten) Luftsäule war augenscheinlich geringer.

5
Rudi R. schwitzt und friert
Wärme und ihre Wirkungen

Wärme ist die Energie, die von einem Objekt zu einem anderen Objekt niedrigerer Temperatur fließt. Es ist ein Maß für die kinetische Energie, die in den Molekülen eines Gegenstandes gespeichert ist. Arbeit verwandelt sich in Wärme, das haben wir schon gesehen. Beides sind Formen von physikalischer Energie, die bekanntlich nicht verloren gehen kann. Wärme kann auch in Arbeit „zurückverwandelt" werden. Hätte es in der Steinzeit schon die technischen Möglichkeiten gegeben, hätte Rudi mit Sicherheit schon damals die

Dampfmaschine erfunden. Aber es gab ja noch nicht einmal die wichtigen Metalle, mit denen man etwas bauen konnte.

5.1 Wärme wirkt auf Körper

Anders als bei Länge, Gewicht und Kraft hatten Eddi und Rudi damals keine Möglichkeit, Wärmegrößen zu messen, z. B. die Temperatur. Rudi hatte festgestellt, dass seine Empfindung total subjektiv war. Hielt er die linke Hand in heißes Wasser und die rechte in kaltes und tauchte sie danach beide in lauwarmes Wasser, dann fühlte es sich an der linken Hand kälter an als an der rechten.

Aber wie funktioniert ein Thermometer? Die meisten – zumindest zur Messung „normaler" Temperaturen des Alltags – beruhen auf der Tatsache, dass sich Materie bei Erwärmung ausdehnt. Das ist eine grundlegende Wirkung von Wärme auf Körper. Gase wie Luft ebenso wie Flüssigkeiten wie Quecksilber, und feste Körper natürlich auch. Das sind ja die drei Erscheinungsformen von Materie, auch „Aggregatzustand" genannt: fest, flüssig, gasförmig. Die ersten Thermometer der einfachsten Art benutzten Luft als das Material, das sich durch Wärme ausdehnen sollte. Auch Galileo Galilei soll sich um die Temperaturmessung verdient gemacht haben. Aber zwei Namen sind damit untrennbar verknüpft: Celsius und Fahrenheit. Die Celsius-Skala setzt den Nullpunkt (0 °C) beim Gefrierpunkt des Wassers und den Siedepunkt auf 100 °C.[100] Fahrenheit verwendete weniger einleuchtende Eckpunkte seiner Temperaturskala, und so entspricht 0 °C dem Wert von 32 °F und 100 °C sind 212 °F. Umgekehrt sind 0 °F gleich –17,8 °C und 100 °F gleich 37,8 °C. Wenn in Los Angeles die Zeitungen von 82 °F berichten, dann sind es schöne 27,8 °C warm. Denn 212 °F – 32 °F = 180 °F, das entspricht der Temperaturdifferenz von 100 °C. Also ziehen Sie von der USA-Temperatur 32 °F ab (82 – 32 = 50) und multiplizieren Sie das Ergebnis mit dem Spreizungsfaktor 100/180 oder 5/9, also $50 \cdot {}^5/_9 = 27{,}77$. Verblüffen Sie Ihre Freunde aus den USA mit einer Faustformel zum Umrechnen, indem Sie blitzschnell und (fast) richtig mit ${}^5/_9$ multiplizieren. Rechnen Sie in diesem Fall „Die Hälfte von 50 plus 10 %". Das sind 25 + 2,5 = 27,5 Grad Celsius. Schließlich sind Sie ja Physiker und tolerieren kleine Messfehler;-). Denn ${}^5/_9 = 0{,}55555\dots$, und das ist fast dasselbe wie 0,55 = ½ + 10 %. Umgekehrt lautet die Regel: „Celsius mal zwei minus 10 % plus 32". Also rechnen sich kühle 15 °C wie folgt: 15 · 2 – 10 % = 27. Dazu 32 ergibt 59 °F. Stimmt!

Wärme dehnt Körper

Jetzt hätten wir fast das Grundprinzip aus den Augen verloren: Wärme dehnt Körper aus. Wie sehr, das gibt der „Ausdehnungskoeffizient" an. Er wird meist mit α bezeichnet. Erhitzen wir einen Metallstab, der die Länge l_0 hat, um t Grad, dann hat er danach die Länge $l = l_0 + l_0 \cdot \alpha \cdot t = l_0(1 + \alpha \cdot t)$.[101] Nehmen wir ein Eisenbahngleis mit der Länge von 100 m im Winter bei $-20\,°C$. Im Sommer knallt die Sonne darauf und erhitzt es auf $60\,°C$. Der Ausdehnungskoeffizient α von Stahl ist ca. $12 \cdot 10^{-6}$ $1/°C$.[102] Also rechnen wir 100 m mal $80\,°C$ mal $12 \cdot 10^{-6}$ und erhalten 0,096 m Verlängerung. Das sind 9,6 Zentimeter! Die Gleisstrecke Hamburg–München (sagen wir: runde 800 km) ist im Sommer 768 m länger als im Winter.

Feste Körper und Flüssigkeiten verändern ihr Volumen unter Druck praktisch nicht. Deswegen können Flüssigkeiten in stahlverstärkten Schläuchen Kraft „um die Ecke" übertragen, wie Sie z. B. bei Hydraulikbaggern beobachten können. Bei Gasen aber betritt der dritte Spieler, der Druck p, die Bühne und gesellt sich zu Temperatur T und Volumen V. Sie gehen nun wechselnde Beziehungen ein:

1. Bei gleichbleibender Temperatur verhalten sich die Drücke umgekehrt wie die Volumina: Eine Vergrößerung des Volumens lässt den Druck sinken, eine Verringerung des Volumens lässt ihn steigen.
2. Bei gleichbleibendem Druck verhalten sich die Volumina genau wie die Temperaturen: Hohe Temperatur vergrößert das Volumen, geringe Temperatur verringert es.
3. Bei gleichbleibendem Volumen verhalten sich die Drücke ebenfalls wie die Temperaturen: Hohe Temperatur erhöht den Druck, geringe verringert den Druck.[103]

Das hat es in sich! Das erklärt, wieso Ihre Fahrradpumpe vorne warm wird, wenn Sie den Reifen aufpumpen. Wie ein Unterdruck entsteht, wenn Sie das Volumen in einem Luftbehälter vergrößern. Warum ein Luftballon in der Sonne dicker wird.

Die „WW-Regel"

Wärme wandert – das ist die einfache Regel. Sie bleibt nie, wo sie ist, anders als Materie. Das stellten unsere beiden Wissenschaftler schon fest, als sie in der Nähe des Höhlenfeuers saßen.

„Es wird schön warm hier hinten", sagte Eddi, „Wo die Wärme wohl herkommt?" „Ganz einfach", sagte Rudi, „Wärme ist transportierte Energie. Das habe ich schon mithilfe von mitfliegenden Ascheteilchen beobachtet. Offensichtlich steigt die warme Luft über dem Feuer auf und senkt sich in der Nähe der kühleren Höhlenwand wieder ab. Wenn die Sonne auf die Felsen knallt und sie erhitzt, flirrt die Luft durch die Hitze. Auch das deutet darauf hin." „Konvektion", murmelte Siggi im Hintergrund, aber keiner hört auf ihn. „Das kann ich verstehen", sagte Eddi, „ aber sie scheint auch *direkt* weitergeleitet zu werden. Wenn ich einen länglichen Stein ins Feuer halte, wird das kalte Ende auch sehr schnell heiß. Eine Art ‚Wärmeleitung', die Energie wird weitergeleitet." „Konduktion", murmelte Siggi.

„Weißt du, was mir auffällt?", fragte Eddi. „Nein, aber ich werde es gleich wissen." „Ja, wenn ich schräg hinter dir stehe, spüre ich die Wärme des Feuers. Trete ich in deinen Schatten – der ja nicht unbeträchtlich ist – lässt das Wärmegefühl nach. Auch frage ich mich, wie die Wärme von der Sonne zu uns kommt. Wärmeleitung scheidet aus, und es kann auch keine heiße Luft sein, die von dort kommt. Es fühlt sich an wie der Wechsel aus deinem Schatten in das Licht des Feuers. Vielleicht wird die Wärme ja vom Licht transportiert?" „Wärmestrahlung", sagte Siggi nun laut, „Wärme und Licht sind eng verwandt." „Ach!", sagte Rudi und „Ach ja?!" sagte Eddi.

So haben die Höhlenmenschen schon die drei Möglichkeiten der Wärmeübertragung herausgearbeitet: Zuerst die Konvektion, das Mittragen von Wärmeenergie durch Flüssigkeiten oder Gase. Die Wärmeströmung entsteht dadurch, dass diese Medien im warmen Zustand eine geringere Dicht haben als im kalten und somit in einem Schwerefeld aufsteigen. Warmes Wasser steigt nach oben, kaltes sinkt ab. Dann die Konduktion oder Wärmeleitung, bei der in einem festen Gegenstand oder einer Flüssigkeit die Wärme von einem Gebiet mit höherer Temperatur zu einem Gebiet mit niedrigerer Temperatur fließt. Im Gegensatz zur Konvektion wird dabei kein Material transportiert (was bei einem Festkörper sowieso nicht geht), sondern nur die Wärmeenergie. Stoffe haben dabei eine unterschiedliche Wärmeleitfähigkeit, wie jeder weiß: Metalle sind gute Wärmeleiter, Holz oder Styropor schlechte. Die dritte Möglichkeit der Wärmeübertragung ist die Wärmestrahlung. Sie ist – im Unterschied zu den beiden ersten – nicht materiell, erfordert also keine Substanz. Im leeren Weltraum sind weder Konvektion noch Konduktion möglich, sondern nur die Übertragung von Wärmeenergie durch Strahlung. Das wissen Sie, wenn Sie sich im Frühling an den ersten warmen Sonnenstrahlen erfreuen.

Nun haben Rudi und Eddi das zwar sehr schön erkannt, aber es nützt ihnen nicht viel. Nichts, womit sie bei Willa punkten könnten. Wie schön wäre es gewesen, hätten sie moderne Materialien und Techniken gehabt, um z. B. eine Thermoskanne zu bauen. Sie hält Warmes warm und Kaltes kalt, weil sie alle drei Arten von Wärmetransport unterbindet oder zumindest (in der

Physik gilt ja *nothing is perfect*) stark behindert. Schauen wir uns das Prinzip an: Der Innenraum der Kanne oder Flasche ist von einer Doppelwand umgeben, z. B. aus Edelstahl oder (besser) Glas. Das Material sollte ein schlechter Wärmeleiter sein (deswegen ist Glas besser als Edelstahl). Das behindert die Konduktion. Wäre Luft zwischen den beiden Wänden, wäre noch zusätzlich eine Wärmeübertragung durch Konvektion und Konduktion durch die Luft möglich. Es ist aber keine da, denn es herrscht ein halbwegs gut erzielbares Vakuum. Ende der Konvektion. Nun lassen Sie sich noch etwas gegen Wärmestrahlung einfallen! Richtig: Die Wände sind innen verspiegelt, das behindert die Abstrahlung und reflektiert Wärmestrahlung wieder zurück.

5.2 Wärme wird gespeichert und verrichtet Arbeit

Wärme ist eine Mengengröße, eine Energiemenge. Es gibt nicht nur ein Maß für die Temperatur, sondern auch ein Maß für den Energieinhalt. Das ähnelt Geschwindigkeit und Masse: Ein 20 km/h schneller Radfahrer ist im Energieinhalt etwas anderes als ein gleich schneller Zwanzigtonner. Die Maßeinheit für Wärmeenergie ist uns allen geläufig: die „Kalorie". Das ist die Wärmemenge, die man braucht, um 1 g Wasser um 1 Grad zu erwärmen. Das ist zwar eine etwas ungenaue Angabe, aber die Kalorie stirbt ja auch aus. Wir kennen sie nur noch aus Diät-Angaben zu Speisen, in die sie merkwürdigerweise geraten ist, um deren „Verbrennungsenergie" zu bezeichnen.[104] Wir rechnen im SI-System zu Ehren des britischen Physikers James Prescott Joule in Joule: 1 J ist dasselbe wie 1 N m, also 1 kg·m^2/s^2 (1 J = 0,239 Kalorie oder 1 Kalorie = 4,1868 J). Die Wärmemenge Q bezeichnet also „thermische Energie" (im Unterschied zur Arbeit als mechanische Energieform). Da aber Energie gleich Energie ist, wird sie in denselben Einheiten gemessen. Auch hier ging die Physik früher seltsame Wege: Noch im 18. Jahrhundert nahm man an, dass alle Materie einen „Wärmestoff" besäße, „Phlogiston" genannt. Der sollte aufgrund von Temperaturunterschieden von einem Körper in den anderen strömen und beim Verbrennen aus ihm entweichen, sodass nur noch die Asche zurück bleibt. Diese Vorstellung hielt sich erstaunlich lange. Dann wurde Ende des 18. Jahrhunderts die „Phlogistontheorie" durch die Oxidationstheorie abgelöst – Stoffe entziehen beim Verbrennen der Luft Sauerstoff und werden *schwerer*. Es entweicht also nichts, es kommt etwas hinzu!

Wärme wird gespeichert und „geht verloren"

Jeder Körper kann eine unterschiedliche Menge von Wärme aufnehmen, abhängig vom Material. Die Wärmekapazität C eines Körpers (gemessen in

Joule je Grad, also [J/°C]) gibt an, wie aufnahmefähig ein Stück Materie für die Zufuhr von Wärme relativ zur Temperaturänderung ist. Die „spezifische Wärmekapazität" c eines Stoffes bezieht dies noch auf die Masse: die Energiemenge, die man benötigt, um 1 kg des Stoffes um 1 Grad zu erwärmen. Da J eine recht kleine Einheit ist, gibt man c meist in kJ/(kg·°C) an. Quecksilber hat einen geringen Wert: 0,14 kJ/(kg·°C) und ist daher gut für Thermometer geeignet (ein Messinstrument soll ja nicht den Messwert verfälschen, nicht wahr?!). Luft liegt mit 1,01 kJ/(kg·°C) im mittleren Bereich und Wasser ist mal wieder „ein ganz besonderer Saft".[105] Es ist mit 4,18 kJ/(kg·°C) ein guter Wärmespeicher und somit das optimale Kühlmittel, da es eine hohe Wärmekapazität besitzt (und einen guten Wärmeleitwert obendrein).[106]

Luft ist ja ein Gas – und hier kommt es mal wieder auf eine genauere Betrachtung an. Die Physiker haben sich hier ein rechnerisch einfacher zu handhabendes „ideales Gas" geschaffen. Im Gegensatz zum „realen Gas" wechselwirken die Teilchen nur untereinander und mit den Gefäßwänden über elastische Stöße und besitzen keine Ausdehnung. Die Wärmekapazität von Gasen ist stark vom Druck und vom Volumen abhängig. Die Angabe der Wärmekapazität eines idealen Gases setzt konstanten Druck oder konstantes Volumen voraus.

Nun haben wir also viele Kilojoule in einem großen Trog mit Wasser gespeichert und dessen Wärmekapazität ausgenutzt. Was passiert damit? Natürlich ist der Trog kein abgeschlossenes System im physikalischen Sinne, denn die Wärme verschwindet langsam, aber sicher in der Umwelt. Sie geht nicht verloren (keine Energie „geht verloren"), aber sie verschwindet aus dem Trog und ist zum Warmbaden nicht mehr zu gebrauchen. Der zeitliche Verlauf dieses Verschwindens folgt einer „Abklingfunktion der Form $y = e^{-at}$, wie Abb. 5.1 qualitativ zeigt. Es ist ein exponentieller Prozess, denn die Zeit t steht im Exponenten der „Euler'schen Zahl" e, die ein mathematischer Rohdiamant ist.[107]

Abhängig von der Art des Materials sind die Werte der Abklingfaktoren a im Exponenten der e-Funktion unterschiedlich, was in Abb. 5.1 zu unterschiedlichen Verläufen führt. Die „Halbwertszeit" ist darin die Zeit, nach der die Hälfte der Wärme verschwunden ist.

Zitternde Moleküle

Dass Materie aus merkwürdigen kleinen Teilchen besteht, das vermuteten schon die alten Griechen – sie begründeten ja auch den Begriff *átomos* („das Unzerschneidbare"). Der englische Naturforscher John Dalton veröffentlichte 1808 ein Buch über „Chemische Philosophie", in dem er schon feststellte, dass und in welchen Mengenverhältnissen sich die Atome zu anderen kleins-

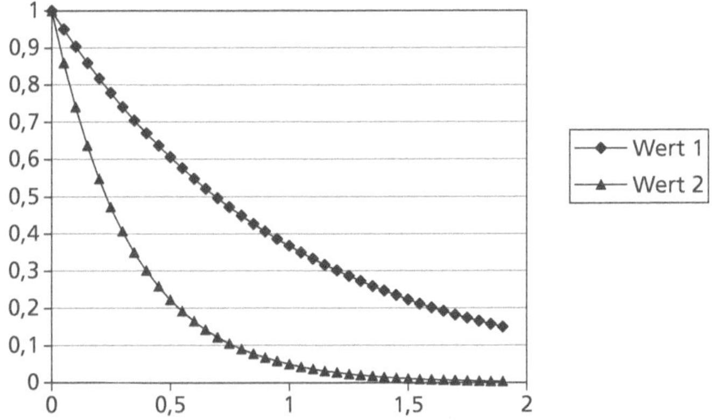

Abb. 5.1 Die Abklingfunktion für den Wärmeverlust

ten Teilchen verbanden und so die reiche Fülle unterschiedlicher Stoffe bildeten, die über die karge Anzahl der Elemente weit hinausging. Das werden wir in Kap. 9 ausführlich untersuchen. Diese Teilchen waren die „Moleküle" (wörtlich „kleine Masse").

Menschen zittern vor Kälte, Moleküle zittern vor Wärme, sozusagen. Dieses Phänomen wurde schon 1785 beobachtet und 1827 wiederentdeckt. Es ist mit dem Namen des schottischen Botanikers Robert Brown verknüpft: die „Brown'sche Bewegung". Er beobachtete unter dem Mikroskop zuerst Pollen und dann Staubkörner in einem Wassertropfen. Zu seiner Verwunderung machten sie unregelmäßig zuckende Bewegungen, und zwar umso stärker, je höher die Temperatur war. Ein anderer Physiker wies nach, dass der Grund des Zitterns weder in Temperaturschwankungen noch in chemischen Reaktionen oder sogar (wie noch Brown vermutete) in einer geheimnisvollen biologischen Lebenskraft lag.[108] Tatsächlich beruht die beobachtete Bewegung der Staubteilchen auf der Wärmebewegung der Wassermoleküle, mit denen ein Staubteilchen immerhin ca. etwa 10^{21}-mal pro Sekunde zusammenstößt (denn Sie werden noch in Kap. 9.1 sehen, dass in einem Wassertropfen eine entsprechend hohe Zahl von Wassermolekülen versammelt ist). In vereinfachter Form sieht die typische Bahn eines solchen Staubteilchens aus wie in Abb. 5.2.[109]

Unter anderem dieses Phänomen begründete die „Kinetische Theorie der Wärme": Wärme bzw. Temperatur ist das „Zittern der Moleküle". Bleibt anzumerken, dass die Brown'sche Bewegung im Holländischen auch mit *dronkemanswandeling* (Weg eines betrunkenen Mannes) bezeichnet wird, während die Engländer es einfach *random walk* nennen.[110]

Die wissenschaftlich fundierte Erklärung und Bestätigung, dass Materie einen molekularen Aufbau hat, lieferte der wohl berühmteste direkte Nach-

Abb. 5.2   Beispiel einer Brown'schen Bewegung

fahre Eddis: Albert Einstein. Am 11. Mai 1905 veröffentlichte er seine Arbeit „Über die von der molekularkinetischen Theorie der Wärme geforderte Bewegung von in ruhenden Flüssigkeiten suspendierten Teilchen" – die Brown'sche Molekularbewegung. Dabei war er sich gar nicht sicher, ob seine theoretischen Überlegungen mit der Brown'schen Molekularbewegung übereinstimmten – er wies „nur" nach, dass nach der molekularkinetischen Theorie der Wärme (dass also Wärme das „Zittern der Moleküle" ist) kleine Teilchen in Flüssigkeiten sichtbare Bewegungen ausführen *müssen*, obwohl sie erheblich größer als die Moleküle sind, von denen sie angestoßen werden.[111]

Die Mutter aller Dampfmaschinen

Die Mutter aller Dampfmaschinen war eine Kugel, die sich durch dampfgetriebenen Rückstoß drehen konnte und schon im 1. Jahrhundert n. Chr. von Heron von Alexandrien erfunden wurde. Es ist der Heronsball (auch „Aeolipile" genannt, wörtlich „Dampfball"). Diese „Dampfmaschine" leistete keine praktische Arbeit, demonstrierte aber die Expansionskraft von Wasserdampf und das Rückstoßprinzip. In der einfachsten Form ist es eine hohle Metallkugel mit zwei geknickten Auslassrohren, in der Wasser erhitzt und zu Dampf verwandelt werden konnte. Sie war an einem Faden oder in einem Gestell so aufgehängt, dass sie der austretende Dampf in Rotation versetzen konnte. Da die Kugel aber immer aufgefüllt werden musste, baute man bald eine bessere Konstruktion, bei der zwei in einem Wasserbecken stehende Rohre durch Unterdruck ständig Wasser in die Kugel nachsaugten.[112] Im thermodynamischen Sinne ist das eine echte Wärmekraftmaschine, wenn sie auch nur eine Spielerei ist und die Bewegungsenergie nicht weiter benutzt wird.

Eine praktisch nutzbare Wärmekraftmaschine jedoch ist der Stirlingmotor, der 1816 von einem jungen schottischen Geistlichen namens Robert Stirling erfunden wurde. Darin wird die Gasfüllung von außen in einem Bereich er-

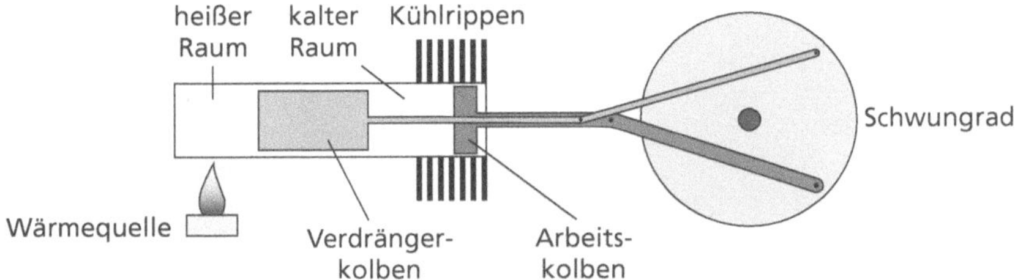

Abb. 5.3   Der Stirlingmotor ist eine Wärmekraftmaschine ohne Dampf

hitzt und in einem anderen gekühlt, um mechanische Arbeit zu leisten – es ist also keine *Dampf*maschine. In einem abgedichteten, an seiner Unterseite beheizten Zylinder schiebt ein Kolben die eingeschlossene Luft (oder ein anderes Arbeitsgas) zwischen der heißen und der kalten Seite hin und her. Die Luft dehnt sich dabei jedes Mal aus und zieht sich wieder zusammen. Das wird über einen Arbeitskolben und eine Kurbelwelle in eine Drehbewegung umgesetzt. Als Energiequelle dient jede beliebige Wärme- oder Kältequelle, mit der sich eine Temperaturdifferenz erzeugen lässt.[113]

Dieses Prinzip ist in Abb. 5.3 skizziert. Dadurch wird die innere Energie des Arbeitsgases in nutzbare mechanische Arbeit umgewandelt. Der „Verdrängerkolben" pendelt zwischen der Heißzone und der Kaltzone hin und her, angetrieben durch das Schwungrad. Der „Arbeitskolben" wandelt den Druck im Kaltraum in kinetische Energie um und treibt das Schwungrad an. Er schließt den Arbeitsraum ab. Das Gas bleibt innerhalb des Motors und wird nicht ausgetauscht (deswegen nennt man den Motor auch „Heißgasmotor").[114]

Revolutionen der Menschheitsgeschichte

Vielleicht ist die Behauptung etwas gewagt: Mindestens zwei Revolutionen in der Menschheitsgeschichte verdanken wir der Wärme – die Zähmung des Feuers und die Erfindung einer beweglichen Maschine, die nicht (wie etwa ein Wasserrad) ortsgebunden war. Eine Maschine, die sich selbst auf Reisen schicken kann. Sie erzeugt mechanische Energie – nein, das Wort wollten wir ja nicht verwenden. Sie verwandelt Energie, die in 300 Millionen Jahre alten Pflanzenresten gespeichert ist. Die Rede ist von der Dampfmaschine, betrieben mit Steinkohle. Die Abb. 5.4 zeigt ihre Funktionsweise.[115] Sie ist eigentlich bei genauem Hinschauen intuitiv verständlich: Ein Dampferzeuger als Bestandteil der Maschine (nicht mit abgebildet) liefert heißen Dampf mit hohem Druck. Der strömt vom Kessel durch den „Schieberkasten" in die rechte Hälfte des Zylinders. Dieser Dampfzylinder, der beidseitig je mit einem Deckel verschlossen ist, ist mit einem Kolben und mit einer Kolben-

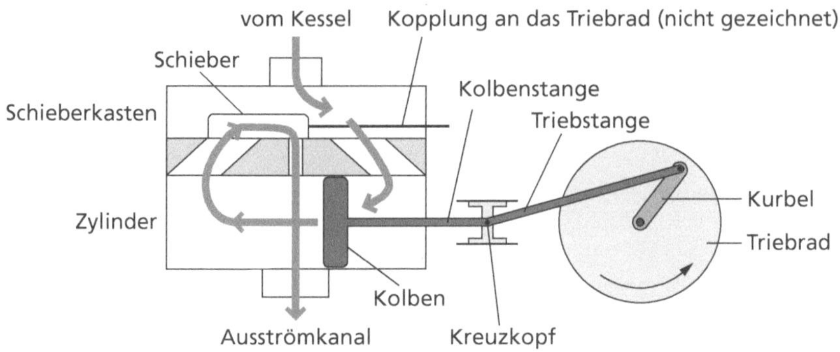

Abb. 5.4 Wirkungsweise einer Dampfmaschine

stange ausgerüstet. Der Kolben bewegt sich also nach links und überträgt über Kolben- und Triebstange die Bewegung auf das Triebrad. Der vom vorigen Zyklus verbliebene Dampf im linken Teil des Zylinders wird dabei in den Ausströmkanal gepresst.

Wenn nun der Kolben im linken Teil des Zylinders angekommen ist, wird über den Schieber (das wichtigste Teil der Maschine, das über ein sinnreiches Gestänge mit dem Triebrad gekoppelt ist) der linke schräge Dampfkanal geöffnet und der rechte geschlossen. Nun ist die Situation genau umgekehrt: Dampf strömt in die linke Zylinderhälfte und wird aus der rechten herausgedrückt. Das Triebrad bewegt sich dank der Umleitung der Bewegung über den Kreuzkopf und die Kurbel in derselben Richtung weiter, obwohl sich der Kolben in genau entgegengesetzter Richtung bewegt. Das alles geschieht bei einer Dampflok unter beeindruckendem Fauchen und Zischen. Rudi, hätte er die Materialien zum Bau eines solchen technischen Apparates gehabt, wäre von seiner Arbeit begeistert gewesen. So musste die Welt leider bis 1712 warten, als Thomas Newcomen die erste verwendbare Dampfmaschine konstruierte.

In einem Kondensator wird der Abdampf mithilfe von kühler Luft wieder kondensiert und wird folglich wieder zu Wasser. Das kann man wieder erneut erhitzen und erreicht so einen geschlossenen Kreislauf. Jetzt braucht James Watt nur noch den mechanischen Fliehkraftregler einzubauen (was er 1788 tat), und schon hat die Maschine eine vom Dampfdruck und der Last weitgehend unabhängige Drehzahl. Watt wird zwar oft fälschlicherweise die Erfindung der Dampfmaschine zugeschrieben, aber zumindest hat er neben dem (ebenfalls schon bekannten Fliehkraftregler) ihren Wirkungsgrad erheblich verbessert, also das Verhältnis zwischen hineingesteckter Wärmeenergie und der erzeugten mechanischen Arbeit.

5.3 Wärme verändert Körper

Wärme verändert nicht nur die Temperatur von Körpern, wenn sie ab- oder zugeführt wird. Sie dehnt nicht nur das Volumen von Materie aus oder lässt es schrumpfen. Wärme kann auch feste Körper in Flüssigkeiten und diese in unsichtbare Gase verwandeln – sogar in sichtbare, wenn sie auch noch zu leuchten beginnen.

Rudi macht Wasser warm

Genauer gesagt: Er hat damit schon früher experimentiert und Interessantes herausgefunden, das wir hier noch einmal vorstellen müssen.[116] Wasser erwärmt sich in einem Wärmebad nach der „Aufheizfunktion" $T(t)$, die am Anfang linear verläuft und den Experimentator zu irrigen Annahmen verleitete. So begann er damals das Gespräch: „Ich habe einmal höher geheizt als 35 °C … Das mit dem linearen Zusammenhang können wir vergessen. Ist ja auch logisch: Irgendwann muss die Aufheizkurve ja umbiegen, denn bei 100 °C ist Schluss." „Das ist ja schön", kommentierte Eddi, „dass du dich selbst korrigieren kannst. Fundamentalisten können das nicht. Aber nun lass uns mal logisch überlegen, wie die Aufheizkurve tatsächlich verläuft und warum." Rudi hatte schon einen Ansatz: „Wie ich den Laden so kenne, beginnt es wieder mit einer Differenzialgleichung."[117] „Korrekt. Aber erst einmal musst du die physikalischen Verhältnisse klären. Wasser ist ein seltsamer Stoff mit – im wahrsten Sinn des Wortes – merkwürdigen Eigenschaften."[118] „Ja, bei 0 Grad ist es Eis und bei 100 Grad verwandelt es sich in Dampf. Ich habe so das Gefühl, dass bei beiden Übergängen – Eis zu Wasser und Wasser zu Dampf – viel Energie verbraucht wird. Ich glaube, wir sollten bei unserem Versuch irgendwie dazwischen bleiben und sozusagen ‚reines' Wasser erhitzen. Wir packen einfach ein wenig Wasser mit einer kleinen Anfangstemperatur in ein sehr großes Gefäß mit warmem Wasser und sehen, was passiert. In einem dünnen Ziegendarm, dessen Erwärmung wir vernachlässigen können. So haben wir kontrollierte Versuchsbedingungen und müssen uns nicht mit der schwankenden Wärmezufuhr eines Feuers herumplagen. Und der große Pott muss so groß sein, dass die kleine Menge ihm keine Wärme entzieht und er seine Temperatur hält."

Eddi runzelte die Stirn: „Das ist mir alles zu kompliziert. Ich gehe das Problem lieber mathematisch an. Nehmen wir die Zeit t …" „So wollte ich die Temperatur nennen …" „Pech! Besetzt! Dann nimm dafür den Großbuchstaben …" Rudi war einverstanden: „Gut. Die kleine Wasserprobe hat die veränderliche Temperatur $T(t)$, der Pott die konstante Temperatur T_P. Meine physikalische Hypothese ist: Die Probe heizt sich proportional zur Temperaturdifferenz $T_p - T$ auf. Denn wenn T_p erreicht ist, wird sie ja nicht wärmer. Und je näher T dem T_p kommt, desto langsamer steigt T an. Das Vorzeichen ergibt sich auch aus der Überlegung, dass ein warmer Körper in einem kühlen Medium (also $T - T_p > 0$) nicht noch heißer wird, sondern sich abkühlt, denn dann ist $dT/dt < 0$." Eddi hatte schon zu schreiben begonnen:

$$\frac{dT}{dt} = K \cdot (T_p - T)$$

Dann erklärte er: „Das ist eine Differenzialgleichung … Du erinnerst dich, oder!?" „Ja, ja. Alle deine mathematischen Tricks sind mir deutlich in Erinnerung. Die Lösung, also der Temperaturverlauf $T(t)$ abhängig von der Zeit, kann ich gleich hinschreiben." Und er tat es zum Abschluss der gemeinsamen Überlegungen:

$$T = T_p \cdot (1 - e^{-K \cdot t})$$

Wir können den Steinzeitforschern nur Recht geben. Die Formel gilt, solange T_p weit genug unter 100 °C liegt. Es ist ein exponentieller Prozess, die „Sättigungsfunktion" (Abb. 5.5), Schwester der Abklingfunktion aus Abb. 5.1. Denn die Zeit t steht im Exponenten der „Euler'schen Zahl" e, die wir ja schon kennen. In diesem Beispiel wurde 0 °C kaltes Wasser (kein Eis!) in den Ziegendarm gefüllt, der in dem großen Wasserbad mit 50 °C schwamm. Die Temperatur $T(t)$ nähert sich nach der e-Funktion „asymptotisch" der Temperatur der Wärmequelle. „Asymptotisch" (vom altgriechischen *asýmptōtos* „nicht übereinstimmend") heißt, dass sie sie nie *exakt* erreicht, da der Betrag der übertragenen Wärme mit kleiner werdender Temperaturdifferenz immer kleiner wird.

Wärme verändert den Aggregatzustand von Materie

Wärme verändert nicht nur das Volumen von Körpern, sondern vor allem auch ihren „Aggregatzustand". Davon gibt es hauptsächlich drei, die allen bekannt sind: fest, flüssig, gasförmig.[119] Denn es ist ja *dieselbe* Materie: Eis, Wasser, Dampf. Der sogenannte „Phasenübergang" zwischen den drei Aggregatzuständen findet durch Zufuhr bzw. Entzug von Wärme statt. Führt man Eis Wärme zu, dann schmilzt es und wird flüssig. Die Temperatur ändert sich dabei erst einmal nicht. Führt man weiter Wärme zu, erreicht es 100 °C und verwandelt sich dann in Dampf. Dieselben Phasenübergänge gibt es auch für die meisten Metalle und viele andere Materialien, nur bei anderen Temperaturen.

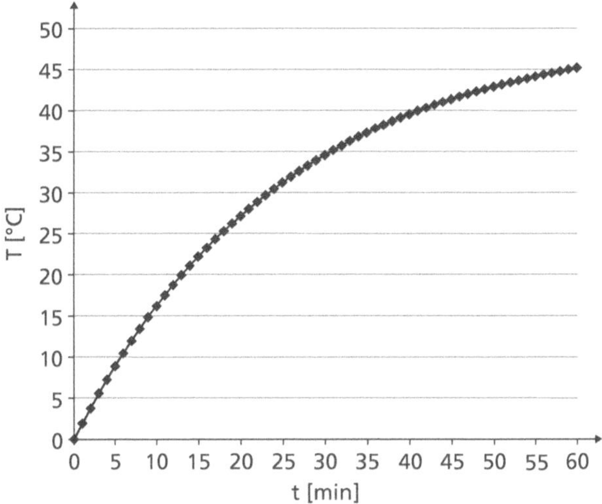

Abb. 5.5 Rudis Experiment zur Wassererwärmung – der Temperaturverlauf ist eine „Sättigungsfunktion"

Die meisten Elemente, aus denen unsere Materie besteht, sind bei normaler Raumtemperatur fest. Ihre Bestandteile, die Moleküle, verschieben sich nicht oder nur schwer gegeneinander. Ein weiterer Aggregatzustand ist „flüssig". Er gilt für Wasser wie für Quecksilber: Dessen sehr gleichmäßige Ausdehnung mit $\alpha = 182 \cdot 10^{-6}$ m/°C ist auch sehr hoch, und das macht es für Thermometer sehr geeignet. Wasser dagegen ist ein in vieler Hinsicht sonderbarer Stoff. Es hat nicht bei 4 °C ein größeres Volumen als bei 0 °C wie alle anderen Flüssigkeiten, sondern bekanntlich ein kleineres. Deswegen sinkt Wasser mit 4 °C auf den Grund des Sees und der See gefriert zur Freude der Fische zuerst an der 0 °C kalten Oberfläche. Da Wasser und Eis keine besonders guten Wärmeleiter sind, keine Konvektion stattfindet (oben kalt und leicht, unten warm und schwer), das Gefrieren viel Wärmeenergie freisetzt und das Erdreich unter dem See noch vom Sommer aufgewärmt ist, wird die Dicke der Eisschicht in unseren Breiten nie zu groß und das Leben kann unter ihr weitergehen.

Jetzt kommen wir zum dritten Aggregatzustand: „gasförmig". Dazu gehören alle Gase, die wir im normalen Leben, also bei normalen Temperaturen und normalem Druck, kennen: Sauerstoff, Kohlendioxyd, Luft, Erdgas. Aber auch Wasserdampf. Nebenbei: Den Wasserdampf kann man *nicht* sehen, denn er besteht aus einzelnen umherschwirrenden Wassermolekülen. Was man sehen kann, sind die (flüssigen!) Wassertröpfchen, die durch die Kondensation des Dampfes an der kalten Luft entstehen. Bei Gasen sind ja die Materieteilchen („Moleküle" bzw. „Atome", die wir in Kap. 9 kennenlernen werden) nicht durch Kräfte aneinander gebunden, sondern schwirren frei im

Raum herum. Allerdings stoßen sie zusammen und kollidieren auch mit dem Behälter, in dem sie sich befinden.

Sie ändern bei der Zufuhr von Wärme (bei gleichem Druck) auch ihr Volumen V. Die Geschwindigkeit der Atome bzw. Moleküle im Gas nimmt zu und dadurch beanspruchen die Teilchen mehr Raum, das Volumen des Gases nimmt zu. Erwärmen wir es um t Grad, dann hat es danach das Volumen $V_t = V \cdot (1 + \gamma \cdot t)$. Dem Längen-Ausdehnungskoeffizienten α entspricht der Raum-Ausdehnungskoeffizient γ (griechisch *gamma*). Alle Gase haben bei 0 °C nahezu denselben Ausdehnungskoeffizienten $\gamma = 3{,}66 \cdot 10^{-3}$ 1/°C oder 0,00366 – und das ist 1/273. Und das ist eine erstaunliche Zahl, denn darin steckt der „absolute Nullpunkt", der untere Grenzwert für die Temperatur. Nichts ist kälter als – 273,15 °C (so der exakte Wert). Nicht nur das: Der absolute Nullpunkt kann nie erreicht werden, man kann ihm nur sehr nahekommen. Zur Erinnerung: Zu Ehren des britischen Physikers William Thomson, auch Lord Kelvin genannt, misst man die Temperatur relativ zum absoluten Nullpunkt in „Kelvin" [K].[120] Und nun zeigt es sich, dass sich das Volumen einer Gasmenge linear mit ihrer Temperatur verändert. Ein Gas unter Normaldruck und weit oberhalb des Siedepunktes dehnt sich näherungsweise proportional zur absoluten Temperatur aus. An einem warmen Tag (27 °C) beträgt der Ausdehnungskoeffizient also 1/300. Ein Liter kühle Luft von 10 °C dehnt sich bei der Erwärmung auf 20 °C (um 10 K) um $10 \cdot 1/283$ aus, also um ca. 0,035 Liter oder 35 cm³. Und ein Gas wie Stickstoff kann man durch Entzug von Wärme verflüssigen – alle anderen ebenso: „flüssiges Gas", was sich fast wie ein innerer Widerspruch anhört. Sauerstoff können Sie bei – 183 °C in ein Gefäß gießen und bei – 219 °C zersägen, denn dann ist er fest. Kupfer wird bei 1.083 °C flüssig und bei 2.595 °C gasförmig.

Und was den Phasenübergang bewirkt, das haben wir schon erwähnt: Wärme. Schmelzwärme, um feste Körper zu verflüssigen; Verdampfungswärme, um Flüssigkeiten in Dampf zu verwandeln. Nehmen wir einen Eiswürfel von, sagen wir, 18 Gramm. Er schmilzt bei 0 °C oder 273 K und nimmt dabei 6 kJ auf. Da 1 J = 1 Nm = 1 kg·m²/s², könnte man also das Wasser in Ihrem Cocktailglas auf eine Geschwindigkeit von 816 m/s oder 2.937 km/h beschleunigen (nach der Formel $E = \frac{1}{2} mv^2$ für die kinetische Energie). Umgekehrt könnte man errechnen, um wieviel ein Auto wärmer wird, wenn es mit 100 km/h gegen eine Wand knallt. Wollen Sie die Wassermenge des Eiswürfels auch noch in Dampf verwandeln (nachdem Sie sie auf 100 °C erhitzt haben), dann brauchen Sie noch einmal 40 kJ. Das ist eine Menge Energie, die zum Verdampfen gebraucht wird!

Eine weitere Möglichkeit, flüssiges Wasser in Dampf zu verwandeln, ist die Verdunstung. Auch sie verbraucht Wärme – erfreulicherweise, denn sonst würde Schwitzen uns nicht kühlen. Eine Berechnung der Verdunstung von

Wasser ist sehr schwierig und komplex durch die vielfältigen Einflussgrößen, von denen sie abhängig ist (Lufttemperatur, Luftfeuchtigkeit, Sonneneinstrahlung, Jahreszeit, Windstärke usw.). Das weiß man ja, wenn man über den zu heißen Kaffee pustet. Es gibt jedoch gute Schätzungen bzw. Beobachtungen. Das mag für Besitzer von Pools interessant sein: Im August verschwinden insgesamt ca. 135 mm Wasserhöhe, also 135 l/m^2.[121]

Joule, Thomson, Linde & Co.

Haben Sie schon einmal darüber nachgedacht, wie Ihr Kühlschrank kühlt? Den ersten Hinweis erhalten Sie, wenn Sie das Metallgitter auf der Rückseite anfassen: Es ist warm. Aha! Die Wärme muss irgendwo herkommen, und die Vermutung ist einfach: aus dem Innenraum. Sie kommt aber nicht von allein von innen nach außen, denn dafür muss Energie aufgewendet werden. Die stammt daher, dass zum Verdampfen einer Flüssigkeit Energie notwendig ist. In den heutigen Kompressor-Kühlschränken befindet sich ein Kühlmittel, das bei Normaldruck einen Siedepunkt von ca. − 30 °C besitzt, also bei höheren Temperaturen verdampft.

Bei der Entwicklung des Kühlschranks 1876 war der deutsche Ingenieur Carl von Linde maßgeblich beteiligt. Der Kühlschrank hat im Inneren den „Verdampfer" und außen den „Kondensator", der die vom Verdampfer im Inneren entzogene Wärme nach außen abführt.[122] Das führt zu einer Konstruktion wie in Abb. 5.6. Der Verdampfer *im* Kühlschrank zieht die Wärme aus den Lebensmitteln, das Kältemittel verdampft und der Kompressor saugt es ab.

Jetzt muss das Gas aber wieder flüssig werden. Da sich die Kondensationstemperatur eines Gases unter erhöhtem Druck erhöht (wie die Siedepunktserhöhung im Dampftopf), wird mit dem Kompressor der Druck des gasförmigen Kühlmittels erhöht. Dadurch steigt die Siede- bzw. Kondensationstemperatur des Kühlmittels über die Zimmertemperatur. Es gibt im Rohrsystem des Kondensators an der Rückseite des Kühlschranks Energie an die umgebende Zimmerluft ab und das Kühlmittel wird wieder flüssig. Durch die „Drossel" (ein Reduzierventil) wird der Druck des flüssigen Kühlmittels wieder so reduziert, dass die Siedetemperatur wieder bei − 30 °C liegt. Fertig ist der Kreislauf.[123]

Ein anderes technisches Kühlverfahren verdanken wir dem „Joule-Thomson-Effekt", der im Jahre 1852 von James Prescott Joule und Sir William Thomson (dem späteren Lord Kelvin, nach dem die Einheit Kelvin [K] benannt ist) beschrieben wurde. In Abb. 5.7 sieht man das Prinzip.[124] Eine „Drossel", also eine Verengung oder eine Membran, stellt einen Widerstand im Strom eines Gases dar (durch den Druckkolben links angedeutet). Des-

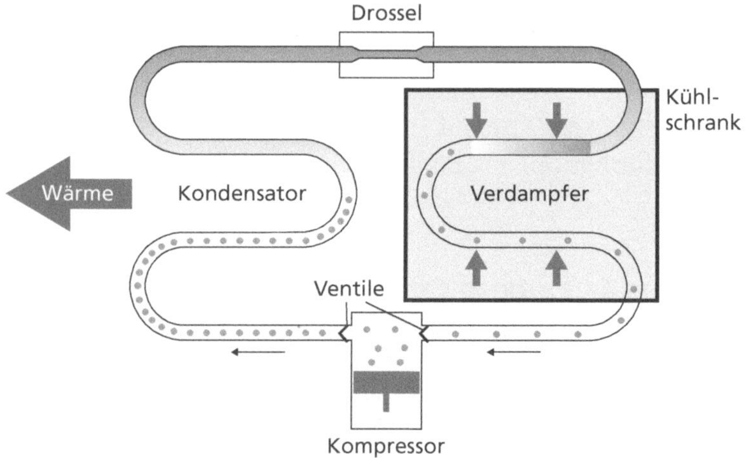

Abb. 5.6   Das Prinzip des Kühlschranks

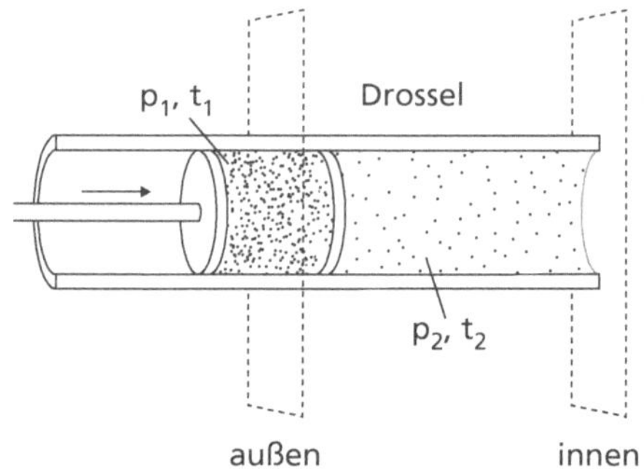

Abb. 5.7   Der Joule-Thomson-Effekt kühlt Gase

wegen – so der Effekt – ist der Druck p_1 links von der Verengung größer als p_2 rechts von ihr. Das führt dazu, dass die Temperatur t_1 im „Hochdruck" ebenfalls höher ist als t_2 im „Niederdruck". Die genauen physikalischen Abläufe sind etwas kompliziert und ihre mathematische Beschreibung noch mehr. Bei normalen Temperaturen ziehen sich die Teilchen eines realen Gases an. Bei der Vergrößerung des Teilchenabstandes durch den geringeren Druck p_2 muss Arbeit gegen diese Anziehung geleistet werden. Arbeit ist Energie, und die wird der kinetischen Energie der hin und her flitzenden Gasteilchen entzogen: Das Gas kühlt ab.

Der deutsche Ingenieur Carl von Linde entwickelte daraus 1895 ein technisches Verfahren, mit dem man Luft, Sauerstoff oder Stickstoff in großen Mengen verflüssigen konnte, um daraus „Kälte herzustellen", Temperaturen von 77 bis 100 K oder – 196 bis – 173 °C.

5.4 Die Wärme-Grundgesetze

Die Wärmelehre bezeichnet man auch als „Thermodynamik" (altgriechisch *thermós* „warm" und *dýnamis* „Kraft"). Drei Spieler sind auf dem Feld: Volumen, Druck und Temperatur. Ziel des Spiels ist es, durch Umverteilen von Energie zwischen ihren verschiedenen Erscheinungsformen mechanische Arbeit zu verrichten. Die ersten Ergebnisse aus diesem Gebiet stammen aus der Entwicklung und Verbesserung von Dampfmaschinen zu Zeiten der Industrialisierung. Damit haben wir uns ja gerade in Kap. 5.2 beschäftigt. Hier nun einige grundsätzliche Überlegungen.

Die thermodynamischen Hauptsätze

„Thermodynamischer Hauptsatz" – das klingt ja sehr geschwollen. Es sind einfach nur drei Hauptsätze bzw. Grundgesetze der Wärmelehre, so wie die drei Newton'schen Gesetze der Mechanik. Aus nicht näher geklärten historischen Gründen beginnt die Nummerierung bei „0". So formuliert der „0. thermodynamische Hauptsatz" eine Voraussetzung, eine Trivialität: Stehen zwei Systeme jeweils mit einem dritten im thermischen Gleichgewicht (tauschen also keine Wärmemengen aus), so stehen sie auch untereinander im Gleichgewicht.[125] Dieses Gleichgewicht äußert sich in identischer Temperatur. Na toll! Um das zu verstehen, muss man nicht Physik studiert haben: Zeigt ein Thermometer (System 3) an, dass Sie (System 1) und das Badewasser (System 2) exakt dieselbe Temperatur haben, dann tauschen Sie mit dem Badewasser keinerlei Wärme aus, wenn Sie hineinsteigen.

Nun können wir uns mit den eigentlichen thermodynamischen Hauptsätzen beschäftigen, die um 1840 herum von verschiedenen Physikern gefunden wurden. Sie lassen sich mathematisch exakt formulieren, sehen dann aber etwas Furcht erregend aus. Man kann sie aber auch nur verbal ausdrücken, dann verlieren sie ihren Schrecken, bleiben aber immer noch hoch interessant.

- 1. Hauptsatz: Die Energie eines abgeschlossenen Systems ist konstant und unverändert. Energie kann weder vernichtet werden, noch kann man sie aus dem Nichts erzeugen.
- 2. Hauptsatz: Thermische Energie ist nicht in beliebigem Maße in andere Arten von Energie umwandelbar. Anders gesagt: Wärme kann nicht von selbst von einem Körper niedriger Temperatur auf einen Körper höherer Temperatur übergehen.[126]
- 3. Hauptsatz: Der absolute Nullpunkt der Temperatur kann nicht erreicht werden. Er ist eine theoretische Grenze, der man sich praktisch nur annähern kann.

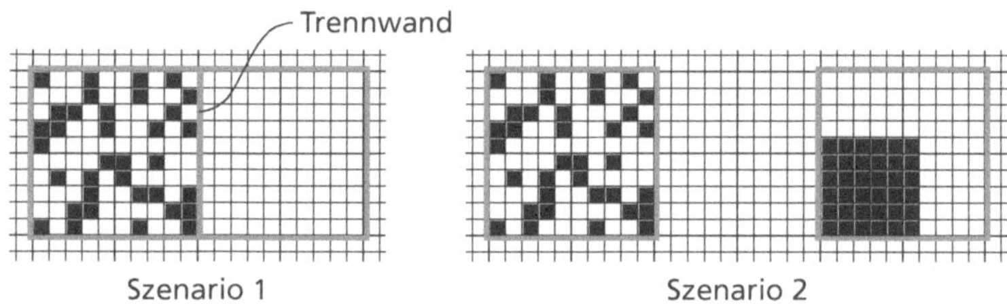

Abb. 5.8   Zwei Szenarien zum Begriff der „Entropie"

Das sind die Grundgesetze der Wärmelehre – ja, der gesamten Physik. Und sie leuchten sofort ein. Denn wenn der zweite gilt, ist der dritte logisch: Es müsste ja etwas Kälteres da sein, zu dem die Wärme strömen könnte, um 0 K zu erreichen. Und dann wäre der absolute Nullpunkt ja nicht der absolute Nullpunkt. Der Zweite thermodynamische Hauptsatz führt uns auch noch zu einem weiteren Prinzip der Physik: der „Entropie".

Entropie – was ist das?

Vom „Zittern der Moleküle" kommen wir zu einem der schillerndsten Begriffe der Thermodynamik: der Entropie. Manche sagen dazu: ein Maß für die Unordnung. Sie ist also eine physikalische Größe, die gemessen werden kann. Dazu kommen wir gleich. Aber sie ist im Alltag nicht gebräuchlich und daher schwer anschaulich zu vermitteln. Was aber hat es mit dem „Maß für Unordnung" auf sich? Schauen wir uns zuerst die bekannteste Illustration als „Szenario 1" in Abb. 5.8 an: Wir haben ein Gefäß (hier als zweidimensionaler Kasten dargestellt), in dessen linker Hälfte Gasmoleküle eingesperrt sind. Nun entfernen wir die Trennwand. Was passiert? Klar, die zitternden Moleküle bewegen sich auch in den vorher freien Raum und verteilen sich gleichmäßig im gesamten Gefäß. Die ursprüngliche Ordnung (alle in der linken Hälfte) ist verloren, also ist die Unordnung (die Entropie) angestiegen. Aber sie könnten sich doch *zufällig* irgendwann einmal wieder *alle* in der linken Hälfte befinden. Klar, das könnten sie.

Das bringt uns zu „Szenario 2": Dieselbe Ausgangssituation – die Gasmoleküle sind Steine auf einem 10×10-Spielbrett. Ihre Position wurde durch Würfeln ermittelt. Wie wahrscheinlich ist es, dass sich durch Würfeln alle Steine in der linken Ecke zusammenballen? Ohne ins Detail zu gehen: die Zahl der Möglichkeiten von „Stein oder *Nicht*-Stein" auf einem Brett mit *einem* Feld ist 2, auf einem Brett mit 2 Feldern ist sie 4 (*NN*, *NS*, *SN*, *SS*). Bei 3 Feldern gibt es 8 Möglichkeiten ($= 2^3$), und auf dem 10×10-Spielbrett sind es 2^{100}. Dort suchen in unserem Beispiel 36 Moleküle ihren Platz. Dafür gibt es $1{,}98 \cdot 10^{27}$ Möglichkeiten. Das ist eine verdammt große Zahl.[127] Also ist die praktische Wahrscheinlichkeit *null*, ähnlich wie im „Szenario 1": Die frei umherschwirrenden Moleküle (lächerliche 36 Stück!)[128] werden sich nie wieder zufällig – „von allein" – in der linken Hälfte versammeln. Ebenso wenig, wie sich alle einzeln herausgerissenen Blätter dieses Buches durch einen Windstoß wieder in die richtige Reihenfolge sortieren. Wenn sie einen Tropfen Holunderdicksaft in Wasser geben oder einen Löffel Sahne in den Kaffee – die Wahrscheinlichkeit, dass diese Ordnung erhalten bleibt, ist *null*. Die Entropie, das Maß für Unordnung, ist angestiegen, und es nimmt nie wieder ab. Die Wahrscheinlichkeit, dass alle Holunder-Moleküle bei zufälliger Bewegung wieder in einem dicken Tropfen zusammen sind, können Sie vergessen. Auch beim Schmelzen von Eis erhöht sich die Unordnung: Die geordnete Struktur der Eiskristalle nimmt ab, die regellose Bewegung der Wassermoleküle nimmt zu. Die Entropie steigt an.

Und nun sage ich Ihnen etwas, was in seiner Einfachheit und Wahrheit nicht zu überbieten ist: Die Dinge streben von selbst nach einer maximalen Unordnung. Nicht nur mein Schreibtisch, sondern die gesamte unbelebte Welt. Genauer: Nicht *ich* sage Ihnen das, sondern der zweite thermodynamische Hauptsatz. Die wenige Wärme in einem kälteren Medium drängelt sich nicht auch noch zur Wärme in einem Medium mit höherer Temperatur hinzu. Wärme fließt von warm nach kalt. Punkt. Energie bleibt zwar erhalten, aber ein Teil von ihr wird immer „unordentlicher", verwandelt sich in zufällig irgendwie verteilte Wärmebewegung. Alles andere ist zwar theoretisch denkbar (s. o.), aber praktisch absolut unwahrscheinlich. Die Entropie in einem abgeschlossenen System ohne Energiezufuhr von außen nimmt immer nur zu, nie ab. Sie kann erzeugt, aber nicht vernichtet werden.

Allerdings ist „Unordnung" kein physikalisch definierter Begriff, „Entropie" aber schon. Da Wärme immer eine sehr „unordentliche" Energieform ist, ist die Entropie über die Wärme definiert, genauer: die Entropie*änderung*. Führt man einem System, das schon die Entropie S hat, noch etwas Wärme dQ zu, wird man seine Entropie, d. h. seinen Unordnungsgrad, um einen Betrag dS vergrößern.[129] Dabei ist aber die Temperatur zu berücksichtigen: Bei kleinen Temperaturen steigt der Unordnungsgrad bei Zufuhr von dQ viel mehr als bei hohen Temperaturen.[130] Also lautet die Berechnungsformel (dies gilt in voller Strenge nur für reversible, also umkehrbare Prozesse):

$$dS = \frac{dQ}{T}\left[\frac{J}{K}\right]$$ oder anders formuliert, als Wärmeübertragung zwischen zwei Systemen:

$$dQ = T \cdot ds\,[J]$$

Fließt ein Wärmestrom dQ durch eine Wand (vom System A in das System B), so ist die Temperatur T_A auf der Ausgangsseite höher als auf der anderen Seite in B: $T_A > T_B$. Sonst würde die Wärme ja nicht freiwillig wandern. Die A verlassende Wärmemenge ist aber dieselbe wie die in B ankommende: $dQ_A = dQ_B$. Also muss die Entropie des Gesamtsystems nach dem Übergang der Wärme größer sein als vorher: Da $dS_A \cdot T_A = dS_B \cdot T_B$, ist $dS_A < dS_B$, weil $T_A > T_B$.[131]

Entropie ist, wie schon gesagt, messbar und hat die Einheit [J/K], also Energie (man hätte auch die gute alte „Kalorie" nehmen können) dividiert durch die absolute Temperatur. Und die Analogie von Energie und Unordnung passt auch nicht immer ganz genau.[132] Zwei Beispiele für die Berechnung der Entropie: Nehmen wir die Schmelzwärme des Eiswürfels aus dem vorigen Unterkapitel von 6000 Joule. Um wie viel nimmt die Entropie zu, wenn er geschmolzen ist? Da das resultierende Wasser eine Temperatur von 0 °C hat, dividieren wir durch 273 Kelvin und erhalten $\Delta S = 22$ J/K. Oder wir halten einen Tauchsieder mit 1 kW für 3 Sekunden in eine volle Badewanne mit Wasser von 27 °C. Wie ändert sich die Entropie? Also rechnen wir (Sie erinnern sich: 1 J = 1 Ws): $\Delta S = 1.000$ W $\cdot$ 3 s/300 K = 3.000 J/300 K = 10 J/K.

Entropie ist ein Maß für die Arbeitsfähigkeit der Energie – eigentlich für die Arbeits*un*fähigkeit. Ein Eimer mit 10 Liter heißem Wasser kann Arbeit verrichten (z. B. eine Flasche lauwarmen Tee erwärmen). Verteilt man *dieselbe* Wärmemenge auf eine Badewanne mit Wasser, dann sinkt die Temperatur der 10 Liter Wasser stark – die Energie bleibt erhalten, ist aber nicht mehr nutzbar, weil sie der lauwarmen Umgebungstemperatur entspricht. Die Weltmeere enthalten z. B. eine riesige Energiemenge – sie ist aber nur nutzbar für Dinge unterhalb der normalen Umgebungstemperatur. Nebenbei: die Entropie aller Stoffe ist am absoluten Nullpunkt (0 K) gleich null. Das ist der Grund, warum es (nach dem dritten thermodynamischen Hauptsatz) nicht möglich ist, ein System bis zum absoluten Nullpunkt abzukühlen. Es gibt keine „noch kältere" Temperatur, wohin die restliche Wärme noch fließen könnte.

Das thermodynamische Gleichgewicht, bei dem in einem abgeschlossenen System zwischen zwei beliebigen Punkten kein Energieunterschied mehr besteht (z. B. in Form von Temperaturdifferenz), ist also der Zustand der maximalen Entropie. Der zweite thermodynamische Hauptsatz ist also auch wieder ein statistisches Gesetz und gilt erst ab … tja, wie vielen Molekülen? Ab wie vielen Sandkörnern sprechen wir von einem Sand*haufen*?[133]

Die Wärmepumpe – ein Gesetzesverstoß?

Spätestens seit dem 2. Hauptsatz der Thermodynamik wissen wir, dass Wärme nicht im Traum daran denkt, von sich aus von einem kälteren zu einem heißeren Medium zu strömen. Wir müssen sie sozusagen hochpumpen. Man *kann* sie also aus einem kalten Medium holen – zumindest, solange es wärmer als 0 K (also – 273,15 °C) ist. Um nicht gegen den 2. thermodynamischen Hauptsatz zu verstoßen, muss Energie hineingesteckt werden, um die Wärme herauszuholen. Aber das ist einfacher, als man denkt: ein Kühlschrank rückwärts.

Durch technische Arbeit (z. B. eine Kompressionspumpe) wird thermische Energie aus einem Reservoir mit niedrigerer Temperatur (dem Erdboden oder der Umgebung) entnommen und als Nutzwärme auf ein zu beheizendes System mit höherer Temperatur (einen Raum oder ein Schwimmbad) übertragen. Das Verhältnis von eingesetzter Leistung, d. h. Energieverbrauch des Kompressors, zur nutzbaren Wärmeleistung beträgt typischerweise ca. 3 bis 4. Denken Sie jetzt nicht, das sei das perfekte *Perpetuum mobile*! Die Wärmemenge wird ja nur der Umgebung entnommen, an einer Stelle konzentriert und dann wieder an die Umgebung abgegeben – und der Stromzähler tickt dabei! Allerdings 3- bis 4-mal langsamer, als würden Sie das Objekt direkt mit Strom heizen.[134]

Wir schauen uns Abb. 5.6 noch einmal an: Der Verdampfer, der die Wärme der Umgebung einsammelt, steckt vielleicht zehn Meter unter der Erdoberfläche. Man kann Wärme natürlich auch anderen mäßig warmen Medien entziehen. Dort beträgt die Temperatur auch in der kalten Jahreszeit etwa 10 °C. Der Kondensator, der die Wärme als Heizleistung abgibt, könnte aus den Heizschlangen einer Fußbodenheizung bestehen. Denn die benötigte Energie zum Antrieb der Wärmepumpe ist umso geringer, je geringer die Temperaturdifferenz zwischen Erdtemperatur und Vorlauftemperatur der Heizungsanlage ist. Der Kompressor, der die Wärme „pumpt", wird mit dem Haushaltsstrom betrieben. Im Vergleich zur direkten elektrischen Beheizung wird für eine bestimmte Wärmeenergie wesentlich weniger elektrische Energie benötigt, nur ca. 25 bis 30 %.[135]

Zwei physikalische Phänomene spielen also sowohl beim Kühlschrank als auch der Wärmepumpe eine Rolle: Erstens, beim Verdampfen einer Flüssigkeit wird Energie verbraucht. Zweitens: die Kondensations- bzw. Siedetemperatur einer Flüssigkeit steigt mit dem Druck. So wird Naturwissenschaft zu Technik – und ein überzeugender Beweis dafür, dass die Erkenntnisse „wahr" sind: Die Technik *funktioniert*.

Fassen wir zusammen

Wärme ist eine Form von Energie, die aus anderen Formen „hergestellt" werden kann, z. B. durch Reibung oder elektrischen Strom. Sie kann auch wieder in andere Energieformen überführt werden, z. B. in mechanische Arbeit

– die Dampfmaschine war eines der ersten Beispiele. Sie ist also kein Stoff („Phlogiston"), wie man früher dachte. Sie fließt von einem Objekt zu einem anderen Objekt niedrigerer Temperatur. Es gibt drei Möglichkeiten der Wärmeübertragung: Konvektion, Wärmeleitung (Konduktion) und Wärmestrahlung.

Wo kommt die Wärme her, wo ist sie versteckt? Sie ist eine Art „innere Energie" von Materialien (Körpern, Flüssigkeiten, Gasen), denn sie versteckt sich in der (mechanischen!) kinetischen Energie der bewegten Moleküle, die erst beim „absoluten Nullpunkt" von $-273,15\,°C$ (0 K) verschwindet.

Drei Wärme-Grundgesetze gibt es, die thermodynamischen Hauptsätze (vom „nullten", einer Trivialität des Temperaturgleichgewichts zwischen drei Körpern, einmal abgesehen). Auch der „dritte Hauptsatz" ist ziemlich unbedeutend, denn er sagt nur aus, dass der absolute Nullpunkt der Temperatur unerreichbar ist. Aber „Nr. 1" und „Nr. 2" sind wichtig – und nicht wenige Leute vergessen sie, missachten sie oder versuchen, sie zu überlisten (indem sie ein *Perpetuum mobile* ersinnen). Die Nr. 1 besagt: „Die Energie eines abgeschlossenen Systems ist konstant. Es geht weder Energie verloren noch kommt sie hinzu" – der „Energieerhaltungssatz, eine der Grundpfeiler der Physik. Die Nr. 2 schränkt dies etwas ein, denn man kann zwischen den Energiearten nicht beliebig wechseln (wie in jeder Wechselstube wird eine Gebühr verlangt, die einem hinterher am Gesamtbetrag fehlt). In Worten lautet Nr. 2: „Thermische Energie ist nicht in beliebigem Maße in andere Energiearten umwandelbar." Man kann es auch in anderen Worten ausdrücken: „Es gibt keine Zustandsänderung, deren einziges Ergebnis die Übertragung von Wärme von einem Körper niederer auf einen Körper höherer Temperatur ist." Oder noch mal anders formuliert: „Jede Wärmekraftmaschine hat einen Wirkungsgrad (das Verhältnis von hineingesteckter zu herausgeholter Energie) kleiner als 1". Damit kämpfen die Erfinder eines *Perpetuum mobile*, denn es gelingt ihnen manchmal, recht nahe an einen Wirkungsgrad von 100 % heranzukommen. Im täglichen Leben sind wir schon mit Wirkungsgraden von ca. 40 % (Kohlekraftwerk), ca. 50 % (Dieselmotor) und über 90 % (Elektromotor) zufrieden.

Aus dem zweiten Hauptsatz kann man die thermodynamische Entropie ableiten. Bei „energieverbrauchenden" Prozessen findet eine Erhöhung der Entropie statt, da nach dem zweiten Hauptsatz Wärmeenergie nicht vollständig wieder in nutzbare Energie zurückgeführt werden kann. Durch diese irreversible Wärmeerzeugung entsteht ein Verlust an nutzbarer Energie und die Entropie nimmt zu. Sie ist gewissermaßen ein Maß für die „Nichtnutzbarkeit" von Energie, für „Unordnung".

6

Rudi kann auch Lärm machen

Schall und andere Wellen

Die Physik des Schalls und seiner Ausbreitung bezeichnet man als „Akustik". Der Name kommt natürlich auch wieder aus dem Griechischen: *akouein* heißt „hören". Das ist auch kein Wunder, denn schon Pythagoras von Samos (ca. 570–510 v. Chr.) hat den Zusammenhang von Saitenlänge und Tonhöhe bei einer schwingenden Saite mathematisch analysiert (ja, der mit „a-Quadrat plus b-Quadrat"!). Nach dem Mittelalter tauchen alle illustren Namen auf: Galileo Galilei erkannte den Zusammenhang zwischen Tonhöhe und Frequenz, Leonhard Euler stellte die Gleichung für Schallwellen auf und auch

Georg Simon Ohm, der eigentlich in der Elektrizitätslehre (nächstes Kapitel) unterwegs war, beschäftigte sich mit dem Gehör.

6.1 Die Regeln der Töne

Eddi hörte aus Rudis Hütte merkwürdige Klänge, als würde eine Katze maunzen. Er betrat den Raum und staunte. Rudi hatte sich eine einfache Versuchseinrichtung gebaut, die man später „Monochord" nennen würde. Eine Saite aus einer Tiersehne war mit einem Holzpflöckchen und einer Rolle so auf einem Brett gespannt, dass sie mittels zweier untergelegter Holzdreiecke eine bestimmte Länge hatte. Ein drittes Holzdreieck konnte er unter der Saite verschieben. An dem über der Rolle hängenden Ende der Saite hing ein Gewicht.

Stolz berichtete der Physiker: „Wenn ich die Saite mit dem Holzdreieck in feste Verhältnisse teile, dann kann ich eine Quarte, Quinte oder Oktave erzeugen." „Aha!", sagte Rudi, „Woher hast du denn diese Namen und was bedeuten sie?" „Das sind in der lateinischen Sprache jeweils der vierte, fünfte und achte Ton auf einer Tonleiter mit 8 Tonstufen. Siggi hat es mir erklärt, und Willa hat es mir vorgesungen. Und wenn ich das Gewicht ändere, bekomme ich verschieden hohe Töne, aber die Teilungsverhältnisse sind immer dieselben." Eddi verzog das Gesicht und ging wortlos. Dass Rudi sich hinter seinem Rücken mit seiner Angebeteten traf, gefiel ihm gar nicht.

Deswegen war das eine kurze Episode, aber mehr ist nicht überliefert. Für exakte Messungen im Bereich der Akustik fehlten damals wieder mal die entsprechenden technischen Mittel. Also erklären wir es kurz und knapp: Auf der Hälfte der Länge klingt die Saite eine Oktave höher und die Frequenz ist doppelt so hoch. Die Oktave beruht auf dem Verhältnis 2:1. Liegt das Klötzchen bei 2/3, ist es eine Quinte höher. Die Quinte hat das Verhältnis 12:8, also 3:2 und die Quarte das Verhältnis 12:9, also 4:3. Drei Harmonien – nur das dissonante Verhältnis zwischen Quinte und Quarte spiegelt das Verhältnis von 9:8 wider. Die Oktave ist zusätzlich das Produkt von Quinte und Quarte: $3/2 \cdot 4/3 = 12/6 = 2/1$.

Eine Saite der Länge s, an der mit einer Spannkraft F gezogen wird, schwingt mit einer Frequenz f (Anzahl der Schwingungen pro Sekunde), die der Länge der Saite umgekehrt proportional ist. Die Spannkraft geht mit ihrer Wurzel in die Frequenz ein: $f \sim 1/s \cdot \sqrt{F}$. Dies ist die „Eigenfrequenz" der Saite, in der sie nach einmaliger Anregung schwingt. Doch nicht nur Saiten erzeugen Schall, auch schwingende Stäbe, Platten oder sogar Luftsäulen. Die Anzahl der Schwingungen pro Sekunde, also die Frequenz, wurde 1930 zu Ehren des deutschen Physikers Heinrich Hertz benannt, die Einheit Hertz [Hz]. Der „Kammerton a" ist international mit einer Frequenz von 440 Hz genormt.

Schall braucht ein Ausbreitungsmedium

Schall ist eine Druckschwankung und braucht daher ein Medium zur Ausbreitung, z. B. Luft. Wenn keine Luft mehr vorhanden ist, gibt es auch keinen Schall mehr – im Weltraum ist es mucksmäuschenstill. Deswegen grinsen Physiker immer, wenn in Science-Fiction-Filmen Raumschiffe im All mit großem Knall explodieren. In verschiedenen Medien breitet sich Schall mit unterschiedlichen Geschwindigkeiten aus, in Luft mit ca. 343 m/s oder 1234 km/h (beide Zahlen leicht zu merken). Die Schallgeschwindigkeit ist von der Temperatur stark abhängig, etwas von der Luftfeuchtigkeit und gar nicht vom Luftdruck. Die Schallgeschwindigkeit nimmt mit der Höhe über dem Meeresspiegel zwar ab, aber nicht, weil die Dichte der Luft mit der Höhe abnimmt. Nur die kältere Temperatur in größeren Höhen verringert die Schallgeschwindigkeit. „Stark abhängig" ist vielleicht auch etwas übertrieben, denn bei 15 °C ist sie 340 m/s und bei 25 °C ist sie 346 m/s, eine Zunahme von 1,76 %.

Ein Medium zur Ausbreitung von Schall kann auch eine Flüssigkeit oder ein Festkörper sein. Im Wasser (das Fachgebiet heißt „Hydroakustik") ist sie über viermal so hoch. Im Seewasser beträgt die Schallgeschwindigkeit etwa 1480 m/s. Sie ist abhängig von der Temperatur, dem Druck und dem Salzgehalt des Wassers.[136] So kommunizieren Wale miteinander, so funktioniert ein Echolot. In festen Körpern sprechen wir von „Körperschall", wie jeder genervte Bewohner einer hellhörigen Wohnung weiß. Die Schallgeschwindigkeit ist auch hier stark vom Medium abhängig. Während sie in Beton ca. 3700 m/s beträgt, sind es in Eisen schon 5170 m/s. Die Liebhaber von Musikinstrumenten aus Holz können beim Ahorn mit 4500 m/s und bei der Fichte mit 5500 m/s rechnen. Spitzenreiter ist *the girls best friend*, der Diamant mit etwa 18.000 m/s.[137]

Noch ein kurzes Wort zur Überschallgeschwindigkeit: Wenn sich ein Objekt schneller als die Schallgeschwindigkeit bewegt, z. B. ein Flugzeug in der Luft mit mehr als ca. 1234 km/h, dann bildet sich beim Überschreiten der Schallgeschwindigkeit um das Objekt eine kegelförmige Stoßwelle und man hört den bekannten Überschallknall. Will man die „Schallmauer" durchbrechen, bei der der Luftwiderstand stark ansteigt, dann muss man erhebliche Antriebsleistungen aufbringen. Doch nicht nur Flugzeuge durchbrechen die Schallmauer, auch Gewehrkugeln, Meteorite und die Spitze der Peitsche beim Peitschenknall.

Mitschwingen im Gleichklang

Jedes schwingfähige System hat eine oder mehrere Eigenfrequenzen, in denen es nach einmaliger Anregung schwingt. Bei der Saite ist sie von der Länge und der Spannung der Saite abhängig, aber auch die Dichte des Materials spielt eine Rolle. Auch ein Pendel oder eine Feder haben eine Eigenfrequenz. Kommt eine periodische Anregung in die Nähe der Eigenfrequenz, tritt ein Effekt auf, den wir alle kennen: die Resonanz. Physikalisch formuliert ist es das Anwachsen der Amplitude einer Schwingung durch eine äußere periodische Anregung in der Eigenfrequenz des Systems. Einfacher gesagt: Wenn wir ein System mit einer Eigenfrequenz zum Schwingen bringen, kann sich die Schwingung „aufschaukeln". Und damit sind wir beim bekanntesten Beispiel: der Kinderschaukel. Aber Sie erleben sie auch, wenn Sie mit einem vollen Glas oder einem vollen Suppenteller im richtigen Takt gehen (eigentlich im *falschen*, denn Sie wollen ja nicht kleckern). Ihre Waschmaschine rüttelt plötzlich, wenn am Anfang oder Ende des Schleudergangs die Drehzahl eine der Resonanzfrequenzen des Gehäuses erwischt. Wenn ein Sänger (oder eine Sängerin) genau die Eigenfrequenz eines Weinglases trifft, dann kann es in immer stärkere Schwingungen versetzt werden und zerspringen. Denn in allen diesen Fällen wird dem System von außen im richtigen Augenblick Energie zugeführt und so im System gewissermaßen aufsummiert. Im umgekehrten Fall – wenn Sie *gegen* die Eigenfrequenz der Kinderschaukel arbeiten – vernichten Sie durch Ihre Körperkraft die in der Schaukel gespeicherte Energie (die, wenn Sie sich erinnern, zwischen potenzieller und kinetischer Energie hin und her wechselt).

In vielen Fällen sind Resonanzen unerwünscht. Eine der spektakulärsten Fälle ereignete sich 1940 im US-Bundesstaat Washington an einer gerade fertiggestellten Hängebrücke über eine Meerenge namens *Tacoma Narrows*. Warum stürzte die *Tacoma Narrows Bridge* ein? Wegen ihrer schlanken Konstruktion besaß sie eine niedrige Steifigkeit und ein niedriges Gewicht. Zusätzlich hatte die Fahrbahn eine aerodynamisch ungünstige Form, und das machte die Brücke sehr windempfindlich. Schon bei leichtem Wind bildeten sich hinter dem Fahrbahnträger Windwirbel, die sich mit annähernd der Eigenfrequenz der Brücke ablösten. Dadurch geriet die Brücke in Resonanz und bewegte sich nicht nur in seitlicher Richtung, sondern zeigte auch wellenartige Bewegungen ihres Decks in Längsrichtung. Wegen dieses vertikalen Auf- und Abschwingens der Fahrbahn erhielt sie bald den Spitznamen „*Galloping Gertie*". Sie wurde zum Touristenmagneten, geriet aber auch unter die Beobachtung von Ingenieuren der *University of Washington*, die dort Filmkameras installierten.[138]

Deswegen ist die Katastrophe vom 7. November 1940 gut dokumentiert. Bei Windstärke 8 (62–74 km/h) bauten sich *zusätzliche* Torsionsschwingungen auf, die wir alle als „selbsterregte Schwingung" kennen. Sie erfordern keine Anregung mit einer bestimmten Frequenz. Sie sind durch eine konstante Energiequelle (hier: der Wind) gekennzeichnet, aus der das System im Takt seiner Eigenschwingung Energie entnimmt. Zum Beispiel biegt sich ein seitlich angeblasenes Schilfrohr, bis die Rückstellkräfte so groß werden, dass es zurück schnellt. Damit kommt es wieder in den Luftstrom und wird erneut ausgelenkt. Auch eine Violinsaite gerät durch eine konstante Energiezufuhr (die Reibungskraft des Bogens) in eine selbsterregte Schwingung, da sich die Bewegung durch die Unterschiede zwischen Haft- und Gleitreibung „hochschaukelt". So geschah es auch bei der Brücke: Der sich verwindende Fahrbahnträger konnte durch seine sich ändernde Stellung im Wind diesem immer weiter Energie zur Verstärkung der Schwingung entnehmen, völlig unabhängig von der Frequenz der Windwirbel. Nach einer dreiviertel Stunde beeindruckenden Geschaukels rissen die Seile der Hängebrücke und die Fahrbahn stürzte mit zwei verlassenen Autos und einem Hund ins Wasser.[139] Aber wir sind etwas abgekommen, denn mit Akustik hat das Ganze nur am Rande zu tun.

Absorption vernichtet Schall, Reflexion bringt ihn wieder

Stößt Schall auf ein dämpfendes Medium oder an eine Grenzschicht (z. B. Luftschall an eine Wand), so gibt es zwei Effekte. Er wird teilweise absorbiert und teilweise reflektiert. Bei der Absorption von Schall wird Schall-Leistung u. a. in thermische Energie verwandelt. Wie viel, das ist abhängig von der Frequenz und der Temperatur – und natürlich dem Absorptionsgrad. Schluckt versiegeltes Parkett bei 1000 Hz nur 4 %, so bringt es ein dicker Veloursteppich auf 25 %.[140] In Festkörpern und in Flüssigkeiten ist die Schallabsorption erheblich geringer als in Gasen wie z. B. der Luft. Deswegen können Wale so weit hören, vereinfacht gesagt.

Was nicht verschluckt wird, kommt als Reflexion, vielleicht sogar als Echo, zurück. Ein Echo gibt es dann, wenn Reflexionen einer Schallwelle durch starke Verzögerungen als separates Hörereignis wahrgenommen werden. Die Laufzeit zwischen der ausgesendeten Schallwelle und dem eintreffenden Echo erlaubt es, die Entfernung zum Reflexionspunkt abzuschätzen – was Fledermäuse besonders gut können. In einem schalltoten Raum, in dem die Wänden und die Decke mit Absorbermaterial (meistens Glas- oder Mineralwolle) verkleidet sind, wären sie hilflos.

6.2 Wellen und ihre Gesetze

Elastische Schwingungen erzeugen Schallwellen. Diese Schwingungen werden durch einmalige oder periodische Anstöße erzeugt. Die periodischen Anstöße entstehen zum Beispiel durch das immer wiederkehrende „Abreißen" der Haftung bei einem Bogen, der über den Schwingkörper (eine Saite, ein Stab oder eine Platte) streicht – die selbsterregte Schwingung. Die Luft erfährt in der Frequenz dieser Schwingung kleinste Druck- und Dichteschwankungen. Dadurch werden Töne hörbar.

Töne sind harmonische Schwingungen

Töne sind aus verschiedenen harmonischen Schwingungen zusammengesetzt. Als rein empfinden wir Töne, wenn die höheren Frequenzen ganzzahlige Vielfache des Grundtons sind. Einen reinen Sinus-Ton ohne Obertöne kann man elektronisch herstellen. Seine Schwingung ist in Abb. 6.1 gezeigt. Dort sieht man die drei wichtigen Kenngröße von Schwingungen: neben der Wellenlänge λ („lambda" ist ein griechischer Buchstabe) die „Stärke" der Schwingung, die „Amplitude" a (z. B. die Stärke eines Tones). Es ergibt sich ein einfacher Zusammenhang zwischen Frequenz, Wellenlänge und Schallgeschwindigkeit (die üblicherweise mit dem Buchstaben c bezeichnet wird, was nicht mit dem – ebenfalls üblichen – Symbol für die Lichtgeschwindigkeit verwechselt werden sollte): $c = \lambda \cdot f$.[141]

Die dritte Kenngröße, die Periodendauer T (auch „Schwingungsdauer" genannt), ist die Zeit, nach der der Verlauf sich wieder im selben Schwingungszustand befindet. Sie ist der Kehrwert der Frequenz f, also gilt: $T = 1/f$. Der Frequenz 1 Hz entspricht also eine Periodendauer von 1 s. Als Drehzahl sind das 60 Umdrehungen pro Minute. Bei der Schallgeschwindigkeit c von ca. 343 m/s liegen die für den Menschen hörbaren Tonfrequenzen im Bereich von 20 Hz bis 20 kHz (Wellenlängen ca. 17 m bis 17 mm).

Mathematisch wird die harmonische Schwingung (wenn sie wie in Abb. 6.1 im Nullpunkt die Auslenkung 0 hat) durch die Formel $y(t) = a \cdot \sin(2\pi f t)$ beschrieben.

Ein Klavier, ein Klavier

Jeder von uns kennt ein Klavier. Greifen wir eine beliebige Stelle der Tastatur heraus (Abb. 6.2). Die Bezeichnungen der weißen und der schwarzen Tasten kennen Sie vermutlich.

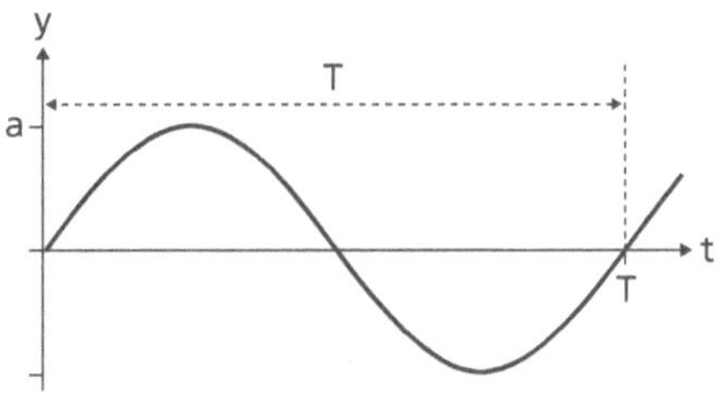
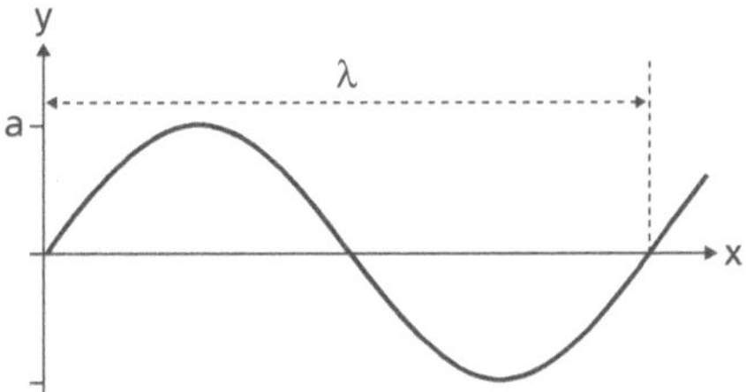

Abb. 6.1 Die Wellenlänge einer harmonischen Schwingung

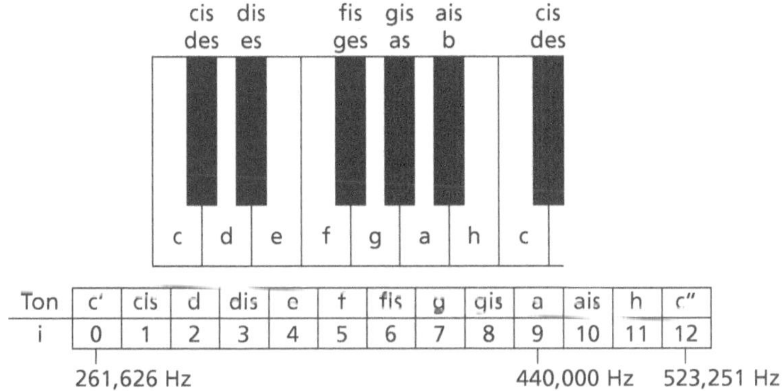

Abb. 6.2 Töne auf dem Klavier

Als Intervall bezeichnet man das Verhältnis (nicht die Differenz, wie es der normale Sprachgebrauch vermuten lässt) der Frequenzen zweier Töne. In der zwölfstufigen Tonleiter beträgt das Intervall direkter Nachbartöne ziemlich genau 1,0594630943593. Bevor Sie sich über diese seltsame Zahl wundern, verrate ich Ihnen mithilfe von Abb. 6.2 die Formel: Wenn die Frequenz des c' gleich f_c ist, dann hat jeder andere Ton Nr. i in Abb. 6.2 die Frequenz

$$f_i = f_c \cdot 2^{\frac{i}{12}}.\text{[142]}$$

Wenn wir die Tasten eines Klaviers mit der Nummer n belegen (die Taste ganz links hat die Nummer $n = 1$) dann ist für einen beliebigen Ton mit der Tastennummer n die Frequenz

$$f_n = 440 \cdot 2^{\frac{n-49}{12}}.$$

Die komische Zahl oben ist also 2 hoch $1/12$ oder die zwölfte Wurzel aus zwei. Die Oktave (c" vs. c') schwingt also doppelt so schnell. Nehmen wir als das „a" in Abb. 6.2 den Kammerton mit 440 Hz (das „eingestrichene A" a', die 49. Taste, daher die „49" in der letzten Formel!), dann hätte mit ein wenig Rechnerei das c" die Frequenz 523,251 Hz und das c' 261,626 Hz, also genau die Hälfte. Ganz links auf dem Klavier sitzt die 1. Taste mit dem Ton A_2 („Subkontra-A") mit 27,5 Hz, ganz rechts ist Taste Nr. 88 mit dem Ton c^5 (fünfgestrichenes C) und 4.186,01 Hz.

Derselbe Ton ist nicht derselbe

Eddi sprang zur Seite, als er plötzlich ein immer höher werdendes „iii" hörte. Rudi sauste auf seinem Sitzgehrad mit irrer Geschwindigkeit den steilen Abhang hinunter, auf dem er gerade stand. „Hast du das gehört, wie der Ton sich verändert hat?", fragte Rudi, als er sein Rad wieder zu ihm hochgeschoben hatte. „Nicht so richtig ... Mach' es noch einmal, Rudi!"[143] „Und hör' genau hin!", befahl Rudi, „Denn *ich* kann nicht kontrollieren, was *du* hörst. Wir agieren ja in zwei getrennten Bezugssystemen."

„Also ich würde es als ‚iiiuuu' beschreiben", sagte Eddi nach dem Experiment, „Wenn du an mir vorbei fährst, springt der Ton. Wenn du von mir weg fährst, ist er plötzlich niedriger." „Aber es ist immer *derselbe* Ton, den ich ausstoße – ich gebe mir da richtig Mühe" „Dann haben wir ein Problem, das wir physikalisch erklären müssen", stellte Eddi fest.

Nun wollen wir nicht warten, bis die beiden mit ihren steinzeitlichen Methoden dahintergekommen sind. Sie kennen den „Dopplereffekt" aus dem täglichen Leben (benannt nach dem österreichischen Mathematiker und Physiker Christian Doppler, der ihn 1842 im Weltraum beobachtete).[144] Diesen Tonverlauf hören Sie jedes Mal, wenn eine Polizeisirene an Ihnen vorbeisaust. Die Erklärung sehen Sie in Abb. 6.3, links eine ruhende Schallquelle. Beide Beobachter A und B nehmen dieselbe Wellenlänge bzw. Frequenz wahr. Rechts in Abb. 6.3 bewegt sich die Schallquelle auf die Person B zu und von A weg. Für A erscheint die Wellenlänge erhöht (also die Frequenz verringert), für B umgekehrt. Da sich die Schallquelle in der Zeit zwischen den beiden Wellenbergen mit der Geschwindigkeit v weiterbewegt, verkürzt sich der Abstand zwischen ihnen. Ihr Abstand ist um den Weg v/f verringert. Ihre Wellenlänge beträgt jetzt für den Beobachter B nur noch λ_B. Da die Ausbreitungsgeschwindigkeit c einer Welle (hier: die Schallgeschwindigkeit) mit ihrer Frequenz und der Wellenlänge zusammenhängt ($c = \lambda \cdot f$), ergibt sich:

$$(1)\ \lambda_B = \lambda - \frac{v}{f} \quad \Rightarrow \quad (2)\ f_B = \frac{f}{1 - v/c}$$

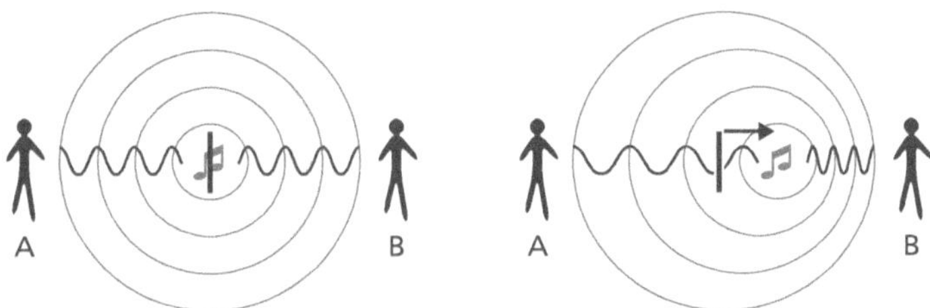

Abb. 6.3 Der Dopplereffekt – Frequenzverschiebung bei Bewegung der Schallquelle

Nehmen wir ein Beispiel: Die Schallgeschwindigkeit beträgt bei 20 °C ca. 340 m/s, die Frequenz des Kammertons a (das „eingestrichene a" a') ist 440 Hz. Die Wellenlänge λ beträgt dann:

$$\lambda = \frac{c}{f} = \frac{340}{440}\frac{m \cdot s}{s} = 0,77 m$$

Bewegt sich die Schallquelle mit v = 70 km/h = 19,4 m/s auf den Betrachter zu, dann wird aus den 440 Hz des Tones a' nach Formel (2) der Ton b' mit 466 Hz. Bewegt er sich weg, wird der wahrgenommene Ton tiefer (das Vorzeichen des Verhältnisses v/c im Nenner ändert sich) und verwandelt sich in das as' mit 416 Hz. Rudi hätte mit seinem „iii" vielleicht ein a" mit 880 Hz erzeugt, aber mit seinem Rad keine 70 km/h geschafft. Statt eines a" mit 880 Hz hätte er mit 20 km/h nur 894 Hz erreicht, und Eddi hätte sehr gute Ohren haben müssen, um die Tonverschiebung zu erkennen – aber das hatten die Steinzeitmenschen ja.[145]

Interferenz und Schwebung

Treffen sich zwei Wellen. Sagt die eine: „Lass uns zusammengehen!" Sagt die andere: „Daraus wird nichts!" Ein Kalauer für Eingeweihte: Begegnen sich zwei Wellen, können sie sich gegenseitig auslöschen.

Und sie hatte Recht – aber nicht immer. Wellen können sich auch nach dem Prinzip „Zusammen sind wir stark!" vereinigen. Diese Überlagerung kann man vornehm „Superposition" nennen. Der eintretende Effekt heißt „Interferenz". Nehmen wir zunächst den einfachsten Fall: Beide Frequenzen sind gleich. Dann kommt es auf die „Phasenverschiebung" an, was dabei passiert.

Ist die Phasenverschiebung null, dann überlagern sich zwei gleichlaufende Wellen mit demselben Startpunkt, also demselben Verlauf (und derselben Frequenz). Das ist in Abb. 6.4 links zu sehen.[146] Zusammen sind sie stark, denn ihre Amplituden addieren sich: die „konstruktive Interferenz". Sind es

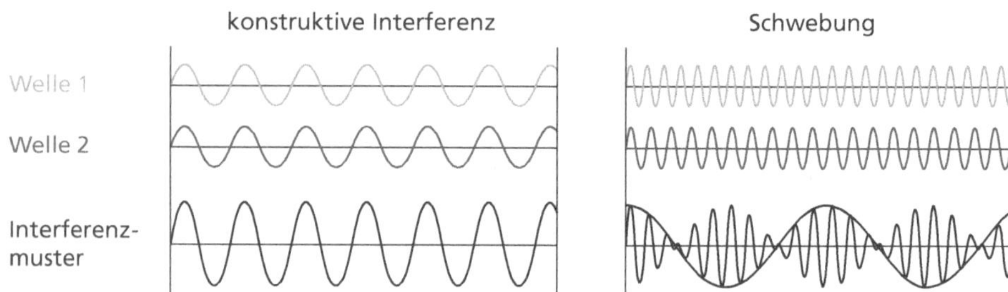

Abb. 6.4   Konstruktive Interferenz und Schwebung

zwei reine Sinustöne, ist der Schalldruck hinterher doppelt so stark.[147] Die „destruktive Interferenz" können Sie sich selbst ausmalen: Die Phasenverschiebung ist eine halbe Wellenlänge, Wellental trifft auf Wellenberg – und „Daraus wird nichts!". Keine Welle, ruhiges Wasser, Stille. Sind es zwei reine Sinustöne, ist das Resultat hinterher absolute Ruhe. Idealerweise natürlich nur. Aber man kommt dem nahe: Mit „Antischall" versucht man mittels destruktiver Interferenz Schall auszulöschen. Zum Beispiel wird bei „Kopfhörern mit aktiver Geräuschunterdrückung" mit einem eingebauten Mikrofon das (störende) Umgebungsgeräusch gemessen und um eine halbe Wellenlänge phasenverschoben in den Hörer eingespielt. Weg ist der Krach, und Vivaldis „Vier Jahreszeiten" kommen klar und sauber im Ohr an. Nun sind aber Babygeschrei und Hundegebell keine reinen Sinustöne, sondern Überlagerungen von Sinuswellen mit unterschiedlichen Frequenzen, Phasen und Amplituden. Die Erzeugung des passenden Gegenschalls ist deswegen sehr schwierig und nur unvollkommen. Bei „sauberen" Lärmquellen (halbwegs eindeutige Frequenzen bei Flugzeugtriebwerken, Windrädern, Kernspintomographen, Netztransformatoren) gelingt es hingegen oft schon recht gut. „Gegenschall" kann eine Lösung für bestimmte Schallprobleme sein, z. B. punktförmige Schallquellen mit tiefen Frequenzen oder Schallübertragungen in Rohren.

Kommen wir zur rechten Seite der Abb. 6.4: der „Schwebung". Die Frequenzen der beiden Wellen sind *unterschiedlich*, aber nahe beieinander. Die Überlagerungen passen in ihrem Pulsschlag nicht mehr exakt zueinander, manchmal addieren sie sich (konstruktiv), manchmal löschen sie sich aus (destruktiv). Und jetzt kommt es: Die aufeinanderfolgenden Amplituden dieses Geschehens bilden eine schöne Sinuskurve – einen Ton! Den hören die Klavierstimmer deutlich, wenn sie den Ton der Saite mit dem der Stimmgabel vergleichen. Beim Stimmen eines Musikinstruments nach Gehör darf keine Schwebung sein.[148] Und spielen in einem Orchester mehrere gleiche Instrumente dieselbe Melodie, können Schwebungen entsetzliche Ergebnisse haben.

Fassen wir zusammen

Hier gibt's nicht viel zu sagen: Schwingungen rufen Töne hervor, Elastizität führt zu Schwingungen. Knetmasse erzeugt keine Schwingungen – eine Saite, eine Stimmgabel, eine Pfeife (die elastische Luft!), eine Glocke, eine Metallplatte sehr wohl. Die „Chladni'schen Klangfiguren" z. B. sind Muster, die auf einer mit Sand bestreuten dünnen Platte entstehen, wenn sie in Schwingungen versetzt wird. In reiner Form sind es Sinusschwingungen, die im normalen Leben selten zu hören sind und auch sehr „steril" klingen. Die Klangfarbe eines Musikinstrumentes entsteht durch Obertöne, die im Vielfachen der Frequenz des Grundtons schwingen. Erfreulicherweise sind auch das Überlagerungen von Sinusschwingungen, sodass sich auch obertonreiche Klänge zumindest theoretisch einer mathematischen Darstellung nicht entziehen. Die Sinusschwingungen werden durch verschiedene Größen charakterisiert: Frequenz (bzw. ihr Kehrwert, die Periodendauer oder Schwingungsdauer), Wellenlänge, Amplitude, Ausbreitungsgeschwindigkeit und evtl. noch Phasenverschiebung (Verschiebung des Nulldurchgangs im Vergleich zu einer anderen Schwingung).

Schall breitet sich in Medien aus – im Vakuum ist Stille. Legt man ein klingelndes Handy unter eine luftdichte Glasglocke und pumpt diese leer, ist endlich Ruhe. In verschiedenen Medien herrschen verschiedene Ausbreitungsgeschwindigkeiten. Wir hören weder Ultra- noch Infraschall, denn unser normaler Hörbereich liegt bei Frequenzen zwischen ca. 20 und 20.000 Hz.

Ein Körper kann durch den Klang eines anderen zum Mitschwingen und damit Mittönen gebracht werden – die Resonanz. Er schwingt in seiner Eigenfrequenz mit, wenn er mit eben dieser Frequenz angeregt wird. Zwei Klänge von gleicher Tonhöhe (also Frequenz) können miteinander interferieren – sie verstärken sich oder löschen sich aus, ganz oder teilweise (je nach Phasenverschiebung). Eine spezielle Form der Interferenz ist die Schwebung, die durch sehr nahe beieinanderliegende Frequenzen hervorgerufen wird. Das Ergebnis ist wieder eine Sinuskurve – ein „neuer Ton".

Schall kann absorbiert werden: Er wird durch ein dämpfendes Medium oder an einer Grenzschicht teilweise verschluckt. Der Rest wird auch reflektiert, was zu Echos führen kann, wenn man die reflektierte Schallwelle getrennt hören kann.

7

Geheimnisvolle Kräfte aus der Zukunft

Elektrizität und Magnetismus

Bis jetzt sind wir mechanischer Energie und Wärmeenergie begegnet. Elektrische Energie ist eine dritte Energieform. Sie wurde erst im 18. und 19. Jahrhundert richtig „entdeckt", obwohl die Ägypter ca. 3000 v. Chr. schon elektrische Fische kannten und die „alten Griechen" ebenfalls mit ihr experimentierten. Sie rieben ein Stück Bernstein (griechisch *élektron*, daher das Wort „Elektrizität") an einem trockenen Fell und beobachteten eine anziehende Kraft auf Vogelfedern oder Haare.

Energie ist die Fähigkeit, Arbeit zu leisten. Und elektrische Energie ist die eleganteste und wirkungsvollste Art. Sie ist die „höchstwertige" Form von Energie und damit eigentlich zu schade für die Verwendung für „niedrige" Zwecke, z. B. Heizung. Und man kann sie über weite Strecken transportieren.

Einige ihrer Größen sind uns im täglichen Leben wohlbekannt: Strom, Spannung, Leistung. Die Gesetze sind einfach: Leistung ist Strom mal Spannung. Elektrische Energie (also eine physikalische Arbeitsmenge) ist elektrische Leistung mal Zeit: Kilowattstunden [kWh]. Leider kann man sie in großen Mengen schlecht speichern.

So richtig in Schwung kam die Erforschung der Elektrizität im 19. Jahrhundert – aber wie erzeugt man elektrische Energie? Na ja, „erzeugen" ist ja falsch, wie Sie wissen. Energie wird nicht erzeugt, sie wird nur umgewandelt von einer Form in die andere. Pro Tag braucht eine Durchschnittsfamilie etwa 10 kWh elektrische Energie, also für ca. 3 €. Bisher kannten wir Energie ja nur in mechanischer oder thermischer Form, in Newtonmeter [Nm] oder Joule [J]. Ein Nm (= 1 J) ist z. B. die potenzielle Energie, die beim Anheben einer Schokoladentafel (ca. 100 g) um 1 m in ihr gespeichert wird. Da $1\,J = 1\,Nm = 1\,Ws$, ist $1\,kWh = 3{,}6 \cdot 10^6\,Nm$. Für den elektrischen Tagesenergiebedarf von 10 kWh könnte die Familie einen 36-Tonnen-Sattelzug volle 100 m hoch heben lassen – für schlappe 3 €.

Doch woher kommt denn nun diese fantastische Energie, ohne die die Menschheit nicht mehr leben könnte?

7.1 Unsichtbare Kräfte, sichtbare Effekte

Elektrizität ist eine Kraft, grob gesagt. Und wie bei den Kräften gibt es statische und dynamische Verhältnisse. Hängt die Elektrizität einfach nur so herum (z. B. in einem durch Reibung aufgeladenen Bezugsstoff Ihres Autositzes), dann ist sie statisch. Dynamisch wird sie erst, wenn Strom fließt – zu einem Punkt geringeren Potenzials: dem Erdboden, wenn Sie den Fuß aus der Tür setzen. Ein kurzer (und ungefährlicher) Stromstoß geht durch Sie hindurch: Sie „bekommen eine gewischt". Das „Potenzial", volkstümlich als Spannung bekannt, ist damit abgebaut.

Materie kann man anfassen, Kräfte und Beschleunigungen kann man spüren, ebenso wie die Wärme – und Licht kann man sehen. So waren Eddi und Rudi schon in der Steinzeit in der Lage (oder wären es gewesen), grundlegende Gesetze zu erkennen. Bei der Elektrizität ist das anders: Bis auf eine kleine Episode kamen sie über einen Anfangseffekt nicht hinaus, und die Menschheit musste lange warten, um Grundlegendes darüber zu erfahren. Zumindest mussten erst einmal Metalle hergestellt werden, denn nur sie (und ein paar wenige andere Stoffe) leiten den elektrischen Strom.

Wagen wir trotzdem einen kurzen Blick in die Steinzeit: Kindergeburtstag. Rudi hatte vom Strand einen weichen, gelblichen und leicht durchsichtigen Stein mitgebracht, den er „Bernstein" nannte.[149] Ein glatter Brocken von der

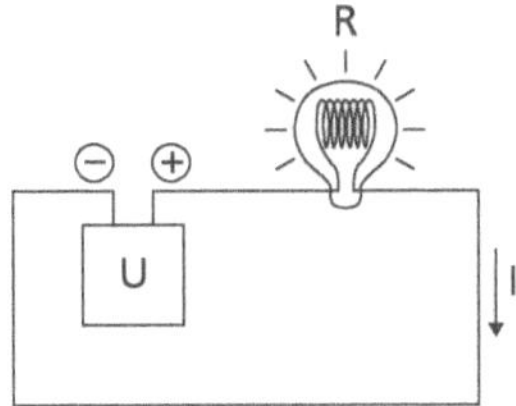

Abb. 7.1 Ein einfacher Stromkreis

Größe eines Hühnereis. Rudi rieb ihn an einem trockenen Fell, wobei feine Ohren sogar ein leichtes Knistern hören konnten. Dann hatte der Stein magische Kräfte, die die Kinder bestaunten: Er zog Wollfusseln, Haare, trockene Gräser und kleine flaumige Vogelfedern an. Rudi tat so, als wüsste er den Grund dafür – aber in Wirklichkeit hatte er keine Ahnung.

Elektrizität ist wie Wasser

So musste Siggi in seinem „Zukunftskolleg" dafür sorgen, dass den beiden Forschern wenigstens die wichtigsten Grundlagen bekannt waren. Diesmal war er mit seltsamen Nachrichten aus der Zukunft zurückgekehrt. Er musste ihnen zuerst erklären, was „Metalle" sind, was ein „Draht" ist, was eine „Glühbirne" und so weiter. Eddi und Rudi sahen schon erschöpft aus, bevor er überhaupt zum Thema kam.

Er hatte eine Zeichnung gemacht (Abb. 7.1) und begann mit seinen Erklärungen: „Der linke Kasten ist ein geheimnisvoller Topf, in dem aus Metallscheiben und dazwischen gelegten feuchten Lappen diese seltsame Kraft entsteht.[150] Sie wird „Spannung" genannt und mit dem Buchstaben U bezeichnet. Ihre Maßeinheit heißt nach dem Erfinder „Volt". Das entspricht dem Druck in einem Wasserbehälter. Daraus resultiert ein Strom, I genannt – wie ein Wasserstrom. Er fließt von einem Plus-Pol zu einem Minus-Pol. Er muss aber – anders als das Wasser – wieder in die Spannungsquelle zurückfließen, durch den Draht aus Metall. Dieser Unterschied zum Wasser ist aber auch nur vordergründig, denn auch das Wasser befindet sich auf der Erde in einem ständigen Kreislauf: von den Quellen in die Meere, von den Meeren durch Verdunstung in die Wolken, vom Regen zurück in die Quellen (auch wenn das Jahrtausende dauern kann). Zurück zur Elektrizität: Ein fein gewickelter und sehr dünner Draht bildet einen Widerstand R, durch den sich der Strom hindurchquälen muss wie Wasser durch ein enges Rohr. Er wird heiß und leuchtet, heller als jede Fackel. Ein Wunder! Und ich will euch etwas sagen, Leute: Was Rudi als Spielerei zur Kinderbelustigung entdeckt hat, wird das Leben der Menschheit verändern!"

Tab. 7.1 Drei fundamentale Größen der (fließenden) Elektrizität und ihre Entdecker

Namensgeber	Zeit	Phys. Größe	Einheit
Alessandro Volta	1745–1827	Spannung U	Volt [V]
André-Marie Ampère	1776–1836	Strom I	Ampere [A]
Georg Simon Ohm	1789–1854	Widerstand R	Ohm [Ω]

Eddi und Rudi kamen aus dem Staunen nicht heraus, und so wollen wir sie in ihrer Höhle zurücklassen. Wir sollten die beiden und damit die Steinzeit-Analogie ja nicht überstrapazieren. Auch Siggi stößt ja schon an die Grenzen seines Verständnisses.

Der Rest ist schnell gesagt: Drei fundamentale Größen zur Messung der Elektrizität sind nach ihren „Entdeckern" benannt (Tab. 7.1).

Froschschenkel kann man nicht nur essen

Wo kam der Strom überhaupt her? Man kann ja nicht stundenlang Bernstein reiben! Es gab zwar um 1800 herum schon „Funkenmaschinen", in denen man Materialien drehen konnte, um durch Reibung elektrische Spannungen zu erzeugen, aber das führte auch nicht weiter. Der italienische Mediziner Luigi Galvani besaß eine solche, mit der sein Assistent gerade herumspielte, als der Arzt tote Frösche sezierte. Nicht etwa aus medizinischen Gründen, sondern um sie zu essen. Und plötzlich schrie er auf: „Da, der Frosch lebt ja!" Galvani hatte die Schenkelnerven des Frosches mit einem Messer berührt und „irgendwie" die Funkenelektrizität dahin übertragen. Denn wenn er das Messer an den Froschnerv hielt, ohne dass die Elektrisiermaschine Funken gab, dann geschah nichts. Das ereignete sich am 6. November 1789. Und da er auch Biophysiker war, begann er zu experimentieren.[151] Er spielte mit verschiedenen Metallen herum, z. B. Kupfer und Eisen, die miteinander verbunden waren. Legte er sie an den toten Muskel, begann dieser zu zucken. Ohne es zu wissen, hatte er die „Elektrolyse" entdeckt. Grundlage dieser Erscheinung sind chemische Säuren (wie sie auch im Froschschenkel vorkommen).

Ein Physiker mit dem klingenden Namen Alessandro Giuseppe Antonio Anastasio Graf von Volta nahm sich der Sache an und baute ein „galvanisches Element" (die erste Batterie!): die „Volta'sche Säule". Im Jahr 1800 stellte er sie sogar dem Kaiser Napoleon Bonaparte vor. Sie bestand aus übereinandergeschichteten Scheiben von je einer Kupfer- und einer Zinkplatte, die durch in Salzlake (dem „Elektrolyten") getränkten Lappen voneinander getrennt waren (Abb. 7.2).

Was da wie und warum elektrischen Strom produziert, blieb lange im Dunkeln und wurde erst Hand in Hand mit der Entdeckung der Atome und ihres

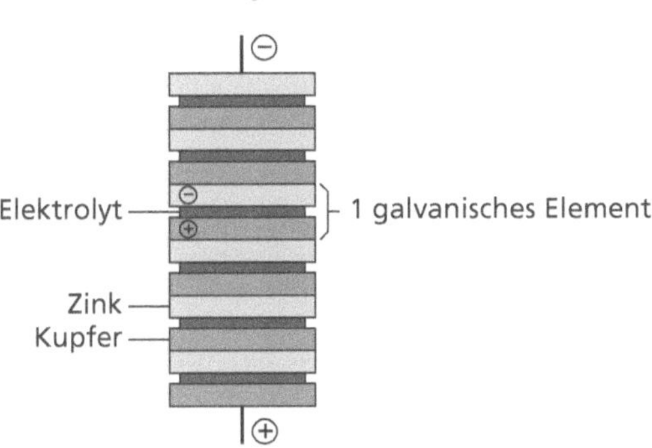

Abb. 7.2 Die „Volta'sche Säule": die erste Batterie!

Aufbaues geklärt. Es würde deutlich zu weit führen, es hier im Einzelnen zu erläutern. Bis 1832, als die ersten Wechselstromerzeuger gebaut wurden, war dies die einzige brauchbare kontinuierliche Stromquelle für die Erforschung der Elektrizität – eine der bedeutendsten Erfindungen aller Zeiten. Denn der „Zähmung" der Elektrizität zum Nutzen der Menschheit kommt dieselbe Bedeutung zu wie der Zähmung des Feuers – beide waren ja vorher nur unerklärliche Naturerscheinungen und noch dazu desselben Ursprungs: Elektromagnetische Wellen (sowohl die Energie der Blitze wie die wärmende Infrarotstrahlung und das Licht des Feuers). Auf sie kommen wir im Kap. 7.4 zu sprechen.

Georg Simon Ohm erlässt 1825 ein Gesetz

Nun kann man den Vergleich mit Wasser noch etwas weiter treiben: Eine Druckpumpe (Spannung der Batterie) treibt in einem Rohr einen Strom von Wasser durch eine Engstelle (Widerstand). Klar: der Strom ist proportional zur Spannung – je höher der Wasserdruck, desto mehr Wasser fließt pro Zeiteinheit durch die Engstelle. Auf der anderen Seite ist der Strom umgekehrt proportional zum Widerstand – je höher der Widerstand, desto weniger Wasser fließt pro Zeiteinheit. Also können wir schreiben:

$$I \sim U \text{ und } I \sim 1/R \implies U = k \cdot R \cdot I$$

Die Proportionalitätskonstante k müssten wir nun bestimmen, aber ... „Quatsch!", sagte Georg Simon Ohm, „Ich setze k gleich eins. U gleich R mal I, die URI-Formel. Basta!" Er kannte nämlich Schillers Drama „Wilhelm Tell" von 1804, das im Kanton *Uri* in der Schweiz spielt, und sah dadurch die Gleichung $U = R \cdot I$ immer vor seinem geistigen Auge.[152] Das klappt hervorragend, wenn man die Maßeinheit des Widerstandes ($[\Omega]$, das große griechische *omega*) passend als [A/V] definiert (vergl. Tab. 7.1). So hat man auch

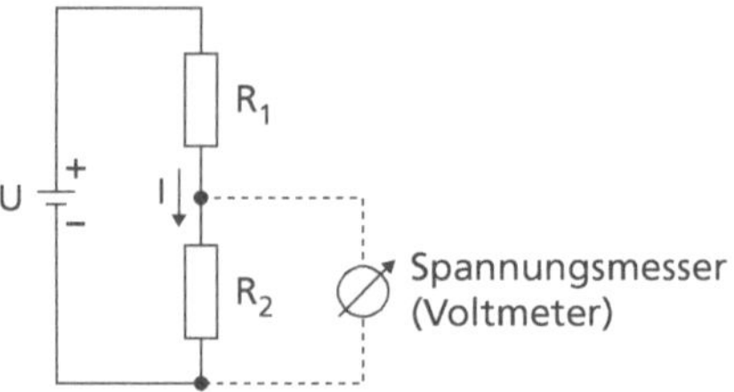

Abb. 7.3   Ein Spannungsteiler mit zwei Widerständen

gleich seinen Namen verewigt. Und seit dieser Zeit lernt das jeder Gymnasiast: das „Ohm'sche Gesetz".

Wie praktisch: Jetzt können wir Spannungen teilen, mit einem „Spannungsteiler". Zeigen wir gleich ein konkretes Beispiel (Abb. 7.3). Spannungsquelle ist eine Batterie mit $U = 1{,}5$ V. Zwei Widerstände (es gibt sie im Bastelladen zu kaufen) von $R_1 = 10\ \Omega$ und $R_2 = 20\ \Omega$ liegen hintereinander, addieren sich also. Der Strom I ist $1{,}5$ V/$30\ \Omega = 0{,}05$ A oder 50 mA, denn ein „Milliampere" ist ein Tausendstel Ampere. Welche Spannung messen wir mit unserem Voltmeter, das parallel zu R_2 hängt? Jetzt können wir rückwärts rechnen: $U_2 = I \cdot R_2 = 0{,}05$ A $\cdot\ 20\ \Omega = 1$ V. Die Spannung der Batterie ist im Verhältnis 1:2 geteilt worden.

Auch hier passt wieder das Wassermodell: Wenn R_1 und R_2 zwei Engstellen sind, verteilt sich der Wasserdruck ebenso. Doch nun kommen Ihnen sofort Bedenken – wie haben wir denn die Spannung an R_2 gemessen? Elektrisch, versteht sich. Durch das Messinstrument fließt ein kleiner Strom, also muss es einen Widerstand R_M haben. Der Messvorgang beeinflusst die Messung! Wer hätte das gedacht!? Während die beiden Widerstände R_1 und R_2 eine „Reihenschaltung" bilden, stellen R_1 und R_M eine „Parallelschaltung" dar. Deren Gesamtwiderstand R_{ges} (der statt R_2 eigentlich die Spannung U_2 bestimmt) lässt sich über das Ohm'sche Gesetz leicht berechnen. Versuchen Sie es selbst![153] Ich verrate Ihnen gleich das Endergebnis:

$$R_{ges} = \frac{1}{1/R_2 + 1/R_M} = \frac{R_2 \cdot R_M}{R_2 + R_M}$$

Jetzt sehen Sie auch den Ausweg aus dem Dilemma: Wenn R_M sehr groß gegenüber R_2 ist (sagen wir: 200 kΩ, also 200.000 Ω), dann ist der Fehler durch den Messvorgang klein und wir können ihn vernachlässigen. Dann wird in dem ersten Rechenausdruck $1/R_M \approx 0$ und $R_{ges} \approx R_2$.

Na, das war eine tolle Leistung! Womit wir gleich bei der nächsten Größe sind: Watt. In Watt (kurz [W]) wird die Leistung des Stromes gemessen, die er erbringt. Ihr Formelzeichen ist das P (leicht zu merken: englisch *pow-*

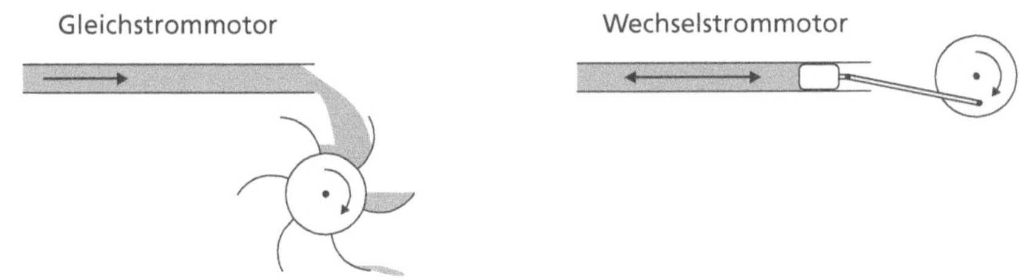

Abb. 7.4 Zwei „Wassermotoren" für Gleich- und Wechselstrom

er). Und leicht zu errechnen: $P = U \cdot I$. Watt ist Voltampere [VA], wie man es manchmal nennt. Nun wird es *ganz* einfach, denn – wie Sie wissen – Arbeit (oder Energie) ist Leistung mal Zeit. Elektrische Arbeit (Formelzeichen W, englisch *work*) errechnet sich als $W = P \cdot t$ [Ws]. *Viel* Arbeit wird üblicherweise nicht in „Wattsekunden" [Ws], sondern in „Kilowattstunden" [kWh] gemessen (und bezahlt!). Und hier wird oft geschludert: Die Formulierung „kW/h" (analog zu Ka-Em-Ha [km/h]) wird streng bestraft. Die Angabe „Kilowatt pro Jahr" ist eine Todsünde! Aber wir Menschen sündigen gerne …[154] „Kilowattstunden pro Jahr" wäre nicht zu beanstanden. So steht es z. B. auf der Jahresabrechnung Ihres Stromversorgers. Man hätte natürlich die Einheit der Zeit auch herauskürzen können, denn Leistung ist Leistung und Arbeit ist Arbeit. Mechanisch, elektrisch und kalorisch. Also gilt $1\,\mathrm{N\,m} = 1\,\mathrm{Ws} = 1\,\mathrm{J}$ – wie schon in der Einleitung vorgeführt.

Gleichstrom bleibt gleich, Wechselstrom wechselt

Das hätte man sich auch denken können! Aber *was* bleibt gleich und was wechselt? Es ist die Polarität der Spannungsquelle U in Abb. 7.3. Stellen Sie sich vor, sie würde blitzschnell zwischen „ + " und „–" und „–" und „ + " wechseln. So als ob man die Batterie rasend schnell zwischen zwei Stromableitern rotieren lassen würde, sagen wir: 50-mal in der Sekunde. Oder die Wasserteilchen in unserem Strommodell bewegen sich nicht in stetigem Fluss durch das Rohr, sondern zittern hin und her. Und auch dadurch wird physikalische Arbeit geleistet. Das kann man sich gut vorstellen: Während ein stetiger Wasserstrom ein Wasserrad antreibt (Abb. 7.4 links), könnte eine Hin- und Herbewegung des Wassers über einen Kolben in eine Drehbewegung umgesetzt werden (Abb. 7.4 rechts). Ein „Wasser-Wechselstrom-Motor". Wie ein realer Elektromotor aussieht, das werden wir gleich – nach der Erarbeitung einiger Voraussetzungen – sehen.

Unser Strom aus der Steckdose mit der Nennspannung von 230 V und der Frequenz von 50 Hz sieht also aus wie in Abb. 7.5 – eine bildschöne Sinuskurve. In der Wechselstromtechnik wird als Nennwert immer der Effektiv-

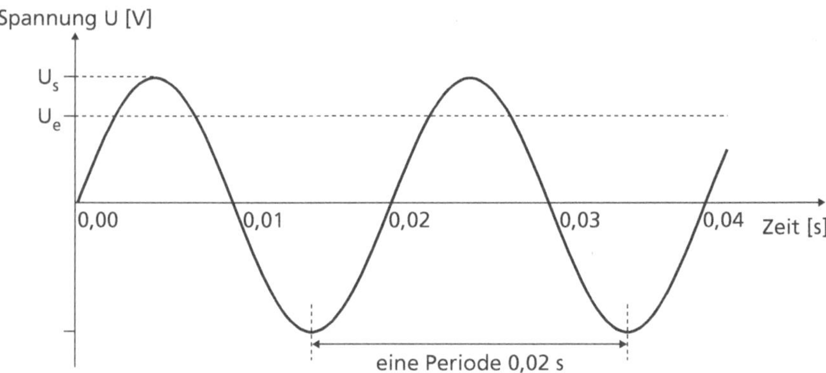

Abb. 7.5   Zeitlicher Verlauf der Wechselspannung im Haushalt

wert U_e angegeben (hier 230 V). Der Scheitelwert U_s ist dann 325 V (der Effektivwert ist gleich dem Scheitelwert dividiert durch $\sqrt{2}$ bzw. multipliziert mit $1/\sqrt{2} = \sqrt{0,5}$).

Das Ohm'sche Gesetz gilt natürlich auch bei Wechselstrom – aber die Definition des „Widerstandes" ist ein wenig komplizierter. Denn nicht nur eine „enge Röhre" hemmt den elektrischen Stromfluss (es ist ja eigentlich kein stetiger Fluss, sondern ein „Zittern" der winzigen Ladungsträger in einer Hin- und Her-Bewegung), sondern auch … tja, was? Hier versagt der Vergleich mit dem Wasserrohr. Darauf werden wir gleich kommen, wenn wir im nächsten Unterkapitel eine extrem bedeutende „Nebenwirkung" des Wechselstroms kennenlernen, die „Induktion".

Jetzt hatte die Welt gewissermaßen „zwei Ströme": den Gleichstrom und den Wechselstrom. Kein Wunder, dass nun ein „Stromkrieg" entbrannte. Um 1890 entzündete sich der Streit zwischen zwei amerikanischen Erfindern und Industriellen, nämlich Thomas Alva Edison (berühmt für die Entwicklung des Phonographen und der Kohlefaden-Glühlampe, aber leider auch des Elektrischen Stuhls) und George Westinghouse, der die Druckluftbremse konstruierte, sich dann aber der Energieübertragung mit Wechselstrom zuwandte. Edisons Idee zur Übertragung elektrischer Energie beruhte auf niedriger Gleichspannung von 110 V, was aber hohe Ströme (um dieselbe Leistung zu transportieren wie bei Hochspannung) und dadurch erhebliche Verluste bedeutete, von den benötigten dicken Leitungen für die starken Ströme ganz zu schweigen. Bei Hochspannung sind die Verluste geringer, denn die Verlustleistung und die Nutzleistung am Ende der Leitung mit gegebenem Widerstand hängen zusammen: $P_{Verlust} = R_{Leitung} \cdot I^2 = R_{Leitung} \cdot P_{Nutz}{}^2/U^2$. Angeregt durch europäische Erfinder favorisierte Westinghouse daher die Energieverteilung mit Wechselstrom. Er erlaubt höhere Spannungen im Leitungsnetz, die im Haushalt wieder in ungefährlichere Werte umgewandelt werden kön-

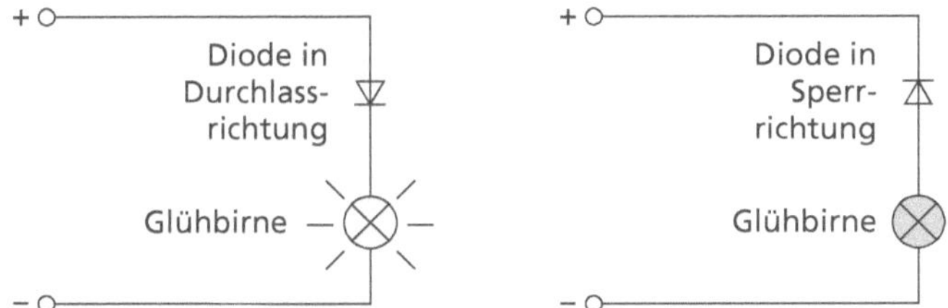

Abb. 7.6   Eine Diode öffnet den Strom in eine Richtung und sperrt ihn in der anderen

nen.[155] Schließlich siegte im Stromkrieg die effizientere Technik, und als Inhaber der inzwischen gegründeten *Westinghouse Electric Company* entwickelte Westinghouse 1888 gleich auch noch einen Stromzähler.

Zur Versorgung von Haushalten verwendet man bei uns die bekannte 230-V-Wechselspannung, wobei der eine Pol mit der Erde verbunden ist, also ein elektrisches Potenzial von 0 V hat. Der andere wechselt also genau 50-mal zwischen – 230 V und + 230 V hin und her.[156]

Gleichrichter und Wechselrichter

Wer hierunter Begriffe aus der Justiz versteht, liegt nicht ganz richtig. Ein Gleichrichter verwandelt einen Wechselstrom in Gleichstrom, und ein Wechselrichter macht dasselbe, nur umgekehrt. Dazu macht man sich die Eigenschaften einer „Diode" zu Nutze. Das ist eine Art „elektrischer Zwitter": ein Leiter in eine Stromrichtung und ein Isolator in der anderen. Als Material verwendet man Halbleiter (z. B. Silizium oder Germanium), die abhängig von ihrem „Zustand" elektrische Leiter oder Nichtleiter sind. Dieser Zustand ist z. B. die Temperatur oder die Ladung. Um das wirklich zu verstehen, müssten wir tief in ihre atomare Struktur hineinsehen – doch das wollen wir uns sparen. Es geht ja hauptsächlich um die praktische Anwendung, die Sie in Abb. 7.6 sehen. Eine Diode wirkt wie ein Ventil im Wasser, und ihr Symbolzeichen deutet das ja an. Der Strom fließt in Pfeilrichtung von Plus nach Minus und wird entgegen der Pfeilrichtung gesperrt.

Wenn nun in Abb. 7.6 an den gezeichneten Punkten „+" und „–" eine Wechselspannung wie in Abb. 7.5 anliegt, dann wird die eine Hälfte der Sinuskurve einfach weggesäbelt. Unschön – die Hälfte der Energie kommt nicht beim Verbraucher an. Jetzt könnte ich Ihnen eine kleine Denksportaufgabe stellen: Ersinnen Sie eine Schaltung, die mithilfe von Dioden auch die abgeschnittene Hälfte der Sinuskurve nutzt. Die Lösung finden Sie am Ende dieses Kapitels.

Nun können Sie leicht erraten, was eine LED ist, eine *light-emitting diode*. Eine Licht aussendende Diode, die bei Stromfluss in Durchlassrichtung auch noch Licht abgibt. Solche Leuchtdioden beruhen auf einem Effekt, der von seiner ersten Entdeckung um 1921 längere Zeit brauchte, bis er wirklich Fahrt aufnahm. Heute werden Leuchtdioden in Massenfertigung hergestellt.

Jetzt müsste noch erklärt werden, *was* denn da eigentlich fließt: die Ladungsträger, deren wahre Natur wir im übernächsten Kapitel genauer kennenlernen werden.

Ladungen gibt es nicht nur bei Gericht

Es gibt ja nicht nur die fließende Elektrizität, sondern auch die ruhende. Wie ein fließendes und ein stehendes Gewässer. Eine ruhende Ladung, die man in ihrer Größe bestimmen kann, für die es eine Maßeinheit gibt. Sie gehört eigentlich zu den ersten elektrischen Erscheinungen, die entdeckt wurden, noch vor dem fließenden Strom. Die Zaubertricks, die Rudi beim Kindergeburtstag vorgeführt hatte, waren schon im 17. und 18. Jahrhundert als „Elektrisiermaschinen" beliebt. Man brauchte das Prinzip der Reibung ja nur zu automatisieren, z. B. durch eine Bernsteinwalze, die sich entlang einer Lederfläche mit einer Handkurbel drehen ließ oder von Seidenbändern, die über Holzrollen gerieben wurden. Die dabei „entstehende" Ladung entlud sich zum Staunen und der Belustigung der Betrachter der feinen Gesellschaft meist in beeindruckenden Funken. Später stellten die Physiker fest, dass sie nicht „entstanden", sondern durch die Trennung von positiven und negativen Ladungen in Erscheinung traten.

Ein Hofarzt der Königin Elisabeth I. benutzte als Erster den Begriff „electrica" für die Erscheinungen, die er beim Reiben von Bernstein entdeckte. Er unterschied auch sauber zwischen elektrischer und magnetischer Anziehung und gilt deswegen als Begründer der Elektrizitätslehre, obwohl er nicht wirklich wusste, womit er es zu tun hatte. Auch Otto von Guericke experimentierte 1672 mit einer Art Elektrisiermaschine mit einer Schwefelkugel, um „kosmische Wirkkräfte" nachzuweisen. Immerhin fand er Erscheinungen der Anziehung *und* der Abstoßung, was ihn auf zwei verschiedene Ladungsarten hätte bringen können – wäre man der elektrischen Ladung damals schon genügend dicht auf den Fersen gewesen. Aber man glaubte noch an eine Art „Fluidum", eine Dunstwolke, die durch die Wärme bei der Reibung entsteht. Also nicht an eine *Eigenschaft* von normaler Materie, sondern an eine *neue* Materie mit diesen seltsamen Eigenschaften. Erst Charles Augustin de Coulomb (1736–1806) deutete das Fluidum-Modell korrekt um in elektrische Ladungen. Ihm zu Ehren heißt die Einheit der elektrischen Ladung *Coulomb* [C]. Entsprechend der Analogie „Druck = Spannung, Strömungsmenge = Strom" ist die Ladung q die „Wassermenge", denn ein *Coulomb* ist die elektrische Ladung, die ein elektrischer Strom der Stärke von einem Ampere innerhalb einer Sekunde transportiert: $1\,C = 1\,A \cdot 1\,s$.

Früher sprach man von zwei Arten elektrischer Ladung: Gleichnamige Ladungen stoßen sich ab, ungleichnamige ziehen sich an. Das suggeriert aber die falsche Vorstellung, es handele sich um zwei verschiedene physikalische Größen. Es gibt aber nur eine einzige Größe der elektrischen Ladung oder auch Elektrizitätsmenge mit dem Formelzeichen Q oder q (vom lateinisch *quantum* „Menge"), die sowohl positive als auch negative Werte annehmen kann – wie viele andere Größen auch. Monsieur Coulomb entdeckte 1785 auch gleich noch ein Gesetz und bestätigte es experimentell: das Coulomb'sche Gesetz. Er maß einfach die Kraft zwischen zwei geladenen Kugeln. Es besagt, dass die (je nach Vorzeichen anziehende oder abstoßende) Kraft proportional zum Produkt der beiden Ladungen und umgekehrt proportional zum Quadrat der Entfernungen ist:

$$F = k\,\frac{q_1 q_2}{r^2}$$

Die Proportionalitätskonstante k (auch „Coulomb-Konstante" genannt) sorgt dafür, dass aus den Ladungs- und Längeneinheiten des Bruches wieder eine Kraft mit ordentlichen [N] wird – das ist in der Physik ja oft eine schöne Kontrolle für Formeln: Die Dimensionen müssen stimmen.

Auch hier gibt es wieder einen physikalischen Erhaltungssatz: In jedem abgeschlossenen System bleibt die vorhandene Menge an elektrischer Ladung zeitlich konstant. Deswegen „entstehen" (entgegengesetzte) Ladungen einfach durch die Trennung der „frei beweglichen" Ladungsträger in einem Material, z. B. durch Reibung. Bei der Aufladung von Körpern muss man Energie aufwenden, um die sich gegenseitig anziehenden Ladungen zu trennen. Und der Strom, der fließt, ist nichts anderes als sich bewegende elektrische Ladungen.

Was kondensiert im Kondensator?

Eine merkwürdige Bezeichnung: „Kondensator". Unter „kondensieren" verstehen wir den Übergang eines Stoffes vom gasförmigen in den flüssigen Aggregatzustand, zum Beispiel, wenn der Wasserdampf in der Luft sich an einer kalten Scheibe in Wassertröpfchen verwandelt. Ähnlich ist es auch mit elektrischen Ladungen: Sie bleiben hängen. Denn wir wollen unsere elektrische Ladungsmenge ja irgendwo aufheben, um sie später zu verwenden.

Wie geht das? So: Wir haben links und rechts einen Draht, die beide an einer Metallplatte enden (Abb. 7.7). Über die Drähte führen wir elektrische Ladungen zu oder ab, sodass sich die Metallplatten aufladen. Auf der linken Metallplatte sammeln sich positive Ladungen, auf der rechten negative. Da sich die beiden Metallplatten aufladen, entsteht zwischen ihnen ein „elektrisches Feld", eine räumliche Verteilung einer physikalischen Messgröße in

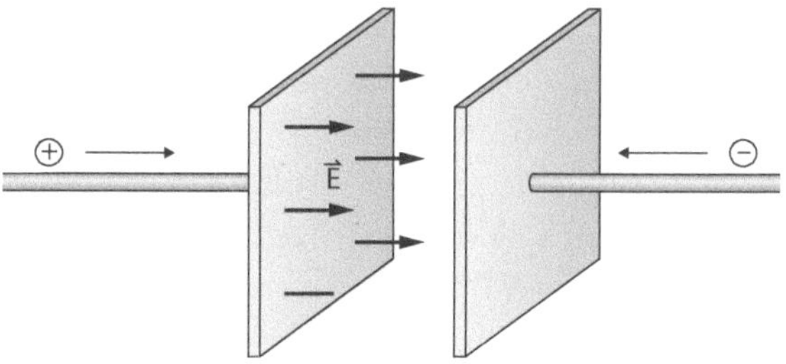

Abb. 7.7   Prinzip des elektrischen Kondensators

Stärke und Richtung, der „elektrischen Feldstärke". Außerhalb der beiden Metallplatten (also ganz links und ganz rechts) ist das elektrische Feld sehr klein, weil sich die beiden Felder der Metallplatten fast aufheben.[157] Der englische Naturforscher und Experimentalphysiker Michael Faraday (1791–1867) lieferte das Maß für die Kapazität des Kondensators: „Farad". Die Kapazität C, das Fassungsvermögen für Ladungsmenge, errechnet sich aus dem Quotienten von Ladung Q und der elektrischen Spannung U nach der Formel C = Q/U [F]. Also ist *Farad* gleich *Coulomb* durch *Volt*. Da ein *Coulomb* eine Amperesekunde ist, kann man es schön in Worte fassen: Ein Kondensator hat eine Kapazität von 1 F, wenn er sich bei einem konstanten Strom von 1 A in 1 s auf die Spannung 1 V auflädt. Aber Achtung: Diese Formulierung suggeriert eine (falsche!) Proportionalität, denn nach vorstehender Formel hat er die Kapazität 1/2 F, wenn er sich mit derselben Ladungsmenge Q auf 2 V auflädt.

Die erste Bauform war die „Leydener Flasche", die 1745 zufällig in Pommern entdeckt wurde. Nicht die Flasche, aber der Effekt. Ein Domdechant hatte beim Experimentieren einen Nagel in eine Flasche gesteckt und an eine Elektrisiermaschine angeschlossen, um das darin enthaltene Wasser aufzuladen. Beim späteren Herausziehen des Nagels erhielt er einen kräftigen elektrischen Schlag. Ein niederländischer Mediziner und Naturwissenschaftler wiederholte den Versuch in Leiden (damals „Leyden") in Holland. Bevor wir uns in Spekulationen über die Freizeitbeschäftigung eines geistlichen Würdenträgers oder eines Arztes verlieren, schauen wir uns das Prinzip an: Die Flasche funktionierte nur, wenn man sie in der Hand hielt und selbst nicht gut isoliert war. Dadurch bildeten die Hand außen und das Wasser innen die beiden Elektroden. Später hatte sie außen einen Überzug aus Silber, war also in unserem Sinne der perfekte Kondensator mit dem Glas als Isolator.

In der gesamten Elektrotechnik und Elektronik spielt der Kondensator eine wichtige Rolle. Technisch baut man ihn aus aufgerollten Metallfolien mit einem Isolator dazwischen, der den schönen Namen „Dielektrikum" trägt. Für Gleichstrom ist er eine Sperre – aber Wechselstrom lässt er durch. Wie das geht? Natürlich können Ladungsträger das Dielektrikum nicht passieren, aber Sie verstehen es sofort, wenn Sie noch einmal Abb. 7.4 ansehen. Der „Wasser-Wechselstrom-Motor" rechts im Bild läuft auch, wenn Sie das Rohr mit einer Gummimembran trennen. Die Wasserteilchen (die Ladungsträger) müssen ja nicht fließen, sondern nur hin und her schwingen können.

7.2 Elektrizität und Magnetismus sind Zwillinge

Mitte des 19. Jahrhunderts wurden auch die Zusammenhänge der Elektrizität mit dem Magnetismus klar. Von diesem gibt es zwei „Geschmacksrichtungen", den uns allen vertrauten „Ferromagnetismus" und den „Elektromagnetismus". Ersterer kommt vom lateinischen *ferrum* („Eisen") und ist schon seltsam genug, denn wieso zieht Eisen Eisen an, aber nicht Kupfer oder Aluminium? Aber wir kennen den Burschen gut, denn Haftmagnete halten unsere Merkzettel am Kühlschrank. Der Elektromagnetismus ist noch seltsamer, denn der elektrische Strom ruft magnetische Effekte hervor und umgekehrt.

Die Grundidee ist die des „Feldes". Ein Feld im physikalischen Sinne ist die Tatsache, dass jedem Punkt im Raum eine physikalische Größe mit Betrag und Richtung zugeordnet ist. Zum Beispiel das Gravitationsfeld: Die Gravitationsbeschleunigung wirkt in jedem Punkt des Raumes (in der Nähe der Erde oder auch weit weg) mit einer bestimmten Größe in eine bestimmte Richtung. Sie auf Ihrem Stuhl werden mit Ihrem Gewicht senkrecht nach unten in Richtung des Erdmittelpunktes gezogen. Würden Sie irgendwo zwischen Mond und Erde im Weltraum schweben, würden Sie mit einer gewissen Kraft in irgendeine Richtung (beeinflusst von Erde, Mond, Sonne und dem Rest des Universums) gezogen. Richtung und Größe könnte man einfach bestimmen, wenn Sie durch diese Kraft in Bewegung gesetzt werden. Ein magnetisches Feld (kurz „Magnetfeld") hat, wie wir sehen werden, auch eine bestimmte Größe und eine bestimmte Richtung – viele Tiere orientieren sich z. B. am Erdmagnetfeld (Bienen, Brieftauben, Zugvögel, Meeresschildkröten, Haie u. a.).

Hier gibt es enge Verbindungen mit dem später folgenden Kap. 8, da die Phänomene mit den Atomen und ihren Bestandteilen zusammenhängen. Entdeckungen erfolgten Hand in Hand und „gleichzeitig", woraus sich eine gegenseitige Beeinflussung ergab. Wir werden dieses Thema also noch ergänzen.

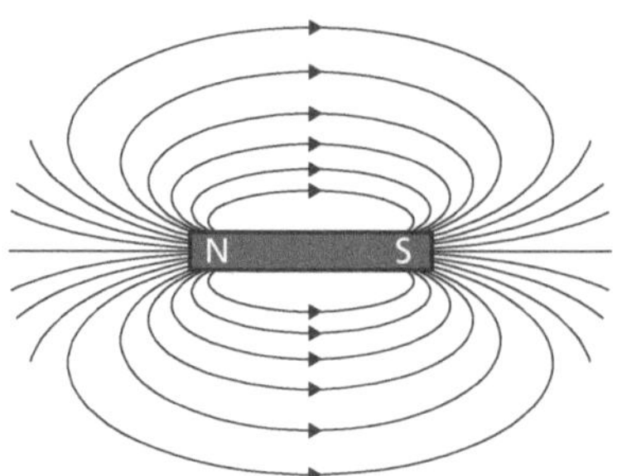

Abb. 7.8   Magnetische Feldlinien eines Stabmagneten

Ein Feld voller Vektoren

Wenn wir an ein Fußballfeld denken, denken wir in zwei Dimensionen: Länge mal Breite mal gar nichts. Wird es lange nicht gemäht, sprießen dort Blümchen aus dem Boden, in verschiedenen Richtungen und verschiedener Stärke. So kann man sich die Vektoren der Feldstärke vorstellen – mit dem Unterschied, dass es noch eine dritte Raumdimension gibt, ganz viele Fußballfeld-Ebenen übereinandergeschichtet.[158] Sehr schön kann man ein Feld an einem Blatt Papier sehen, das über einen Stabmagneten gelegt wird. Man schüttet Eisenspäne darauf, klopft ein wenig, damit sie ihre Haftung überwinden und erhält Abb. 7.8: magnetische Feldlinien in einer Ebene (der Papierebene). Sie haben eine willkürlich festgelegte Richtung: Sie entspringen dem „Nordpol" des Magneten und zeigen zum „Südpol", denn der „zieht sie an".

Natürlich existieren die Feldlinien nicht nur in der Papierebene, sondern im gesamten Raum um den Magneten herum. Könnte man die Feldlinien einer elektrischen Ladung ebenso einfach zeigen, dann sähen sie genau so aus: Der Nordpol entspricht einer positiven elektrischen Ladung, der Südpol einer negativen. Und ebenso untereinander ähnlich wären die Verhältnisse, würde man die Abstoßung gleichartiger Pole bzw. Ladungen aufzeichnen: In Abb. 7.9 sehen Sie die Feldlinien der Abstoßung zweier positiver Ladungen. Auch hier wieder in zwei Raumdimensionen gezeichnet, aber in allen dreien vorhanden.

Die Quellen von elektrischen Feldern sind positive oder negative Ladungen. Elektrischer Strom ist die Bewegung von Ladungen relativ zueinander, wie Sie bereits wissen. Positive Ladungen fließen zum negativen Pol und umgekehrt. Und nun kommt die Überraschung: magnetische und elektrische Felder sind sich nicht nur ähnlich, sie *erzeugen* einander auch! Ein fließender elektrischer Strom erzeugt ein Magnetfeld um den Draht, in dem er fließt. Elektrische Felder haben einen Anfang und ein Ende: Sie beginnen auf der positiven Ladung und enden auf der negativen. Magnetische Feldlinien nicht, sie sind immer geschlossen. Das sieht man in Abb. 7.10: Ein Strom fließt in

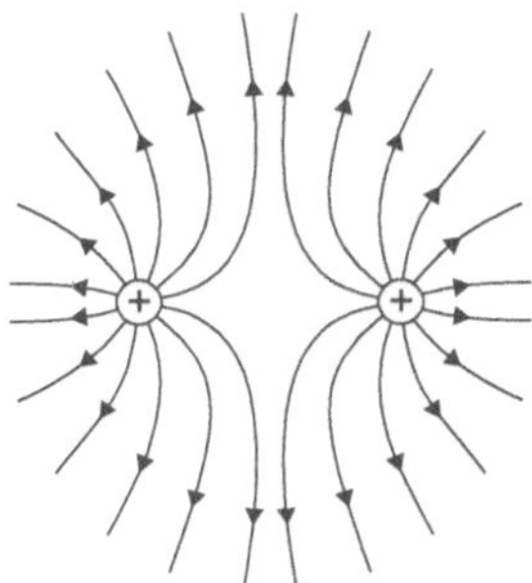

Abb. 7.9 Feldlinien der Abstoßung zweier gleichartiger Ladungen

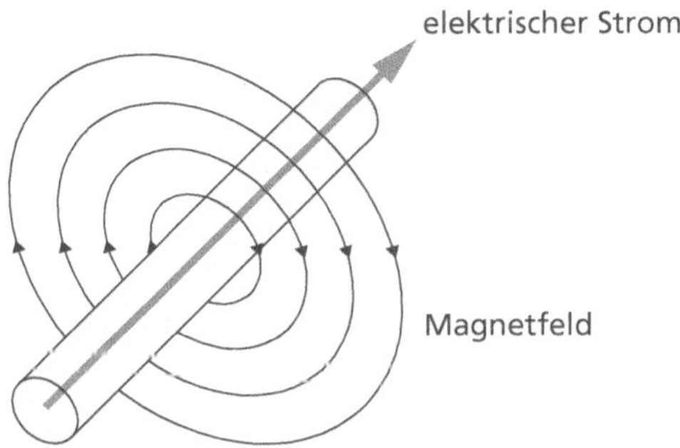

Abb. 7.10 „Induktion" – Ein elektrischer Strom induziert ein Magnetfeld

einem Draht vom Betrachter weg und „induziert" ein Magnetfeld mit geschlossenen Feldlinien.[159]

Maxwell ist kein kalter Kaffee

Der schottische Physiker James Clerk Maxwell (1831–1879) brauchte drei Jahre (von 1861 bis 1864), um die nach ihm benannten Grundlagenformeln zu entwickeln, aufbauend auf Arbeiten von Faraday. Vier Stück an der Zahl. Sie haben es in sich und setzen ein wenig höhere Mathematik voraus. Es geht aber auch anders, denn man kann es zeichnerisch veranschaulichen.[160] Hauptakteure sind die elektrische Feldstärke $\vec{E}$ und die magnetische Flussdichte $\vec{B}$, beides Vektoren mit einer Stärke und einer Richtung. Ein elektrisches Feld ist ein Vektorfeld, ebenso das magnetische Feld. Um sich ein elektromagnetisches Feld anschaulich zu machen, muss man sich also an jedem Punkt im Raum *zwei* Vektoren vorstellen, einen für das elektrische Feld $\vec{E}$ und einen für das magnetische Feld $\vec{B}$.

Um ein elektrisches Feld in Feldstärke und Richtung zu messen, nimmt man eine kleine elektrische Ladung q und hält sie in das Feld an dem Punkt, wo man den Wert des Feldes wissen will. Dann übt das Feld auf die Ladung eine Kraft F aus – die Kraft ist ja ebenfalls ein Vektor, denn eine Kraft hat ja auch eine Stärke und eine Richtung. Das Feld errechnet sich dann, indem man die Kraft durch die Stärke der Ladung teilt: $E = F/q$ in Newton pro Coulomb [N/C].

So weit, so gut. Die Maxwellgleichungen beschreiben den Zusammenhang zwischen der zeitlichen und der räumlichen Änderung der elektromagnetischen Felder. Es sind vier Gesetze bzw. Gleichungen.

Das erste Gesetz besagt: „Die (positive oder negative) Ladung ist Quelle des elektrischen Feldes." Elektrische Felder „beginnen" an positiven und „enden" an negativen Ladungen. Das zweite Gesetz sagt etwas Ähnliches (aber nicht dasselbe!) über magnetische Felder aus: „Das Feld der magnetischen Flussdichte ist quellenfrei; es gibt keine magnetischen Monopole." Nicht „Monopole" im Sinne einer marktbeherrschenden Stellung in der Wirtschaft, sondern Mono-Pole: Magnete, die nur einen Pol haben, also nur den Nord- oder nur den Süd-Pol. Gibt's nicht! Es gibt keine „magnetische Ladung". Elektrische Ladungen schon: Ein geriebener Bernstein hat eine negative Ladung – ohne Gegenstück. Irgendwo werden sie schon abgeblieben sein, die positiven Ladungen, denn das „Erzeugen" von Ladungen ist eigentlich eine *Trennung* von Ladungen, aber sie sind „verschwunden" wie diffundierende Wärme.

Spannender wird es beim nächsten Gesetz: Nr. 3 ist das „Induktionsgesetz", das wir gleich noch in seinen praktischen Auswirkungen illustrieren werden. Es besagt: „Änderungen der magnetischen Flussdichte führen zu einem elektrischen Wirbelfeld." Anders gesagt: Bewege ich einen Magneten in der Nähe eines elektrischen Leiters, dann erzeugt das darin eine elektrische Spannung. *Wow*! Wir „erzeugen" Strom, quasi aus dem Nichts! Nur, indem wir einen Magneten an einer Kupferdrahtspule vorbeiführen! „Aus dem Nichts" ist natürlich Unsinn, sonst wäre ja der Energieerhaltungssatz verletzt: Die verrichtete Arbeit wird zur elektrischen Energie.

Ja, ich sehe es: Es rumort in Ihrem Kopf. Denn nun wollen Sie ja den Spieß umdrehen: Nicht den Magneten bewegen, sondern den Strom fließen lassen. Denn bewegte Ladungen kennen Sie ja schon. Und so lautet das 4. Maxwell'sche Gesetz: „Elektrische Ströme führen zu einem magnetischen Wirbelfeld." Das sehen Sie ja deutlich in Abb. 7.10.

Das war ein gewaltiger wissenschaftlicher Schritt. Die erste „vereinigte Feldtheorie" von zwei Phänomenen, die auf den ersten Blick überhaupt nichts miteinander zu tun hatten: Magnetismus und Elektrizität. Berechenbar, denn dahinter verbergen sich Gleichungen mit messbaren Größen – besagte Maxwell'sche Gleichungen. Ohne Maxwell gäbe es kein Radio, keinen Elektromotor und auch keinen Generator, nichts. Das schauen wir uns deswegen etwas genauer an:

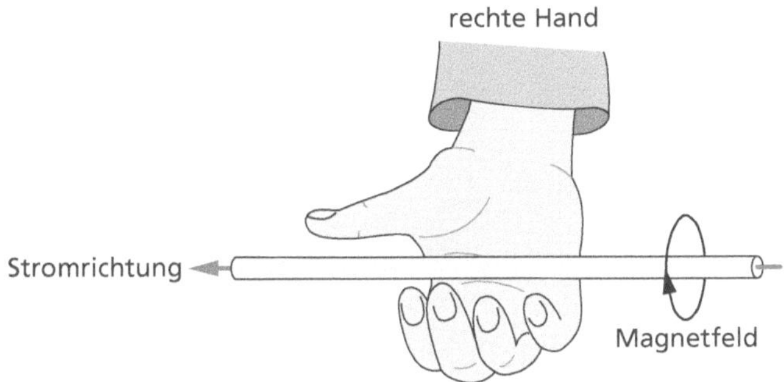

Abb. 7.11 Die „Rechte-Hand-Regel" des Induktionsgesetzes

Von der Induktion zur Transformation

Die Verwandlung von elektrischer in magnetische Energie (und umgekehrt) ist eine Entdeckung, die die Welt nachhaltig verändert hat. Das Induktionsgesetz wurde im Jahr 1831 von mehreren Forschern unabhängig voneinander entdeckt, aber Michael Faraday hat seine Ergebnisse als Erster veröffentlicht.

Los geht's (Abb. 7.11). Die „Rechte-Hand-Regel" (noch deutlicher „Rechte-Faust-Regel") des Induktionsgesetzes besagt: Wenn in einem stromdurchflossenen Draht der Daumen in Stromrichtung (von „ + " nach „–") zeigt, dann wickelt sich das Magnetfeld in Richtung der gekrümmten Finger um den Draht. Freunde guter Tropfen bevorzugen die „Korkenzieherregel": Drehen wir den Korkenzieher (rechts herum) in die Flasche, bewegt er (der elektrische Strom) sich vorwärts.

Die Verwandlung von elektrischer in magnetische Energie ist *eine* Sache … eine *andere* ist die Entdeckung, dass ein magnetisches oder elektrisches Feld eine Kraft auf eine bewegte Ladung ausübt. Zum Beispiel erzeugt ein Magnetfeld eine Kraftwirkung auf einen stromdurchflossenen Leiter. Nun kommt noch eine Version für geschickte Hände: die „Drei-Finger-Regel". Nehmen Sie die rechte Hand und spreizen Sie Daumen, Zeige- und Mittelfinger so ab, dass sie jeweils einen rechten Winkel von 90° miteinander bilden, wie Sie in Abb. 7.12 erkennen können.

Dann zeigt der ausgestreckte rechte Daumen in Stromrichtung, der rechte Zeigefinger in die Richtung der Magnetfeldlinien und der rechte Mittelfinger in die Wirkungsrichtung der entstandenen Kraft, die eine bewegte Ladung in einem magnetischen oder elektrischen Feld erfährt. Sie wird nach dem niederländischen Mathematiker und Physiker Hendrik Antoon Lorentz (1853–1928) „Lorentzkraft" genannt. Wieder eine bahnbrechende Entdeckung: Die Umwandlung von mechanischer in elektrische Energie *und* umgekehrt.

Wie wir damit einen Elektromotor bauen und was man damit Überraschendes machen kann, das lesen Sie im nächsten Unterkapitel. Zuvor noch

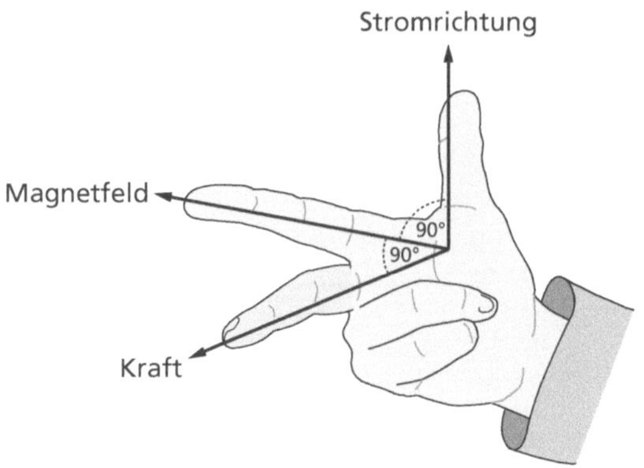

Abb. 7.12   Die „Drei-Finger-Regel" des Induktionsgesetzes

eine kleine Rückblende: Was war die Lösung im oben erwähnten „Stromkrieg"? Ein Stromverteilungsnetz mit Wechselspannungen erlaubte es, die Spannungen für die Verteilung durch einen „Umspanner" in die Höhe zu transformieren und damit die Übertragungsverluste klein zu halten. Für die Verbraucher wird die Spannung wieder durch einen „Transformator" (so der Fachausdruck, kurz: „Trafo") heruntergesetzt. Zu Zeiten von Edison und Westinghouse war die Hochspannung in den Übertragungsleitungen ca. 3000 V, heute sind es bis 100.000 V und höher. Das erlaubt (relativ) kleine Ströme bei hoher Übertragungsleistung und niedrige Verluste.

Ein solcher Transformator macht sich Faradays Entdeckung zu Nutze, die Maxwell in physikalische Gesetze gefasst hatte – auf einfachste Art und Weise. Sie sehen einen solchen Umspanner in Abb. 7.13.

Zwei getrennte Drahtspulen sind um einen ringförmigen Eisenkern gewickelt. Sie ahnen es schon: Eine Spule (die „Primärspule") wird von Wechselstrom durchflossen. Das erzeugt im Eisenkern einen wechselnden magnetischen Fluss. Der wiederum induziert in der anderen Spule (der „Sekundärspule") eine Spannung. So weit, so gut. Doch was haben wir gewonnen?! Wechselstrom rein, Wechselstrom raus – noch dazu mit Leistungsverlusten (Sie erinnern sich: Es gibt kein *Perpetuum mobile* und keinen Wirkungsgrad von 100 %)? Doch jetzt kommt der Knüller: Die Spannungen an den Wicklungen sind proportional zur Windungszahl der Wicklung. Anders gesagt: Die Spannungen U_i verhalten sich so zueinander wie die Windungszahlen N_i und die Ströme umgekehrt:

$$\frac{U_1}{U_2} = \frac{N_1}{N_2} \Rightarrow U_2 = \frac{N_2}{N_1} \cdot U_1 \text{ und } \frac{I_1}{I_2} = \frac{N_2}{N_2}$$

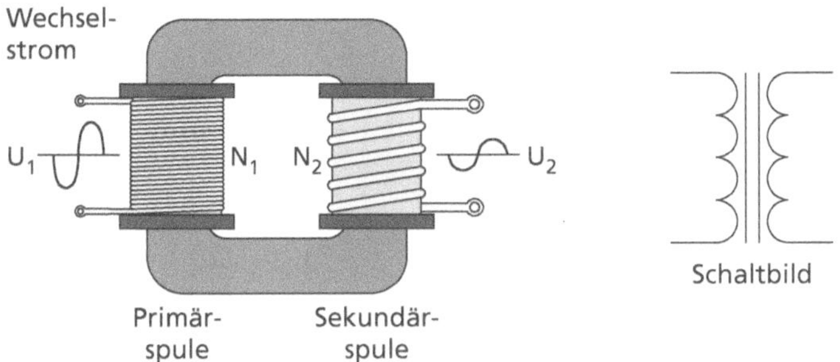

Abb. 7.13 Technischer Aufbau und Schaltbild eines Transformators

Und zwar in beiden Richtungen: Wenn z. B. N$_1$ 200 und N$_2$ 100 Wicklungen sind, dann wird aus einer links angelegten Spannung U$_1$ von 100 V auf der rechten Seite eine Spannung U$_2$ von 50 V. Stecken Sie aber rechts 20 V hinein, dann kommen links 40 V heraus! Wenn Sie eine Leistung von 300 W übertragen wollen, dann ist I$_1$ 3 A (nämlich 300 W/100 V) und I$_2$ 6 A. Das war der Sieg des Wechselstroms, denn bei Gleichstrom funktioniert dieser elegante Trick nicht.

Eine weitere Anwendung ist auch, dass durch einen Transformator gefährliche hohe Spannungen von Menschen ferngehalten werden können – niemand würde gerne eine Spielzeugeisenbahn mit 230 V betreiben.

Ein letzter Punkt: Der elektrische Strom braucht ja einen (meist metallischen) Leiter. Kupfer ist gut, aber Eisen tut es auch. Dem Magnetfeld ist es egal, wo der Strom fließt, den es induziert. Notfalls auch in dem Eisen, das das Feld verstärkt bzw. zusammenhält – z. B. im Eisenkern des Transformators. Ein sogenannter „Wirbelstrom". Den möchte man nun überhaupt nicht haben, denn er verschlechtert den Wirkungsgrad, weil er Energie abzieht und überflüssige Wärme produziert. Da der Wirbelstrom gemäß der „Rechte-Hand-Regel" eine bekannte Richtung hat, ist die Abhilfe einfach: Man zersägt den Eisenkern quer zur Stromrichtung in Bleche und isoliert sie elektrisch gegeneinander. Der Strom ist gestoppt und das Magnetfeld kümmert es nicht.

Wir bauen uns einen Magneten

Nun brauchen wir nicht lange nach einem Magneten zu suchen, wenn wir einen brauchen – wir bauen uns selber einen. Fließt Strom durch die Drahtspule mit dem Eisenkern (den kann man auch weglassen, er dient nur zur Verstärkung und Bündelung), so erzeugt („induziert") er ein Magnetfeld. Das ist dann kein Permanentmagnet, der seinen Magnetismus permanent hält (daher

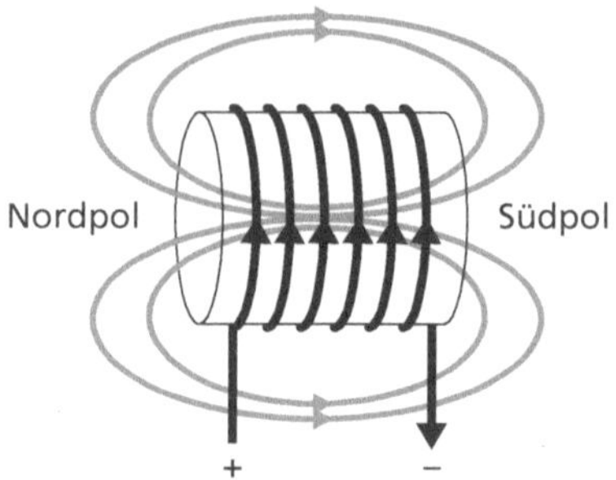

Abb. 7.14   Ein Elektromagnet ersetzt einen Permanentmagneten

der Name). Der „Elektromagnet" ist nur solange magnetisch, wie ein Strom durch ihn hindurchfließt.[161] Eine Schemazeichnung sehen wir in Abb. 7.14.

Es formieren sich Widerstände

Also hat die Physik dem Wechselstrom erheblich mehr entgegenzusetzen als dem Gleichstrom. Nicht nur einen „Ohm'schen Widerstand", der wie eine Engstelle im Wasser den Stromfluss bremst, sondern auch noch zwei andere „Impedanzen": die durch Induktion erzeugten Magnetfelder und den kapazitiven Widerstand, den ein Kondensator dem Ladevorgang entgegensetzt.[162] Sie verringert nicht nur die Amplitude der Schwingung, also die Stärke des Wechselstroms, sondern verschiebt auch noch die Phase! Es kommt zu einer (mess- und berechenbaren) Phasenverschiebung zwischen der Spannung und dem Strom. Das stellt in Wechselstromnetzen ein Problem dar, denn bei induktiven Verbrauchern (z. B. Transformator) oder kapazitiven Verbrauchern (z. B. Erdkabel) wird die vom Erzeuger gelieferte Energie teilweise verwendet, um das magnetische bzw. elektrische Feld aufzubauen. Dies schmälert die tatsächliche Leistung („Wirkleistung") beim Endverbraucher und wird „Blindleistung" genannt. Die gute Nachricht: Mit dem periodischen Wechsel im Vorzeichen der Spannung wird das Feld wieder abgebaut und die Energie ins Netz zurückgespeist. Die schlechte Nachricht: Die Rückspeisung bewirkt eine Blindleistung und damit einen „Blindstrom", der u. a. die Leitungen erwärmt. Ein Beispiel: Ein ca. 11,5 km langes 380-kV-Erdkabel in Berlin hat eine Kapazität von 2,2 µF (Mikrofarad, 10^{-6} F). Um diese kapazitive Last mit 50 Hz umzuladen, muss ein Blindstrom von 263 A aufgebracht werden – eine Blindleistung von etwa 100 Mio. „Blindwatt" (wenn diese Bezeichnung noch gebräuchlich wäre), die durch Spulen kompensiert wird.[163] Die Ohm'schen Verluste, die die 263 A im Kabel verursachen, lassen sich aber nicht vermeiden.

Die Berechnung von Impedanzen und ihren Folgen für Amplitude und Phase einer Wechselspannung ist ein komplexer Vorgang – und die Mathematik hält hier (witzigerweise) ein sehr effizientes Werkzeug bereit: die „komplexen Zahlen".[164] Damit wird die Familie der Blind-, Schein- und Wirkwiderstände, die in der Wechselstromtechnik ihr bremsendes Unwesen treibt, gebändigt. Denn der Name Impedanz für den Wechselstromwiderstand kommt vom lateinischen *impedire* „hemmen", „hindern".

7.3 Wirkungen auf Körper und Materie

Eigentlich haben wir ja schon viele Wirkungen von Elektrizität und Magnetismus auf Körper kennengelernt, z. B. die Lorentzkraft. Es geht aber noch weiter – vor allem sehen wir, was Elektromagnetismus im Inneren von Materie anrichtet.

Was dem einen sein Motor, ist dem anderen sein Generator

Hinter diesem abgewandelten Sprichwort verbirgt sich ein spannendes Prinzip. Die Verwandlung von elektrischer in mechanische Energie und umgekehrt („Lorentzkraft") bedeutet letztlich die von Strom in Bewegung. Schauen wir uns zuerst den Elektromotor in Abb. 7.15 an.[165] Ein Strom fließt durch eine Leiterschleife (in Wirklichkeit sind es natürlich viele, zu einer Spule aufgewickelt) und erzeugt nach der „Rechte-Hand-Regel" des Induktionsgesetzes (siehe Abb. 7.11) ein Magnetfeld. Dieses stößt sich am Feld des Permanentmagneten ab und bringt so mechanische Energie hervor. Steht die Spule waagerecht, würde sich die Wirkung umkehren und die Drehenergie wieder vernichten – doch jetzt wird über einen „Kommutator" (von lateinisch *commutare* „vertauschen", ein „Stromwender" zur Umpolung) die Flussrichtung des Stroms umgedreht, und die Spule wird jetzt vom anderen Magnetpol abgestoßen. So dreht sich der Motor munter weiter und verwandelt elektrische in magnetische und diese in mechanische Energie.

Jetzt drehen wir den Spieß um! Wir schicken nicht Strom in die Maschine und erzeugen Bewegung – nein, wir bewegen die Maschine und erzeugen Strom. Unglaublich!? Sie schieben Ihr Auto und Ihr Benzintank füllt sich! Der Generator ist erfunden, den manche auch Dynamo nennen (z. B. am Fahrrad). Bis zu seiner Erfindung gab es als brauchbare kontinuierliche Stromquelle für die Erforschung der Elektrizität nur die Volta'sche Säule. Besonders trickreich wurde es, als ein findiger Ingenieur den Permanentmagneten durch einen Elektromagneten ersetzte, was 1866 Werner von Siemens gelang.

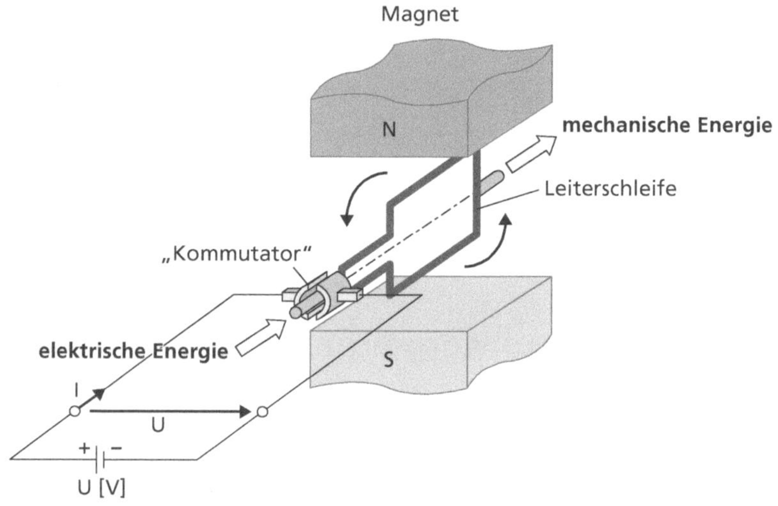

Abb. 7.15   Das Prinzip eines Gleichstrommotors

Fahr'n, fahr'n, fahr'n – mit der Straßenbahn

Schon 1832 wurden Menschen in New York mit einer Pferdebahn befördert
(„Rösslitram" für die Schweizer). Nun bauen wir einen Gleichstrommotor in
einen Wagen ein, setzen den auf die Schienen und versorgen ihn über eine
Oberleitung mit Strom. Abfließen kann er durch die metallischen Schienen.
Zur Energieversorgung wird fast immer Gleichstrom mit einer Spannung
zwischen 500 und 750 V verwendet. In Lichterfelde bei Berlin fuhr 1881 die
erste elektrische Straßenbahn der Welt mit einem Motor mit 3,7 kW (5 PS).

Genial war ein System zum Bremsen (neben mechanischen Vorrichtun-
gen): Der Motor wird über einen Umschalter nicht mehr mit Strom versorgt,
sondern arbeitet als Generator, schickt also elektrische Energie ins Netz zurück und verbraucht damit Bewegungsenergie. Wie schön wäre es, wenn es
den 2. Hauptsatz der Thermodynamik nicht gäbe: Das *Perpetuum mobile* wäre
erfunden!

Zum Bremsen wird auch gerne der mechanische Induktionseffekt genutzt:
Strom, Magnetismus und Kraft hängen zusammen und erzeugen sich gegenseitig. Der „Wirbelstrom", den sonst keiner haben will, bekommt endlich
eine praktische Aufgabe: die „Wirbelstrombremse". In Metallscheiben, die in
Magnetfeldern bewegt werden, entstehen Wirbelstromverluste. Die bremsen
die Bewegung ab – und diese Bremse ist berührungslos und damit verschleiß-
frei. Wenn Ihr Ergometer im Fitnessstudio beliebig einstellbare Lastverhält-
nisse hat, dann arbeitet es vermutlich mit von Mikroprozessoren gesteuerten
Wirbelstrombremsen.

Rainer Maria Schuko erfindet einen Stecker

Kleiner Scherz, bitte lachen! Der „Schukostecker" ist nicht etwa nach einem Erfinder so benannt – nein, es ist eine einfache Abkürzung des Wortes „Schutzkontakt". Denn zu den „Wirkungen auf Körper und Materie" gehört auch *Ihr* Körper! Er besteht ja zum großen Teil aus Wasser (keinem reinen, sondern elektrisch leitendem, durch Salze wie im Meerwasser). Es ist bestenfalls unangenehm, wenn Strom durch ihn fließt. Das merken Sie z. B., wenn sich eine Ladung von statischer Elektrizität durch die Reibung Ihrer Kleidung auf dem Autositz gebildet hat. Wird die Ladungsdifferenz ausgeglichen, indem Sie aussteigen und die Karosserie berühren, bekommen Sie eine „gewischt": Strom fließt durch Sie durch. Erfreulicherweise ist die Ladung gering und führt nicht zu hohen oder lang dauernden Stromstärken.

Anders ist es beim häuslichen Stromnetz. Wenn ein loses oder durchgescheuertes Kabel innen ein metallenes Lampengehäuse berührt, dann ist Ihre Chance 50 %, dass es das spannungsführende Kabel und nicht das geerdete ist. *Sie* sind aber möglicherweise geerdet (auf einem nassen Küchenfußboden oder mit einer Hand an der Heizung), und dann fließt die Spannung über Sie ab. Unangenehm, weil vielleicht sogar tödlich. Also verbinden Hersteller von Geräten mit Metallgehäuse einen geerdeten dritten Schutzkontakt mit dem Gehäuse (wenn sie nicht gerade in einem Billigland produzieren). Es hat bei uns eine grün-gelbe Isolierung. Berührt ein blankes geerdetes Kabel das Gehäuse, passiert … nichts! Berührt ein blankes spannungsführendes Kabel das Gehäuse, macht es „Patsch!" und die Sicherung fliegt heraus. *Bevor* der Strom durch Sie fließt!

Materie löst sich durch Strom auf

Von der Volta'schen Säule zur Elektrolyse ist es nur ein Schritt. Natürlich stecken auch in diesem Wort griechische Kerne: neben dem Bernstein (*elektron*) das Adjektiv *lytikós*, deutsch „auflösbar". Was wird hier durch elektrischen Strom in seine Bestandteile aufgelöst? Es sind „Leiter 2. Klasse", eine etwas abfällige Bezeichnung. „Leiter 1. Klasse" sind Metalle und ein paar wenige andere Stoffe (z. B. Graphit = Kohlenstoff), die den Strom ohne Veränderung ihrer Substanz durchlassen, wie z. B. ein Kupferkabel. Die anderen aus der 2. Klasse tun dies nicht, denn sie leiten zwar den Strom, aber sie verändern sich dabei. Meist sind es Flüssigkeiten, z. B. Salzlösungen oder einfach Wasser, das durch Zugabe einer Säure oder auch durch Salze leitend wird (reines Wasser ist praktisch nicht leitfähig). Das Prinzip ist äußerst einfach (Abb. 7.16).

Zwei „Elektroden" genannte Metalle hängen in der Flüssigkeit (hier: Wasser). Die positive Elektrode ist die „Anode", die negative die „Kathode". Fließt

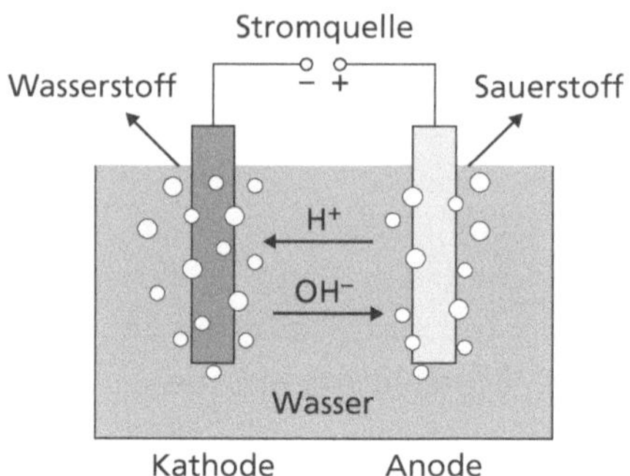

Abb. 7.16   Elektrolyse von Wasser

der Strom, beginnt das Wasser zu blubbern und entlässt die zwei Gase, aus denen es zusammengesetzt ist (wie wir in Kap. 9.2 noch ausführlich erläutern werden), nämlich Wasserstoff und Sauerstoff. Der elektrische Strom „löst das Wasser auf": Elektrolyse.

Der englische Physiker Michael Faraday hat sich auch hier hervorgetan und die nach ihm benannten Faraday'schen Gesetze aufgestellt. Sie beschreiben den Zusammenhang zwischen elektrischer Ladung und Stoffumsatz bei elektrochemischen Reaktionen. Er verwendete nicht nur Salzlösungen, sondern auch (heiße!) Schmelzen von Metallverbindungen. Schließlich sind sie ja auch flüssig! Daraus konnte man mit der Elektrolyse elegant die reinen Metalle gewinnen. Zwei „Faraday'sche Gesetze" hat er gefunden. Sein erstes Gesetz wollen wir hier kurz vorstellen: „Die Stoffmenge, die an einer Elektrode während der Elektrolyse abgeschieden wird, ist proportional zur elektrischen Ladung, die durch den Elektrolyten geschickt wird." Nur damit Sie ein Gefühl dafür bekommen (und ohne Sie mit der genauen Formel zu traktieren): Fließt bei einer Elektrolyse von Kupfer(II)-sulfat-Lösung an Kupferelektroden eine Stunde lang ein Strom der Stärke $I = 1$ A, dann beträgt die Masse m des an der Kathode abgeschiedenen Kupfers $m = 1{,}185$ g. Derselbe Strom von 1 A schafft es, in 1 s aus einer Silbernitratlösung 1,118 mg Silber abzuscheiden, in einer Stunde also über 4 g.[166]

Physikalische Spielereien? Keineswegs. Bauxit ist ein rötlich gefärbtes Sedimentgestein, das in Australien, China, Brasilien und anderen Ländern im Tagebau gewonnen wird. Es enthält zu ca. 60 % Aluminiumoxid. In einem etwas trickreichen chemischen Verfahren wird schließlich das Endprodukt, eine Aluminiumverbindung, bei etwa 1000 °C geschmolzen. In der anschließende „Schmelzflusselektrolyse" werden Elektroden aus Kohlenstoff verwendet. An der Kathode werden die elektrisch geladenen Aluminiumteilchen zum Metall reduziert, an der Anode verwandelt sich der aus der Schmelze elektrisch gelöste Sauerstoff mit dem Anodenmaterial u. a. zu Kohlenstoffdioxid CO_2. Der

Gesamtenergieverbrauch je Tonne Aluminium liegt bei etwa 40 MWh.[167] Da der statistische Musterhaushalt ca. 3.500 kWh Strom pro Jahr verbraucht, müssen rund ein Dutzend Familien ihren Jahresstrom für eine Tonne Aluminium abgeben. Kein Wunder, dass Aluminium lange Zeit wertvoll und teuer war. Angeblich behielt Kaiser Napoleon III. sich vor, mit Aluminiumbesteck zu essen, während sein Hofstaat mit Goldbesteck vorlieb nehmen musste.

Batterien und Akkumulatoren arbeiten ebenfalls nach dem Prinzip der Elektrolyse. Eine Batterie ist einfach die nicht wieder aufladbare moderne Form einer Volta'schen Säule. Die Spannung der Batterie hängt vom Material der Elektroden ab, die enthaltene Energie von der Menge.[168] Die „Kapazität der Batterie" genannte Größe wird meist in Amperestunden [Ah] angegeben (das entspricht natürlich der Ladung in Coulomb (1 Ah = 3600 C). Der Akkumulator ist der lateinischen Wortherkunft nach ein „Sammler" (die Kumuluswolke ist eine Haufenwolke: *cumulus* „Haufen"). Er sammelt elektrische Energie ein, speichert sie als chemische Energie und gibt sie als elektrische Energie wieder ab – und das immer wieder. Wegen ihrer Wiederaufladbarkeit, aber auch aus Umweltschutzgründen verbreiten sie sich immer weiter. Die Batterie im Auto ist also ein Akku.

Wie Sie sicher wissen, laufen in uns Menschen (und allen anderen Lebewesen auch) chemisch-physikalische Prozesse ab. Elektrolyte sind für das Funktionieren unserer Körperzellen unerlässlich. Viele chemische Elemente wie Natrium, Kalium, Calcium, Magnesium usw. liefern biologische Elektrolyte. Elektrolyte regulieren den Wasserhaushalt des Körpers und den Säurewert des Blutes und spielen zudem für die Funktion von Nerven- oder Muskelzellen eine zentrale Rolle. Bei einem gestörten Elektrolythaushalt fühlt sich der Mensch schlapp und krank. Schwitzt man stark und/oder trinkt zu wenig (aber auch nach Durchfall oder Erbrechen), wird bei einem Wasserverlust von 1–2 % des Körpergewichts die Leistungsfähigkeit bereits um 20 % eingeschränkt. Bei größeren Verlusten kann es zu Kreislaufstörungen bis hin zum Kollaps kommen. Bevor man zu teuren und vielleicht mit allerlei chemischen Stoffen aufgepeppten industriellen Produkten greift, kann man die verlorenen Mineralstoffe mit Mineralwasser plus Apfelsaft (im Verhältnis 3:1) und einem kleinen Teelöffel Kochsalz wieder auffüllen.[169]

Aber wir schweifen etwas ab.

Elektrizität in 6 verschiedenen Geschmacksrichtungen

An dieser Stelle ist vielleicht ein kurzer Überblick über den Gesamtzusammenhang angebracht. Insgesamt gibt es mindestens 6 Arten zur Erzeugung von Elektrizität:[170]

1. Reibungselektrizität: Beim Reiben entstehen stets gleichgroße entgegengesetzte Ladungen (eigentlich wird Elektrizität nicht *erzeugt*, sondern nur getrennt und in ihrer Wirkung zum Vorschein gebracht).
2. Influenzelektrizität: Nähert man einen elektrisch geladenen Körper einem anderen an, so wird dieser ebenfalls elektrisch geladen bzw. polarisiert. Entfernt man den geladenen Körper, verschwindet auch die Ladung auf dem anderen.
3. Induktion: Verändert sich ein Magnetfeld (der magnetische Fluss) in einem Leiter, wird eine elektrische Spannung erzeugt.[171]
4. Piezoelektrizität: Manche Materialien (z. B. ein Quarz-Kristall) zeigen bei Deformation entgegengesetzte Ladungen an bestimmten Grenzflächen. Piezoelemente werden z. B. in der Musik als Tonabnehmer für akustische Instrumente genutzt.
5. Pyroelektrizität: Manche Kristalle (z. B. Turmalin) zeigen bei Temperaturänderungen entgegengesetzte Ladungen an bestimmten Grenzflächen. Da schon sehr kleine Temperaturänderungen eine elektrische Spannung hervorrufen, baut man Infrarot-Bewegungsmelder oder Feuermelder damit.
6. Thermoelektrizität: In einem Leiterkreis aus verschiedenen Metallen entsteht ein elektrischer Strom, wenn eine Berührstelle eine andere Temperatur hat als die übrigen Teile.[172]

Manche dieser Effekte sind auch umkehrbar (wie die Induktion, bei der elektrischer Strom ein Magnetfeld erzeugt). Auch bei der Thermoelektrizität beeinflussen sich Temperatur und Elektrizität gegenseitig.

7.4 Elektromagnetische Wellen und ihr Verhalten

Jetzt haben wir elektrische und magnetische Felder kennengelernt – Größen wie die elektrische Feldstärke $\vec{E}$ und die magnetische Flussdichte $\vec{B}$ beides Vektoren mit einer Stärke und einer Richtung. Ein elektrisches Feld ist ein Vektorfeld, ebenso das magnetische Feld. Um sich ein elektromagnetisches Feld anschaulich zu machen, muss man sich also an jedem Punkt im Raum *zwei* Vektoren vorstellen, einen für das elektrische Feld $\vec{E}$ und einen für das magnetische Feld $\vec{B}$. Das hatten wir oben bei Herrn Maxwell ja ausführlich behandelt. Eine über die Zeit gleichbleibende elektrische Feldstärke ist aber ebenso langweilig wie eine sich nicht ändernde magnetische Flussdichte. Richtig interessant wird es jedoch, wenn sie durch „Wechselströme" erzeugt werden und in Form von Sinusschwingungen daherkommen: als elektromagnetische Welle. Diese Größen sind auch im „leeren" Raum (in der Lufthülle der

Erde wie im Vakuum des Weltraums) vorhanden und messbar. Sie sind nicht an einen materiellen Träger gebunden. Elektrische und magnetische Felder können – ob statisch oder in Wellenform – sogar durch Sinnesorgane wahrgenommen werden. Das glauben Sie nicht? Fragen Sie die Zugvögel, denn sie orientieren sich an ihnen. Aber so weit brauchen Sie gar nicht zu gehen: Sie selbst können es. Wenn Sie diese Zeilen lesen, empfangen die Sinneszellen in Ihrer Netzhaut elektromagnetische Wellen einer bestimmten Frequenz bzw. einer bestimmten Wellenlänge. Ich wette, sie liegen irgendwo zwischen 400 und 700 nm (ein Nanometer sind 10^{-9} m). Über das Licht werden wir uns im nächsten Kapitel noch ausführlich unterhalten.

Das elektromagnetische Spektrum

Erstaunlicherweise hat nicht nur die in Kap. 3.3 und Abb. 3.21 vorgestellte ideale Pendelschwingung eine Sinusform, nicht nur der von einem Generator erzeugte Wechselstrom, sondern auch alle elektromagnetischen Wellen. Jede Welle hat eine Wellenlänge, die in [m] gemessen wird, und eine Frequenz, wobei das Maß „Schwingungen pro Sekunde" in „Hertz" [Hz] angegeben wird. Wie gehabt: bei mechanischen Schwingungen, beim Schall. Das elektromagnetische Spektrum reicht von den niedrigen Frequenzen wie etwa die 50 Hz des Wechselstroms bis zu „Zettahertz" (10^{21} oder eine Trilliarde Hz) der Gammastrahlung. Einen groben Überblick bietet ausschnittsweise Abb. 7.17. Das Spektrum überstreicht unglaubliche 20 Zehnerpotenzen und mehr.

Beispiele aus Ihrem Alltag? Aber gerne, schauen Sie sich Tab. 7.2 an. Dabei ist zu beachten, dass die beiden Maßzahlen Frequenz und Wellenlänge wegen ihrer oft extremen Werte die üblichen Abkürzungen tragen: „k" für „kilo" = 1000, „M" für „Mega" = 1.000.000 = 10^6, „G" für „Giga" = eine Milliarde = 10^9, „T" für „Tera" = eine Billion = 10^{12} und auf der anderen Seite „m" für „milli" = 1/1000, „µ" für „mikro" = 1/1.000.000 = 10^{-6}, „n" für „nano" = 1 /1.000.000.000 = 10^{-9}. Wie Sie wissen, besteht ein einfacher Zusammenhang zwischen Frequenz f und Wellenlänge λ (der griechische Buchstabe *lambda*): $f \cdot \lambda = v$, wobei v die Ausbreitungsgeschwindigkeit der Welle ist. Diese extrem ungemütlichen Werte der Frequenz rühren bei den elektromagnetischen Wellen (Licht, Radio, Fernsehen, Mikrowelle usw.) natürlich von der extrem hohen Lichtgeschwindigkeit c = 299.792.458 m/s im Vakuum her.

Violett sehen Sie, wenn eine elektromagnetische Welle mit 380–420 nm Ihr Auge trifft. „Ich sehe rot!" können Sie sagen, wenn die Wellenlänge 650–750 nm beträgt. Bei längeren Wellen sehen Sie nichts mehr, aber Sie spüren es auf Ihrer Haut: Ab 780 nm beginnt das „nahe Infrarot", und 1.000 nm = 1 µm = $^1/_{1000}$ mm sind schön warm zu spüren. Alle anderen Wellenlängen spüren Sie nicht, aber eine (unangenehme) Wirkung haben sie trotz-

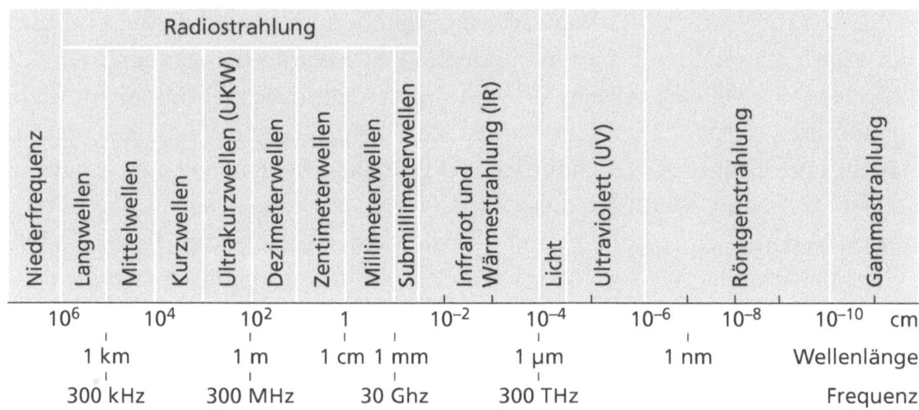

Abb. 7.17   Grober Überblick über das Spektrum der elektromagnetischen Wellen

dem, wenn Sie an die schädliche Röntgenstrahlung oder gar Gammastrahlen denken. Alle bewegen sich im Vakuum mit Lichtgeschwindigkeit fort.

Elektromagnetische Wellen *do it yourself*

Wir können elektromagnetische Wellen natürlich ganz leicht selbst herstellen, jeder „Radiobastler" kann das. Wir bauen uns einen „Schwingkreis" (Abb. 7.18).

Ein Schwingkreis entsteht aus der Zusammenschaltung eines Kondensators mit einer Induktionsspule, einem wie bei einem Elektromotor aufgewickelten Draht. Ein Kondensator hat, wie erwähnt, eine Kapazität C, die sich aus dem Quotienten von Ladung Q und Spannung U ergibt. Entsprechend gibt es ein Maß für die „Induktivität" L der Spule, die die Änderungsrate des durch die Spule fließenden Stromes mit der induzierten Spannung in Beziehung setzt. Ohne auf Einzelheiten einzugehen: Diese beiden physikalischen Größen beeinflussen das, was bei einem Schwingkreis entsteht – eine elektrische Schwingung, wie der Name schon sagt. In Abb. 7.18 sehen wir die beiden möglichen Schaltungen eines Schwingkreises: links die Parallelschaltung, rechts die Reihenschaltung.

Wie bei einem Federpendel (Wechsel zwischen potenzieller und kinetischer Energie) schwingen die Ladungen hin und her (Wechsel zwischen Spannung im Kondensator und Strom in der Spule, also elektrischer und magnetischer Feldenergie). Gehen wir von einem geladenen Kondensator aus, der in seinem elektrischen Feld die gesamte Energie des Schwingkreises enthält. Seine Spannung führt zu einem Stromfluss in der Spule und damit zum Aufbau eines Magnetfeldes. Dadurch wird im Kondensator die Ladung abgebaut und damit seine Spannung, was das Anwachsen des Stromflusses verringert. Der

Tab. 7.2 Beispiele elektromagnetischer Wellen aus dem Alltag

Beispiel	Frequenz	Wellenlänge
Wechselstrom	50 Hz	Ca. 6000 km
Langwellenrundfunk	30–300 kHz	Ca. 100 km – 10 km
UKW	30–300 MHZ	Ca. 10 m – 1 m
Mikrowellenherd	2,45 GHz	Ca. 12 cm
TV Kanal ARD	Z. B. Astra 1E 11,49 GHz	Ca. 2,6 cm
Infrarotstrahlung	Ca. 300 GHz–384 THz	Ca. 1 mm – 780 nm
Grünes Licht	Ca. 600 THz	Ca. 550 nm

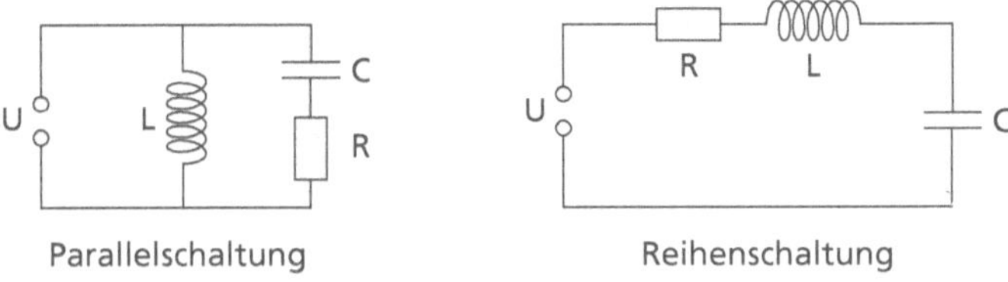

Abb. 7.18 Ein elektrischer Schwingkreis aus Spule und Kondensator

Strom erreicht sein Maximum, wenn die Spannung auf null abgesunken ist (der Kondensator ist vollständig entladen). Dann ist die magnetische Feldstärke der Spule am größten, und die gesamte Energie ist im Magnetfeld der Spule gespeichert. Der Strom beginnt nun, den Kondensator in Gegenrichtung zu laden, und das Magnetfeld baut sich nach den Regeln der Induktion ab. Der Kondensator hat seine ursprüngliche Ladung wieder, allerdings in entgegengesetzter Polung. Die gesamte magnetische Feldenergie ist wieder in elektrische Feldenergie überführt worden. Strom und Spannung verlaufen in Sinusform und sind zueinander phasenverschoben (ist der Strom null, hat die Spannung ihr Maximum und umgekehrt). Gäbe es keine Verluste (symbolisiert durch den Widerstand R), so würde sich dieser Vorgang unbegrenzt fortsetzen. Dem ist aber nicht so, und reale Schwingkreise brauchen daher eine Energiezufuhr von außen (Spannungsquelle U in Abb. 7.18) in Form einer Wechselspannung in der passenden Frequenz, die zu der Resonanzfrequenz des Schwingkreises passt.

William Thomson, den Sie schon als Lord Kelvin kennen, fand 1853 die Formel, mit der man interessanterweise aus der Kapazität C des Kondensators und der Induktivität L der Spule die Frequenz der Schwingung (bzw. die Schwingungszeit als deren Kehrwert) errechnen kann:

$$f = \frac{1}{2\pi\sqrt{LC}}$$

„Nanu?", sagt der Physiker, *„Das Produkt zweier elektrischer Größen ergibt Quadratsekunden?"* In der Tat, eine Frequenz f wird in der Einheit 1/s gemessen. Prüfen wir es nach: Die elektrische Kapazität C eines Kondensators mit der Einheit *Farad* (F) hat die Dimension $M^{-1} \cdot L^{-2} \cdot T^4 \cdot I^2$, die Induktivität L einer Spule mit der Einheit *Henry* (H) hat die Dimension $M \cdot L^2 \cdot T^{-2} \cdot I^{-2}$. Im Produkt der beiden kürzt sich fast alles weg – bis auf T^2, also das Quadrat der Zeit. Das unter der Wurzel im Nenner: passt!

Strom fließt durch das „Nichts"!

„An jeden, den es betreffen mag:", schrieb Edison in seinem Patentantrag Nr. 307.031, angemeldet am 15. Nov. 1883 und erteilt am 21. Okt. 1884. Er fuhr fort: „Es soll bekannt werden, dass ich [...] eine nützliche Verbesserung eines Elektrischen Indikators erfunden habe." Sie sollte Änderungen der „elektromotorischen Kraft" anzeigen.[173] Er baute damit einen Spannungsregler für Gleichspannungen. Was war geschehen?

Dass glühende Wärme Licht aussendet, das hatten ja schon unsere Steinzeitmenschen beim Feuermachen erfahren. Doch was hat Wärme (oder Licht?) mit elektrischem Strom zu tun? Der noch – zu allem Überfluss – durch „Nichts" zu fließen schien?! Denn im Inneren der Glühbirne herrscht ja ein Vakuum (so gut es damals herzustellen war). Und Edison war es gelungen, einen Strom dadurch fließen zu lassen, den man auch noch steuern konnte. In Abb. 7.19 sehen Sie, was er gebastelt hatte. Die linke Spannungsquelle U_H speist den Heizdraht und bringt ihn zum Glühen – er sendet Licht aus, wie bei einer normalen Glühbirne (nur vielleicht etwas dunkler). Aber irgendetwas Geheimnisvolles sendet er offenbar noch aus, denn wenn man eine zweite Spannungsquelle U_A an den Heizdraht einerseits und an eine eingeschmolzene Metallplatte andererseits anlegt, dann fließt ein elektrischer Strom! Und zwar nur, wenn dort der Pluspol angeschlossen ist. Vertauscht man die Polung von U_A, fließt kein Strom. Man nannte diese Platte „Anode" (vom griechischen *ánodos* „Weg nach oben"). Obwohl der Strom doch bekanntlich von Plus nach Minus fließt! Heute wissen wir, dass Strom einfach „flitzende Elektronen" sind – die kleinen, elektrisch negativ geladenen Elementarteilchen, die wir im nächsten Kapitel kennenlernen werden.[174] Das erklärt, dass sie zum Pluspol wandern. Edisons „Indikator" ist also eine Diode. Und analog zum „Weg nach oben" nannten die Altsprachler den Heizdraht den „Weg nach unten" (*káthodos*), also „Kathode". Und da sie von Elektronen noch nichts ahnten, nannten sie die offensichtlich vorhandenen fliegenden Teilchen „Kathodenstrahlen", da sie von der heißen Kathode auszugehen schienen (wurde der Draht nicht geheizt, passierte gar nichts!).

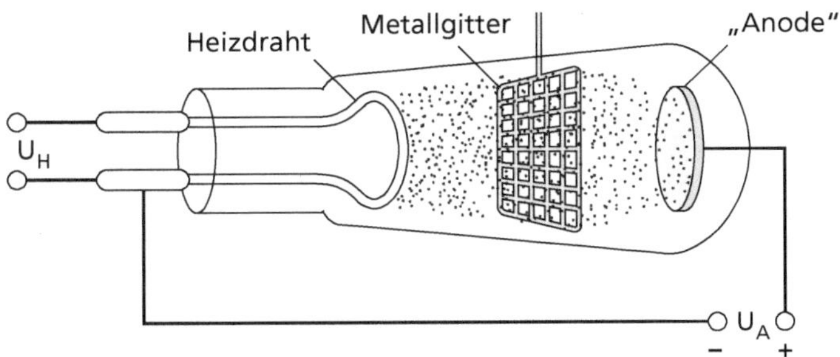

Abb. 7.19 Edisons „Elektrischer Indikator", ein Strom- und Spannungsregler

Aber es kommt noch besser: Die negativen Teilchen fliegen durch ein Metallgitter – und jetzt legen wir mal Saft daran, sagen wir: eine gegenüber dem Minuspol leicht negative Spannung. Was wird passieren? Die negativen Teilchen werden durch die negative Spannung abgestoßen, sammeln sich als Wolke um den Glühdraht und denken nicht daran, den „Weg nach oben" zur Anode anzutreten. Erst eine leicht positive Spannung am Gitter lockt sie hervor. Wird die Spannung höher, wird auch der Strom zur Anode größer. Wenn zwischen ihr und dem Pluspol ein Verbraucher mit konstantem Widerstand sitzt, dann steigt an ihm – nach dem Ohm'schen Gesetz $U = R \cdot I$ auch die Spannung. Ein Spannungsregler für Gleichspannungen, wie Edison schon behauptet hat. Später wurde eine „Radioröhre" daraus gebaut, denn ganz offensichtlich werden schwankende schwache elektrische Signale am Metallgitter dadurch in der Spannung an der Anode verstärkt. Und das alles im luftleeren Raum!

Wie schön, dass man das vor über 100 Jahren noch sehen, anfassen und verstehen konnte. Heute ist das alles in Form von Transistoren (die nach dem Prinzip der Radioröhre arbeiten) in Mikrochips verborgen.

Der deutsche Physiker und (schon wieder!) Nobelpreisträger Karl Ferdinand Braun baute Edisons Apparatur 1897 etwas um. Er verwendete statt Batterien erst einmal ordentliche Spannungsquellen, speziell eine hohe Gleichspannung U_A, satte 100.000 V! Er verwendete statt der kleinen Birne eine lange Röhre. Die Anode war ein Rohr und damit durchlässig, damit der Kathodenstrahl auf eine Leuchtschicht treffen konnte. Und, siehe, es ward Licht! Die „Braun'sche Röhre" war geboren und wurde nach ihm benannt. Andere bohrten das Prinzip auf und schufen so die Kathodenstrahlröhre nach dem in Abb. 7.20 dargestellten Prinzip. Die Heizspirale wurde von der Kathode elektrisch getrennt und der Elektronenstrahl durch eine geladene Lochblende fein gebündelt. Nun kommt der innovative Trick: Zwei Plattenpaare mit hohen anliegenden Spannungen konnten den Kathodenstrahl in x- und

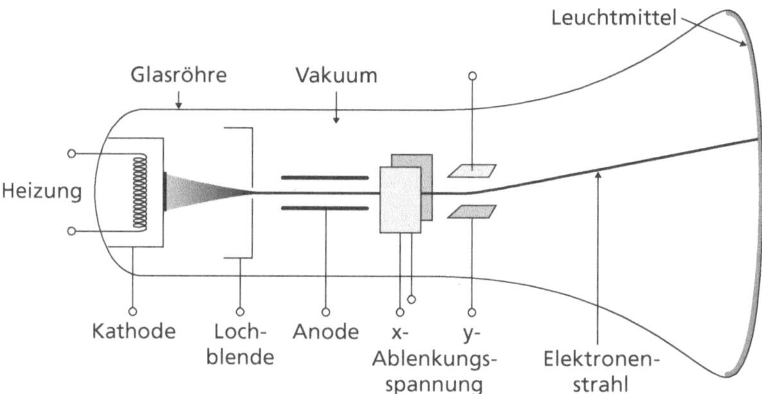

Abb. 7.20   Die Kathodenstrahlröhre – ein Vorläufer der Fernsehröhre

y-Richtung ablenken, also horizontal und vertikal. Der Fernseher war geboren! Im Prinzip, das wurde schon 1906 angedacht. Aber es wurde zuerst für die Forschung verwendet, z. B. als Oszilloskop: zum Betrachten von Schwingungen (so der Wortursprung). Leicht vorzustellen: Man legt an die y-Platten eine Sinusspannung an (sagen wir: 50 Hz, also 0,02 s Schwingungsdauer wie in Abb. 7.5) und an die x-Platten eine in 0,02 s von 0 auf den Höchstwert der Röhre linear ansteigende Spannung. Schon sieht man die Sinusspannung hübsch in horizontaler Richtung auseinandergezogen auf dem Schirm.

Das sprach sich schnell herum. Ebenfalls 1897 konnte der englische Physiker Joseph John Thomson in Cambridge nachweisen, dass Kathodenstrahlen aus negativ geladenen Teilchen bestehen, und er konnte das Verhältnis von Ladung zu Masse bestimmen. Er vermutete, dass die Teilchen bereits in den Atomen der Kathode vorhanden waren und stellte 1903 das erste Atommodell auf. Nach seiner Meinung hatten Atome eine innere Struktur, die aus *gleich vielen* negativ und positiv geladenen Teilchen bestand, da sie ja (meist) nach außen hin elektrisch neutral waren. Er konnte auch zeigen, dass auch magnetische Felder die Teilchen ablenken konnten. Er experimentierte mit unterschiedlichen Kathodenmaterialien und stellte fest, dass trotzdem das Verhältnis von der Ladung zur Masse der Teilchen immer gleich blieb. Also musste in allen Atomen dasselbe Teilchen existieren – etwas, was man schon 1874 vermutet und getauft hatte: ein „Atom der Elektrizität" mit dem Namen „*electron*". Bingo! Nobelpreis auch für ihn, und 1908 einen Ritterschlag noch oben drauf: *Sir* Joseph John Thomson, der „Entdecker des Elektrons".

Fassen wir zusammen

Der „Elektromagnetismus" (auch „Elektrodynamik" genannt) ist ein interessantes Gebiet der Physik. Es zeigt, wie zwei scheinbar so unterschiedliche Erscheinungen wie „Elektrizität" und „Magnetismus" nicht nur miteinander zusammenhängen, sondern praktisch Ausdruck desselben Prinzips sind. Dabei können wir drei „Bewegungen" unterscheiden:[175]

1. Keine Bewegung (Ruhe): Eine ruhende elektrische Ladung erzeugt in ihrer Umgebung ein elektrisches Feld. Es stößt gleiche Ladungen ab und zieht ungleiche Ladungen an. Sie sind Quellen und Senken des Feldes der elektrischen Flussdichte, also Anfang und Ende der zugehörigen Feldlinien.
2. Die geradlinige gleichförmige Bewegung, der elektrische Strom. Er erzeugt magnetische Felder.
3. Eine dritte Art der Bewegung ist die Schwingung. Schwingende elektrische Ladungen in Leitern erzeugen elektromagnetische Wellen, die sich mit Lichtgeschwindigkeit bewegen.

Wichtig ist die Erkenntnis, dass elektrische und magnetische Felder nicht an einen materiellen Träger gebunden sind. Es gibt sie auch dort, wo „nichts" ist: in der Leere des Weltraums. Wir empfangen elektromagnetische Wellen von überall her aus dem Universum (und senden sie auch überall hin!).

Man kann diese drei Prinzipien auch im Sinne Maxwells umformulieren, denn „Elektrizität" und „Magnetismus" gehorchen denselben Gleichungen, den Maxwell'schen Gleichungen. Sie verknüpfen die Vektoren der elektrischen Feldstärke und der magnetischen Flussdichte. Sie beschreiben drei Aussagen die auch zum „Gesetzesrang" erhoben wurden:

1. „Gauß'sches Gesetz" (eine Zusammenfassung der ersten beiden Maxwell-Gleichungen): (positive oder negative) Ladungen sind die Quelle elektrischer Felder; das Feld der magnetischen Flussdichte ist quellenfrei (es gibt keine einzelnen Pole ohne Gegenpol).
2. „Induktionsgesetz": Ein veränderliches magnetisches Feld (Änderung der magnetischen Flussdichte) führt zu einem elektrischen Wirbelfeld.
3. „Erweitertes Durchflutungsgesetz": Ein veränderliches elektrisches Feld oder ein elektrischer Strom führen zu einem magnetischen Wirbelfeld.

Wo sind denn unsere Steinzeitmenschen geblieben?! Nun, die Entdeckung des Elektromagnetismus war eine der großartigsten geistigen Leistungen des 19. Jahrhunderts und ist die Grundlage unseres gesamten modernen Lebens. Wir wollen die armen Höhlenmenschen auch nicht überfordern! Bei der Frage nach den kleinsten Bausteinen der Materie im nächsten Kapitel sind sie erfreulicherweise wieder dabei.

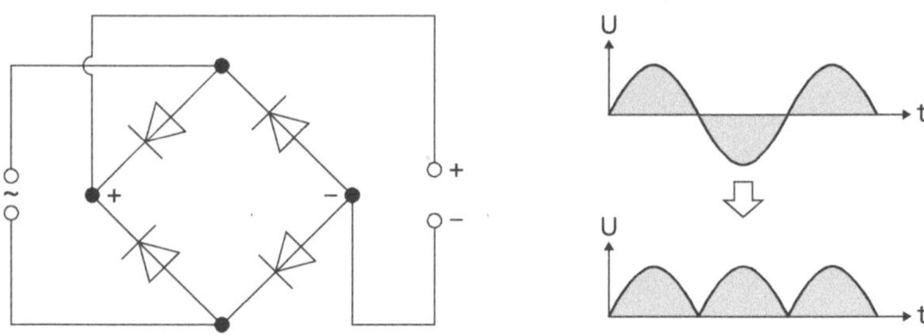

Abb. 7.21   Ein Gleichrichter verwandelt Wechselstrom in (pulsierenden) Gleichstrom

O, da war ja noch etwas: die Lösung der Denksportaufgabe – eine Schaltung, die mithilfe von vier Dioden auch die abgeschnittene Hälfte der Sinuskurve in Abb. 7.5 nutzt und eine Gleichspannung erzeugt. Hier ist sie (Abb. 7.21):

Denken Sie sich hinein und verfolgen Sie den Weg des Stromes durch die Dioden. Dann sehen Sie, dass die negative Halbwelle der Eingangsspannung durch diese Schaltung einfach „hochgeklappt" wird.

8

Erkenntnis erleuchtet, Licht erhellt
Eigenschaften des Lichtes

Die Lehre vom Licht ist die Optik. Die Gesetze des Lichtes sind allen Lebewesen vertraut, wenn auch nicht in der Form von mathematischen Formeln. Auch wenn die Menschen seine Natur lange nicht erkannten, konnten sie doch die wichtigsten Phänomene beschreiben und messen. Feste Materie lässt kein Licht durch – mit wenigen Ausnahmen. Glas gehört dazu. Zu dumm für unsere Steinzeitmenschen, dass durchsichtiges Glas in der Natur praktisch nicht vorkommt. Obsidian ist zwar ein Glas, stammt aber aus geschmolzener Lava und ist undurchsichtig. Erst durch Schmelzen von Quarzsand und Zugabe von Metalloxiden werden – Jahrtausende später – durchsichtige Gläser hergestellt. Wahrscheinlich gab es die ersten Gläser um 3400 v. Chr. im alten Ägypten. Die erste bekannte Niederschrift, wie denn Glas herzustellen sei, ist um ca. 650 v. Chr. entstanden und geht auf den assyrischen König Assurbanipal zurück: „Nimm 60 Teile Sand, 180 Teile Asche aus Meerespflanzen und 5 Teile Kreide und du erhältst Glas."[176]

8.1 Das Wesen des Lichtes und seine Gesetze

Das Licht – die Menschheit ist damit aufgewachsen, das Leben wird dadurch erst ermöglicht. Trotzdem blieb lange unklar, *was* es überhaupt ist (die Frage nach dem *Wesen* von etwas ist sowieso eine schwierige Frage in der Wissenschaft) und durch welche Gesetze es beherrscht wird. Da müssen wir auf unsere Steinzeitforscher also leider weitgehend verzichten. Umso kürzer können wir uns fassen, um die wichtigsten physikalischen Gesetze kennenzulernen.

Die erste Frage eines Physikers ist natürlich: Was können wir messen? Klar, es gibt helles Licht und schwaches Licht. Also brauchen wir wieder einen Vergleichsmaßstab, eine geeichte Größe wie den Meter für die Länge. In der Vergangenheit nahm man z. B. als Lichtstärkeeinheit die „Alte Lichteinheit", definiert durch eine 83 g schwere Wachskerze mit einer Flammenhöhe von 42 mm.[177] Heute verwendet man im SI-Einheitensystem das Maß „Candela" [cd].

Lichtausbreitung und Brechung

Licht breitet sich in einem durchsichtigen und durchgängig gleichartigen Medium geradlinig aus, sei es Luft, Wasser oder Glas. An der Trennlinie zwischen verschiedenen Medien wird es jedoch gebrochen, sein Strahlengang wird geknickt oder in einer anderen Weise beeinflusst.

Das sieht man am besten am Gang des Lichtes durch Wasser. Das hätte natürlich auch Rudi schon beobachten können. Schauen Sie sich Abb. 8.1 Mitte oder rechts an: Ein Gegenstand im Wasser erscheint nicht dort, wo er wirklich ist.

In Abb. 8.1 links sieht man das Prinzip: Ein unter einem Winkel α einfallender Lichtstrahl wird gebrochen und setzt seinen Weg unter dem Winkel β fort. Nebenbei kommt hinzu, dass ein Teil des einfallenden Strahls auch noch unter demselben Winkel α an der Oberfläche reflektiert wird – „Reflexion" ist der Fachausdruck dafür. Die Brechung ist umso stärker, je größer der Einfallswinkel ist. Im „optisch dichteren" Medium bildet der Lichtstrahl mit dem Lot den kleineren Winkel. Beim Übergang vom optisch dünneren

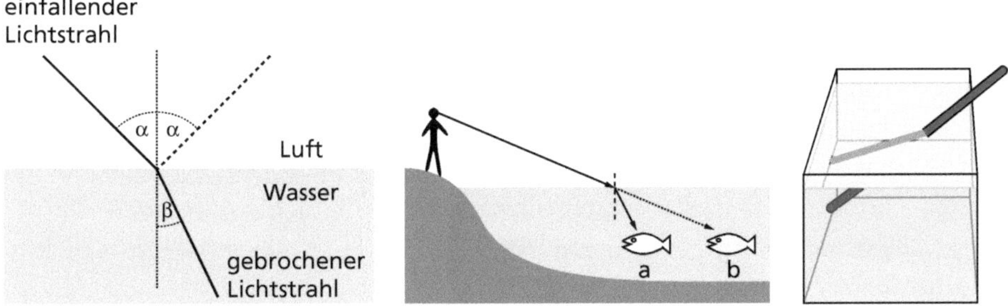

Abb. 8.1 Lichtbrechung zwischen Luft und Wasser

zum optisch dichteren Medium wird also der Strahl zum Lot hin gebrochen. Das führt dazu, dass (Abb. 8.1 Mitte) der Fisch, der sich in Wirklichkeit bei a befindet, bei b zu stehen scheint, denn unser Auge ist ja an gerade Lichtstrahlen gewöhnt. Genauer: unser Gehirn. Übung bzw. die Evolution haben dafür gesorgt, dass Fischers Fritz bzw. alle anderen von Land aus fischenden Lebewesen die Beute im Wasser trotzdem zielsicher erwischen.

In Abb. 8.1 rechts sieht man, dass durch die Brechung an der Oberfläche Gegenstände unter Wasser in senkrechter Richtung verkürzt erscheinen. Schräg eintauchende gerade Gegenstände scheinen einen Knick an der Oberfläche zu haben. Nun gibt es eine einfache Formel, die die beiden Winkel mit dem jeweiligen „Brechungsindex" n in Beziehung setzt:

$$n_1 \cdot \sin\alpha = n_2 \cdot \sin\beta$$

Der Brechungsindex gibt die optische Dichte des Mediums an. Damit lässt sich sin β und damit β selbst leicht errechnen (n_1 für Luft ist 1). Nehmen wir der Einfachheit halber $\alpha = 30°$ (der Sinus ist dann 0,5). Dann ergibt sich mit dem Brechungsindex für Wasser $n_2 = 1{,}33$ der Wert sin $\beta = 1 \cdot 0{,}5/ 1{,}33 = 0{,}376$. Mit dem passenden Taschenrechner oder einem anderen Werkzeug ergibt das einen Winkel β von ca. 22°.

Der Wert des Brechungsindex ergibt sich übrigens aus der in einem Medium geringeren Lichtgeschwindigkeit. Während sie im Vakuum ebenso wie in Luft ca. 300.000 km/s beträgt (wie wir in Kap. 7.4 gesehen haben), ist sie in Glas „nur" 200.000 km/s, und der Brechungsindex für Glas ist damit 1,5.

Reflexion und Absorption funktionieren beim Licht genau wie beim Schall: Was nicht absorbiert wird, wird reflektiert. Reflexion lässt natürlich auch den Mond und „Sterne" leuchten, wie wir im Kapitel über das Universum noch sehen werden. „Sterne" in Anführungszeichen, weil die „richtigen" Sterne *selbst* Licht aussenden. Nur die Planeten, z. B. der Abendstern (meist die Venus), leuchten nicht selbst, sondern werden von der Sonne angestrahlt. Das

Maß für das Rückstrahlvermögen nennt man die „Albedo" (lateinisch *albedo* „Weißheit"). Sie ist eine dimensionslose Zahl und entspricht einer Prozentangabe (eine Albedo von 0,9 entspricht 90 % Rückstrahlung). Sie haben vielleicht schon im Rahmen der Klimaerwärmung davon gehört: Schneebedecktes Eis hat mit einer Albedo von 0,9 das höchste Rückstrahlvermögen und Wasser nur 0,06. Je mehr Eis schmilzt, desto mehr Licht (d. h. auch Wärme) wird absorbiert – ein gefährlicher Rückkopplungseffekt. Unser guter Mond hat übrigens eine Albedo von ca. 12 %.

Lichtbrechung am Prisma

Schon der griechische Astronom und Mathematiker Claudius Ptolemäus (so lautet der latinisierte Name; ca. 100–180 n. Chr.) beschäftigte sich neben vielen anderen physikalischen Phänomenen mit der Lichtbrechung am Prisma. Ein Prisma ist ein geschliffenes Glas mit einer dreieckigen Querschnittsfläche. Ein Lichtstrahl wird an der Grenzfläche von Luft und Glas aufgrund der unterschiedlichen Ausbreitungsgeschwindigkeit des Lichts in den beiden Medien gebrochen (der Fachausdruck für Brechung ist „Refraktion") und dadurch in seine Farben zerlegt. In Wassertropfen ist es genauso – so entsteht der Regenbogen! Die einzelnen Frequenzen des Lichts haben im Glas offensichtlich leicht unterschiedliche Geschwindigkeiten. Das vermutete man später, als erste Überlegungen zum Wesen des Lichtes dazu führten, es nicht wie Newton als fliegende Teilchen, sondern als Welle mit einer Frequenz (und damit Wellenlänge) aufzufassen. Maxwell hatte nach seinen Forschungen ja schon geschlossen, es müsse sich um eine elektromagnetische Welle handeln. Schauen wir uns das Ergebnis in Abb. 8.2 an.[178]

Wie man bald wusste, reicht die Wellenlänge des abgelenkten Lichtes von Rot (ca. 650 nm) bis Violett (ca. 400 nm). Entstehen so die Farben der Gegenstände, die roten Kirschen und die grünen Salatblätter? Nein, das hat andere Gründe: Reflexion. Nicht nur Wasser, sondern (fast) jeder Gegenstand reflektiert Licht. Generell bedeutet Reflexion das Zurückwerfen von jeder Art von Welle an einer Grenzfläche, an der sich der Wellenwiderstand ändert (das gilt auch für Wasserwellen). Dieser „Wellenwiderstand" ist gewissermaßen die Härte, die das Medium der sich ausbreitenden Welle entgegensetzt. Er ist das Verhältnis von reflektierter und durchgelassener Amplitude der Welle an der Grenzfläche. Einfallswinkel gleich Ausfallswinkel, so lautet hier das Gesetz. Wir sprechen hier im engeren Sinne von der „Körperfarbe". Doch nicht alle Wellenlängen haben dasselbe Schicksal – einige werden nicht reflektiert, sondern absorbiert. Und jetzt wird es relativ einfach: Werden alle Wellenlängen reflektiert, erscheint der Körper weiß – werden alle Wellenlängen absorbiert, erscheint der Körper schwarz. Nun dürfen Sie raten, was passiert, wenn ein

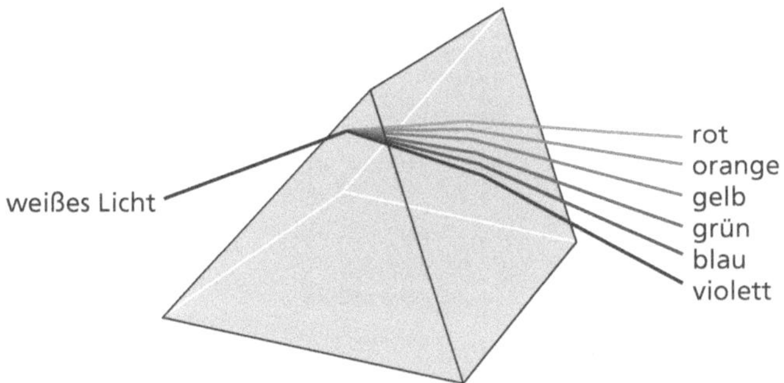

Abb. 8.2   Farbspektrum durch Lichtbrechung am Prisma

Salatblatt die grünen Wellenlängen (ca. 500 nm) reflektiert, die anderen aber nicht …

Etwas anders ist es mit der blauen Farbe des Himmels. Schon die Tatsache, dass er tagsüber hell ist, beruht auf der Streuung der Lichtstrahlen an den Luftteilchen in der Atmosphäre. Ohne sie (also ohne Atmosphäre) wäre der Himmel „schwarz" wie der Weltraum (und wie auf dem Mond). Nun werden die kurzen Wellenlängen (das blaue Ende des Lichtspektrums) etwa 16-mal stärker gestreut als das rote Licht.[179] Also ist der Himmel blau – zu unserer aller Freude. Wenn aber die Sonne unter- oder aufgeht, legt das Licht einen längeren Weg durch die Erdatmosphäre zurück. Die (kurzwelligen) blauen Lichtanteile werden seitlich weggestreut und es bleibt hauptsächlich rotes Licht mit längeren Wellenlängen übrig. Stichwort „Freude": Wenn ein Diamant besonders schön funkelt und alle Spektralfarben zeigt, dann liegt das an seinem Brechungsindex von 2,4076 (Rot, $\lambda = 687$ nm) bis 2,4354 (Blau, $\lambda = 486$ nm).

Spektrallinien verraten viel

Ein Prisma zerlegt das Licht der Sonne in seine Farben (ebenso Regentropfen oder Seifenblasen). Ihr Licht ist weitgehend kontinuierlich, mit einigen (dunklen) Absorptionslinien. Außer für sichtbares Licht, nahes Infrarot und Radiowellen (Ausnahme: Langwellen ab ca. 10 m) schirmt die Atmosphäre elektromagnetische Strahlung weitgehend ab: Das „atmosphärische Fenster" ist für die meisten Frequenzen geschlossen oder schwächt sie zumindest stark. Außerdem strahlt die Sonne nicht in allen Wellenlängen mit gleicher Leistung. Erfreulicherweise, denn einige Frequenzen sind ausgesprochen schädlich für uns: z. B. UV = Ultraviolett in den Wellenlängen unterhalb 380 nm, der Grenze zum sichtbaren Licht. UV wird vom Ozon (O_3) in den oberen Luftschichten absorbiert. Schauen Sie sich in Abb. 8.3 an, was auf der Erde ankommt.

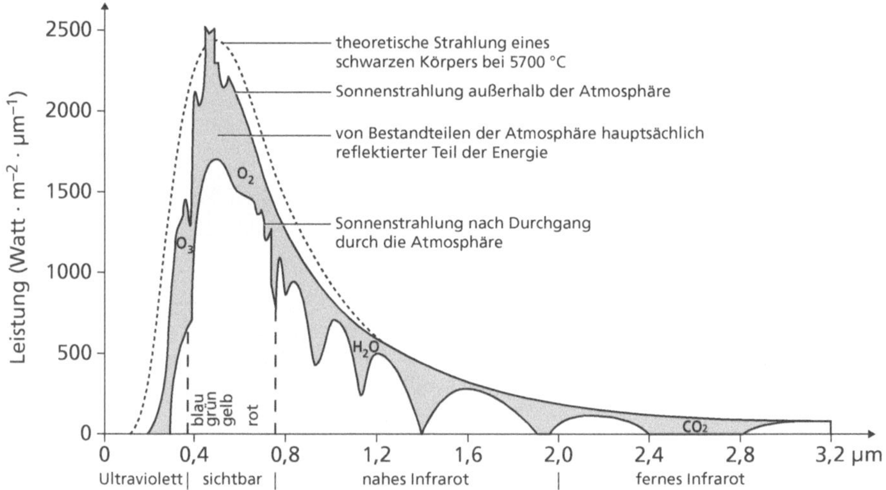

Abb. 8.3 Spektrum der Sonnenstrahlung[180]

Physikalisch gesehen ist die Sonne trotz einer Oberflächentemperatur von gut 5.700 K annähernd ein „Schwarzer Körper" mit einer Strahlungsleistung von 6,35 kW/cm². Ein Schwarzer Körper ist ein idealisierter Körper, der eine auf ihn treffende elektromagnetische Strahlung bei jeder Wellenlänge vollständig absorbiert, also keine Strahlung hindurchlässt oder spiegelt oder streut. Er sendet (außer bei der Temperatur des absoluten Nullpunkts) dagegen elektromagnetische Strahlung aus, z. B. Wärmestrahlung oder sichtbares Licht. Die Intensität und die spektrale Verteilung der Strahlung hängen nur von seiner Temperatur ab, wogegen seine Materialeigenschaften keinerlei Einfluss auf die Abstrahlung haben. Je heißer er ist, desto kürzer sind die Wellenlängen, dabei wechselt der Farbeindruck von rot zu bläulich weiß. Die tatsächliche Strahlung der Sonne nähert sich dem theoretischen Wert des Schwarzen Körpers sehr gut an, wie man in Abb. 8.3 sieht.

Nun darf man aus der Tatsache, dass die Atmosphäre hauptsächlich sichtbares Licht durchlässt, keine falschen Schlüsse ziehen. „Die Natur" tut das nicht, damit wir etwas sehen können. Nichts in der Natur ist auf einen Zweck und Sinn hin ausgerichtet, sondern das „Unzweckmäßige" überlebt nicht. Die Kausalität läuft genau umgekehrt: Die Entwicklung unserer Augen war genau auf das verfügbare Sonnenspektrum hin ausgerichtet.

Der graue Bereich zeigt die von Bestandteilen der Erdatmosphäre reflektierte oder absorbierte Energie. Von O_3 war ja schon die Rede, aber auch „normaler" Sauerstoff O_2 fängt sichtbares Licht ab. Infrarot wird dagegen vom Wasserdampf H_2O absorbiert, während tiefere Frequenzen (also höhere Wellenlängen) vom Kohlendioxid CO_2 geschluckt werden.

Stichwort „Materialeigenschaften": Schaut man im Spektrum des Sonnenlichts genau hin, so entdeckt man typische Linien, die „Fraunhofer'schen Linien", benannt nach dem Münchener Optiker Joseph von Fraunhofer. Er entdeckte die Spektrallinien im „Regenbogen", den ein Prisma auf eine weiße Fläche projizierte, z. B. bei hellem Gelb. Es sind voneinander scharf getrennte Linien, entweder hell („Emissionslinien") oder dunkel („Absorptionslinien"). Sie erlauben Rückschlüsse auf die chemische Zusammensetzung und Temperatur der Gasatmosphäre der Sonne und von Sternen. Eine dunkle Linie bei 589,594 nm (helles Gelb) deutet z. B. auf Natrium hin oder bei 587,562 nm (dicht daneben) auf Helium. Das begründete das Gebiet der „Spektralanalyse", die Bestimmung von Stoffen durch charakteristische Frequenzen, die von ihnen im Licht entweder ausgesandt oder absorbiert werden. Zum Beispiel entdeckte der deutsche Chemiker Robert Wilhelm Bunsen 1859, dass verschiedene chemische Elemente die Flamme eines Gasbrenners (der heute „Bunsenbrenner" genannt wird) auf charakteristische Weise färben.

Dass unsere Augen bei bestimmten Wellenlängen nicht mehr mitspielen, ändert am Prinzip der Spektralanalyse überhaupt nichts. Sie ist technisch auch außerhalb des sichtbaren Bereiches möglich. Heute kann man den gesamten Bereich der elektromagnetischen Wellen – von Radiowellen über Infrarotstrahlung bis hin zur Röntgen- und Gammastrahlung – zur Spektralanalyse verwenden.

Lichtverstärkung durch stimulierte Emission von Strahlung

Laser ist eine Abkürzung für den englischen Begriff *Light Amplification by Stimulated Emission of Radiation* (Lichtverstärkung durch stimulierte Emission von Strahlung). Er bezeichnet einerseits den physikalischen Effekt, andererseits auch das Gerät, mit dem Laserstrahlen erzeugt werden. Die „stimulierte Emission" weist darauf hin, dass Lichtteilchen („Photonen", deren Bekanntschaft Sie im nächsten Kapitel machen) von Atomen ausgesendet werden, wenn sie entsprechend „angeregt" werden, also in einem höheren Energiezustand als im „Grundzustand" sind. Dies sind alles Begriffe, die uns tief in das Innere der Atomphysik führen würden – lassen wir es dabei. Es wäre zu kompliziert, hier auf die physikalischen Hintergründe einzugehen.

Wodurch unterscheidet sich ein Laserstrahl von „normalem" Licht? Zum Ersten: Es ist einfarbiges („monochromatisches") Licht in einem sehr engen Frequenzbereich. Der erste im Jahre 1960 entwickelte Laser war ein Rubinlaser, dessen hauptsächliche Spektrallinie bei 694,3 nm liegt, ein tiefes Rot. Nun könnte man rotes Licht (vielleicht nicht mit einer ganz so sauberen Spektrallinie) auch mit einem Filter erzeugen, der alle anderen Farben (d. h. Frequenzen) aussortiert. Jetzt kommt die zweite Eigenheit: Das Licht im La-

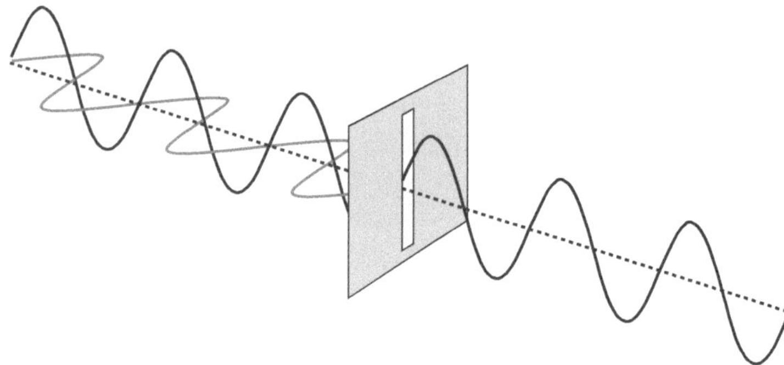

Abb. 8.4 Prinzip der Polarisation einer Welle

serstrahl hat praktisch eine feste Phase, schwingt also sozusagen „im Gleichtakt". Man bezeichnet es als „kohärent". Drittens: Es ist „polarisiertes Licht". Die Sinusschwingungen des „normalen" Lichtes liegen nicht auf einer Ebene wie auf der Buchseite, auf der z. B. Abb. 7.5 gedruckt ist, sondern sie schwingen in alle Richtung senkrecht zur Ausbreitungsrichtung. Das kann man mit einer Seilwelle andeutungsweise nachstellen: Man schwingt das Seil nicht nur auf und ab oder quer von links nach rechts, sondern in alle Querrichtungen gleichzeitig, wenn man geschickt genug ist. Die Schwingungsrichtung vollführt dann eine Art Rotationsbewegung. Führt man das Seil nun durch einen Schlitz (wie in Abb. 8.4, in der die Rotationsbewegung links des Schlitzes nur durch zwei zueinander senkrechte Richtungen angedeutet ist), schwingt die Welle nur noch in eine Richtung: Sie ist „polarisiert".[181] Teilweise entsteht eine Polarisation von Licht einfach durch Reflexion, z. B. an einer Wasseroberfläche. Eine Brille mit einem Polarisationsfilter hilft dann dem geblendeten Wassersportler.

Laserlicht ist polarisiertes kohärentes monochromatisches Licht, falls Sie mal jemand fragt. Laserlicht kann sehr gut gebündelt werden: Ein Laserstrahl mit einigen Millimetern Durchmesser hat bei der Ankunft auf dem Mond (Entfernung ca. 384.000 km), nur einen Durchmesser von einigen Metern. Laserstrahlen können mit sehr hohen Leistungen von etwa 100 kW erzeugt werden. Kurzzeitig (in Bruchteilen einer Sekunde) können sogar Leistungen in der Größenordnung von über 10^{14} W erzielt werden. Das entspricht grob dem 1000-Fachen der in Deutschland installierten Kraftwerksleistung!

8.2 Lichteffekte und ihre praktischen Anwendungen

Licht kann man sich prinzipiell als „Strahlen" vorstellen. Sie breiten sich immer geradlinig aus und ändern ihre Richtung nur dann, wenn sie auf einen Körper treffen. Dort werden sie reflektiert, gebrochen oder gestreut.[182] Sie durchdringen einander, ohne sich gegenseitig dabei zu beeinflussen. Ihr Weg ist umkehrbar, d. h., dieselben Gesetze gelten, wenn man ihre Ausbreitungsrichtung umkehren würde. Wir sehen nur Lichtstrahlen, die unser Auge treffen – entweder direkt von einer Lichtquelle oder indirekt von einem Gegenstand reflektiert. Beschäftigen wir uns weiter mit der Reflexion und der Beugung von Licht.

Spieglein, Spieglein an der Wand

In Abb. 8.1 haben wir ja schon gesehen, dass ein Teil der Strahlen an der Grenze zwischen zwei Medien auch wieder reflektiert wird. Das wird beim Spiegel ausgenutzt, einer glatten reflektierenden Fläche. Hier ist die Reflexion nahezu vollständig. Bei Glas fördert man die Reflexion durch die Beschichtung der Unterseite. Glatt heißt, dass sie nicht so rau sein darf, dass das Licht ungeordnet in alle Richtungen gestreut wird. Die Grenze für die Rauheit der Spiegelfläche ist etwa die halbe Wellenlänge des Lichts, also 200–300 nm. Wie die bestimmt und gemessen wird, das würde hier zu weit führen. Aber Sie kennen das ja aus dem Alltag: Eine gut polierte Stahloberfläche spiegelt, ein raues Blech nicht.

Im Spiegel entsteht ein virtuelles Bild (Abb. 8.5). Einfallswinkel ist gleich Ausfallswinkel, und unser Auge wird getäuscht. Wir „sehen" den Gegenstand (den Pfeil in Abb. 8.5) scheinbar im gleichen Abstand a *hinter* dem Spiegel, in dem er *vor* ihm steht. Wenn Sie also vor dem Spiegel stehen, dann sehen Sie sich im Abstand 2· a, also halb so groß als wenn Ihr Zwillingsbruder am Ort des Spiegels stünde. Frage also: Wie groß muss ein Spiegel im Vergleich zu einem selbst mindestens sein, damit man sich in voller Größe erkennen kann? Antwort: halb so groß.[183]

Damit nicht genug: Der Spiegel vertauscht scheinbar rechts und links – aber nicht oben und unten! Ein Widerspruch … scheinbar, denn er vertauscht die ihm zugewandte mit der ihm abgewandten Seite bzw. vorn und hinten. Eine Spiegelung des Spiegels (also die Verwendung zweier Spiegel wie in einer Spiegelreflexkamera) stellt alles wieder richtig.

Eine letzte Anmerkung: Ein Spiegel muss nicht eben („plan") sein, sondern kann nach außen oder innen gewölbt sein („konvex" oder „konkav"). Dann

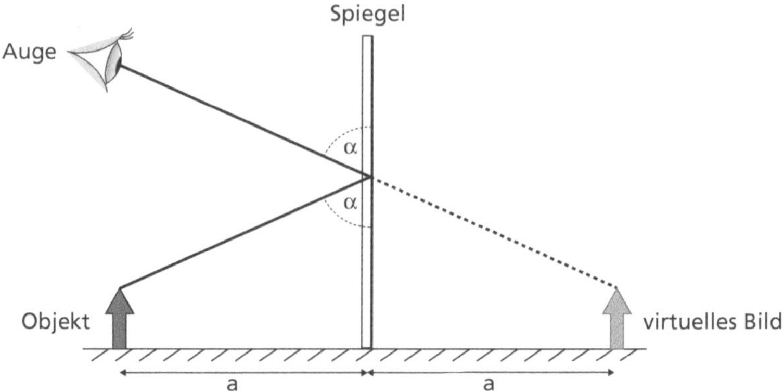

Abb. 8.5   Im Spiegel entsteht ein virtuelles Bild des Objektes

ergeben sich interessante Effekte, die Sie von Zerrspiegeln kennen. Aber es gibt auch nützliche Anwendungen: Leicht konvexe Rückspiegel verschaffen Ihnen einen breiteren Überblick (Warnhinweis: „Gegenstände im Spiegel erscheinen weiter weg, als sie tatsächlich sind"), denn der Weitwinkeleffekt vergrößert den Blickwinkel. Leicht konvexe Spiegel lassen auch in Kleidergeschäften Ihr Abbild schlanker erscheinen (ein Warnhinweis fehlt meist). Dagegen ist ein Hohlspiegel ein konkav gewölbter Spiegel. Er vergrößert die Dinge und er bündelt das Licht. Solarkollektoren fokussieren so die Sonnenstrahlen und damit die Hitze auf einen Punkt. Umgekehrt sitzt im Scheinwerfer die Glühbirne in diesem Punkt, und der Hohlspiegel macht daraus ein paralleles Strahlenbündel (Abb. 8.6 rechts).

Auch den Brennspiegel soll schon das griechische Genie Archimedes erfunden haben. Der Legende nach hat er damit römische Schiffe in Brand gesetzt – doch Versuche von Studenten haben das nicht nachvollziehen können.

Linsen für nah und fern

Damit sind wir bei den gekrümmten Oberflächen. Sie kennen sie auch in durchsichtiger Form, z. B. als Vergrößerungsglas oder Brillenglas, aber auch als einfaches Foto- oder Fernrohrobjektiv und Bestandteil von Mikroskopen. Es ist eine nach außen gewölbte („konvexe") Linse wie in Abb. 8.7, eine „Sammellinse". Konvexe Linsen bündeln parallel einfallendes Licht im Brennpunkt F (von lateinisch *focus*). Sie wirken wie ein „doppeltes Prisma", denn der Lichtstrahl wird beim Eintritt in die Linse *und* beim Austritt aus ihr gebrochen (in Abb. 8.7 gestrichelt, vereinfacht durch den Knick in Linsenmitte dargestellt). Der Vorgänger ist ein „Lesestein", den ein islamischer Wissenschaftler und Naturforscher mit dem poetischen Namen Abu Ali al-Hasan ibn al-Haitham (995–1039, lateinischer Name *Alhazen*) erfand und der dann

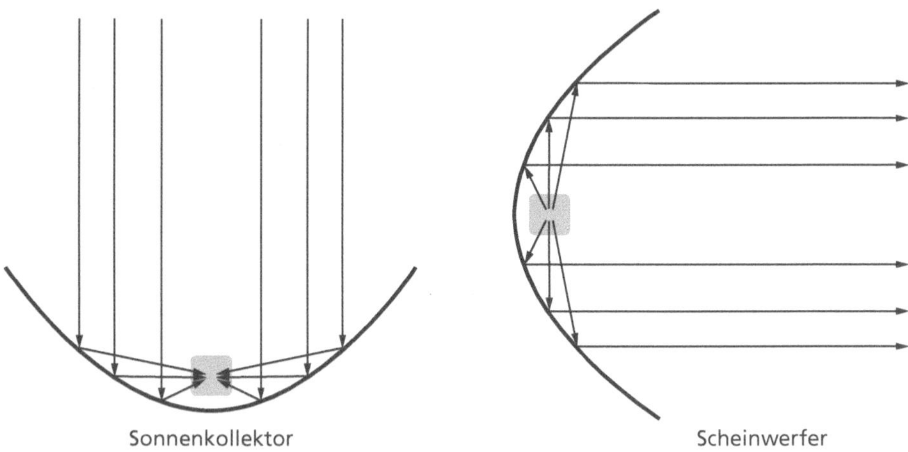

Abb. 8.6 Hohlspiegel für Solarkollektoren und Scheinwerfer

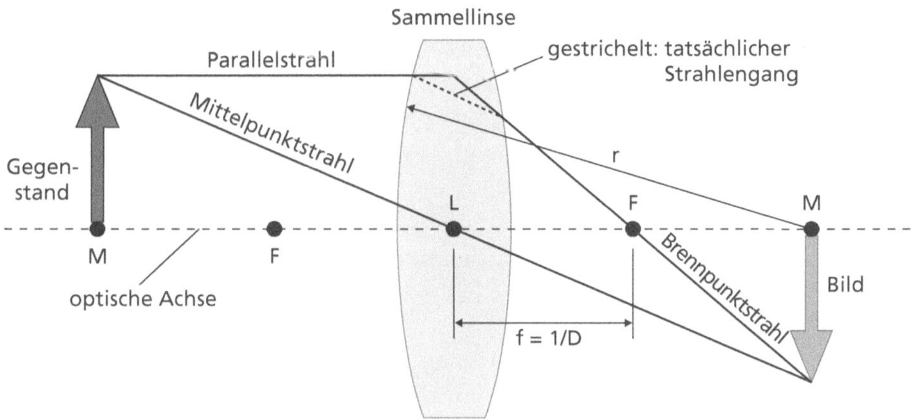

Abb. 8.7 Strahlengang in der Sammellinse

weiter verfeinert wurde. Er schrieb das Buch „Schatz der Optik" über die Lehren des Sehens, der Brechung und der Spiegelung.[184]

Bei der Sammellinse geht der Mittelpunktstrahl vom Gegenstand ungebrochen durch den Mittelpunkt L der Linse, während der Brennpunktstrahl durch den Brennpunkt F der Linse geht und sie als Parallelstrahl verlässt (und umgekehrt). Die Brennweite f (Kehrwert der Dioptrienzahl D) ist abhängig vom Brechungsindex n und bei einer symmetrischen Linse vom Krümmungsradius r der Linsenoberfläche um den Punkt M. Eine Dioptrienzahl von 2,5 entspricht also einer Brennweite f = 1/2,5 m = 40 cm.

Nun kommt es darauf an, wo sich der Gegenstand befindet:

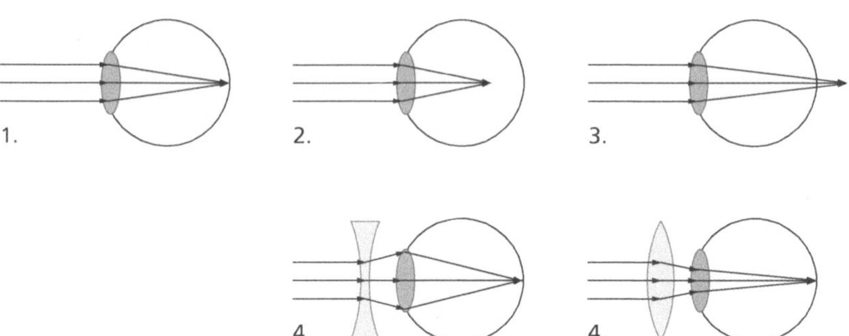

Abb. 8.8   Korrektur der Fehlsichtigkeit durch Linsen

1. Befindet sich der Gegenstand links vom Punkt M (doppelte Brennweite der Sammellinse), so ist das Bild reell, kleiner und umgekehrt.
2. Befindet sich der Gegenstand im Punkt M, so ist das Bild reell, gleichgroß und umgekehrt.
3. Befindet sich der Gegenstand zwischen der einfachen Brennweite F und dem Punkt M, so ist das Bild größer, reell und umgekehrt.
   In den Beispielen 1–3 befindet sich das Bild immer hinter der Sammellinse.
4. Befindet sich der Gegenstand rechts von der einfachen Brennweite F, so befindet sich das Bild auf der gleichen Seite der Sammellinse und ist größer, virtuell und aufrecht.[185]

Das löste das Problem der Fehlsichtigkeit durch die Herstellung von Brillen. In Abb. 8.8 sehen Sie folgende vier Fälle:[186]

1. Normalsichtiges Auge: Brennpunkt auf der Netzhaut
2. Kurzsichtiges Auge: Brennpunkt vor der Netzhaut
3. Weitsichtiges Auge: Brennpunkt hinter der Netzhaut
4. Fehlsichtiges Auge mit passender Brille: Brennpunkt wieder auf der Netzhaut

Dabei dient zur Korrektur des kurzsichtigen Auges nicht eine konvexe, sondern eine konkave Linse. Sie bündelt das Licht nicht, sondern streut es.

Fernsehen und Nahsehen

Mithilfe der seit Ende des 13. Jahrhunderts in Lesebrillen verwendeten Sammellinsen wurden um 1600 herum zwei weitere Apparate erfunden: das Mikroskop und das Fernrohr. Das Galilei-Fernrohr, auch holländisches Fernrohr genannt, wurde vom holländischen Brillenmacher Hans Lipperhey um 1608 erfunden und in der Folgezeit von Galileo Galilei weiterentwickelt. Als

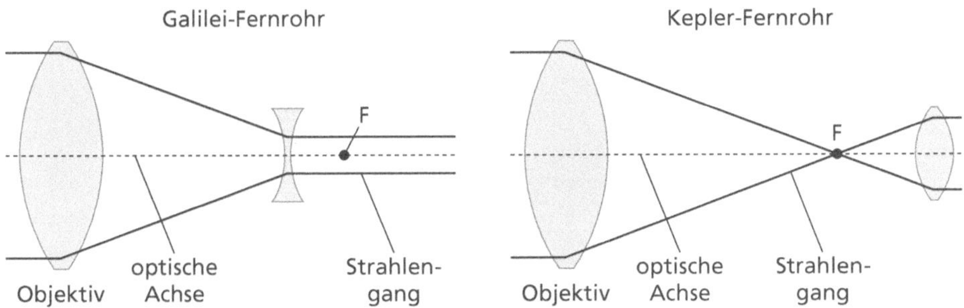

Abb. 8.9 Das Galilei-Fernrohr und das Kepler-Fernrohr

Kepler-Fernrohr, auch astronomisches Fernrohr genannt, bezeichnet man ein Fernrohr, das von Johannes Kepler im Jahre 1611 gebaut wurde. Das gute alte Wort „Fernrohr" ist inzwischen der besser klingenden Bezeichnung „Teleskop" gewichen, wobei die Bedeutung etwas erweitert wurde: Ein Teleskop erfasst und vergrößert nicht nur Licht, sondern jede Art von elektromagnetischer Strahlung. Schauen wir uns den Unterschied zwischen dem Galilei- und dem Kepler-Fernrohr in Abb. 8.9 an. Er besteht eigentlich nur darin, dass Galilei eine konkave Linse und Kepler eine konvexe verwendet. Aber das hat Folgen. Bei Galilei ist das Objektiv eine Sammellinse und als Okular (die Linse an der Seite des Auges) eine Zerstreuungslinse kleinerer Brennweite. Der Brennpunkt F des Objektivs und des Okulars fallen auf der Seite des Beobachters zusammen. Damit besitzt das Fernrohr ein kleines Gesichtsfeld, stellt aber die Objekte aufrecht und seitenrichtig dar.

Kepler machte das anders: Objektiv *und* Okular sind Sammellinsen, und ihre Brennpunkte F fallen zwischen den Linsen zusammen. Dadurch ist das Gesichtsfeld größer als beim Galilei-Fernrohr – aber da sich der Strahlengang im Fernrohr kreuzt, erzeugt das Objektiv ein auf dem Kopf stehendes und seitenverkehrtes (gespiegeltes) reelles Bild des betrachteten Gegenstands, das man mit dem Okular wie mit einer Lupe vergrößert betrachtet. Verwirrend für den Betrachter. Deswegen verwendet man Prismen (wie bei Prismenferngläsern oder Feldstechern) oder eine dritte Sammellinse zur erneuten Umkehrung des Bildes.

Rudi macht einen Doppelspaltversuch

Eddi traf Rudi an einem windstillen Tag am Teich, wo er Steinchen ins Wasser warf. Siggi stand schweigend daneben und sah zu, auf seinen Stock gestützt. Rudi hatte eine Holzwand senkrecht ins Wasser gestellt, auf die die Wellen seitlich aufprallten (siehe Abb. 8.10, Wellen von unten). „Seht mal!", sagte er, „Die Wellen treten oben wieder aus und bilden zwei eigene Wellenmuster. Da

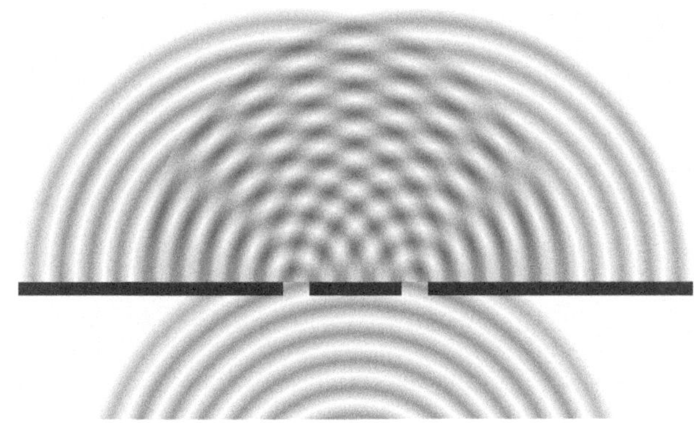

Abb. 8.10   Der Doppelspaltversuch mit Wasser[187]

sie von den beiden Spalten ausgehen, also von verschiedenen Stellen, kommt es zu Überlagerungen." „Interferenz nennen das die Menschen aus der Zukunft", kommentierte Siggi. Eddi verstand sofort: „Klar, wenn ein Wellenberg der einen Welle auf ein Wellental der anderen trifft, dann löschen sie sich aus oder schwächen sich zumindest. Trifft Wellenberg auf Wellenberg, dann verstärken sie sich. Das erzeugt dann dieses schöne Muster …" „Interferenzmuster …", kommentierte Siggi. „… das wir hinter der Holzwand sehen." (Abb. 8.10, oben)

Zu weiteren Experimenten waren sie damals leider nicht in der Lage. Ein Doppelspaltversuch mit Licht wurde 1802 erstmals durchgeführt, um die Wellennatur des Lichtes zu beweisen.[188] Er sieht genauso aus (Abb. 8.11). Damit bekam die seit dem 17. Jahrhundert beliebte Korpuskeltheorie Isaac Newtons, die Licht als Teilchenstrom ansah, erste Risse, denn die beiden Denkmodelle waren nicht in Einklang zu bringen – was allerdings schon Newton selbst aufgefallen war, der auch schon das Phänomen der Interferenz beobachtet hatte. Diese ist in den hellen und dunklen Streifen auf dem Leuchtschirm (Abb. 8.11 rechts) gut zu erkennen und gehorcht den bereits beim Schall (Abb. 6.4) beschriebenen Gesetzen.[189]

Der Welle-Teilchen-Dualismus war geboren … und so leicht nicht wieder tot zu kriegen. Worin er genau besteht, das werden wir in Kap. 9.3 sehen, wenn wir Klarheit darüber haben, was ein „Teilchen" überhaupt ist.

Was können wir überhaupt sehen?

Im täglichen Leben merkt man es nicht: Licht hat seine Grenzen. Es gibt Dinge, die so klein sind, dass man sie (selbst mit einer theoretisch noch so starken Vergrößerung durch Linsen) nicht sehen kann. Denn Licht ist eine (elektromagnetische) Welle mit einer bestimmten Wellenlänge, zumindest in

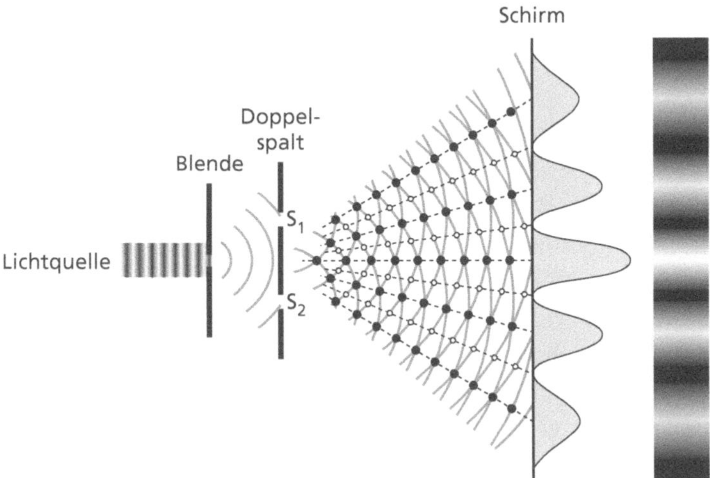

Abb. 8.11 Der Doppelspaltversuch mit Licht

einer seiner beiden Erscheinungsformen. Und hier kommt das „Auflösungsvermögen" ins Spiel. Es ist ein Maß für den geringsten Abstand zweier Beobachtungsobjekte, die von einem Beobachtungsgerät mit Sicherheit getrennt registriert werden können.[190] Für das Auflösungsvermögen d optischer Instrumente gilt als Richtwert $d \approx \lambda/2$. Eine halbe Wellenlänge also, ein Sinusbogen sozusagen, ein Wellenberg oder -tal. In einem etwas hinkenden Vergleich, der sich als Eselsbrücke aber gut eignet, könnte man sich merken, dass ein gesuchtes Schiff auf dem Meer so groß sein muss, dass es nicht optisch in einem Wellental verschwindet.

Das schränkt unser „Sehvermögen" trotz mächtiger optischer Instrumente stark ein. Ein Bakterium oder ein kleiner Einzeller sind typischerweise etwa 1 µm (10^{-6} m) groß. Kein Problem, denn blaugrünes Licht hat eine Wellenlänge von ca. 500 nm, also die Hälfte. Möchten wir aber etwas sehen, was kleiner als etwa 0,25 µm ist, dann ist beim Licht schon Schluss. Kleinere Objekte können wir nur mit Röntgenstrahlen „sehen", deren Wellenlänge von 1 nm (10^{-9} m) bis 10 pm (10^{-11} m) herabreicht. Wenn sie es überleben, denn elektromagnetische Strahlen sind umso energiereicher, je geringer ihre Wellenlänge ist. Blaues Licht ist also energiereicher als rotes – deswegen bekommen Sie von „ultraviolettem" (kurzwelliger als blaues) Licht einen Sonnenbrand. Moleküle, die Bausteine unserer Materie (siehe nächstes Kapitel) liegen in der Größenordnung der Wellenlänge von langwelliger Röntgenstrahlen.

8.3 Wie schnell ist das Licht und was ist es überhaupt?

Dass Licht überhaupt eine endliche Geschwindigkeit hat, ist schon eine wichtige Feststellung. Denn wir merken sie ja nicht, im Gegensatz zur Geschwindigkeit z. B. des Schalls. Licht sehen wir „sofort". Sehen wir zu, welche Probleme man in der Steinzeit damit hatte.

Eddi schien vom Licht ganz fasziniert zu sein: „Jetzt haben wir allerlei Experimente damit gemacht. Aber ein Problem habe ich noch: Wie schnell ist es?" „Da es offensichtlich keine Masse hat, die beschleunigt werden muss, wird es wohl unendlich schnell sein."[191] Eddi widersprach sofort: „In der Natur gibt es kein ‚unendlich', nur in der Mathematik, wenn du dich erinnerst. Die Menge der natürlichen Zahlen zum Beispiel. Also ist die Lichtgeschwindigkeit endlich, und man muss sie messen können."

Rudi schlug einen Versuch vor: „In tausend Meter Entfernung ist ein Hügel. Du gehst mit einer Fackel dorthin, verdeckst sie mit der Hand und nimmst die Hand dann weg. Ich messe, wie lange das Licht der Fackel braucht, bis ich es sehe." „Da werden wir erhebliche Messungenauigkeiten haben, das solltest du als Physiker wissen. Schon die Jäger haben etwa ein Fünftel Sekunde Reaktionszeit. *Du* brauchst manchmal Tage, bevor du etwas merkst."

Rudi überging das: „Wir können die Reaktionszeit ja mit einrechnen. Aber ich fürchte, wir haben einen Denkfehler begangen. Die Bewegung deiner Hand wird ja auch im Licht und durch das Licht sichtbar. Wenn das Licht der Fackel eine Sekunde zu mir braucht, dann sehe ich die Bewegung deiner Hand auch erst eine Sekunde später. Aber ich könnte rufen oder einen lauten Knall machen. Der Schall ist ja schneller als das Licht." Eddi bekam große Augen: „Wie kommst du denn *darauf*!" „Ich sah jemanden, der in der Ferne Holz hackte. Die Axt schwebte oben in der Luft, da hörte ich schon den Schlag." Eddi verdrehte die Augen: „So viel zum Thema ‚Reaktionszeit'. Es war der *zweite* Schlag. Die Axt war *schon wieder* in der Luft, als du ihn gehört hast. Licht ist schneller als der Schall. Das weißt du doch von Blitz und Donner."

Rudi versuchte, von seinem peinlichen Fehler abzulenken: „Dann setzt du dich mit der Fackel auf ein Pferd und galoppierst davon. Wenn sie dunkel wird, ist das Pferd so schnell wie das Licht." „Funktioniert nicht. Licht ist wirklich sauschnell. Wir müssen etwas finden, was sich selbst sehr schnell bewegt. Zum Beispiel die Erde in ihrer Drehung. Bei einem Erdumfang von 40.000 km in 24 h ergibt sich eine Geschwindigkeit von etwa 463 m/s oder 1.670 km/h – das Pferd kann da nicht mithalten. Wir beobachten also das Licht entgegen und in Richtung der Erddrehung." Eddi grinste: „Und wo

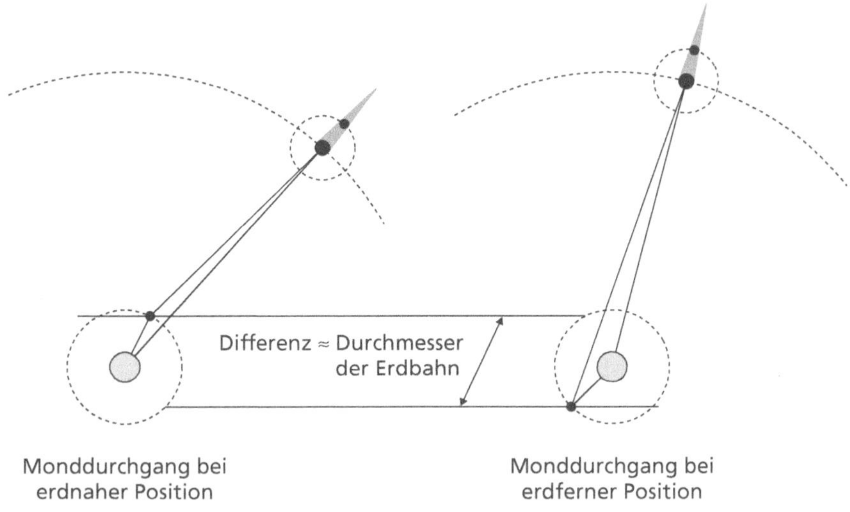

Abb. 8.12 Ermittlung der Lichtgeschwindigkeit mithilfe der Jupitermonde

setzen wir den Beobachter hin?! Auf den Mond?" „…", sagte Rudi (das Wort, bei dem die Mütter ihren Kindern immer die Ohren zuhielten), „so kommen wir nicht weiter."

Wie wahr! So sollte es auch lange bleiben. Genau 9662 Jahre – bis 1676, als der dänische Astronom Ole Rømer die unglaubliche Zahl von 213.000 km/s ermittelte.[192] Er stellte bei astronomischen Beobachtungen der Jupitermonde merkwürdige Zeitverzögerungen fest und führte sie auf eine endliche Geschwindigkeit des Lichtes zurück. Er beobachtete, dass sich die Jupitermonde über eine viertel Stunde später durch den Schatten des Jupiters verfinsterten, wenn die Erde in ihrer Bahn vom Jupiter weiter entfernt ist (Abb. 8.12). Es dauerte noch lange, bis der Wert der Lichtgeschwindigkeit hinreichend genau bestimmt war: 1879 bestimmte ihn Albert Michelson auf 299.910 ± 50 km/s. Der heute gültige Wert von 299.792.458 m/s ist von Rømers Schätzung zwar deutlich verschieden, aber die Sensation war perfekt: Das Licht ist schnell, aber *nicht unendlich* schnell!

„Wissenschaft ist nichts anderes als eine Kette von Irrtümern", sagen viele, die sie nicht verstehen oder ihr misstrauen. Der Dialog von Eddi und Rudi scheint es zu zeigen – obwohl er natürlich erfunden ist, aber gerade beim Licht gibt es einige abenteuerliche Vermutungen, die sich als falsch erwiesen haben.[193] Gegen diesen Pessimismus gibt es zwei Einwände: erstens, dass das nicht richtig ist. Die überwiegende Anzahl der wissenschaftlichen Erkenntnisse beruht auf sauberen und auf Anhieb korrekten Untersuchungen, wie die Wissenschaftsgeschichte zeigt. Zweitens: und wenn schon! Selbst *wenn* Wissenschaft eine Kette von Irrtümern wäre, wären es *korrigierte* Irrtümer. Jeder gefundene Fehler ist ein Sieg der Wissenschaft und beweist die Richtigkeit ihrer Methode. Genau das unterscheidet sie von dogmatischen Glaubensinhalten, die nicht kritisch hinterfragt werden dürfen. Aber wir schweifen ab …

Ein Experiment mit „ohne Ergebnis"

Davon träumt jeder Prüfling: Nobelpreis, wenn man *nichts* herausbekommt. Albert Abraham Michelson erging es 1907 so – er erhielt als erster Amerikaner den Nobelpreis für Physik. Sein Mitstreiter, der Chemiker Edward Williams Morley, erntete diese Auszeichnung zwar nicht, aber ging mit dem Namen „Michelson-Morley-Experiment" dennoch in die Geschichte der Physik ein. Doch wie kam es dazu?

Die Wellentheorie des Lichtes hatte sich um 1800 herum weitgehend durchgesetzt, vor allem nach Doppelspaltexperimenten, die die bekannten Interferenzerscheinungen von Wellen zeigten. Aber eine Welle braucht bekanntlich ein Ausbreitungsmedium – und es musste das gesamte Universum ausfüllen! Sonst könnte man ja das Licht der Sterne nicht sehen. Man hatte es zwar noch nicht entdeckt, aber es musste ja existieren – und man hatte auch schon einen Namen dafür: „Lichtäther" oder kurz „Äther" (vom griechischen *aithér* „der blaue Himmel"). Und da die Erde in ihrer Kreisbahn um die Sonne durch ihn hindurchfliegen musste, hätte man einen jahreszeitlich wechselnden „Ätherwind" feststellen müssen. Also machten sich Michelson und Morley an die Arbeit. Sie kamen auf eine naheliegende Idee: Wenn man Licht in einem hinreichend schnellen „Zug" in bzw. entgegen der Fahrtrichtung misst, müsste man einen kleinen Unterschied feststellen. Und der passende „Zug" war die Erde, denn Licht ist ja bekanntlich ziemlich schnell. Aber auch deren Bahn um die Sonne ist quälend langsam, nur ca. 30 km/s und somit unterhalb der Messungenauigkeit der Lichtgeschwindigkeit. Das versuchten die beiden Forscher 1887 durch einen raffinierten Messaufbau auszugleichen, der nicht nur in und entgegen der „Fahrtrichtung" der Erde, sondern auch quer zu ihr nach Interferenzen forschte. Machen wir es kurz: Sie erhielten ein „Nullresultat". Das „Michelson-Morley-Experiment" gilt als eines der bedeutendsten Experimente in der Geschichte der Physik – ein „*Experimentum Crucis*" (lateinisch „Kreuzesversuch"). Ein Experiment, mit dessen Ergebnis die dem Experiment zugrunde liegende Theorie steht oder fällt. Und es kam „nichts" heraus! Deswegen stürzten sich viele Kollegen darauf und wiederholten es in den nächsten Jahren über dreißigmal. Ergebnis: *Nichts*.

Die klassische Physik spricht von „zueinander gleichförmig bewegten Bezugssystemen", in denen Geschwindigkeiten relativ zu einem Bezugspunkt sind bzw. sich vorzeichengerecht addieren (vergl. Kap. 3.3). Aber die Lichtgeschwindigkeit ist *nicht* relativ, sie ist *absolut*. Sie addiert sich *nicht* zur Geschwindigkeit ihres Bezugssystems. Die Zündschnur am Gebäude der klassischen Physik glimmte. Ein fast philosophischer Gedanke: Dieses „Nichts" ist eines der bedeutendsten Ergebnisse der Experimentalphysik. Aber im Grunde genommen kam nicht „nichts" heraus, sondern dass die Lichtgeschwindigkeit eben nicht von der Geschwindigkeit des Bezugssystems abhängt. Und das ist nun wirklich *etwas*![194] Und deswegen ist die Lichtgeschwindigkeit eine der vier fundamentalen Naturkonstanten.

In einem der ersten „Lehrfilme", der gleichzeitig ein „Zeichentrickfilm" war, wurde 1923 die Konstanz der Lichtgeschwindigkeit in einer Zeichnung dargestellt.[195] An einem Rad sind zwei Pistolen so montiert, dass sie einander gegenüberliegen und in dieselbe Richtung zeigen. Stände das Rad still und würde man beide Pistolen gleichzeitig abfeuern, so kämen die Kugeln zur selben Zeit an der gegenüberliegenden Zielscheibe an. Dreht sich das Rad sehr schnell in eine Richtung (mit der Radialgeschwindigkeit v_R), so treffen die gleichzeitig gezündeten Kugeln wegen der unterschiedlichen Relativgeschwindigkeit (mit der Austrittsgeschwindigkeit v_K der Kugel und der Geschwindigkeit am Rand des Rades v_R ist $v_1 = v_K + v_R$ und $v_2 = v_K - v_R$) zu *verschiedenen* Zeiten auf den links befindlichen Schirm auf. Das Aufleuchten der Mündungsblitze auf dem Schirm erfolgt jedoch *absolut gleichzeitig*, da seine Geschwindigkeit eine absolute und keine relative Größe ist. Ein etwas unglückliches Beispiel, denn das entspricht ja auch unserer intuitiven Vorstellung, weil das Licht ja so extrem schnell ist. Fakt ist aber: Das Licht „reist" mit der Geschwindigkeit c und *nicht* mit $c + v_R$ und $c - v_R$ wie die beiden Kugeln.

Was ist Licht?

„Was ist Licht?" – das ist eine so einfache Frage, dass es einem fast graust.[196] „Licht ist eine elektromagnetische Welle", so steht es weiter oben lapidar. Aber das war lange nicht klar. Wie schon erwähnt, deutete Isaac Newton die Gesetze der Reflexion und Brechung von Lichtstrahlen durch die Annahme, dass das Licht aus einem Strom schneller leichter Teilchen besteht – die „Korpuskeltheorie" (lateinisch *corpusculum* „Körperchen"). Der niederländische Physiker Christiaan Huygens (1629–1695) und andere interpretierten dieselben Erscheinungen aber als das Ergebnis der Wellennatur des Lichtes. Ja, was denn nun?! Welle oder Teilchen? Der „Welle-Teilchen-Dualismus" war geboren. Erhärtet wurde die Wellentheorie durch Doppelspaltexperimente, die Interferenzmuster zeigten – ein eindeutiger Beweis, dass Licht eine Welle ist.[197] Auch Maxwell erkannte aus seinen Gleichungen der elektromagnetischen Wellen, dass deren Ausbreitungsgeschwindigkeit mit der Lichtgeschwindigkeit übereinstimmte. Daraus schloss er, dass das Licht ebenfalls eine elektromagnetische Welle sei und letztlich aus bewegten Ladungen entsteht.

Erst 1905 kam es zum Gegenschlag der Korpuskelanhänger: Einstein erklärte den photoelektrischen Effekt (kurz: „Photoeffekt") mithilfe von Lichtteilchen – Licht fällt auf Materie und „schlägt" wie Schrotkugeln aus der Materie Elektronen heraus. Entscheidend war dabei, dass die Energie der herausgeschlagenen Elektronen nicht von der Amplitude, also der Intensität des Lichtes, abhängig war (wie bei einer Welle zu erwarten), sondern nur von der Wellenlänge des verwendeten Lichtes.

Ein „Streit", der bis heute nicht beendet ist. Er kann auch nicht beendet werden, nie und nimmer, denn Licht ist *beides*: Welle *und* Teilchen. Das ist eigentlich auch nichts Geheimnisvolles: Mache ich mit einem Eisenstab einen Zugversuch, um seine Elastizität zu ermitteln, dann reagiert er wie ein „Zugstab". Mache ich mit ihm einen Torsionsversuch, dann reagiert er wie ein „Torsionsstab". Kein Mensch würde von einem „Zug-Torsions-Dualismus" bei Eisen sprechen. Nun, dieser Vergleich hinkt vielleicht etwas, aber er zeigt etwas Grundsätzliches in der Naturwissenschaft: Ein Experiment zeigt die Eigenschaften des Versuchsobjektes, auf die der Forscher abzielt.

Wo aber kommt es her? Unter anderem von der Sonne, wie wir alle wissen. Genaueres erfahren Sie in den beiden folgenden Kapiteln, deswegen hier nur kurz: Im Inneren der Sonne entsteht Gammastrahlung als Ergebnis atomarer Prozesse, der „Kernfusion". Die Gammastrahlung braucht Jahre und unheimlich viel Energie, um aus dem dichten Plasmamaterial (zehnmal dichter als Blei, siehe Ende von Kapitel 9.2) des Sonneninnern (Radius 700.000 km) überhaupt herauszukommen. Sie verliert diese Energie und wird dadurch langwelliger. Aber auch im Korpuskel-Weltbild kann man es deuten: Die Teilchen (was ihre wahre Natur ist, erfahren Sie in Kap. 9.3) stoßen mit dem Material im Sonneninneren zusammen und verlieren dadurch Energie. Befreit von der Kräfte zehrenden Last des Weges durch den Kern der Sonne sausen sie an ihrer Oberfläche mit Lichtgeschwindigkeit los und erreichen in 8 min. die Erde. Dort haben sie immer noch genug Power. Die Lichtteilchen werden in grünen Blättern verwendet, um Moleküle zu knacken und damit die Photosynthese (CO_2 wird in O_2 verwandelt) zu ermöglichen. „Es werde Licht" in der Genesis weist zu Recht darauf hin, dass es ohne Licht kein Leben gäbe.

Das war eine kurze Erklärung, aber das bedeutet nicht, dass wir den „Welle-Teilchen-Streit" schon zu den Akten legen. Sie werden ihm gleich wieder begegnen und eine völlig neue Wendung kennenlernen.

Fassen wir zusammen

Licht hat es schwer, könnte man sagen: Es wird gebeugt, gebrochen, zurückgewiesen und verschluckt. Doch unbeirrt pflanzt es sich fort und hat im Vakuum immer dieselbe Geschwindigkeit von unvorstellbaren 299.792 km/s oder etwas über eine Milliarde km/h. In Medien wie Luft, Wasser oder Glas wird es langsamer, was der „Brechungsindex" n (n > 1) ausdrückt: c_{Medium} = c/n. In Luft wird Licht um ca. 0,28 % verlangsamt (also c_{Luft} ≈ 299.710 km/s), in Wasser um ca. 25 % (c_{Wasser} ≈ 225.000 km/s) und in Gläsern mit hoher optischer Dichte um ca. 47 % (c_{Glas} ≈ 160.000 km/s).

Grenzen nun zwei durchsichtige Medien aneinander, so entsteht durch die unterschiedliche Lichtgeschwindigkeit in beiden Medien die Brechung des Lichts an der Grenzfläche. Da die Lichtgeschwindigkeit im Medium auch von der Wellenlänge des Lichtes abhängt, wird Licht unterschiedlicher Farbe unterschiedlich gebrochen und weißes Licht spaltet in seine unterschiedlichen Farbanteile auf. Dieser Effekt lässt sich z. B. mithilfe eines Prismas direkt beobachten – ebenso wie an den Wassertröpfchen eines Regenbogens.[198]

Reflexion oder Streuung ist das Zurückwerfen von Wellen an einer Grenzfläche, an der sich der Wellenwiderstand oder der Brechungsindex des Mediums ändert. Aber ein Teil wird meist verschluckt: durch Absorption. Wie bei einer Schallwelle schluckt die Absorption einer elektromagnetischen Welle einen Teil ihrer Energie und wandelt sie um in … was wohl? Genau: in Wärme. Ein „Absorptionskoeffizient" beschreibt die Verringerung ihrer Intensität. So lässt eine 1 mm dicke Fensterscheibe nur etwa 30 % des „Lichtes" der Wellenlänge 300 nm durch – das ist aber bereits Ultraviolett, und so wird man hinter einem Fenster auch nicht braun. Insbesondere die Erforschung der Gesetze der Refraktion und der Reflexion – nebst beachtlichen Fortschritten in der Technik und den Materialien – ermöglichten den Bau immer besserer optischer Instrumente: Mikroskope, Brillen, Lupen, Fernrohre, Spiegel usw.

Licht hat zwei verschiedene und sich scheinbar widersprechende Eigenschaften. Es gibt Experimente, die nachweisen, dass Licht eine Welle ist, z. B. die Lichtbrechung am Prisma. Andere Experimente (z. B. der Photoeffekt) belegen, dass es ein Strom von Teilchen ist. Das nennt man den „Welle-Teilchen-Dualismus". Man könnte meinen (fälschlicherweise!), das wären unterschiedliche Lehrmeinungen, wie man sie in vielen anderen Bereichen der Wissenschaft findet. Schulen, Strömungen und Lager von Anhängern bzw. Gegnern einer Theorie. Hier ist das nicht so – denn *jede* Strahlung hat sowohl Wellen- als auch Teilchencharakter. Abhängig vom durchgeführten Experiment tritt nur der eine *oder* der andere in Erscheinung. Im nächsten Kapitel, wenn wir in die Tiefen des Allerkleinsten vordringen, werden wir mehr über diesen seltsamen Fall des *Dr. Jekyll und Mr. Hyde* erfahren, der an den Vorstellungen der klassischen Physik rüttelt.[199] Auch die Konstanz der Lichtgeschwindigkeit unabhängig von der Geschwindigkeit des gleichförmig bewegten Beobachters wird uns noch zu denken geben (übernächstes Kapitel) und unser Weltbild auf den Kopf stellen.

Und schließlich muss ich Sie noch einmal in Erstaunen versetzen: Ist es nicht ein Wunder, dass wir zwei Wellenlängen von 550 bzw. 650 nm so deutlich als „grün" und „rot" unterscheiden können, obwohl die Differenz von 100 nm innerhalb des Wellenlängenbereiches von 10^{-15} bis 10^{7} m im elektromagnetischen Spektrum so winzig ist (vergl. Kap. 7.4 und Tab. 7.2)? Wenn Sie nun an alle die Farbschattierungen denken, die Sie *zwischen* „grün" und „rot" auseinanderhalten können, dann werden Sie diese erstaunliche Leistung der Evolution nur bewundern können.

9

Das Universum von innen
Moleküle, Atome und Elementarteilchen

Kommen wir aus der „Mittelwelt" in die Welt des unendlich Kleinen, nach „Mikronesien". Na ja, „unendlich" gibt es in der Realität nicht, nur im Abstrakten, z. B. der Mathematik. Also in die Welt des sehr, sehr, sehr Kleinen.

Die „klassische Physik" ist in weiten Teilen schon schwierig – erwarten Sie also von dem Grenzbereich des sehr Kleinen nicht zu viel! Sie werden auf Dinge stoßen, die schwer bis unmöglich zu verstehen sind. Vieles sind nur Bilder, Modelle und Analogien, die aufgrund der mathematischen Logik und der Widerspruchsfreiheit der Gesetze so sein müssen. Andererseits hat man erstaunlich viel durch Experimente verifiziert – oft genug wurden Gegebenheiten zuerst theoretisch postuliert und dann (viel) später experimentell bestätigt (jüngstes Beispiel: das „Higgs-Teilchen").

Im „alten" Griechenland, das oft als Wiege unserer Kultur und Wissenschaft angesehen wird, kannte man vier „Elemente". Jeder Stoff, ja jedes Sein (was immer sie damit meinten) bestände aus den vier Grundelementen Feuer, Wasser, Luft und Erde. Aber zwei Philosophen, Leukipp und Demokrit, hatten schon im 5. Jahrhundert v. Chr. an Atome gedacht, an kleinste Bausteine der Materie, die sich nicht weiter zerlegen ließen. Ihr Zeitgenosse Anaxagoras sah das anders: „Denn bei dem Kleinen gibt es ja kein Allerkleinstes, sondern stets ein noch Kleineres. Denn es ist unmöglich, dass das Seiende zu sein aufhöre."[200] Doch Rudi wusste es besser, denn der Seher hatte ein wenig in eine ferne Zukunft geschaut und ihn vorsichtig auf die richtige Spur gebracht. Er wusste, dass ein Element ein reiner Stoff ist, der durch chemische Methoden nicht weiter zerlegt werden kann.[201] Mal sehen, was er mit seinem Wissen anfängt!

9.1 Materie wird in ihre Bestandteile zerlegt

Bis hierher hat die „klassische Physik" sich mit „Mesonesien" beschäftigt, unserer mit unseren Sinnen und deren „Verlängerungen" (z. B. Mikroskop) erfassbaren Welt der mittleren Größenordnungen, der „Mittelwelt" in unserem „m-kg-s-Messbereich". Und damit mit der Welt, die durch unsere Erfahrung und unsere Logik erfassbar ist. Zeit ist Zeit und Raum ist Raum – bekannte Größen. Wie sollte es auch anders sein?! Auch das Kleinste und das Größte müssen bekannten Gesetzen gehorchen, die aus „unserer Welt" stammen. Am Anfang, beim Einstieg in die Mikrowelt ist das ja auch noch so. Aber wie lange gilt das?

Eddi muss einen Barren Gold zerlegen

Gold war inzwischen wertvoll geworden, nach dem Verfall der Feuerstein-Preise.[202] Die Stammesfürsten und die Frauen *liebten* es. Es war selten und schön anzusehen, verlieh einem Schönheit, Ansehen und Macht.

Eddi traf Rudi, der gerade nachdenklich einen kleinen Klumpen in seiner Hand hatte. „Ich habe ihn gewogen", sagte er, „Er hat ziemlich genau 197 g." „Wie kannst du denn *so* genau wiegen?!" „Ich verwende einen Hebelarm eins zu zehn. Das Hebelgesetz: Last mal Lastarm gleich Kraft mal Kraftarm." „Schön", sagte Eddi unbeeindruckt. Rudi fuhr fort: „Damit machen wir ein Gedankenexperiment. Wir machen es nur im Kopf, theoretisch sozusagen, abstrakt – wie in der Mathematik. Nimm den Klumpen Gold und halbiere ihn." „Okay. 98,5 g." „Nimm eine Hälfte und halbiere sie." „Fertig. 49,25 g." „Nimm davon eine Hälfte und halbiere sie." „Hab' ich. 24,625 g." „Nimm davon eine Hälfte und halbiere sie." „Ja, und nun? 12,3125 g." „Nimm davon eine Hälfte und halbiere sie." „Du wiederholst dich! Wie oft soll ich das denn noch machen?! 6,15625 g."

Rudi ließ nicht locker: „Was kriegst du denn als Ergebnis, wenn du immer weiter teilst?" „Blöde Frage! Gold natürlich. Immer nur Gold! Zwar immer kleinere Stückchen, aber immer Gold. Bei der nächsten Teilung 3,078125 g." „Ist ja gut! Ich weiß, dass du rechnen kannst. Aber wie oft kannst du das machen?" „Unendlich oft. Gold ist Gold!" Rudi verzog sein Gesicht: „Uijui-jui! ‚Unendlich' ist ein gefährliches Wort. In deiner Mathematik gibt es das, in der realen Welt nicht. Irgendwann ist immer Schluss!" Nun wurde Eddi nachdenklich: „Stimmt! Das habe ich dir doch schon erklärt! Es muss etwas Unteilbares geben! Wie wollen wir das nennen?"

„Atom", so tönte Siggis Stimme aus dem Abseits, wo er sich unbemerkt aufgehalten hatte, „Die alten Griechen …" „Die in deiner *Zukunft* alten Griechen", verbesserte Eddi, aber Siggi sprach weiter: „Sie nannten es *átomos*, ‚das Unteilbare'. Oder irgendwelche Leute später, die gerne altgriechische Fremdwörter verwendeten, um ihre Bildung zu demonstrieren." „Du scheinst ja nicht sehr weit gekommen zu sein bei deiner Zukunftsreise … Wer weiß, ob das Unteilbare nicht doch teilbar ist?!!" „Ist es nicht", sagte Siggi kategorisch, „Gebt euch damit erst einmal zufrieden! Denkt darüber einmal genau nach, was das bedeutet. Denn ich sage euch, Eddi muss den Goldklumpen etwa 79-mal halbieren. Aber dann ist Schluss, endgültig. Ein Gold-Atom. *Eins*. Unteilbar, wie ich schon sagte."

Nun sah er zwei ratlose Forscher. Eddi rechnete: „79, also fast 80-mal? Zehnmal sind schon 0,197 g – du erinnerst dich an die Potenzrechnung: 2^{10} ist 1.024. Und 2^{20} ist schon über eine Million – wie viel ist dann erst 2^{80}? Nach den Potenzgesetzen ist 1.024 etwa 10^3 – alles über den dicken Daumen geschätzt – und somit muss ich den Exponenten, also 80, durch 10 teilen und mal 3 nehmen, dann habe ich die Anzahl der Dezimalstellen, nämlich 24. Damit lande ich bei zirka $197 \cdot 10^{-24}$ g – das wäre das kleinstmögliche Goldteilchen … Das glaube ich nicht![203] Und wie ist es mit Silber? Gibt es ein ‚kleinstes Silberteilchen', das nicht weiter zerlegbar ist?"

Siggi strich sich seinen Bart und nickte. Eddi fasste nach: „Und Wasser? Gibt es ein ‚Wasser-Atom'? Siggi strich sich erneut seinen Bart und wiegte den Kopf hin und her: „Ja und nein. Es gibt ein kleinstes Wasser-Teilchen, aber das ist noch zerlegbar. Und man kann es sogar aus Atomen zusammensetzen. Sie nennen es ‚Molekül', aber es ist nicht elementar wie Gold oder Silber. Es besteht seinerseits aus Atomen von Elementen. Denn alles, Steine, Flüssigkeiten, Luft, Pflanzen, Tiere und selbst wir bestehen nur aus etwa 100 Elementen. Mehr nicht. Und es kommt noch schlimmer: Je nachdem, wie man es rechnet, kommen davon etwa zehn bis zwanzig deutlich am häufigsten vor. Fast zwanzig Kilo von Rudis Körper sind reine Kohle. Das Element heißt ‚Kohlenstoff.'"

Die beiden Forscher waren stumm vor Staunen. Die ganze Welt, von der Erde bis zu den Sternen, besteht praktisch nur aus weniger als 100 Elementen. Der Rest ist deren schier unendliche Kombinationsfähigkeit zu allen Arten uns bekannter Materialien – tot oder lebendig. Unglaublich!

Unglaublich ist es in der Tat, und das Ergebnis einer Kette von bedeutenden Entdeckungen in der Physik. Denken wir das Ganze noch einmal durch: Wie lange können wir die Teilung des Goldbarrens[204] fortsetzen, in Gedanken (ohne uns um technische Probleme wie die Größe der Säge oder der Winzigkeit des Körnchens zu kümmern)? Unendlich oft? Nein. Vorsicht mit der Unendlichkeit – sie ist nie zu Ende, wie der Begriff „un-endlich" sagt. Diese fortlaufende Teilung stößt nämlich nach ziemlich genau 79 Halbierungen an ihre Grenze: das „Atom". Der Name bedeutet „unteilbar", wie Siggi schon sagte (auch der Begriff „In-dividuum" bedeutet „un-teilbar"). Der Verdacht kam um 1740 auf, als man den gleichmäßigen Druck von Gasen auf die Behälterwände durch zahllose Stöße kleinster Teilchen erklärte. Dann wiesen auch chemische Experimente darauf hin, dass Elemente immer in Mengenverhältnissen kleiner ganzer Zahlen miteinander reagieren – eine weitere Stütze des Atomkonzeptes. Inzwischen wissen wir, dass man ein Atom sogar weiter spalten kann, dass es aus kleineren Bausteinen besteht – aber dann ist es kein Gold mehr. Ein Goldatom ist der kleinste Baustein von Gold. Sie hätten dasselbe auch mit Silber machen können oder mit einem Diamanten, bei dem Sie bei einem Kohlenstoffatom gelandet wären.

Dasselbe hätten wir auch durch Verdünnung erreicht: Wäre Gold flüssig und wasserlöslich, hätten wir es in den 70 bis 80 Schritten jeweils 1:2 verdünnen können. Rein theoretisch, wie gesagt. Wie viele Goldatome waren also im ursprünglichen Barren? Das könnte man über die Häufigkeit der Teilungen errechnen, aber die Zahl ist bereits bekannt: die „Avogadro-Konstante", etwa 602 Trilliarden Teilchen.[205] „Trilliarde", das ist ja nur ein Wort, werden Sie sagen. Schon eine Milliarde können Sie sich kaum vorstellen: 1 Mrd. mm = 1000 km. Eine Trilliarde sind tausend Milliarden Milliarden.[206] Das ist also die Zahl 602, wenn man noch 21 Nullen anfügt. Entsprechend groß bzw. klein sind die Atome – etwa ein Zehntel eines Milliardstel Meters. Diese Zahlen können Sie sich nicht vorstellen? Rechnen wir eine Analogie aus: Wenn ein Goldatom so groß wie eine Glasmurmel wäre, 1 cm im Durchmesser – wie groß müsste unser Goldbarren sein, um die 602 Trilliarden Murmeln zu enthalten? Ein Würfel von 100 m Kantenlänge? Oder 1.000 m? Oder 10 km? Oder … Halten Sie sich fest: es ist ein Würfel von etwa 844 km Kantenlänge, ein Tafelberg von 844 km Länge, 844 km Breite und 844 km Höhe (wo vielleicht Fernmeldesatelliten in der Erdumlaufbahn mit ihm kollidieren).[207] Pures

Gold, wenn ein Goldatom so groß wie eine Glasmurmel wäre. Wenn Sie sich auch einen solchen Würfel nicht vorstellen können, so rechnen Sie ihn doch in eine Platte um: 602.000.000 km³ Gold auf der Gesamtfläche der Erde mit 510.000.000 km² (einschließlich der Meeresoberfläche!) aufgeschichtet bedeckt eine Höhe von 1.180 m … mit Goldmurmeln. Aus einem 200-g-Barren!

Wären Sie gerne Milliardär? Um jedem Menschen dieser Erde (ca. 7 Mrd.) *eine Milliarde* Goldatome zu schenken, bräuchten Sie nur ca. 2 mg (mg, also 2/1000 g).[208] So klein ist ein Atom. Die Atome sind so klein, dass sie zum Teil ganz andere Eigenschaften haben bzw. nicht haben: Ein Goldatom z. B. hat keine goldgelbe Farbe. Sie können es – im Unterschied zu einem Goldklümpchen – auch nicht auf 50 °C erhitzen, denn ein Atom hat keine Temperatur. Apropos „Temperatur": Die gedachten Goldmurmeln liegen natürlich nicht still – sie bewegen sich unruhig hin und her, und zwar umso mehr, je höher die Temperatur des Murmelhaufens ist. Erst beim absoluten Nullpunkt, 0 K, ist Ruhe im goldenen Tafelberg.

Noch eine Illustration zur Atomgröße: Schenken Sie jedem Menschen auf der Erde *ein* Wassermolekül aus dem 18-g-Schnapsglas mit seinen $6 \cdot 10^{23}$ Molekülen. Stellen Sie sich eine Galaxie vor, die so viel Erden enthält, wie es Menschen bei uns gibt: sieben Milliarden ($7 \cdot 10^9$) Erden. Dann haben Sie erst $49 \cdot 10^{18}$ Wassermoleküle verteilt. Seien wir großzügig und lassen die Zahlenwerte weg ($6 \approx 4{,}9$) – Sie bräuchten zehntausend dieser Galaxien (10^4) mit je sieben Milliarden Erden mit je sieben Milliarden Menschen! Für ein Schnapsglas Wasser!

Wie viele verschiedene Arten von Atomen gibt es? So viele, wie es unterschiedliche chemische Elemente gibt: Bis jetzt hat man 118 Stück gefunden bzw. experimentell hergestellt.[209] Daraus besteht alles: Das Weltall, die Erde … und Sie. Sie enthalten bei 70 kg Gewicht etwa 43 kg Sauerstoff und 7 kg Wasserstoff – hauptsächlich in Form von Wasser, also zu Molekülen zusammengefügten Atomen. Dazu kommen ca. 16 kg Kohlenstoff, das wichtigste Atom in „organischen" Verbindungen, die in allem Lebendigen vorkommen. Plus fast 2 kg Stickstoff, aber nur 4 g Eisen, 7 mg Arsen und etwa 35 weitere Elemente.[210] Aber natürlich nicht in reiner Form: Die Atome der Elemente verbinden sich – ein chemischer Prozess – zu „Molekülen". Aber dazu kommen wir später.

Noch eine Anmerkung: Normalerweise spielt die Avogadro-Zahl im täglichen Leben keine große Rolle. Doch in der Homöopathie taucht sie auf. Nehmen wir zum Beispiel *Nux vomica D30*, ein Homöopathikum aus der „Gewöhnlichen Brechnuss". „D30" bedeutet eine dreißigfache Verdünnung in der Dezimalpotenz (Verdünnung 1 : 10, man nennt es „Potenzen"), also eine Verdünnung von 1 : 10^{30}. Wir können auch 10^{-30} schreiben, eine 1 mit

30 Nullen hinter dem Komma. Die „Avogadro-Konstante" besagt, dass sich in 18 g Wasser (H_2O) ca. $6 \cdot 10^{23}$ Moleküle befinden – wie schon gesagt: ein kleines Schnapsglas voll. Also brauchen wir $18 \cdot 10^{30} / 6 \cdot 10^{23} \approx 3 \cdot 10^7$ g Wasser, damit sich noch ein einziges Brechnuss-Molekül darin befindet. Das sind 30 t Wasser – ein kleiner Pool voll. Dies wird in kleinen 10-ml-Fläschchen verkauft, von denen wir drei Millionen Stück zu je 6 € herstellen können. In welchem sich wohl das Brechnuss-Molekül befindet? Ein gutes Geschäft!

Materie scheint nicht immer stabil zu sein

Im Jahre 1896 entdeckte der französische Physiker Antoine Henri Becquerel, dass Uransalz gut verpackte fotografische Platten schwärzte, also offensichtlich etwas die Verpackung durchdringen konnte. Diese Uranverbindungen lagen einfach so herum, zerfielen aber anscheinend ohne erkennbaren Grund spontan in andere Elemente und gaben dabei eine Art von „Strahlung" ab. Die Physikerin Marie Curie beschloss, die „Becquerel-Strahlung" für ihre Doktorarbeit zu untersuchen. Marie und Pierre Curie fanden dann 1898 zwei bisher unbekannte chemische Elemente, das Radium und das Polonium, als Zerfallsprodukte der Pechblende (einem uranhaltigen Mineral), und 1903 wurde die Arbeit der drei mit dem Nobelpreis für Physik belohnt.

Aber was waren das für „Strahlen"? 1898 gelang dem Atomphysiker Ernest Rutherford, zwei offensichtlich unterschiedliche Arten von Strahlung durch ihr unterschiedliches Durchdringungsvermögen von Materialien zu unterscheiden. Er nannte sie „Alphastrahlen" und „Betastrahlen". Anderen Physikern gelang es, sie mit einem Magnetfeld abzulenken und so zu trennen: Die „Alphastrahlen" sind positiv geladen und die „Betastrahlen" negativ. Dann kam wieder Rutherford zum Zuge: Er verglich Spektrallinien bei Gasentladungen mit den Alphateilchen und konnte sie 1908 als Teilchen identifizieren, die irgendetwas mit Helium zu tun hatten.

Also musste man offensichtlich erst einmal in die Winzigkeit der Atome, in ihr Inneres, eindringen. Sie sind keineswegs die Unteilbaren, für die man sie gehalten hatte. Jetzt musste man herausfinden, wie denn dieses Helium „von innen" aussah – und die anderen etwa 100 Elemente auch.

Wir schauen uns ein Atom genauer an

Das ist leichter gesagt als getan. Das Auflösungsvermögen optischer Mikroskope beträgt, wie wir in Kap. 8.2 gesehen haben, ca. $d = \lambda/2$. Der Teil des elektromagnetischen Spektrums, den wir als Licht bezeichnen, reicht von etwa

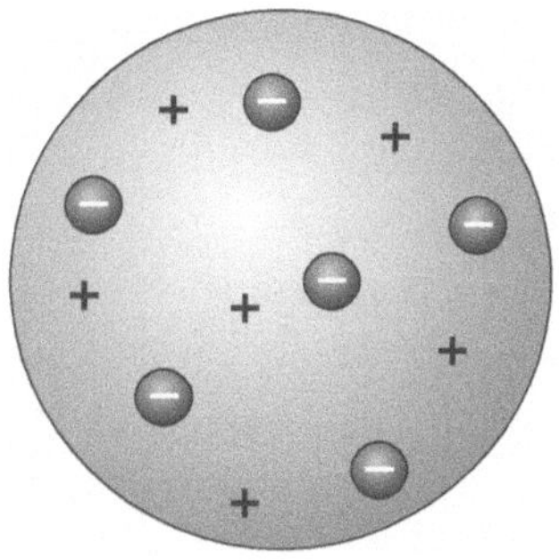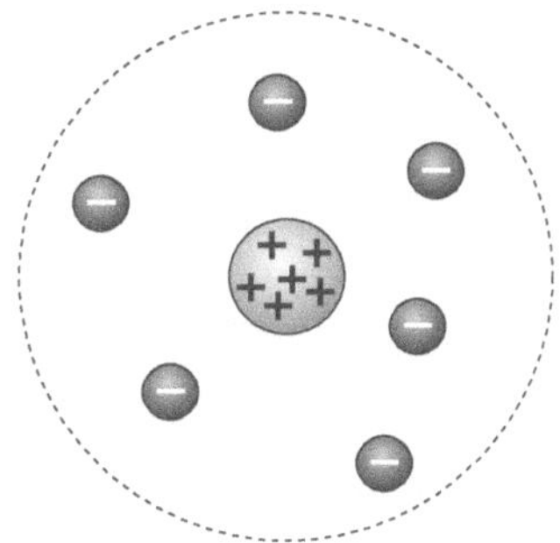

Abb. 9.1 Thomson'sches und Rutherford'sches Atommodell

380 nm (violett) bis 780 nm (dunkelrot)für die Wellenlänge λ. Also ist die Grenze im Extremfall ca. $\frac{1}{2} \cdot 380 \cdot 10^{-9} = 1{,}9 \cdot 10^{-7}$ m = 190 nm.

„Wie groß ist denn ein Atom?", werden Sie fragen. Machen wir eine grobe Schätzung: In 197 g Gold sind $6 \cdot 10^{23}$ oder $600 \cdot 10^{21}$ Goldatome. Bei einer Dichte von 19,3 g/cm^3 sind das ca. 10 cm^3 Gold. An jeder Kante des Würfels – er hat die Kantenlänge $\sqrt[3]{10} = 2{,}514$ cm – reihen sich $\sqrt[3]{600} \cdot 10^7 \approx 8{,}4 \cdot 10^7$ Goldatome auf. Keines kann also größer als $0{,}3 \cdot 10^{-7}$ cm = $3 \cdot 10^{-10}$ m sein, grob ein Tausendstel der optischen Auflösungsgrenze. Also: Wie Sie sehen, sehen Sie *nichts*! So funktioniert Physik über den dicken Daumen …

Ein *sehr* dicker Daumen … Denn ein Atom ist nur etwa 0,1 nm = $1 \cdot 10^{-10}$ m „groß". Also brauchen wir „Licht" mit kürzerer Wellenlänge λ. Dazu eignet sich die Röntgenstrahlung mit einer Wellenlänge von 10^{-8} bis 10^{-11} m, wobei die „weiche" Röntgenstrahlung mit den größeren Wellenlängen auch ausscheidet. Doch was man „sieht", ist auch nur ein unscharfes, merkwürdig strukturiertes Wattebällchen.[211]

Um 1900 herum wollte man nun wissen, wie ein Atom von innen aussieht. Man experimentierte schon mit Kathodenstrahlen, also mit Elektronen (ohne es zu ahnen), wie in Kap. 7.4 schon erwähnt. Man wusste, dass die kleinsten Teilchen aus zwei verschiedenen Ladungen bestehen mussten, positiven und negativen. Man hatte festgestellt, dass die negativen Elektronen von Atomen absorbiert werden. Jetzt lag die Vermutung nahe, dass ein Atom eben nicht unteilbar sei, sondern mindestens aus solchen positiven und negativen Einzelteilen bestand. Sir Joseph J. Thomson entwickelte daraus ein erstes Atommodell, das manche mit feinem englischem Humor als Plumpudding- oder Rosinenkuchenmodell bezeichneten (Abb. 9.1 links).[212] Das Atom war in dieser Vorstellung ein positiv geladener Knödel, in den so viele Elektronen als Rosinen eingebacken waren, wie der positiven Ladung des Knödels entsprach.

„Das wollen wir doch einmal sehen!", dachte sich ein paar Jahre später Ernest Rutherford. Er beschoss die Atome in einer superdünnen Goldfolie mit radioaktiven Strahlen, eigentlich mit subatomaren Teilchen (anders gesehen:

mit zweifach ionisierten Heliumatomen), seinen „Alphastrahlen“. Das ging als „Streuexperiment“ in die Geschichte ein.[213] Aus Gold lassen sich besonders dünne Folien schlagen (Blattgold), die eine dünne Schicht der vermuteten schweren und dicken „Knödel“ bilden. Das Ergebnis war auf den ersten Blick enttäuschend: Die Teilchen gingen durch den Knödel wie Schrotkugeln durch Butter. Aber nicht alle. Einige – extrem wenige, nur etwa eins von vielen Millionen – wurden gestreut oder sogar reflektiert. Das erlaubte nur eine Erklärung: Der Knödel, also der harte Kern mit der positiven Ladung, ist extrem klein (Abb. 9.1 rechts). Nur der Kern streut die „Schrotkugeln“ – und da das so selten passiert, muss er im Vergleich zur Größe des Atoms winzig sein. Auch wenn die „Rosinen“ die Strahlen gestreut hätten, hätten bei einem *dicken* positiven Kern nicht die allermeisten glatt hindurch fliegen dürfen. Das Atom ist „leer“! Es wirkt als Ganzes durch seine stabile Elektronenhülle, hat aber nur einen winzigen schweren Kern, in dem fast seine gesamte Masse versammelt ist. Denn man wusste schon, dass die Elektronen viel leichter als die Kernbestandteile sind. Das verblüffte den Entdecker so, dass er einen plastischen Vergleich zog: „Es ist so ziemlich das unglaubwürdigste Ereignis, das mir je in meinem Leben passierte. Es war fast genauso unglaublich, als ob Sie eine 38-cm-Granate gegen ein Stück Seidenpapier abfeuern, und sie kommt zurück und trifft Sie.“[214] So hat der 1. Baron Rutherford of Nelson gewissermaßen aus dem Rosinenkuchenmodell „die Rosinen herausgepickt“. 1919 entdeckte Rutherford, dass der Kern des Wasserstoff-Atoms aus einer einzigen positiven Ladungseinheit besteht. Es ist das kleinste, am einfachsten aufgebaute Atom. Deshalb wurde dem positiven Teilchen der Name Proton (griechisch: *prōton* „das erste“) gegeben.

9.2 Woraus besteht das „Nichts“ der Materie?

Am folgenden Tag saß Siggi in seiner Hütte und „meditierte“, wie er es nannte. So hatten Rudi und Eddi Zeit, über seine Worte nachzudenken. Der Physiker sprach das Problem an: „Was hat er gesagt? ‚Gebt euch damit erst einmal zufrieden!‘, das hört sich komisch an. Es klingt so, als wäre das Atom seinerseits zerlegbar. Wenn alle Materie nur aus wenigen Elementen besteht, bestehen die Atome in diesen Elementen vielleicht nur aus *ganz* wenigen Teilen. Das wäre ja …“ „… eine Sensation“, ergänzte Eddi, „Aber woher weißt du das?“ „Ich weiß es nicht“, gestand Rudi. Eddi war unzufrieden: „Was ist das für eine Wissenschaft, die zugibt, dass sie etwas nicht weiß?!!“ „Das ist die *wahre* Wissenschaft. Sie kennt ihre Grenzen. Wir behaupten nicht, alles zu wissen. Ich schlage vor, wir warten, bis Siggi wieder aufwacht, um ihn zu fragen.“

Das war die Geburtsstunde des „Zukunftskollegs". Von nun an musste Siggi regelmäßige Zeitreisen unternehmen, um den Wissensdurst der beiden zu befriedigen. Den ersten Bericht, den er am nächsten Tag ablieferte, können wir verkürzt wiedergeben:

Das Unteilbare, aufgeschraubt

Siggi war anfänglich nur bis zum Anfang des 20. Jahrhunderts gereist, als man die Atomspaltung noch nicht entdeckt hatte. Denn erst 1938 gelang es Otto Hahn und seinem Assistenten Fritz Straßmann, ein Uranatom zu zerlegen. Genauer gesagt: Sie zerlegten seinen *Kern* in zwei Teile. Wie haben Sie das gemacht? Und wie haben sie es gemerkt?

Nun, Uran ist ein Element. Die beiden Forscher beschossen es mit einer neuen Art „Strahlung", die man zwischen 1930 und 1932 entdeckt hatte. Man hatte ein chemisches Element namens Beryllium mit Alphastrahlung (Helium-4-Atomkernen) beschossen. Heraus waren schnell bewegte Teilchen gekommen, die ungefähr die Masse des Protons besaßen, jedoch elektrisch neutral waren. Man nannte sie „Neutronen".[215] Durch den Beschuss mit diesen Neutronen zerlegten Hahn und Straßmann Uran in Barium und Krypton, ebenfalls zwei Elemente, die sie nachweisen konnten. Wo sollten sie hergekommen sein, wenn nicht aus dem zerlegten Urankern?!

Um das zu verstehen, müssen wir uns anschauen, wie jedes Atom der etwa 100 Elemente aufgebaut ist.[216] Nehmen wir als Beispiel Helium, das (nach Wasserstoff) das zweithäufigste Element im Universum ist. Ein Gas, das Sie aus Ballons kennen.

Das Atom sieht aus wie ein kleines Sonnensystem (genauer gesagt: Es sieht *nicht* so aus, aber man kann es sich so vorstellen – obwohl der Physiker Werner Heisenberg gesagt hat: „Versuchen Sie es gar nicht erst!"). Zu den schon bekannten Bausteinen, den Protonen und Elektronen, kommt also nun ein elektrisch neutrales Teilchen hinzu: das Neutron. Das Atom besteht nun aus einem Kern, in dem Neutronen und Protonen versammelt sind. Für die beiden Teilchen verwendet man auch die Sammelbezeichnung „Nukleonen". Um diesen Kern herum schwirren Elektronen (Abb. 9.2). Als man dieses Atom-Modell entwickelte, hielt man sie für die kleinsten Teilchen und nannte sie „Elementarteilchen". Ein Irrtum, wie sich später herausstellen sollte – es gibt *noch* kleinere Teilchen. Dieses Sonnensystem (inspiriert vom kopernikanischen Weltbild) wird nach dem dänischen Physiker Niels Bohr das Bohr'sche Atommodell genannt. Die Elektronen bewegen sich darin auf verschiedenen gedachten „Schalen", bewegen sich also nicht nur auf einer äußeren Bahn, sondern auch in tieferen Schichten.[217]

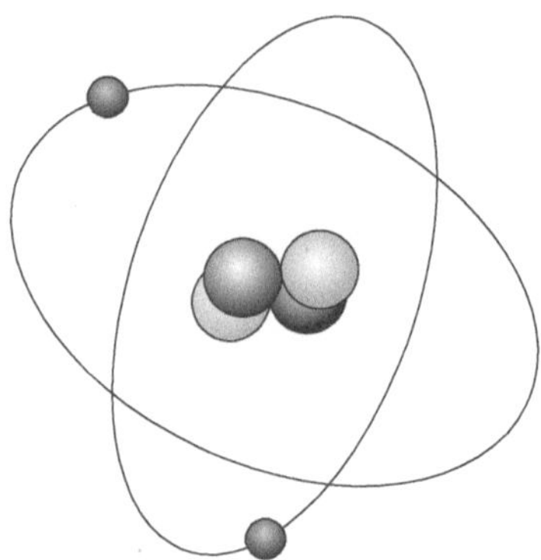

Abb. 9.2   Der Aufbau des Heliumatoms

Nun glauben Sie bitte nicht, dass dies ein maßstäbliches Bild wäre. Die wahren Größenverhältnisse sind ganz andere: der Kern (der Klumpen aus Neutronen und Protonen) und die Hülle (die Elektronenwolke) verhalten sich wie 1: 100.000. Also schwebt im Petersdom (211,5 m lang und 138 m breit) oder in der Mitte des Kolosseums in Rom ein Kügelchen von der Größe eines Stecknadelkopfes. Es stellte sich nämlich heraus, dass der Kerndurchmesser nur etwa 10^{-15} m beträgt.

Bei schweren Atomen mit vielen Nukleonen (z. B. Uran im Vergleich zu Helium) ist das Verhältnis Kern zu Atomhülle nur noch 1 : 10.000 (Kerndurchmesser ca. 10^{-14} m). Der Kern erreicht dann eine Grenze der Stabilität und deformiert sich immer stärker zigarrenförmig. Der Stecknadelkopf unseres Vergleiches wird dann zur Murmel.[218] Vergleichen wir den Kern mit einer Kugel von 1 cm Durchmesser, so hat das Atom selbst einen Durchmesser von von 100 m bis 1 km. Ein anderer Vergleich: Hätte ein Atom die Größe der Erde, so müsste sein Kern so groß sein wie eine Kugel mit einem Radius von 60 m. Oder nur 6 m bei einem leichten Atom. Diese Kugel im Erdzentrum repräsentierte die gesamte Masse der Erde, und zwischen ihr und der Erdkruste (der äußeren Hülle der Erde, also des Atoms) wäre … nichts! Nichts! Ein Atom besteht also aus … *nichts*!? Ja, zumindest größtenteils.

Das Heliumatom (Abb. 9.2) hat zwei Neutronen und zwei Protonen im Kern – somit (weil die Zahl der Elektronen bei elektrisch neutralen Atomen gleich der Zahl der Protonen ist) zwei Elektronen in der Hülle. Man würde es mit seinem Kürzel „He" als $^{4}_{2}$He schreiben, denn sein Atomgewicht ist 4 (2 Neutronen + 2 Protonen). Nun schaffen wir nämlich Ordnung: Die Ordnungszahl (auch Kernladungszahl genannt) ist die Anzahl der Protonen im Atomkern und ist identisch mit der Ladungszahl des Atomkerns. „He" hat also die Ladungszahl 2. In einem ungeladenen Atom stimmt die Zahl der Elektronen in der Atomhülle mit der Zahl der Protonen im Kern überein.

The legend box of the figure reads:

- 12,011 — Atommasse in u*
- Ordnungszahl — $_6$C — Atomsymbol
- Kohlenstoff — Elementname
- wichtigste — [He]2s^{2}p^2 — Elektronenkonfiguration
- Oxidationsstufen — IV, II, –IV 2,5 — Elektronegativität nach Pauling

* eingeklammerte Werte geben die Massenzahl eines wichtigen Isotops an

1	2	3	4	5	6	7
6,941 $_3$Li Lithium [He]2s^1 I 1,0	9,0122 $_4$Be Beryllium [He]2s^2 II 1,5					
22,9898 $_{11}$Na Natrium [Ne]3s^1 I 0,9	24,305 $_{12}$Mg Magnesium [Ne]3s^2 II 1,3					
39,0983 $_{19}$K Kalium [Ar]4s^1 I 0,8	40,078 $_{20}$Ca Calcium [Ar]4s^2 II 1,0	44,9559 $_{21}$Sc Scandium [Ar]3d^{1}4s^2 III 1,4	47,88 $_{22}$Ti Titan [Ar]3d^{2}4s^2 IV, III 1,5	50,9415 $_{23}$V Vanadium [Ar]3d^{3}4s^2 V, IV, III 1,6	51,9961 $_{24}$Cr Chrom [Ar]3d^{5}4s^1 III, VI 1,7	54,938 $_{25}$Mn Mangan [Ar]3d^{5}4s^2 II, IV, VII 1,6
85,4678 $_{37}$Rb Rubidium [Kr]5s^1 I 0,8	87,62 $_{38}$Sr Strontium [Kr]5s^2 II 1,0	88.9059 $_{39}$Y Yttrium [Kr]4d^{1}5s^2 III 1,2	91,224 $_{40}$Zr Zirconium [Kr]4d^{2}5s^2 III 1,3	92,9064 $_{41}$Nb Niob [Kr]4d^{4}5s^1 V, IV 1,6	95,96 $_{42}$Mo Molybdän [Kr]4d^{5}5s^1 VI, IV 2,2	(99) $_{43}$Tc Technetium [Kr]4d^{6}5s^1 VII 1,9

Abb. 9.3 Ausschnitt aus dem Periodensystem der Elemente

Daher gibt die Ordnungszahl auch die Elektronenzahl im neutralen Atom an. Woraus wir messerscharf schließen können, dass es auch *nicht* neutrale, also geladene Atome gibt. Die Ordnungszahl legt die chemischen Eigenschaften und damit den Namen des Elements fest, d. h., alle Atome mit gleicher Ordnungszahl gehören zum selben Element. Das oben gezeigte Kürzel lautet also in allgemeiner Schreibweise:

$$^A_Z\text{Symbol}$$

Die Ordnungszahl wird links unten neben dem Elementsymbol angegeben: A = Atomgewicht oder Massenzahl und Z = Ordnungszahl oder Kernladungszahl. Das Atomgewicht ist einfach eine Zahl relativ zum leichtesten Atom, dem Wasserstoff mit einem einzigen Proton im Kern (A = 1). Dabei lässt sich die Neutronenzahl N eines Atomkerns aus der Massenzahl A und der Ordnungszahl Z berechnen: N = A – Z, denn Proton und Neutron haben ungefähr die gleiche Masse.

So weist z. B. das Kohlenstoffatom 6 Protonen auf, hat aber das Atomgewicht 12, weil noch 6 Neutronen im Kern sitzen:

$$^{12}_{6}\text{C}$$

Das Periodensystem der Elemente (Abb. 9.3) bringt alle bekannten Elemente in eine sinnvolle Ordnung.[219]

Es würde zu weit führen, es im Einzelnen zu erläutern – das Internet ist voll von Informationen darüber. Es sollte nur gezeigt werden, in welch schöner und logischer innerer Ordnung sich unser Mikrokosmos befindet.

Die Wanderer unter den Elementen: „Ionen"

Das einfachste Element, Wasserstoff, hat ein einsames Proton im Kern, dem meist ein Elektron in der Schale Gesellschaft leistet. „Die Zahl der Elektronen ist *fast* immer gleich der Zahl der Protonen", haben wir gesagt – was bedeutet das denn? Atome sind nach außen elektrisch neutral – es sei denn, sie haben ein äußeres Elektron verloren oder sich zusätzlich eins eingefangen. Oder mehr als eins. Dann möchten sie zu ihrem elektrischen Gegenpol wandern – die negativen Atome zum Pluspol und die positiven zum Minuspol. Das heißt ein negatives „Ion" zu einem positiven und umgekehrt. Denn jetzt kommen wieder die alten Griechen: *ión* heißt „gehend", also heißen diese Wanderer „Ionen". Durch die Ionisierung ändert sich das chemische Element, also die Ordnungszahl, jedoch nicht.

Ein Ion ist ein Atom, so wie ein Cabriolet ein Auto ist. Das hat manchmal ein Dach und manchmal auch nicht. Oder es hat auch zwei Dächer, nämlich noch ein Hardtop. Ein Ion ist ein „geladenes" Atom. Im einfachsten (und extremsten) Fall ist es nicht mal ein Atom im engeren Sinne, sondern nur ein freies Proton. Wie geht denn *das*? Wasserstoff ist das einfachste Atom: ein Proton, ein Elektron, fertig. Sie erinnern sich? Das einsame Elektron kann durch energiereiche Strahlung (z. B. UV-Strahlung) weggeschossen werden und das Proton bleibt übrig.

Die Elektrolyse ist das klassische Beispiel für das Auftauchen von Ionen. Wie oben beschrieben (Kap. 7.3, Abb. 7.16) ist Elektrolyse das Zersetzen einer stromleitenden Flüssigkeit („Elektrolyt") beim Anlegen einer Spannung. Nehmen wir noch ein Beispiel: Chlorwasserstoff (HCl, ein farbloses und stechend riechendes Gas), das in Wasser gelöst die bekannte Salzsäure ist. Die HCl-Atome reagieren mit den Wasser-Atomen (H_2O) und zerlegen sich in elektrisch geladene Ionen. Dabei entstehen Chlor-Ionen (Cl) und Wasserstoff-Ionen (H). Die Chlor-Ionen sind negativ geladen, die Wasserstoff-Ionen positiv. Die Ionen wandern durch die Spannung an den Elektroden (Anode und Kathode) an die jeweils entgegengesetzt geladene Elektrode (Chlor-Ionen zur Anode und Wasserstoff-Ionen zur Kathode) – ein Stromfluss (der Ionenstrom) entsteht.[220]

Andere Familienmitglieder sind „Isotope". Das sind Atome, deren Kerne gleich viele Protonen enthalten, aber verschieden viele Neutronen. Es handelt sich dann um ein und dasselbe Element. Die Isotope verhalten sich also chemisch weitgehend identisch, haben aber verschiedene Massenzahlen. Fast alle Elemente haben mehrere Isotope (stabile und oft auch instabile, die von selbst zerfallen), gerade die höheren Kerne. Aber sie fangen gleich vorne an: Wasserstoff und „schwerer Wasserstoff" („Deuterium" genannt) und ein noch dickerer Kerl: „Tritium". Der normale Wasserstoff hat ein Proton im Kern, Deuterium besitzt ein Proton und ein Neutron, Tritium ein Proton und zwei Neutronen.

Atome mit wenigen Neutronen und Protonen im Kern sind leicht, die mit vielen sind schwer. Das merkt man schon am Gewicht: Wasserstoff ist ein leichtes Gas, Blei (82 Protonen, 125 Neutronen) ein schwerer Klumpen. Wer hätte das gedacht!? Apropos Gewicht: Atome sind nicht nur unfassbar klein, sondern auch unfassbar leicht: Ein Wasserstoff-Atom wiegt $1{,}66 \cdot 10^{-27}$ kg. So kann man sein Atomgewicht $A = 1$ in ein „richtiges" Gewicht in Gramm umrechnen. Ein Gold-Atom mit $A = 197$ (Ach so! Daher die 197 Gramm Gold, die Eddi zerlegen sollte) wiegt $327 \cdot 10^{-27}$ kg, Blei hat $A = 207$ und das schwerste natürliche Element ist Plutonium mit $A = 244$. Die noch fetteren Brocken lassen sich nur künstlich herstellen.

In Kap. 2.1 hatten wir von Dichte gesprochen, Gewicht pro Volumen. Lassen Sie uns ein wenig rechnen: Ein Proton (z. B. ein Wasserstoffkern) ist winzig (Radius knapp 10^{-15} m) und leicht (Masse ca. $1{,}66 \cdot 10^{-27}$ kg, s. o., denn die Elektronen wiegen ja praktisch gar nichts). Aus dem Radius errechnen wir ein Volumen von $4 \cdot 10^{-45}$ m^3 und damit eine Dichte von ca. $4 \cdot 10^{17}$ kg/m^3. Dies ist – salopp gesagt – eine ziemlich große Dichte. Lassen Sie uns zum Vergleich einen Wert aus Tab. 2.1 umrechnen: Platin hat eine Dichte von 21 g/cm^3 oder $2{,}1 \cdot 10^4$ kg/m^3. Der Atomkern ist unvorstellbare 13 Zehnerpotenzen (10 Billionen, falls Sie sich *die* vorstellen können) mal dichter. Oder mit einem anderen Beispiel (das Sie sich auch nicht vorstellen können): Die Erdmasse beträgt ca. $5{,}9 \cdot 10^{24}$ kg. Diese Masse in Atomkern-Dichte entspricht einem Würfel mit 245 m Kantenlänge, der in Manhattan gut ins Stadtbild passen würde.[221] Den Atomkern kriegt man also nicht kaputt, denkt man. Kriegt man aber doch, wie Sie wissen – und so bekommt man eine Ahnung, wie energiereich die Strahlung sein muss, um ihn zu spalten!

Jetzt ist die zentrale Frage: Welche Eigenschaften haben die kleinen Kügelchen der Atom-Bestandteile? Wie groß sind sie? Ein Atom selbst ist ja schon unvorstellbar klein – etwa 10^{-10} m. „Ein Atom" – das ist das ganze Gebilde, das nach außen (z. B. chemisch) als diese Ganzheit in Erscheinung tritt. Unser Goldatömchen ist ein solches Ding, nur dass es in seinem Kern und in seinem Elektronenorbit wesentlich voller ist, weil sich dort viel mehr Teilchen tummeln.

Ein Neutron hat einen Durchmesser von ca. $1{,}7 \cdot 10^{-15}$ m – schauen wir uns die Daten im groben Überblick an (Tab. 9.1).[222] Hinsichtlich der Masse gibt es interessante Einzelheiten bei den Elementarteilchen: Ein Proton wiegt

Tab. 9.1   Die drei Atombausteine (Elementarteilchen)

	Neutron	Proton	Elektron
Masse [kg]	$1{,}67 \times 10^{-27}$	$1{,}67 \times 10^{-27}$	$9{,}11 \times 10^{-31}$
Ladung	0	+	−
Durchmesser [m]	$1{,}7 \times 10^{-15}$	$1{,}7 \times 10^{-15}$	$< 10^{-19}$

(genauer gemessen) $1{,}672\ 621\ 777 \cdot 10^{-27}$ kg, ein Elektron $9{,}109\ 382\ 91 \cdot 10^{-31}$ kg. Teilt man die Protonenmasse durch die Elektronenmasse, so ergibt sich ein Verhältnis von $1836 : 1$. Ein Neutron wiegt $1{,}674\ 927\ 351 \cdot 10^{-27}$ kg, also ungefähr so viel wie ein Proton. Aber nur *ungefähr*, denn das Neutron ist $0{,}1378\,\%$ schwerer. „Was soll's!?", werden Sie sagen. Doch diese Zahlen werden noch eine Rolle spielen, wenn wir uns fragen, wieso das Universum überhaupt zusammenhält (Kap. 10.2).

Radio-Aktivität und zerfallende Atomkerne

Wenn Sie hier an eifrige Mitarbeiter eines Rundfunksenders denken, liegen Sie falsch. Unter „Radioaktivität" versteht man die Abgabe von Strahlung von „instabilen" Atomen.

Beim natürlichen Zerfall der instabilen Atome kann man nicht sagen, wann und aufgrund welcher Ursache ein bestimmtes Atom zerfällt. Die Ursache-Wirkungs-Kette wird beim radioaktiven Zerfall aufgehoben. Es *gibt* schlicht keine Ursache, denn die Welt der Allerkleinsten ist oft nicht deterministisch. Was man aber kennt, ist die „Halbwertszeit". Das ist die Zeit, nach der die gewichtsmäßige Hälfte des Materials zerfallen ist. Machen Sie keinen Denkfehler: Nach zwei Halbwertszeiten ist *nicht* alles weg, sondern wieder die Hälfte der verbliebenen Hälfte. Theoretisch ist also *nie* „alles" weg, denkt man an die riesige Zahl von Atomen in ein paar Gramm Materie. Das ist nicht unbedingt tröstlich, wenn man einige Halbwertszeiten kennt. Beim radioaktiven Caesium ^{137}Cs sind es mäßige 30 Jahre, bei Plutonium ^{239}Pu satte 24.110 Jahre – vom Uran ^{238}U mit 4,4 Milliarden Jahren wollen wir gar nicht erst reden (diese Zeit hat die Erde zu ihrer Entstehung aus der Verdichtung des Sonnennebels bis heute gebraucht). Bei dem in der ersten Atombombe verwendeten Uran ^{235}U sind es unerfreulich lange 703.800.000 Jahre.[223] Natürlich hängt die Gefährlichkeit primär von der Stärke der Radioaktivität ab.

Hier treffen wir wieder auf die Abklingfunktion in der Form $y = e^{-ax}$, die viele aus der Mathematik kennen und der Sie schon in Abb. 5.1 begegnet sind. Sie gilt auch für den radioaktiven Zerfall. Sehen Sie sich doch einmal die Kurve „Atom 1" (markiert mit der Raute „♦") in Abb. 9.4 waagerecht bei $y = \frac{1}{2}$ an. Dort ist die Kurve auf die Hälfte abgesunken. Wenn Sie von dort

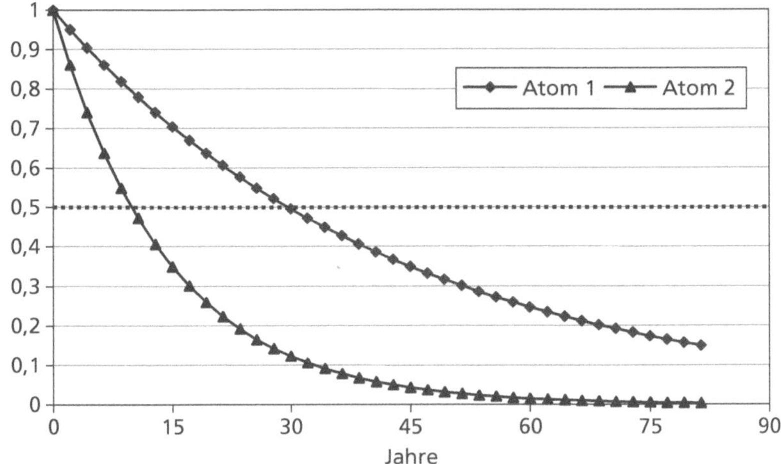

Abb. 9.4   Zwei Atomarten mit unterschiedlichen Halbwertszeiten

auf die x-Achse herunterloten, landen Sie bei etwa x = 30 Jahren: die Halbwertszeit von Caesium ^{137}Cs. Nach 60 Jahren ist davon noch ¼ vorhanden, während „Atom 2" wesentlich schneller zerfällt.

Welche praktischen Anwendungen hat dieses Gesetz? Das erkennen Sie, wenn ich Ihnen erzähle, dass Rudi zur Zeit seiner physikalischen Studien achtlos einen abgenagten Mammutknochen in die Gegend geworfen hatte. Das sollte ein Nachspiel haben. Allerdings erst *sehr* viel später, genauer: vor kurzer Zeit, als der britische Archäologe Ive Gotcha Reste von ihm bei Ausgrabungen fand.[224] Da war es natürlich vordringlich, zuerst das Alter des Fundstücks zu bestimmen. Dazu eignet sich die Radiokohlenstoffdatierung, auch „Radiokarbonmethode" genannt.

Wir leben ja in einer „Kohlenstoff-Welt", denn Grundlage aller organischen Verbindungen ist dieses chemische Element mit dem Kürzel „C". Alles lebende Gewebe ist aus Kohlenstoffverbindungen aufgebaut. Im Graphit und im Diamant liegt Kohlenstoff (auch *Carbon* genannt) sogar in reiner Form vor. Sein Atomgewicht beträgt 12 – in der Regel. Das heißt, in seinem Kern sind 12 „Kügelchen" angesiedelt, nämlich 6 Protonen und 6 Neutronen. Es gibt aber noch zwei Varianten, die ein oder sogar zwei Neutronen mehr haben, also im Kern 13 bzw. 14 „Kügelchen" besitzen. Isotope also. Sie sind selten: Während ^{12}C (so die Ihnen ja schon bekannte Fachbezeichnung) in etwa 98,89 % der Masse und ^{13}C in etwa 1,11 % vorkommen, taucht ^{14}C nur in 0,000.000.000.1 % (also 10^{-10} %) auf. Auf 10^{12} (1 Billion) ^{12}C-Kerne kommt so statistisch gesehen nur ein einziger ^{14}C-Kern. Und er ist – im Gegensatz zu ^{12}C und ^{13}C – nicht stabil. Daher der Name „Radiokohlenstoff", weil er strahlt (lateinisch *radiare* „strahlen" und *radius* „der Strahl"). Er zerfällt. Womit wir – nach einem etwas längeren Anlauf – wieder beim Thema wären: der Halbwertszeit. Sie beträgt ca. 5730 Jahre. Zwar zerfällt der Radiokohlenstoff, er wird aber in der Atmosphäre auch fortlaufend neu gebildet. In der Luft?! Ja, indem kosmische Strahlung Stickstoffatome umwandelt. Also nicht aus herumfliegenden Graphitbrocken oder Diamanten – wir sprechen über *atomaren* Kohlenstoff. Er verbindet sich mit dem Luftsauerstoff zu Kohlendioxid (CO_2) und gelangt durch die Photosynthese in Pflanzen, von dort auf bekanntem Weg in Tiere. Mammuts fressen Blätter und Pflanzen. Da Lebewesen bei ihrem Stoffwechsel ständig Kohlenstoff mit der Atmosphäre austauschen, stellt sich in lebenden Organismen dasselbe Verteilungsverhältnis der drei Kohlenstoffisotope ein, wie es in der Atmosphäre vorliegt. Bis sie sterben. Dann ändert sich das Verhältnis zwischen ^{14}C und ^{12}C, weil die zerfallenden ^{14}C-Kerne nicht mehr durch neue ersetzt werden.

Zählt man also die zerfallenden ^{14}C-Kerne (das können die Physiker inzwischen sehr genau), dann kennt man die heutige Strahlungsrate und kann mit dem Zerfallsgesetz die seit dem Tod des Mammuts verstrichene Zeit berechnen: Ist V_0 das ursprüngliche Verhältnis von ^{14}C zu ^{12}C und $V_t = {^{14}C}/{^{12}C}$ das heutige Verhältnis nach der gesuchten Zeit t, dann ist $V_t = V_0 \cdot e^{-\lambda t}$, wobei die Zerfallskonstante $\lambda = 1{,}21 \cdot 10^{-4}$ ist, wenn t in Jahren gemessen wird.[225] Jetzt brauchen Sie die Gleichung nur nach t aufzulösen, und schon haben Sie das Ergebnis. Niemand verbietet uns ja, von einem bekannten y auf das zugehörige x zurückzurechnen. Denn wenn $e^{\lambda t} = V_0/V_t$ ist, dann ist $t = 1/\lambda \cdot ln\,(V_0/V_t)$. Da wird es Sie nicht überraschen, dass Ive Gotcha das Alter des Knochens auf ziemlich genau 10.000 Jahre bestimmen konnte.

Ein wichtiges Faktum soll noch einmal explizit hervorgehoben werden: Welches Atom wann warum zerfällt, kann niemand wissen. Wir können nur den durchschnittlichen Zerfall erfassen (in Form der Halbwertszeit). In der Mikrowelt regiert der Zufall.

Unteilbare Atome, zusammengebaut

Vielleicht geht jetzt ein Aufatmen durch meine Leser: Der Weg in immer kleinere Größen kann auch rückwärts beschritten werden. „Moleküle" nennt man die Gebilde, die aus der Zusammensetzung von Atomen entstehen. Der Name ist hier ja schon häufig vorgekommen und jedem geläufig. Er kommt vom lateinischen Wort *molecula*, „kleine Masse". Das sind im weitesten Sinn zwei- oder mehratomige Teilchen, die durch besondere Bindungen zusammengehalten werden. Atome kann man nämlich nicht nur aufschrauben und ihre Bestandteile betrachten, man kann sie auch zusammenbauen. Das nennt man dann „Chemie". Und ohne dem Berufsstand zu nahe treten zu wollen: Chemie ist eigentlich „nur" der Teil der Physik, der sich mit dem Zusam-

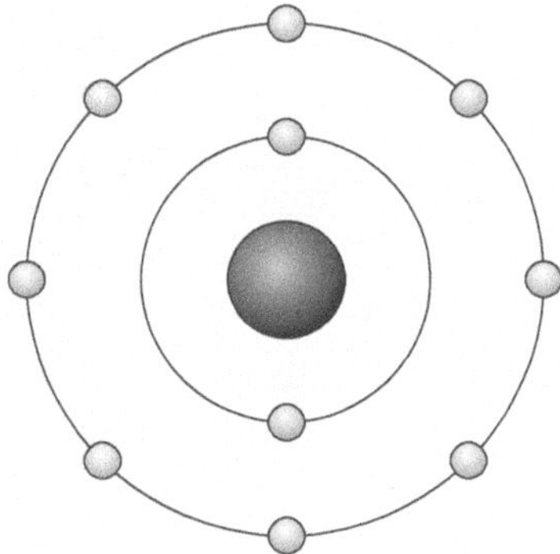

Abb. 9.5 Atom mit 2 Elektronenschalen

menbau von Atomen zu Molekülen beschäftigt. Dabei spielen die Atomkerne überhaupt keine Rolle, sondern nur die Elektronenhülle – genauer gesagt: die Elektronen in der äußeren Schale.

In einem einfachen Modell stellt man sich die Elektronen, die um den Kern schwirren, in mehreren Schalen organisiert vor.[226] Für jede dieser Schalen gibt es „Sollzahlen“: die Anzahl der Elektronen, die auf diese Schale passen. Sind es zu wenig, ist also noch Platz, „möchte“ sich das Atom mit einem anderen zusammentun, das auf dieser Schale die passende Anzahl anbietet. Die Chemiker nennen das „Valenz“. Statt einer umständlichen Erklärung der Elektronenhülle schauen wir uns lieber ein Beispiel an (Abb. 9.5). Das Beispiel ist natürlich nicht maßstäblich, denn die Elektronen sind *viel* kleiner und *viel* weiter vom Kern entfernt. Aber Sie sehen eine innere Schale mit 2 Elektronen und eine äußere mit 8: ein „zufriedenes“ Atom. Denn chemisch gesehen ist es reaktionsschwach, es „möchte“ sich nicht mit anderen Atomen verbinden. Es ist ein Edelgas, Neon in diesem Fall: z. B. $^{20}_{10}$Ne, wenn es noch 10 Neutronen im Kern hat.[227]

Jetzt denken Sie sich in der äußeren Schale 2 Elektronen und im Kern 2 Protonen weg. Was bekommen Sie? „O!“, werden Sie sagen, „Woher soll ich das wissen?!“ Und Recht haben Sie: „O“ mit der Ordnungszahl 8 ist der Sauerstoff: $^{16}_{8}$O. Er hat 8 Protonen im Kern und dazu 8 Neutronen, also ein Atomgewicht von 16. Er hat 8 Elektronen in der Hülle, davon 6 in der äußeren Schale – und das macht ihn hungrig, regelrecht aggressiv. Er möchte sich mit allem verbinden, mit Wasserstoff (H) zu Wasser, aber er schreckt auch nicht vor Eisen (Fe) zurück. Mit ihm bildet er … Rost (z. B. Fe_2O_3). Der Sauerstoff ist mit ca. 48 % das häufigste Element der Erdkruste sowie mit rund 30 % Gewichtsanteil nach Eisen das zweithäufigste Element der Erde insgesamt.[228]

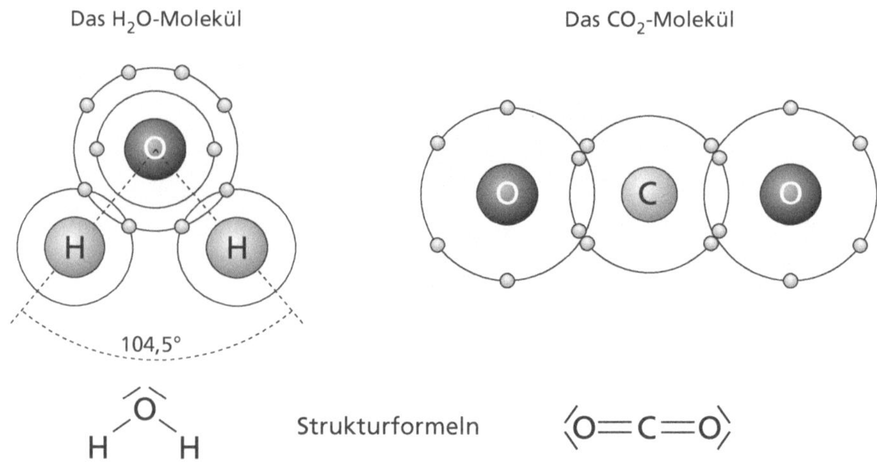

Abb. 9.6   Das Wasser- und das Kohlendioxid-Molekül

Noch mal zurück zum Wasser: Der Wasserstoff (englisch *hydrogen*, von lateinisch *hydrogenium* „Wassererzeuger") ist das einfachste und leichteste chemische Element: ein Proton im Kern, ein Elektron in der Hülle, fertig! Reaktionsfreudig, denn auf der inneren Schale hätte noch ein Elektron Platz (siehe Abb. 9.5). Der Sauerstoff nimmt sich gleich 2 Wasserstoffatome, denn ihm fehlen ja zwei Elektronen: H_2O, wie Sie alle wissen. Diese Schreibweise (z. B. H_2O oder Fe_2O_3) nennt man die „Summenformel" des Moleküls, weil es nur die Summe der beteiligten Atome zeigt, aber nicht deren Konfiguration, die Art des Zusammenbaus. Die aber, die Geometrie des Moleküls, sieht man in der Strukturformel, wo jeder Strich für ein Elektronenpaar steht. Nehmen wir zwei Beispiele: Wasser und Kohlendioxid (Abb. 9.6).

Beginnen wir in Abb. 9.6 rechts: CO_2 ist nicht besonders aufregend. Der Kohlenstoff und die beiden Sauerstoffatome teilen sich je 4 Elektronen – fertig. H_2O dagegen ist ein besonderer Stoff, mal wieder. Die zwei Wasserstoffatome bilden mit dem Sauerstoffatom einen Winkel von ca. 105°. Das führt dazu, dass das Wassermolekül nach außen nicht elektrisch neutral ist, sondern eine positive und eine negative Seite hat. Es richtet sich in einem elektrischen Feld aus, mehr nicht. In normalem (nicht in destilliertem) Wasser befinden sich aber Mineralien, die durch Ionisation Ladungsträger bilden. Dann leitet Wasser Strom. Das sollten Sie bedenken, bevor Sie Ihren Fön mit in die Badewanne nehmen!

So lässt sich aus etwa 100 elementaren Typen von Legosteinen alle bekannte Materie im Universum zusammenklicken, tote wie lebendige. Wobei beileibe nicht jeder Stein zu jedem anderen passt. Daraus entstehen immens viele unterschiedliche Objekte, von kleinen wie ein Spielzeughäuschen bis zu

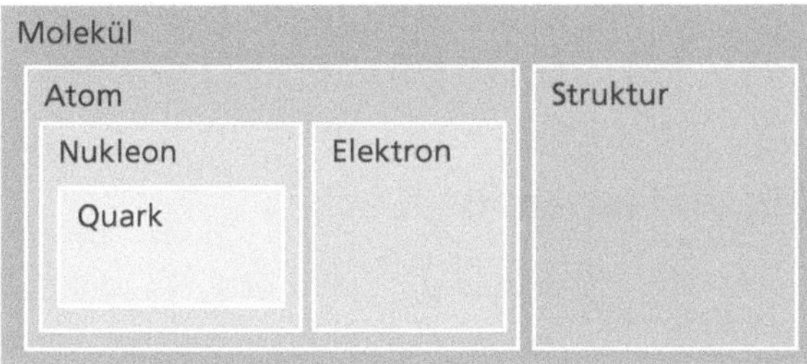

Abb. 9.7 Molekül-Hierarchie – was besteht woraus?

großen wie das „Miniland" aus über 25 Millionen Lego-Bausteinen im *Lego-land Deutschland*. So entstehen nicht nur große Moleküle mit vielen Atomen, sondern „Makromoleküle" mit sehr, sehr vielen (bis zu mehreren hunderttausend) gleichen oder unterschiedlichen Atomen, z. B. der Kunststoff *Polyethylen* (einfache lange C_2H_4-Ketten) oder das Erbgut-Molekül *Desoxyribonukleinsäure* (DNS), dessen chemische Formel man hier gar nicht mehr aufschreiben kann. Dabei bilden sogar dieselben Atome unterschiedliche Moleküle, wenn sie in unterschiedlicher geometrischer Struktur zusammengebaut sind.

Wir haben also folgende Verhältnisse (Abb. 9.7): Nukleonen bestehen aus Quarks.[229] Atome bestehen aus Nukleonen und Elektronen. Moleküle werden durch ihre Atome, aus denen sie bestehen, und zusätzlicher Strukturinformation gekennzeichnet.

Nun haben wir Atome und Moleküle mit ihren unterschiedlichen „Gewichten", die abstrakte und damit dimensionslose Zahlen sind, weil sie ja nur das Verhältnis zu Wasserstoff widerspiegeln: Kohlenstoff mit dem Atomgewicht $A = 12$ (6 Protonen + 6 Neutronen) wiegt je Atom 12-mal so viel wie Wasserstoff, Wasser mit dem Molekulargewicht 18 (H_2O, bestehend aus einem O mit $A = 16 + 2$ Stück H mit $A = 1$) wiegt 18-mal so viel wie Wasserstoff. Die echten Gewichte in kg wären unhandlich klein, wie Sie in Tab. 9.1 gesehen haben. Also schuf man eine neue SI-Einheit: das „Mol". Ein Mol eines Stoffes sind so viel g, wie es dem Molekular- bzw. Atomgewicht entspricht: 1 Mol Kohlenstoff sind 12 g, 1 Mol Wasser sind 18 g, 1 Mol Wasserstoff sind 1 g, 1 Mol Uran sind 235 g usw.

Merken Sie den Trick? Erinnern Sie sich an Herrn Avogadro mit dem klingenden Namen? In einem Mol eines beliebigen Stoffes sind immer exakt $6{,}022141\ldots \cdot 10^{23}$ Moleküle bzw. Atome.

Eine letzte Bemerkung über Moleküle, die uns schon in die Tiefen der Chemie führt, aber den Zusammenhang zur Optik zeigt: Moleküle sind dreidimensionale Gebilde, sie haben eine räumliche Struktur. So gibt es Moleküle, die zwar die gleiche allgemeine Summenformel haben, die sich aber zueinander verhalten wie Bild und Spiegelbild. Dazu zählt z. B. die Milchsäure

($C_3H_6O_3$), die man als links- und rechtsdrehende Milchsäure kennt – was da gedreht wird, ist die Richtung von polarisiertem Licht.

Kerne spalten und zusammenbacken

Es gibt in diesem Zusammenhang auch noch ein unerfreuliches Thema. Schon der griechische Philosoph Heraklit prägte den Satz: „Der Krieg ist der Vater aller Dinge". Das Prinzip der Atombombe ist dasselbe wie das der Radioaktivität: der Zerfall eines Atomkerns. Allerdings ist dies keine „natürliche" Kernspaltungsreaktion, die „von selbst entsteht". Die Atomkerne werden von energiereichen Neutronen gespalten, die in einer Kettenreaktion bei der Spaltung von ^{235}U freigesetzt werden. „Gezähmt" ist dieser Prozess in Atomkraftwerken zur Energiegewinnung. In der Natur kommt ein solcher Kernspaltungsprozess nicht vor.[230]

Bei der Kernspaltung – ob in der Bombe oder im Kernkraftwerk – wird Energie freigesetzt. Die Kerne müssen natürlich groß und schwer sein – einen kleinen Helium-Kern kann man nicht spalten. Uran mit 92 Protonen und 143 Neutronen (also dem Atomgewicht oder der Massenzahl von 235) schon. Ein Neutron, das diesen Kern trifft, zerlegt ihn in zwei leichtere Atomkerne, z. B. Krypton (Ordnungszahl 36, Massenzahl 94) und Barium (Ordnungszahl 56, Massenzahl 144). Die Summe der beiden Ordnungszahlen ist 92 (= 36 + 56), die Zahl der Protonen stimmt also. Die Summe der beiden Massenzahlen ist 233 (= 89 + 144), die Zahl der Neutronen stimmt also nicht. Ein Neutron ist in den Kern geschossen worden (das führt zur Massenzahl 236), also bleiben 3 Neutronen übrig. Genau die führen zu der Kettenreaktion, denn sie bombardieren andere Urankerne.

Und noch etwas bleibt übrig: Bindungsenergie, die den Urankern zusammengehalten hat. Der größte Teil wird als Kleber in den Spaltprodukten Krypton und Barium gebraucht, aber nicht alles. Deswegen liefert die Kernspaltung Energie, und zwar in großen Mengen.[231]

Erstaunlicherweise liefert der „umgekehrte" Prozess auch Energie: die Kern*fusion*!! Wir backen zwei leichte Kerne zu einem schweren zusammen und behalten auch Energie übrig?! Wie geht denn *das*? Ganz einfach: Wir nehmen Deuterium (Wasserstoffisotop mit einem Neutron und einem Proton im Kern) und Tritium (zwei Neutronen und ein Proton) und basteln daraus einen Heliumkern (zwei Neutronen und zwei Protonen). Ein Neutron bleibt übrig. Und jede Menge Energie. Das macht die Sonne tagein und tagaus, seit Milliarden von Jahren. Im Vergleich zur Verbrennung von Kohle ist die Energieausbeute pro Kilo „Rohmaterial" (Kohle vs. Wasserstoff) um den Faktor 10^7 höher.

Nebenbei: Wenn man Gase aus leichten Elementen (z. B. Helium) so stark erhitzt, dass die Atome ihre Hülle verlieren, dann entsteht eine Art „Ionen- und Elektronengas", „Plasma" genannt. Nach außen hin ist diese Materie elektrisch neutral. Plasma wird oft auch als „4. Aggregatzustand" bezeichnet (Festkörper – Flüssigkeit – Gas – Plasma). Das in der Sonne erbrütete Helium liegt in dieser Form vor. „Stark erhitzt" bedeutet dort eine Temperatur von ca. 15 Millionen Grad.

9.3 „Quanten" sind keine großen Schuhe

Quantenphysik – wenige Dinge geben uns so viel zu denken und widersprechen unserer Erfahrung aus „Mesonesien" so sehr wie die Erkenntnisse der Physiker in der Welt der Quanten. Mit einer Ausnahme vielleicht: die Relativitätstheorie. Wenn der Nobelpreisträger und Quantenphysiker Max Born sagt: „Die Quanten sind doch eine hoffnungslose Schweinerei!" und Richard Feynman (ebenfalls Nobelpreisträger und Quantenphysiker) schreibt: „Es gab eine Zeit, als Zeitungen sagten, nur zwölf Menschen verständen die Relativitätstheorie. Ich glaube nicht, dass es jemals eine solche Zeit gab. Auf der anderen Seite denke ich, es ist sicher zu sagen, niemand versteht die Quantenmechanik.", dann darf man von diesem Kapitel nicht allzu viel erwarten.[232] Er prägte auch den hübschen Satz: „Wer behauptet, die Quantenmechanik verstanden zu haben, der hat sie nicht verstanden."[233] Natürlich sind das etwas kabarettistisch überhöhte Formulierungen. Leider sind die meisten Phänomene in der Quantenwelt zumindest mit unserem Anschauungsvermögen und unserer Vorstellungskraft nicht in Einklang zu bringen.

Umgangssprachlich sind „Quanten" (große) Füße oder Schuhe. Esoteriker benutzen den Begriff gerne, um skurrile Behauptungen mit noch skurrileren Begründungen zu unterlegen. Dabei ist es ganz einfach: Es sind Dinge, die nicht weiter zerlegt werden können. Es gibt kein „halbes" Quant. Individuen sozusagen – im Wortsinne „un-teilbar", aber nicht voneinander zu unterscheiden. Richard Feynman hat es sehr griffig ausgedrückt: Auch wenn in Amerika jede Familie im Schnitt 1 ½ Kinder hat, gibt es keine Familie mit einem halben Kind.[234] Kinder kommen „gequantelt". Ebenso die Abgeordneten eines Parlamentes, auch wenn die Prozentzahlen ihrer Partei auf 5 Stellen hinter dem Komma genau errechnet waren.

In der Physik sind Quanten im strengen Sinne nicht materielle „Dinge", sondern Energieeinheiten, die nur in bestimmten Stückelungen auftreten („quantisiert"), wie die Gewichte bei einer Apothekerwaage. Nicht nur die Energie ist quantisiert, sondern z. B. auch der Drehimpuls eines Teilchens. Sie machen Sprünge – entgegen der antiken Ansicht *natura non facit sal-*

tus" (lateinisch für „Die Natur macht keine Sprünge"). Das bringt uns zum
„Quantensprung".[235] Ein Beispiel für einen solchen Sprung ist der Wechsel
eines Elektrons von einer „Schale" im Bohr'schen Atommodell zur anderen.
Auch andere zufällige Ereignisse wie der radioaktive Zerfall oder biologische
Mutationen sind solche „Sprünge". Ein Quantensprung ist winzig und läuft
in sehr kurzer Zeit ab.[236] Ein Elektron springt von einem Energieniveau auf
ein anderes, z. B. durch Emission oder Absorption von elektromagnetischer
Strahlung. Einen „Zwischenzustand" gibt es nicht bzw. er ist nicht feststell-
bar. In der Umgangssprache hat er seltsamerweise genau die entgegensetzte
Bedeutung: ein Riesensprung (wieder ein Beweis, dass niemand die Quantenmechanik versteht?).[237]

Wie hat man empirisch die Quantisierung festgestellt? Das berühmteste
Beispiel ist der photoelektrische Effekt: Hierbei bewirkt Licht, dass Elektronen aus einer Metalloberfläche austreten. Erstaunlicherweise hängt die
Energie der Elektronen nicht von der Intensität des Lichts ab, sondern nur
von seiner Frequenz. Albert Einstein postulierte deswegen 1905, dass Licht
wie Teilchen (Photonen) mit der Materie wechselwirkt und dass die Energie
der Photonen entsprechend der Lichtfrequenz quantisiert ist. Eddi Einstein
wäre stolz auf seinen Nachkommen gewesen. Damit war die Photonen- bzw.
Quantennatur des Lichtes erwiesen. In vergleichbarer Weise erzeugt so Licht
in Solarzellen elektrischen Strom. Einstein erhielt 1922 den Nobelpreis für
Physik „für seine Verdienste um die theoretische Physik, besonders für seine
Entdeckung des Gesetzes des photoelektrischen Effekts".[238]

Nun werden Sie staunen: Schon in der Steinzeit hat man sich mit Quan-
tenphänomenen auseinandergesetzt.

Die kleinen Dinger, wo sind sie denn überhaupt?

Siggi traf Rudi auf dem Dorfplatz und sprach ihn an: „Ich weiß ja, dass du
dich mit den Problemen der Messgenauigkeit schon herumgeschlagen hast."
„Ja", antwortete Rudi, „aber ich werde immer besser. Ein Meter messe ich
schon auf 0,1 % genau. Ich nenne es „Millimeter". Aber ich mache mir keine
Illusionen – künftige Generationen mit besseren technischen Möglichkeiten
werden das noch viel genauer hinbekommen. Theoretisch sind der Messgenauigkeit ja keine Grenzen gesetzt." „So, so!", sagte Siggi, „Dann stelle dir
mal folgende Situation vor … Machen wir ein …" „Gedankenexperiment?"
„Ja. Es ist stockdunkel und irgendwo in deiner Nähe steht ein Mammut. Aber
wo? Du kannst es nicht sehen, du kannst es nicht hören. Du könntest einen
Stein in die vermutete Richtung werfen und hören, ob du es getroffen hast.
Dann weißt du, wo es ist." Rudi grinste: „Das ist aber ein albernes Beispiel.
Das mache ich nur *ein* Mal – und dann weiß das Mammut, wo *ich* bin."

Siggi bleibt ungerührt: „Dann nehmen wir eben einen Mammutschinken, der tiefgefroren in einer Höhle hängt. Du könntest ihn so finden. Jetzt willst du mit derselben Methode herausfinden, wo ein kleiner Stein an einem Faden im Dunkeln hängt." „Da verbrauche ich aber viel mehr Steine, denn das gesuchte Objekt ist ja viel kleiner." „Das ist nicht das Problem. Denke nach!" „Hmm … Der Stein, wenn ich ihn getroffen habe, ist nicht mehr genau da, wo er war! Der auftreffende Stein schleudert ihn weg, umso weiter, je leichter der gesuchte Stein ist. Der Beobachter verfälscht die Wirklichkeit, er interagiert mit ihr." „Schönes Wort … hast du wohl von mir?! Aber Vorsicht! Nicht der Beobacht*er*, die Beobacht*ung*, der Messvorgang. Die Messung wird unscharf. Und das ist ein grundsätzliches Problem und nicht eines der Messgenauigkeit."[239] Rudi nickte nachdenklich und dachte sich seinen Teil.

Es sollte bis 1927 dauern, bis der deutsche Physiker und Nobelpreisträger Werner Heisenberg seine berühmte Unschärferelation formulierte. Sinngemäß kann sie so ausgedrückt werden: „Es ist nicht möglich, die Position und den Impuls eines Quantenobjektes gleichzeitig exakt zu messen, und die Messung der Position eines Quantenobjektes ist zwangsläufig mit einer Störung seines Impulses verbunden, und umgekehrt." Dafür wurde er auch in den intellektuellen Salons berühmt und 2001 erschien sogar eine Briefmarke davon.[240] Dort ist die Aussage der Unschärferelation „Das Produkt aus Ortsunschärfe mal Impulsunschärfe entspricht ungefähr dem Planck'schen Wirkungsquantum" als Formel abgedruckt:[241]

$$\Delta X \cdot \Delta p \sim h$$

Ohne ins Detail zu gehen: Das Planck'sche Wirkungsquantum h ist winzig, etwa $6 \cdot 10^{-34}$ Js (Joulesekunden, dasselbe wie 1 kg·m^2/s) und ebenfalls eine der vier fundamentalen Naturkonstanten (eine davon ist die Lichtgeschwindigkeit c) – also in „unserer" Welt nicht zu bemerken. Und das ist ja einfachste Mathematik: Wenn $\Delta x \cdot \Delta p$ = konstant, dann muss Δp schrumpfen, wenn Δx wächst – und umgekehrt. Es ist also *keine* Frage der Messgenauigkeit, sondern eine grundsätzliche und fundamentale Unbestimmtheit im Bereich des Allerkleinsten. Der deutsche Physiker Max Planck wurde Namensgeber dieser Größe, da er dafür den Nobelpreis für Physik des Jahres 1918 erhielt.

Viele, die darüber reden, verstehen die Quantenphysik nicht und ziehen nur falsche Analogieschlüsse daraus. Das hatten wir schon beim „Welle-Teilchen-Dualismus". Sie übertragen Effekte unzulässigerweise vom Mikrokosmos auf unsere Welt. Damit öffnen sie allerlei parawissenschaftlichen Interpretationen Tür und Tor. Also nicht der Beobachter (seine Wünsche und Gedanken, seine Absichten und sein Charakter) verändert die beobachtete Erscheinung, sondern der Beobachtungsvorgang greift physikalisch in das zu beobachtende Phänomen ein – wie ein Messinstrument mit zu kleinem Widerstand in Abb. 7.3.

Nun hat eine solche Analogie natürlich ihre Grenzen – wie alle Analogien. Ein Quantenobjekt (z. B. ein Elektron) hängt ja nicht einfach in der Gegend herum wie der Mammutschinken, denn es *bewegt* sich. Also hat es einen Ort *und* einen Impuls. Aber „Rechnen hilft!", sagt der Physiker. Denn die Unschärferelation gilt natürlich immer, auch bei großen Objekten. Nur macht sie sich nicht bemerkbar. Nehmen wir einen Fußball: Er fliegt beim Elfmeter mit über 100 km/h (sagen wir 30 m/s) auf das Tor zu. Ist er auch drin? Wir messen das mit einer Genauigkeit von 1 cm (angenommener Wert), also ist $\Delta x = 10^{-2}$ m. Seine Impulsunschärfe ergibt sich aus dem Messfehler für die Geschwindigkeit Δv von 1 %, also 0,3 m/s, multipliziert mit seinem Gewicht von 450 g. Damit ist $\Delta p = m \cdot \Delta v = 0{,}135$ kg·m/s. Das Produkt $\Delta x \cdot \Delta p \approx 1{,}35 \cdot 10^{-3}$ kg·m²/s. Das ist ungefähr das 10^{31}-Fache von h, also absolut ungefährlich (in dem Sinne, dass der Messvorgang die Messung nicht stört).

Gehen wir eine Etage tiefer: Eine Mikrowaage könnte ein Goldklümpchen nach Rudis fünfundzwanzigster Teilung mit 2 Mikrogramm ($2 \cdot 10^{-9}$ kg) noch messen, immerhin noch ca. $6 \cdot 10^{15}$ Atome. So klein und leicht, dass es im Wasser von den Molekülen herumgeschubst wird (die Ihnen bekannte Brown'sche Bewegung). Wenn wir seinen Ort im Mikroskop auf $^1/_{100}$ µm (Mikrometer, 10^{-6} m) genau bestimmen, ist $\Delta x \approx 10^{-8}$ m. Schätzen wir nun den Messfehler bei der Geschwindigkeit $\Delta v = 1$ mm/s $= 1 \cdot 10^{-3}$ m/s, dann ist $\Delta p = m \cdot \Delta v = 2 \cdot 10^{-12}$ kg·m/s und $\Delta x \cdot \Delta p = 2 \cdot 10^{-20}$ kg·m²/s. Gegenüber dem Planck'schen Wirkungsquantum h mit etwa $6 \cdot 10^{-34}$ kg·m²/s immer noch das 10^{14}-Fache, aber wir kommen der Sache näher. Würden wir die Messgenauigkeit beim Weg und beim Impuls jeweils „nur" um das 10^7-fache steigern, kämen wir schon der Unschärferelation ins Gehege.

Aber was sind „Quanten" – die wir so selbstverständlich in den Mund nehmen – überhaupt für Dinge? Das ist eine unzulässige Frage, denn Quanten *sind* nicht irgendwelche Dinge. Es ist eine Art Kurzbezeichnung für das, was „bei der Quantisierung von Feldern herauskommt". Also „kleinste Portionen von" Energie, Drehimpuls, Fluss usw. in Form von bestimmten gestückelten („diskreten") Werten. Nur gelegentlich werden darunter auch Teilchen verstanden, ursprünglich nur das Lichtteilchen, das „Lichtquant", also das Photon.

Getret'ner Quark wird breit, nicht stark[242]

Siggi hielt mal wieder seine „physikalische Märchenstunde", wie Eddi und Rudi es spöttisch nannten. „Die ‚Elementarteilchen' sind jetzt eine Stufe tiefer gerutscht", erläuterte der Seher, „es sind nicht die Protonen und Neutronen,

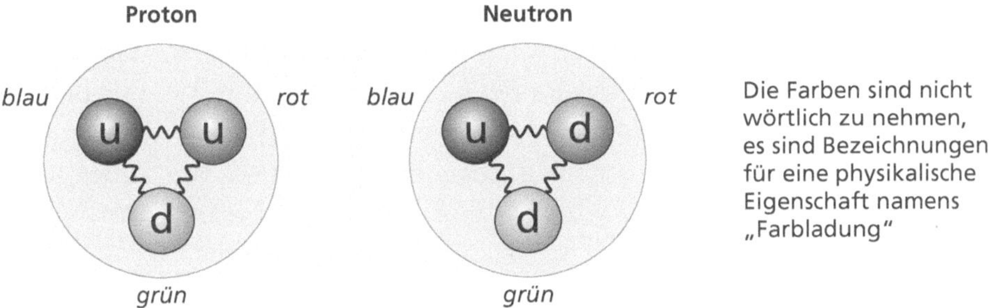

Abb. 9.8   Die beiden Nukleonen bestehen aus je 3 unterschiedlichen Quarks

denn die bestehen ihrerseits aus etwas – den wahren Elementarteilchen." „So ein Quark!", maulte Rudi. „Du sagst es, so heißen sie, die – bis jetzt, also bis in zehntausend Jahren – kleinsten Teilchen: ‚Quarks'. Es gibt drei davon: die roten, die grünen und die blauen." Rudi prustete los, und Eddi war dankbar, dass er keinen Schluck Met im Mund hatte: „Sag' ich doch: Quark! Ein Atom hat schon keine Farbe, wie soll denn etwas noch Kleineres eine Farbe haben!?!"

Wenn Sie Abb. 9.7 aufmerksam betrachtet haben, dann haben Sie schon gesehen, dass Nukleonen aus „Quarks" bestehen. Die Quarks sind eine Familien von Kobolden mit seltsamen Namen: Sie kommen in „Geschmacksrichtungen" („*Quark-Flavours*"), nämlich als Up-Quark, Down-Quark, Strange-Quark, Charm-Quark, Bottom-Quark und Top-Quark. „*Nice to meet you*", könnte man sagen und zum nächsten Gast der Party weiterschlendern, denn sie haben wirklich komische Eigenschaften – und sie gehören zu den Leuten, die man nicht unbedingt kennen muss.

Deswegen schauen wir uns nur kurz in Abb. 9.8 an, was sich hinter den zwei Nukleonen verbirgt. Sie sind sich beide ziemlich ähnlich, das Proton und das Neutron, denn beide haben ein „blaues" Up-Quark und ein „grünes" Down-Quark. Sie unterscheiden sich durch ein „rotes" Up-Quark beim Proton und ein „rotes" Down-Quark beim Neutron. Man könnte kurz sagen: Proton = *duu*, Neutron = *udd*. Die „Farbladung" (die zum Spezialgebiet der „Quantenchromodynamik" führt), markiert einen bestimmten Zustand des Quarks und ist ein Kapitel für sich.[243] Die Schlangenlinien im Bild sollen die Kraft andeuten, die die Quarks „zusammenklebt". Deuten Sie die Abb. 9.8 aber bitte nicht falsch: Die großen grauen Bällchen, die die Nukleonen andeuten sollen, sind keine eigenständigen Dinge (wie eine Zellmembran, die eine Zelle zusammenhält) – ein Nukleon *enthält* keine Quarks, es *besteht* aus Quarks.

Hier können und sollten wir das Feld den Fachleuten für Quantenphysik überlassen, von denen wir – im Gegensatz zu Feynmans Sprüchen – annehmen, dass es einige davon gibt. Er und der amerikanische Physiker Murray

Gell-Mann gehören sicher dazu, aber ebenso sicher nicht alle, die vollmundig von diesem Thema reden.

Diese „Dinger" hatte Gell-Mann nämlich bereits im Jahre 1964 theoretisch postuliert und prompt 1969 den Nobelpreis für Physik dafür erhalten. Der seltsame Name stammt aus dem Roman *Finnegans Wake* von James Joyce, der wiederum das deutsche Wort auf einem Markt in Freiburg im Breisgau aufgeschnappt haben soll. Als Eselsbrücke für eine bestimmte Eigenschaft der inzwischen 6 verschiedenen Quarkbällchen wurden ihnen unter anderem Farben zugeordnet (siehe Abb. 9.8: Eine Farbe im optisch-physikalischen Sinne haben sie natürlich nicht, da sie viel zu klein sind). Nachdem Gell-Mann mit dem Up-Quark und dem Down-Quark einige Erscheinungen erklärt hatte, stieß er auf andere Phänomene, die ihm seltsam vorkamen. Na gut, dachte er, erfinden wir ein „seltsames" Quark, das „Strange-Quark".

Das könnte einen zu einem bösen Spruch verleiten: „Wenn Physiker nicht mehr weiter wissen, erfinden sie schnell eine neues Teilchen." Aber dem ist nicht so. Was uns Laien als Jux und Tollerei erscheint, einfach mal so ein neues Teilchen zu postulieren, das ist in der Welt der theoretischen Physik eine ernste und anstrengende Arbeit. Mathematische Modelle, also letztlich Systeme von miteinander in Beziehung stehenden Formeln, führen bei ihrer Auflösung zu logisch zwingenden Schlussfolgerungen. Die „Eigenschaften" der Quarks („Farbe", „Spin" usw.) sind also größtenteils mathematische Attribute, die Gleichungssysteme stimmig und konsistent halten. Und es passt ja zum allgemeinen Vorgehen in der Physik: Die theoretisch geforderten Verhältnisse müssen irgendwann einmal auch im Experiment nachgewiesen werden, sonst stehen die Theoretiker dumm da. Die Existenz von Gell-Manns Quarks in Nukleonen wurde u. a. durch Streuexperimente mit Elektronen an Hochenergiebeschleunigern nachgewiesen.

Der Elementarteilchen-Zoo

Wir sind ja noch lange nicht fertig … Protonen, Neutronen, Elektronen, Quarks … – das war ja erst der Anfang! Der erste Schock der Kernphysiker resultierte aus der Frage: „Wieso ist eigentlich das Proton positiv geladen und das Elektron negativ und nicht umgekehrt?" Vielleicht hat sie ein neugieriges unschuldiges Kind gestellt. Warum gibt es kein negativ geladenes Anti-Proton und ein positives Anti-Elektron? „Gute Frage!", dachte der aus Deutschland stammende englische Physiker Arthur Schuster. Warum sollte es nicht irgendwo im Weltall „negative Materie" geben? Ganze Sternensysteme könnten aus Antimaterie bestehen, die von unserer Materie durch Beobachtung nicht unterscheidbar wäre. Im Jahre 1928 hatte der britische Physiker, Nobelpreisträger und Mitbegründer der Quantenphysik Paul Dirac eine Idee und legte die Grundlagen für den späteren Nachweis von Antimaterie. Er sagte ein „Anti-Elektron" vorher, das 1932 experimentell in der kosmischen Strahlung entdeckt wurde: Das „Positron" war gefunden.

Lassen wir die Katze aus dem Sack: Antimaterie sind Atome und Moleküle aus Positronen, Antiprotonen und Antineutronen. Erinnern Sie sich an Tab. 9.1 mit den Atombausteinen. Ein Positron ist das Antiteilchen des Elektrons, mit dem es in allen Eigenschaften übereinstimmt – nur, es ist positiv geladen und nicht negativ. Umgekehrt ist ein Antiproton das Antiteilchen des Protons – nur, dass es negativ geladen ist und nicht positiv. Es wurde erstmals 1955 künstlich erzeugt und damit experimentell nachgewiesen. Klar: Wenn Materieteilchen und Antimaterieteilchen aufeinandertreffen, macht es „bumm!" und beide haben sich gegenseitig vernichtet – und dabei jede Menge Energie zurückgelassen. Aber was ist ein Antineutron? Es hat ja keine Ladung, durch die es sich vom Feld-Wald-und-Wiesen-Neutron unterscheiden könnte. Wie wahr – es sind eineiige Zwillinge, von außen nicht zu unterscheiden. Aber von innen: Nach dem Quarkmodell besteht es aus einem Anti-Up-Quark und zwei Anti-Down-Quarks. Was immer *das* nun wieder ist …

Jetzt füllt sich unser Elementarteilchen-Zoo so langsam.[244] Lernen wir noch zwei Tierchen kennen – den Rest kann man vergessen. Wichtig sind das Neutrino und vor allem das Photon. „Neutrino" ist eigentlich eine Sammelbezeichnung für eine ganze Familie von extrem kleinen und leichtgewichtigen ungeladenen Teilchen. Und die ungeliebte Verwandtschaft darf auch nicht vergessen werden: die „Anti-Neutrinos". „Leichtgewichtig" ist vielleicht etwas untertrieben: Sie haben *gar keine* Masse! Sagen die einen. Die anderen vermuten, dass sie doch eine von null verschiedene Ruhemasse besitzen – wenn sie auch sehr klein ist. Zumindest kann man die Existenz von Neutrinos in komplizierten „Neutrinodetektoren" nachweisen und ihre Geschwindigkeit messen. Einer befindet sich in der Antarktis und ist ein Eiswürfel mit einem Volumen von 1 km^3. Weil ihre Masse so gering ist – wenn überhaupt vorhanden – erwartete man, dass sie sich mit nahezu Vakuumlichtgeschwindigkeit bewegen. Und siehe da, die theoretischen Vorhersagen wurden in mehreren Experimenten mit guter Übereinstimmung innerhalb der Messgenauigkeit bestätigt.[245] Dafür hat ein Neutrino eine enorme Durchdringungsfähigkeit und saust unbemerkt durch alles hindurch: die Erde, eine Bleischicht … und Sie und mich sowieso.

Stichwort „Licht": Ähnliches gilt für das Photon, das „Lichtteilchen", nur … dessen Masse ist nun wirklich *null*. Die „Ruhemasse", um genau zu sein – denn wir werden in Kap. 10.5 sehen, dass Objekte nahe der Lichtgeschwindigkeit schwerer werden. Erheblich schwerer, je näher man der Lichtgeschwindigkeit kommt. Und ein Photon fliegt ja nicht *nahe* der Lichtgeschwindigkeit durch den Raum, sondern genau *mit* dieser. Und da Licht eine Energie besitzt und – wie wir noch sehen werden – Energie und Masse äquivalent sind, *muss* es dann eine Masse haben. Deswegen wird Licht nicht durch elektrische Felder abgelenkt (das Photon hat keine Ladung), aber durch Gravitation beeinflusst (siehe Abb. 10.8: Die „Gravitationslinse" zeigt verdeckte Objekte). Und aus Photonen (vom Griechischen *phōs* „Licht") besteht die elektromagnetische Strahlung. Wir können also mit Feynman sagen: „Heute wissen wir, dass Licht in der Tat aus Teilchen besteht."[246] Und alles andere im elektromagnetischen Spektrum auch: Radiowellen, Wärmestrahlung, UV-Strahlung, Röntgenstrahlung oder Gammastrahlung. Alles Photonen. Dass Licht nicht durch uns hindurchschießt, Röntgenstrahlung aber sehr wohl, das liegt an der unterschiedlichen Energie der Strahlung.

Nun löst sich endlich der „Streit" um das Doppelspaltexperiment (vgl. Kap. 8.3) und dem unerklärlichen Welle-Teilchen-Dualismus. Die Frage, ob Lichtstrahlen aus Teilchen oder Wellen bestehen, ist so sinnlos wie die Frage: „Willst du Kaffee oder Cognac?" Die Antwort ist „ja!". Zu einem guten Essen gehört *beides*. Da Photonen Quanten sind, wissen wir nie genau, wo sie sich nun gerade exakt befinden. Auch Elektronen unterliegen den Gesetzen der Quantenmechanik. Daher zeigt ein Elektronenstrahl sowohl Teilcheneigenschaften als auch Interferenzphänomene. Wenn also der Beobachter beim Doppelspaltversuch „hinschaut" und dadurch scheinbar eine Verhaltensänderung des Elektrons auf übersinnliche Weise auslöst, dann geschieht etwas ganz anderes. Ein vom Elektron angeregtes Photon muss sein Auge (bzw. seinen Messapparat) erreichen – und dieser Anregungsprozess beeinflusst das zu beobachtende Phänomen genau so wie Rudis Steinwurf, mit dem er nach einem Stein sucht.

Tiefer wollen wir hier nicht einsteigen. Im Zoo gibt es insgesamt 61 Arten Elementarteilchen, aber „eigentlich" sind es nur 17, denn sie werden teilweise (im wahrsten Sinn des Wortes) „doppelt und dreifach gezählt": einige wegen ihrer drei „Farben", einige wegen ihrer vorhandenen Antiteilchen.

Natürlich gibt es auch (und gerade) in der Quantenphysik Dinge, die es nicht gibt: „Virtuelle Teilchen". Erinnern Sie sich: „Wenn Physiker nicht mehr weiter wissen, erfinden sie schnell eine neues Teilchen." Im Gegensatz zu den (beobachtbaren!) reellen Teilchen sind virtuelle Teilchen nicht einmal beobachtbar! Verstehen Sie jetzt Feynmans Satz: „Niemand versteht die Quantenmechanik"? Aber diese „theoretischen Konstruktionen" erscheinen in Gleichungen und bringen die mathematische Modellierung der Quantenwelt weiter – zu Ergebnissen und Voraussagen, die sich dann in der Wirklichkeit wieder exakt beobachten lassen.[247]

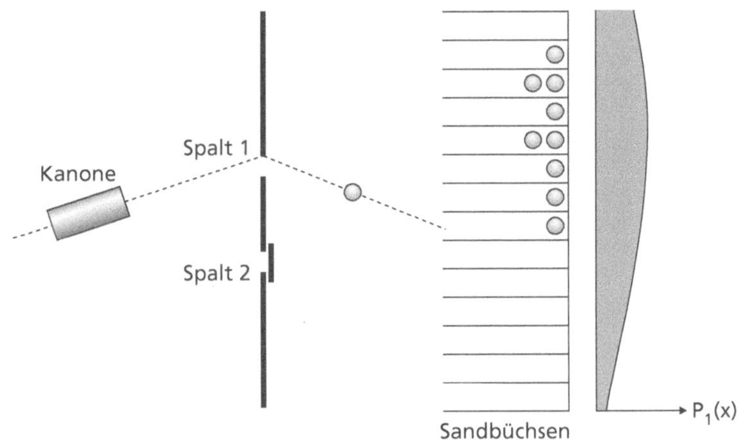

Abb. 9.9   Eine „Schrotkanone" am Doppelspalt

Der Doppelspaltversuch mit Quanten

Ein Doppelspaltexperiment mit Quanten haben wir ja schon gemacht – mit Lichtquanten (Kap. 8.2, Abb. 8.11). Wir können ihn mit vielen „kleinen" Teilchen wiederholen: mit Elektronen, Neutronen, Atomen, sogar mit einigen Molekülen. Es zeigt sich auch in diesen Fällen ein Interferenzmuster wie bei der Durchführung mit Licht. Das bedeutet, dass auch klassische Teilchen unter bestimmten Bedingungen Welleneigenschaften zeigen – man spricht dann von „Materiewellen".[248]

Mit Teilchen ist es aber so eine Sache. Sie sind wie Schrotkugeln, fliegen gerade aus und können sich nicht „überlagern". Woher soll denn dann eine Interferenz kommen?! Wir können den Teilchenstrom sogar so weit ausdünnen, dass wir nur wenige bzw. einzelne Teilchen aus unserer Quelle (Abb. 8.11 links) aussenden, indem wir z. B. Kathodenstrahlen schwächster Intensität verwenden. Ebenso gut können wir mit sehr schwachem Licht Photonen auf einen Detektor schießen. Mit einem Verstärker (einem „Photoelektronenvervielfacher", englisch *photomultiplier*) können wir sie sogar nachweisen. Schießen wir also mit einer Elektronenkanone Kathodenstrahlen auf einen Doppelspalt. Ein Objekt der klassischen Physik würde natürlich genau durch das Loch fliegen, durch das der Präzisionsschütze zielt, und genau dahinter in einer und nur einer Sandbüchse landen (Abb. 9.9). Unsere Geschossquelle kann wegen der Größenverhältnisse nicht *genau* auf den Spalt zielen, denn sie streut so stark, dass ihre Quantenkügelchen durch *beide* Löcher fliegen können (wenn die Kugelquelle ca. 1 m von den „Sandbüchsen" entfernt ist, sind die Spalte 1 und 2 nur wenige mm voneinander entfernt und weniger als 0,1 mm breit).[249] Außerdem können Kugeln von der Ecke des Spaltes abprallen. In den „Sandbüchsen" (also Photomultipliern) können wir sie auffangen.

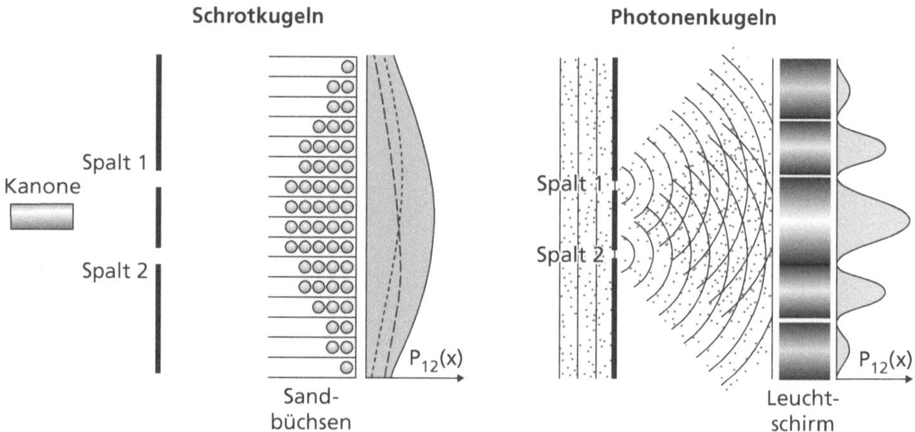

Abb. 9.10   Doppelspaltexperiment mit Schrotkugeln und Photonen

Wir bekommen eine Art Gauß'sche Glockenkurve als Verteilung $P_1(x)$ der Kugeln.[250] Sind beide Spalte geöffnet, überlagern sich die beiden Wahrscheinlichkeitskurven $P_1(x)$ und $P_2(x)$ für das Auffangen der ungenauen Geschosse zu $P_{12}(x)$ (Abb. 9.10 links): $P_{12}(x) = P_1(x) + P_2(x)$. Nicht so bei subatomaren Teilchen, z. B. Photonen oder Elektronen. Hier zeigt sich wieder das typische Interferenzmuster (Abb. 9.10 rechts).

Und nun kommt der Knüller – es ist eine echte Gedankenbombe: Schließt man den Spalt 2, bekommt man eine Häufigkeitsverteilung $P_1(x)$ wie bei den Schrotkugeln. Schließt man den Spalt 1, bekommt man $P_2(x)$. Öffnet man *beide* Spalte, bekommt man das Interferenzmuster. Auch wenn man nur wenige bzw. einzelne Photonen losschickt – als ob ein *einzelnes* Teilchen (Photon, Elektronen … was immer) durch *beide* Spalte gegangen wäre und wellenartig *mit sich selbst* interferierte. Das lässt sich nur durch die Annahme erklären, dass das Lichtteilchen *zwei* verschiedene Wege *gleichzeitig* zurückgelegt hat. Es liegt eine Überlagerung des Zustandes „rechts" und des Zustandes „links" vor – Superposition, wenn man sich gelehrt ausdrücken will.

„Nä!", sagt sich der Experimentator, „Das wollen wir doch mal sehen!" Er stellt hinter *jeden* Spalt einen Detektor, um genau zu sehen, durch *welchen* das Teilchen gegangen ist. In der Tat: Das Teilchen spaltet sich *nicht*, es geht *entweder* durch Spalt 1 *oder* 2. Aber … die Interferenz verschwindet! Wenn der Experimentator den Weg der Teilchen beobachtet, verhalten sie sich wie Teilchen (keine Interferenzmuster), schaut er nicht hin, tritt die Interferenz auf. Verrückt, oder?!

Wenn ein Bleistift auf dem Tisch liegt, dann liegt er nicht auf dem Boden. Wenn es ein roter Bleistift ist, dann ist er nicht blau. Bei uns in „Mesonesien" sind die Verhältnisse klar und eindeutig. In der Quantenphysik muss man sich von dieser Vorstellung eindeutig festgelegter Eigenschaften verabschieden – und genau diese merkwürdige Tatsache lässt die Quantenphysik oft etwas verwirrend und schwer verständlich erscheinen. Dabei muss man sich nur damit abfinden, dass winzig kleine Quantenobjekte eben auch verschiedene Zustände gleichzeitig annehmen können. Ein Elektron kann sich gleichzeitig rechtsherum und linksherum um den Atomkern drehen. Ein Atom kann gleichzeitig ganz und zerfallen sein. Ein Lichtteilchen kann sich gleichzeitig links und rechts an einer Trennwand vorbeibewegen. Das klingt für uns seltsam, weil sich die Dinge, mit denen wir täglich zu tun haben, wie Bleistifte, Fußbälle oder Kaffeetassen, eben nicht so benehmen – für Quantenteilchen ist das aber ganz normal.[251]

Das verleitet viele zu dem (falschen) Satz „Der Gedanke des Beobachters beeinflusst die Beobachtung" oder noch schlimmer „Wenn man nicht hinschaut, verhält sich das Elektron wie eine Welle, sonst wie ein Teilchen". Magie leuchtet auf, Spuk, Übersinnliches. Doch der Philosoph Ludwig Wittgenstein sagte: „Es ist eine Hauptquelle unseres Unverständnisses, dass wir den Gebrauch unserer Wörter nicht übersehen."[252] Und so fallen wir auf eine undurchdachte Formulierung herein, anstatt uns – wie beim Magier David Copperfield – klar zu machen, dass alles seine natürliche Erklärung haben muss.

Und die ist (wie bei Zauberern)[253] einfach und naheliegend: Die Verwendung von Detektoren bei Spalt 1 und 2 verändert die gesamte Situation. Denn anders als bei „Makroobjekten" verändert eine Induktionsschleife bei Quantenobjekten den zu messenden Vorgang. Eine Induktionsschleife verlangsamt das Auto nicht, dessen Vorbeifahrt sie registriert (die abgezapfte Bewegungsenergie des Autos ist viel zu gering). Ein winziges „Quäntchen" wird jedoch durch jede Art von Messung „aus der Bahn geworfen".

Der Betrachter kann entscheiden, ob er Detektoren in den Weg der Photonen bringt oder nicht. Auf diese Weise legt er fest, welche Eigenschaft der Teilchen Wirklichkeit wird. Wenn er *keinen* Detektor anbringt, dann wird das Interferenzmuster Wirklichkeit, *wenn* er die Detektoren einsetzt, dann wird der Teilchenweg zur Wirklichkeit. Ob ein „bewusster Beobachter" die Messung durchführt oder er nur würfelt oder eine Maschine einsetzt, das spielt dabei natürlich auch keine Rolle. Aussagen, wonach in der Quantentheorie plötzlich das Bewusstsein oder der menschliche Wille Eingang in die Physik gefunden hätten, resultieren also aus einem Miss- bzw. Unverständnis.

Die klassische Physik muss nachsitzen

Eigentlich interessieren in der Physik die „Warum-Fragen" nicht primär: „Warum ziehen sich zwei Massen an?" Die Forscher messen und zählen lieber.

Aber eigentlich dann doch, denn sie wollen ja *hinter* die Dinge kommen und erkennen, was die Welt im Innersten zusammenhält. Und durch die Erkenntnisse der letzten 100 Jahre konnte man viele Erscheinungen der klassischen Physik deuten. „Aah! Nun wird uns manches klar!", sagten die Wissenschaftler, als das Atom „entdeckt" war und man seine Eigenschaften und Bestandteile im Ansatz kannte. Licht erschien ihnen nun in ganz anderem Licht. Wärme, Reibung und Elektrizität ließen sich nun besser (oder überhaupt erst) erklären. Ein Quantensprung der Erkenntnis (also nicht im physikalischen, sondern im übertragenen Sinne!). Das wollen wir kurz stichwortartig und beileibe nicht vollständig behandeln. Dabei soll ein kurzer Blick auf zwei Themenkreise geworfen werden: Was kam bei der „klassischen Physik" an Erkenntnis hinzu bzw. wurde geändert, als – erstens – die Atome und ihr Aufbau bekannt waren und – zweitens – die Gesetze der Quantenmechanik zusätzlich für tiefere Einblicke sorgten?

Beginnen wir mit der Mechanik, z. B. der Elastizität: Wirkt auf einen Körper eine Kraft ein, so wird die Gleichgewichtslage seiner elementaren Bausteine (Atome oder Moleküle) gestört. Die Abstände zwischen ihnen werden um ein geringes Maß vergrößert oder verkleinert, die dazu aufgewendete mechanische Energie wird gespeichert und das Werkstück ändert seine äußere Form. Nach der Entlastung kehren die Atome bzw. Moleküle wieder an ihre Ausgangsplätze zurück und der Körper nimmt seine ursprüngliche äußere Form wieder an. Die Energie für die Verformung wird nur gespeichert und beim Entlasten wieder abgegeben.[254] Bei der Reibung „verhaken" sich Atome miteinander und geraten dadurch in heftigere Schwingungsbewegung – Wärme entsteht. Denn „Temperatur sind flitzende Atome", sagte mal ein Physiker.[255]

Weiter geht es also mit der Wärme: Speziell bei Gasen hängt die Temperatur mit der kinetischen Energie der sich bewegenden Atome zusammen, ebenfalls der Druck. Wärme ist Bewegungsenergie der Moleküle. Nehmen wir als Beispiel Wasser: Ist Wasser sehr kalt, so kristallisiert es zu Eis oder Schnee. Das Wasser ist fest, alle Atome des Wassers behalten ihre Nachbarn. Eine Verschiebung der Atome gibt es nicht. Wird Wasser erwärmt, so bewegen sich die Atome immer mehr, bis sie ihre gegenseitigen Bindungen aufbrechen und gegeneinander ausgetauscht werden können. Dann ist das Wasser flüssig. Wird das Wasser weiter erwärmt, kocht es schließlich, wird es gasförmig. Die Atome bewegen sich so schnell, dass sie das Wasser verlassen können und als Wasserdampf in die Luft entweichen.[256] Warum leitet Wasser den Strom, wenn auch schlechter als Kupfer? Weil in normalem Wasser Spuren von ionisierten Mineralsalzen gelöst sind – also positive und negative Ladungen vorhanden sind: Der Strom kann fließen. Wasser hat allerdings kein Gedächtnis, kann keine Information speichern, obwohl das einige Leute behaupten, denn die Wassermoleküle sind in der Flüssigkeit frei beweglich.[257] Deswegen ist Wasser ja ein so gutes Lösungsmittel.

Der elektrische Strom besteht aus „flitzenden Elektronen", den nahezu masselosen Teilchen aus den Atomhüllen. Das haben wir schon in Kap. 7.4 enthüllt. Bei der Elektrolyse, die wir in Kap. 7.3 besprochen haben, werden bei den dabei stattfindenden chemischen Reaktionen Elektronen übertragen. Der Kondensator, dem Sie in Kap. 7.1 begegneten, sammelt auf der einen Seite keine positiven Ladungen, sondern es fließen negative (Elektronen) ab. Aber über Elektronen wusste Maxwell noch nichts. Die Fließrichtung der Leitungselektronen ist *entgegen* der „technischen" Stromrichtung (von *plus* nach *minus*) genau umgekehrt: Sie sind negativ geladen und fließen von *minus* nach *plus*. Deswegen verwendet man die „Linke-Hand-Regel" und nicht die „Rechte-Hand-Regel" aus Abb. 7.11, um aus dieser Richtung auf die Magnetfeldrichtung der Induktion zu schließen. Denn nun lassen wir den Draht in Abb. 7.10 weg und betrachten nur ein sich bewegendes Elektron, einen Kathodenstrahl. Es induziert natürlich auch ein Magnetfeld.[258] Und so könnten wir weiter alle bis hier unerklärlichen Phänomene auf atomare und subatomare Effekte zurückführen ... Aber das ist „Chemie", ein eigenes Gebiet innerhalb der Physik.

Wir hatten ja schon den „Quantensprung" ... In der klassischen Physik werden Zustände und Änderungen durch stetige und differenzierbare Funktionen beschrieben – bis hinein in infinitesimal kleine Raumgebiete und Zeitabschnitte. Die Idee des Kontinuums und ihre überwältigend erfolgreiche Anwendung in der Infinitesimalrechnung (Gottfried Wilhelm Leibniz und Isaac Newton) zusammen mit der festen Überzeugung, dass jede noch so kleine Ursache auch eine beliebig kleine Wirkung hervorruft und nichts dem Zufall überlassen ist, prägten das Weltbild der klassischen Physik.[259] Nun stellte sich heraus, dass die Natur doch Sprünge macht – aber grundsätzlich nur ganz kleine: das winzige Planck'sche Wirkungsquantum, etwa $6 \cdot 10^{-34}$ Js.

Alle mit Licht und elektrischem Strom verbundenen Phänomene lassen sich durch drei Grundvorgänge erklären.[260] Akteure sind nur Elektronen, Protonen und Photonen. Die Protonen sind aber fest in den Atomkernen eingebaut und wechselwirken kaum mit Photonen sichtbaren Lichts. Interessant ist, dass Elektronen zunächst als Teilchen gesehen wurden und Licht als Welle – und später enthüllte sich umgekehrt der Wellencharakter der Elektronen und der Teilchencharakter der Photonen. Nun sind wir schlauer: Beide sind beides. Die 3 Grundvorgänge sind einfach und nur folgende:

1. Ein Photon bewegt sich von Ort zu Ort.
2. Ein Elektron bewegt sich von Ort zu Ort.
3. Ein Elektron emittiert oder absorbiert ein Photon.

Und das ist alles. Die ersten beiden sind trivial: einfach Licht und Strom, vereinfacht gesagt. Spannender ist die Nr. 3, die Interaktion in den atomaren und elektromagnetischen Erscheinungen. So ist die „partielle Reflexion" nun einfach zu erklären: Das Licht kümmert sich nicht um irgendwelche „Grenzflächen". Einige (aber beileibe nicht alle) herausenden Photonen werden an den Elektronen der Glasatome (z. B.) gestreut und erzeugen neue Photonen, die zurückfliegen. Reflexion und Brechung entstehen also, weil sich die Teilchen in bestimmten Experimenten (z. B. im Doppelspaltexperiment in Kap. 8.2) wie Wellen *verhalten* – sie zeigen Interferenzmuster. Der „Welle-Teilchen-Dualismus" lässt grüßen! Er bedeutet also *nicht*, dass Licht mal eine Welle und mal ein Teilchen ist, sondern dass die Quantenobjekte manchmal – je nach Art des Experimentes – sich wie eine Welle verhalten bzw. erscheinen.

„Die Gesetze der Physik und Chemie sind durchwegs statistischer Natur", schreibt einer, der es wissen muss: der österreichische Physiker und Wissenschaftstheoretiker Erwin Schrödinger.[261] Auch das eine Folge des Eindringens in die verborgenen Tiefen der „klassischen" Physik, in denen sich viele vermeintlich deterministisch festgelegte Erscheinungen in zufällige Wahrscheinlichkeitsverteilungen auflösen. Das zeigt sich u. a. daran, dass ein Begriff wie „Temperatur" erst für viele, aber nicht für ein einzelnes Molekül definiert ist. Gerade die so einfach erscheinende Temperatur hat es aber in sich. In der Nähe des absoluten Nullpunktes, wenn das „molekulare Zittern" zum Erliegen kommt, zeigen sich viele Merkwürdigkeiten. Ebenso bei extrem hohen Temperaturen, wenn die Atome selbst zu Plasma zerfallen. Plasma ist Materie, die so heiß ist, dass sich Atome in Ionen und Elektronen aufspalten.

Standen wir in der „voratomaren Zeit" noch vor einem Abgrund von Unkenntnis, so sind wir heute einen Schritt weiter (um einen wichtigen Schritt in der Geschichte der Wissenschaft in einem simplen Kalauer zusammenzufassen).

So könnte man endlos weitermachen mit den atom- und quantenphysikalischen Erklärungen der Gesetze und Erscheinungen der „klassischen" Physik. Doch wie sagt das weiße Kaninchen in *Alice im Wunderland*: „Keine Zeit, keine Zeit!"

Noch mehr Seltsames aus der Quantenwelt

Esoteriker bringen alles durcheinander, was sie nicht verstehen: die Quantenphysik, das Universum, den Zufall und die Wahrscheinlichkeitsrechnung, das Unbewusste, Schicksal und Vorsehung und Determinismus, schließlich auch noch die Seele, das Jenseits und Gott. Außer dem Absatz ihrer Bücher helfen sie dadurch niemandem, am wenigsten denjenigen, die Antworten auf Fragen suchen und aufhören, sie zu stellen, wenn die Grenzen unserer Vorstellungskraft erreicht sind. Wer für Quantenheilung durch Fernbehandlung sein Geld ausgibt, sollte es lieber für soziale Zwecke spenden. Mit Quantenphysik hat das nichts zu tun, sie ist nur eine ideale Projektionsfläche für pseudowissenschaftliches Gedankengut.[262]

Das Phänomen der Superposition, der Überlagerung gleicher physikalischer Größen, haben wir bei der Interferenz im Doppelspaltexperiment ja ausführlich besprochen. Ein Teilchen fliegt scheinbar gleichzeitig durch zwei Spalte. Das veranlasste 1935 den Physiker Erwin Schrödinger zu einem inzwischen populär gewordenen Vergleich. Ein Atom kann gleichzeitig ganz und zerfallen sein, haben wir oben erwähnt. Die Wahrscheinlichkeiten dafür sind „verschmiert", wie Schrödinger sich ausdrückte. Doch eine Katze kann nicht gleichzeitig tot und lebendig sein, denn sie lebt in unserer „Mittelwelt". Mit einer Ausnahme: „Schrödingers Katze". Sie wurde in einem (für Tierfreunde) etwas makabren Gedankenexperiment an das Schicksal eines radioaktiven Atoms gekoppelt.[263] Es sollte die mit der Anwendung des Quantenzustands auf makroskopische Systeme verbundenen gedanklichen Schwierigkeiten illustrieren, also bei der Übertragung von Verhältnissen in der Mikrowelt in unsere Größenverhältnisse. Diese Katze befindet sich in einem Kasten zusammen mit einem instabilen Atom, das innerhalb einer bestimmten Zeitspanne mit einer gewissen Wahrscheinlichkeit zerfällt. In diesem Fall setzt ein Detektor (ein „Geigerzähler") Giftgas frei, das die Katze tötet. Nach den Gesetzen der Quantenmechanik lassen sich instabile Atomkerne durch einen Überlagerungszustand aus den Zuständen „noch nicht zerfallen" und „zerfallen" beschreiben. Überträgt man diese auf makroskopische Systeme, dann müsste sich auch die Katze im Zustand der Überlagerung befinden. Sie wäre also lebendig und gleichzeitig tot – bis jemand den Kasten öffnet und den Zustand der Katze überprüft, also eine „Messung" vornimmt. Paradox, kann man sagen. Was das nun bedeutet, darüber streitet die Fachwelt heute noch – von der „Dekohärenz-Theorie" bis zur „Kopenhagener Deutung". Interessierte können der Spur des Tierchens wochenlang in Bücherläden oder im Internet folgen.

Ebenso der „Quantenverschränkung": Man konnte Elektronen voneinander trennen, die durch quantenmechanische Effekte miteinander verbunden sind. Trotz der räumlichen Trennung bleibt diese physikalische Verbindung beider Teilchen erhalten – ein Effekt, den Forscher als „quantenmechanische Verschränkung" bezeichnen und der bisher hauptsächlich an Lichtteilchen beobachtet werden konnte. „Spukhafte Fernwirkung" nannte Albert Einstein den Effekt, bei dem zwei Lichtteilchen quantenmechanisch so miteinander verschränkt werden, dass eine Veränderung des Zustands des einen Teilchens automatisch immer auch einen Wechsel beim anderen Teilchen bewirkt.[264] Diese Übertragung von Quantenzuständen in einer sofortigen (zeitlosen, nicht durch die Lichtgeschwindigkeit limitierten!) Zustandsänderung in miteinander „verschränkten" Quantensystemen nannte man 1997 „Quantenteleportation". Nun ist *Science Fiction* und Esoterik Tür und Tor geöffnet. *Beam me up, Scotty!*

Aber kann die Quantenphysik paranormale Phänomene erklären? Esoterische Kreise *lieben* die Quanten und ihre für uns unverständlichen Verhaltensweisen. Sie ziehen ganz abenteuerliche Schlüsse aus unverstandenen Phänomenen – Fehlschlüsse allerdings, denn sie verlängern die Verhältnisse in „Mikronesien" unreflektiert nach „Mesonesien". Und zuvorderst müsste ja erst einmal die Existenz der paranormalen Phänomene nachgewiesen werden. Hierzu schreibt ein Physiker: „Grundlegend [...] ist die Unterscheidung zwischen der *Existenz* eines Phänomens und seiner *Erklärung durch einen Mechanismus.*"[265] Viele schaffen ja nicht einmal den ersten Schritt, den Existenznachweis – Pendler und Rutengänger haben damit ja schon Schwierigkeiten. Richtig schwer wird es oft beim zweiten Schritt, der Erklärung des Wirkungsmechanismus – da stößt unsere Erkenntnis schnell an Grenzen, z. B. wenn es um unsre eigenen Empfindungen geht. Wir *kennen* die der Existenz des Phänomens des Schmerzes, können aber seinen Mechanismus nicht (vollständig) erklären. Doch wenn ich eine Erscheinung nicht erklären kann, darf ich nicht daraus schließen, dass sie nicht existiert. Noch abenteuerlicher wird es jedoch, wenn ich daraus schließe, *dass* sie existiert. Aber damit sind wir schon fast im philosophischen Kap. 11.

Wichtig ist aber, das auszusortieren, was aufgrund völlig unterschiedlicher Größenordnungen physikalisch nicht sein *kann*. Wir *können* keine Atome durch starke Beleuchtung erkennen, weil ihre Größe weit unterhalb der Wellenlänge von Licht ist. Wir können seltsame Wirkungen zwischen Quanten nicht in unsere Welt übertragen. „Schrödingers Katze" ist nur ein Gedankenexperiment, eine Analogie. Der Philosoph und Neurowissenschaftler Thomas Metzinger drückt das ganz deutlich aus: „In menschlichen Gehirnen findet das Feuern von Neuronen in einer makroskopischen Größenordnung statt. Für so riesige Gebilde wie die Nervenzellen [...] spielen Quantenereignisse schlichtweg keine Rolle."[266]

Wenn ich mich über die Unerklärlichkeit der Quantenphysik etwas spöttisch ausgedrückt habe, dann soll das nicht bedeuten, dass dies alles Hirngespinste und quasi-religiöse Glaubensinhalte versponnener Physiker sind – im Gegenteil. Unsere hervorragend funktionierende technische Welt beruht zu einem großen Teil auf diesen für den Normalmenschen unverständlichen Erkenntnissen.

9.4 Warum hält das alles zusammen?

„Das kann ich mir alles gar nicht vorstellen!", sagte Eddi, nachdem Siggi seine Geschichten beendet hatte. „Ja, un-vor-stell-bar, im wahrsten Sinn des Wortes", bestätigte Rudi. „Aber es *ist* so", bekräftigte Siggi, „Sie haben es genau berechnet." „Vielleicht haben sie sich *ver*rechnet?", zweifelte Eddi. „Das sagst gerade *du*, der Mathematiker?!" „Ja, Siggi, Dogmatiker machen keine Fehler und Dummköpfe immer dieselben. Die Wissenschaft *lernt* aus ihren Fehlern, deswegen treibt sie die Erkenntnis voran." Rudi griff ein: „Außerdem bestätigen wir Physiker unsere Berechnungen im Experiment. Wie steht es denn damit?" „Nun, ihr beiden, das ist genau der Punkt. Alle die Dinge, die ich euch berichtet habe, sind experimentell bestätigt, x-fach abgesichert. Paul Dirac, von dem ich euch erzählt habe, hat das Planck'sche Wirkungsquantum auf neun Dezimalstellen genau berechnet und experimentell abgesichert.[267] Das ist so, als würde man aus tausend Kilometer Entfernung ein ein Millimeter großes Ziel mit dem Pfeil treffen."

Eddi und Rudi schwiegen beeindruckt. Doch dann regte sich bei ihnen Widerstand. „Irgendwas stimmt da nicht!", brummte Rudi, „Du hast uns doch gesagt, dass gleiche Ladungen sich abstoßen. Zwei positiv geladene Protonen im Atomkern – dicht beieinander? Wie soll denn das gehen? Was hält Sie denn zusammen? Warum fliegt nicht alles auseinander?"[268] Eddi stimmte ein: „Ja, nackte Logik! Na gut, die Protonen stoßen sich gegenseitig ab, da sie die gleiche positive Ladung haben. Aber sie ziehen sich auch an – durch ihre Gravitation –, denn sie haben eine Masse. Vielleicht hält die Gravitation den Kern zusammen?"

Zum ersten Mal sah man Siggi Spökenkieker ratlos: „Tut sie nicht – die Wirkung der Massenanziehung der Protonen ist etwa 10^{36}-mal schwächer als die der elektrischen Abstoßung, bei den Elektronen ist sie sogar 10^{42}-mal schwächer.[269] Die Gravitation ist die schwächste physikalische Kraft – obwohl sie uns oft ganz schön zu schaffen macht, wenn wir schwere Steine schleppen müssen." „Und nun?!", bohrte Rudi nach, „Was hält die Atom*kern*bausteine, d. h. Protonen und Neutronen, zusammen?" Eddi unterstützte ihn: „Es muss also eine weitere Kraft geben, welche die Nukleonen verklebt und dadurch den Atomkern stabilisiert. Davon hast du uns aber nichts erzählt!" „Äh, ja, ich …" Rudi war unbarmherzig: „Ich fürchte, du musst noch mal los!" und Eddi stimmte etwas spöttisch ein: „Gute Reise!"

So kam es, dass Prof. Hideki Yukawa in seiner Vorlesung plötzlich einen fremdländischen weißhaarigen Alten mit langem Bart sitzen sah, der in eine grobe Tunika gehüllt war. Ein weißer Knotenstock lehnte an der Wand des Hörsaals. Zwei Tage später war er wieder verschwunden und niemand hat ihn je wieder gesehen – zumindest in Japan im Jahre 1940.

Und so konnte Siggi seinen leicht ramponierten Ruf wieder ausbügeln: „Es gibt insgesamt vier Grundkräfte der Physik. Vier! Zwei kennt ihr schon: die elektromagnetische Kraft und die Gravitation. Sie ist es also nicht, die die Kügelchen im Kern zusammenhält. Diese Kraft heißt einfach ‚Starke Kernkraft‘. Sie wirkt zwischen allen ‚Nukleonen‘, also zwischen Neutronen und Neutronen, zwischen Protonen und Neutronen, und auch (zusätzlich zur elektrischen Abstoßungskraft) zwischen Protonen und Protonen. Nur wenn ein genügend hoher Anteil an Neutronen im Kern vorhanden ist, ist diese Kraft stark genug, die Teilchen zusammenzuhalten. Dies erklärt auch, warum sehr große Atomkerne einen hohen Anteil an Neutronen haben. So besitzt das häufigste Sauerstoff-Isotop 8 Protonen und 8 Neutronen – das langlebigste Uran-Isotop besitzt hingegen 92 Protonen und 146 Neutronen.[270] Denn – ihr werdet es nicht glauben – die ‚Starke Kernkraft‘ ist eigentlich nur eine *Rest*kraft, denn ihre Hauptaufgabe ist es, die Quarks im Nukleon zusammenzuhalten.[271] Nun muss ich euch noch die vierte Kraft erläutern, die ‚Schwache Kernkraft‘. Die ist aber etwas schwerer zu verstehen. Sie bewirkt …“ ‚Genug!‘, schrien Eddi und Rudi gleichzeitig, „Uns platzt der Kopf!“

In der Tat, im Inneren der Materie ist viel los. In den letzten 200 Jahren haben sich unklare Vermutungen, die schon die alten Griechen Leukipp und Demokrit hatten, zu einem Berg an Detailwissen gewandelt. Statt der alten „4 Elemente“ (Sie erinnern sich: Feuer, Wasser, Luft und Erde) haben wir 4 Grundkräfte entdeckt – wenn einen das nicht auf philosophische Gedanken bringen kann! Da werden wir in Kap. 11 etwas genauer hinschauen.

Doch zurück zu den Kernkräften (auch „Wechselwirkungen“ genannt): Die Schlangenlinien zwischen den Quarks in Abb. 9.8 sollen diese Kräfte bzw. Wechselwirkungen andeuten. Die starke Kraft wirkt gewissermaßen nur auf Quarks und – halten Sie sich fest! – beruht auf „Austauschteilchen“ der starken Wechselwirkung. „Nicht schon wieder ein neues Teilchen!“, werden Sie ausrufen und dabei an den Physikerscherz denken. Aber sie haben einen Namen, den man sich gut merken kann: „Gluonen“. Kleber, wie gesagt (englisch *to glue* „kleben“). Was in der Kraftbilanz zwischen den Quarks „übrig bleibt“, klebt die Nukleonen zusammen. Deswegen ist die starke Wechselwirkung auf einen Abstand von 10^{-15} m beschränkt.

Aber es zerfällt doch!

Jetzt bleibt noch die „Schwache Kernkraft“ bzw. „Schwache Wechselwirkung“. Wenn Sie die Reichweite ihrer starken Schwester schon für verschwindend gering gehalten haben, müssen Sie hier noch einmal Abstriche machen: Sie hat nur eine Reichweite von 10^{-18} m, ein Tausendstel davon. Damit ist sie die „kurzreichweitigste“ aller Kräfte, eine wunderschön paradoxe Wortschöpfung. Sie ist kleiner als ein Atomkernradius. Sie wirkt (schon wieder!) über Austauschteilchen. Wo spielt sie eine Rolle? Bei den Betastrahlen, einer Form der radioaktiven Strahlung. Sie erinnern sich: 1896, Becquerel, die durch Strahlung von Uransulfat geschwärzte Photoplatte, Entdeckung der Radioaktivität. Die Betastrahlen entpuppten sich als Elektronen. Aber wie konnten aus Atomkernen Elektronen kommen? Tatsächlich kann ein Neutron in ein Proton und ein Elektron (plus ein damals noch unbekanntes Teilchen, das Neutrino) zerfallen. Ein freies Neutron hat eine auffallend lange Halbwertszeit von etwa 10 min. Ein Prozess der starken Wechselwirkung scheint hier unwahrscheinlich, da diese in der Regel sehr schnell sind. Eine bisher unbekannte Kraft?![272] Sie wirkt aber auch umgekehrt, bei der Umwandlung von Protonen in Neutronen. Ihren großen Auftritt hat die schwache Wechselwirkung bei der Fusion von Wasserstoff zu Helium in der Sonne.

Daran knabberte man bis 1930, als deutlich wurde, dass noch ein Teilchen am Beta-Zerfall beteiligt sein musste: das winzige Neutrino. Und dann wurde es langsam klar: Die schwache Wechselwirkung ist nicht nur eine anziehende oder abstoßende Kraft, sie wandelt Teilchen auch ineinander um. Die schwache Wechselwirkung ist für Kernzerfallsprozesse wie z. B. den Beta-Zerfall verantwortlich und bewirkt den Zerfall freier Neutronen. Die schwache Wechselwirkung ist die einzige Kraft, die verschiedene Quark-Arten ineinander umwandeln kann! So verwandelt sie im Beta-Zerfall ein Down-Quark in ein Up-Quark.[273]

Und jetzt kommen wir wirklich in die (Un-)Tiefen der Kernphysik. Nun müssen wir aber leider aufhören mit den kleinsten Dingen. Sie sind aber auch *zu* spannend!

Fassen wir zusammen

Richard P. Feynman hat es auf den Punkt gebracht:[274] Wenn alle wissenschaftlichen Erkenntnisse vernichtet würden (wie bei der vermuteten Zerstörung der Bibliothek von Alexandria) und man nur *einen* Satz an die Nachwelt überliefern könnte, welche Aussage würde die wichtigste Information mit den wenigsten Worten enthalten? Es ist der Satz: „Die gesamte Materie ist aus wenigen Atomen zusammengesetzt." Das gilt für alle Stoffe, vom Sauerstoff über Benzol bis zu Polyethylenterephthalat (die PET-Flasche) oder Ihre DNA. Jedes Molekül dieser und Millionen anderer Stoffe besteht aus weniger als 100 unterschiedlichen Atomen. Ein LEGO-Baukasten. Sie sind klein und unendlich leicht – „unendlich" im umgangssprachlichen Sinne, denn man kennt ihre jeweilige winzige Masse und Größe.[275] Entsprechend klein sind auch die Moleküle, die aus diesen LEGO-Steinchen zusammengesteckt sind. Sechshunderttausend Milliarden Milliarden Wassermoleküle passen in ein Schnapsglas. Und die Atome sind – wie wir im nächsten Kapitel sehen werden – uralt, (fast) so alt wie das Universum. Die weitaus allermeisten von ihnen sind also seit über 13 Mrd. Jahren unverändert da und werden es auch lange bleiben: Alle Atome, aus denen Sie und ich bestehen, waren schon in anderen lebenden oder toten Dingen und werden nach unserem Ableben auch weiter verwendet.

Eine Etage tiefer trafen wir auf die angeblich so unteilbaren Atome. Sie sind ein dreidimensionales Kolosseum, in dessen Mitte eine Murmel schwebt, der Atomkern. Er besteht aus Nukleonen (Protonen und Neutronen), die aus Quarks bestehen. Im Kolosseum flitzen Staubkörner herum, die Elektronen, etwa 2.000-mal leichter als die Murmel im Zentrum. Wir können nur mit Wahrscheinlichkeitsfunktionen beschreiben, wo und wie schnell sie sind – und nie beides gleichzeitig. Die Unschärferelation des Herrn Heisenberg. Die definierten Schalen des Herrn Bohr, zwischen denen sie ihre Quantensprünge vollziehen können – definierte und nicht weiter unterteilbare Energieänderungen – waren weiterhin für praktische Zwecke nutzbar.[276] Wir können sie mit einem wahnsinnig schnellen und damit energiereichen Staubsturm aus ähnlichen Teilchen (den Photonen) beschießen. Dann schlagen wir einige von ihnen aus dem Kolosseum heraus, wo sie in einer Milliarden Kilometer dicken Kupferröhre (wir haben schließlich $6 \cdot 10^{23}$ Kolosseen je Mol Silicium ^{28}Si, also je 28 g) zur Batterie unserer Solarzellen strömen und warten, bis wir elektrische Energie brauchen.

Dachte man vor etwas mehr als nur einem Jahrhundert noch „Alles sind Atome" (stabile vorhersagbare Teilchen), so haben wir jetzt eine weitere Zwiebelschale der Realität enthüllt: „Überall im ganz Kleinen herrschen Effekte der Quantenmechanik" (nicht streng determinierte, unscharfe, aber gequantelte Zustände). Wir alle bestehen hauptsächlich aus drei Elementarteilchen: Elektronen, Up-Quarks und Down-Quarks. Die meisten materiellen Phänomene haben mit ihnen zu tun!

Einerseits haben diese Entdeckungen den Schleier der Unerklärlichkeit von vielen Erscheinungen der klassischen Physik gelüftet. Atome, Protonen, Elektronen und viele Mitglieder des „Elementarteilchen-Zoos" helfen uns beim Verständnis von physikalischen Vorgängen und führen zu praktischen Anwendungen im täglichen Leben. Andererseits ist ein noch dichterer und verwirrender Schleier der Unerklärlichkeit aufgetaucht: die Heisenberg'sche Unschärferelation, das nur statistisch erfassbare Verhalten der Quanten, die merkwürdigen und unanschaulichen Phänomene der Superposition.

Die zentrale Erkenntnis hat Heisenberg selbst sehr anschaulich formuliert: „Dieser Unterschied zwischen klassischer und Atomphysik ist natürlich verständlich, da für schwere Körper wie die Planeten [...] der Druck des Sonnenlichts, das an ihrer Oberfläche reflektiert wird und das notwendig ist, um sie zu beobachten, vernachlässigbar ist; bei den kleinsten Bausteinen der Materie jedoch hat aufgrund ihrer geringen Masse jede Beobachtung einen entscheidenden Einfluss auf ihr physikalisches Verhalten."[277]

Grämen Sie sich nicht, wenn Sie sich das nicht vorstellen können! Niemand kann es, denn wir haben keine sinnlichen Erfahrungen aus „Mikronesien". So wenig wie aus „Makronesien", unserem nächsten Kapitel, wo ein Tennisball so schwer ist, dass er von selbst in die Erde eindringt und durch Granitschichten in ihren Eisenkern hindurch fällt.[278]

Eine der großen Revolutionen der Physik ist das, was Albert Einstein selbst so formulierte: Die Materie hat eine „körnige" Struktur, sie setzt sich aus Elementarteilchen, den Elementarquanten der Materie, zusammen. Genauso hat auch die elektrische Ladung und – was im Sinne der Quantentheorie das Wichtigste ist – die Energie eine „körnige" Struktur.[279] Lage und Geschwindigkeit dieser Elementarquanten sind – anders als bei einem bewegten Körper der klassischen Mechanik – nicht gleichzeitig beliebig exakt bestimmbar.

10
Das Universum von außen
Trabanten, Planeten, Sterne, Galaxien und was sonst noch im Kosmos herumschwirrt

So, das war ein schwieriges Kapitel. Kommen wir nun wieder zu den Dingen, die man sehen kann. Wenn wir die Chance haben, in unseren hell erleuchteten Großstädten in einen Sternenhimmel zu blicken, dann erstarren wir vor Ehrfurcht vor diesem Anblick: Tausende von Sternen funkeln am Himmel. Aber was ist das, was uns hier umgibt? Gehorcht es unseren physikalischen Gesetzen, die auf der Erde gelten? Können wir erkennen, was dort draußen vor sich geht und damit – wie wir sehen werden – in der Vergangenheit vor sich ging?

Kommen wir also aus der „Mittelwelt" in die Welt des unendlich Großen, nach „Makronesien". Wie gesagt, „unendlich" gibt es in der Realität nicht, nur im Abstrakten. Also in die Welt des sehr, sehr, sehr Großen. Der Kosmos ist ein interessantes Experimentierfeld und bietet den (Astro-)Physikern auch Erscheinungen, die es hier auf der Erde nicht gibt, z. B. Kernfusionsprozesse in der Sonne (und in allen anderen Sternen).

Die „klassische Physik" ist in weiten Teilen schon schwierig – erwarten Sie also von dem Grenzbereich des sehr Großen nicht zu viel! Sie werden auch hier (denn diese Worte haben Sie am Anfang von Kap. 9 schon gelesen) auf Dinge stoßen, die schwer bis unmöglich zu verstehen sind.

Spätestens jetzt wird Ihnen auffallen, dass ich am Anfang den Mund etwas voll genommen habe, als ich die strikte experimentelle Grundlage der Physik betonte. Sagt der eine Kosmologe zum anderen: „Lass uns doch mal die zwei Galaxien zusammenknallen – mal sehen, was passiert …" Nein, hier sind Experimente undenkbar. Besonders beim Urknall (ganz zu schweigen von der Zeit davor). Das ist so sinnlos wie die Frage: „Wie ist die Temperatur unterhalb des absoluten Nullpunktes von 0 K?"

Experimentieren heißt auch beobachten und logische Schlüsse mithilfe der (überall geltenden) Naturgesetze zu ziehen.[280] Dadurch können wir Modelle aufstellen und so die Verhältnisse im Universum beschreiben, obwohl es doch so weit von uns entfernt ist. „Das Unverständlichste am Universum ist, dass es verständlich ist", das sagte Albert Einstein. Mal sehen, ob wir dem zustimmen können.

10.1 Was fliegt da eigentlich so herum?

„Die Sterne lügen nicht" – so sagt das Sprichwort. In allen Kulturen waren sie – neben Sonne und Mond – die auffälligsten Erscheinungen in der Natur und inspirierten die Menschen. Einerseits waren sie der Gegenstand wissenschaftlicher Untersuchungen, andererseits die Quelle spiritueller Vorstellungen. Der schon erwähnte „Hundsstern" zeigte sich wie fast alle anderen Sterne jedes Jahr zur gleichen Zeit an der gleichen Stelle und führte damit zu einer exakten Bestimmung der Jahreslänge. Er wird schon bei den Ägyptern in alten Papyri erwähnt, und die Kunst der Sternenbeobachtung gab es sicher schon erheblich länger.[281]

Das Bild vom Universum zeigt wieder eine Zick-Zack-Bewegung der Wissenschaft, wie beim „Welle-Teilchen-Dualismus" – nur diesmal mit eindeutigem Ergebnis. Der griechische Astronom und Mathematiker Aristarchos von Samos (310–230 v. Chr.) gilt als der „griechische Kopernikus", weil er bereits ein heliozentrisches Weltbild vertrat. Claudius Ptolemäus (100–180 n. Chr.)

jedoch glaubte wie die meisten Gelehrten dieser Zeit an ein geozentrisches Weltbild, in dem die Erde unbeweglich im Mittelpunkt des Universums steht. Die Sonne und die Planeten sollten *sie* auf ihren Bahnen umkreisen. An nach außen konzentrisch angeordneten Sphären hingen die Fixsterne. Es konkurrierte lange mit dem heliozentrischen Weltbild, das die Sonne als Mittelpunkt der Planetenbewegungen sah – und die Erde „nur" als einen der Planeten.[282] Erst in der Renaissance, im 15. und 16. Jahrhundert, setzte sich durch exakte Beobachtungen das heliozentrische Weltbild durch und wurde allgemein als „wahr" anerkannt. Der „Freizeitastronom" Nikolaus Kopernikus und der Universalgelehrte Johannes Kepler untermauerten diese Sicht mit so genauen Messungen und Berechnungen, dass sie als „kopernikanisches Weltbild" in die Geschichte einging. Das „ptolemäische Weltbild" war trotz des Widerstandes der Kirche, die es noch bis weit ins 19. Jahrhundert verteidigte, beerdigt. Aber es war ein langer Todeskampf, denn die naturwissenschaftliche Denkweise existierte noch nicht, nach der eine Hypothese durch ein Experiment entweder bestätigt oder widerlegt wird. Zwar hatte Kopernikus sein Werk „Über die Umschwünge der himmlischen Kreise" (*De Revolutionibus Orbium Coelestium*) 1543 veröffentlicht und Kepler die nach ihm benannten Gesetze zwischen 1609 und 1618 erarbeitet, doch bekanntlich wurde Galileo Galilei 1633 für die letzten Jahre seines Lebens unter Hausarrest gesetzt, weil er die heliozentrische Sicht verteidigte. Deswegen schreibt ihm die Legende den trotzigen Satz „Und sie bewegt sich doch!" (italienisch *Eppur si muove!*) zu.[283]

Das Weltall ist groß

Sehr groß. Umgangssprachlich „unendlich groß", aber in der Natur, die wir beobachten, gibt es immer einen Anfang und ein Ende, ein Kleinstes und ein Größtes. Im Denken können wir spekulieren, ob es darüber hinaus nicht noch etwas geben mag – aber solange wir es nicht gefunden haben, gesehen haben, bewiesen haben, so lange müssen wir es in den Bereich der Spekulation verweisen. Nichts, mit dem die Physik zu tun hätte. Sie hat es schon mit der Realität schwer genug.

Doch wie messen wir z. B. Entfernungen im Weltraum? Niemand kann mit einem Metermaß im Orion-Nebel herumklettern, der 1350 Lichtjahre von uns entfernt ist. Na gut, seitdem wir auf dem Mond herumgelaufen sind, können wir Geräte zur Entfernungsmessung dort installieren, z. B. einen Reflektor für einen Laserstrahl. Da wir die Lichtgeschwindigkeit kennen – Sie erinnern sich an Kap. 8.3 – können wir damit seine Entfernung exakt bestimmen. Und das im Weltraum übliche Maß „Lichtjahr" [Lj] ist auch schnell zu berechnen, wobei sich die verschiedenen Maßeinheiten schön gegenseitig aufheben:

	[km]	[m]
Durchmesser Sonne	1.400.000	110,24
Sonne – Erde	150.000.000	11.811,02
Durchmesser Erde	12.700	1,00
Erde – Mond	380.000	29,92
Durchmesser Mond	3.500	0,28

1 m : 12.700 km = 7,87 · 10^{-5}

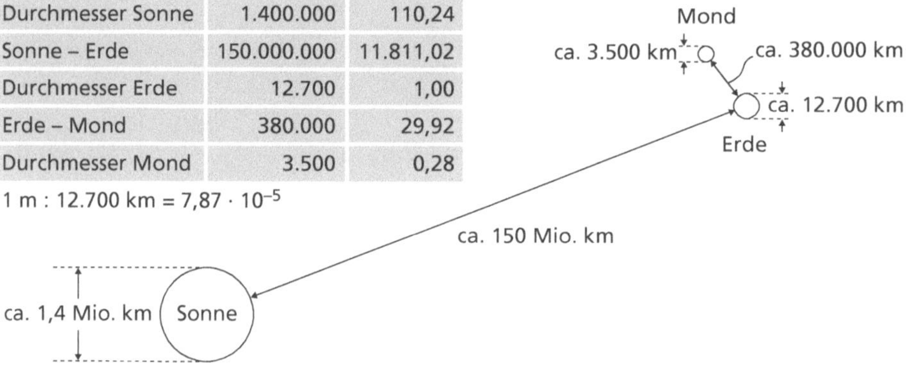

Abb. 10.1   Sonne, Erde und Mond (nicht maßstäblich)

1 Lj = 299.792.458 m/s · 3.600 s/Std. · 24 Std./Tag · 365 Tage/Jahr · 1 Jahr = X m

Das wird eine große Zahl, deshalb nehmen wir gleich Zehnerpotenzen zur Hilfe:

X = 2,998 · 10^8 · 0,36 · 10^4 · 2,4 · 10^1 · 3,65 · 10^2 · 1 = 9,46 · $10^{8+4+1+2}$ m = 9,46 · 10^{12} km = 9,461 Billionen Kilometer.

Nein, das können Sie sich nicht mehr vorstellen. Auch nicht, dass der Mond etwa 1,3 Lichtsekunden von uns entfernt ist und die Sonne im Mittel ca. 8,3 Lichtminuten oder etwa 150 Mio. km. Denn auch für diese Entfernungen haben Sie kein Gefühl. Es ist „Makronesien" und nicht „Mesonesien", wenn Sie sich an den Beginn von Kap. 2 erinnern. Und ein Lichtjahr ist … winzig, ein Nichts! Denn im Universum gibt es Dinge, die Millionen oder Milliarden Lichtjahre von uns entfernt sind. Schon der Durchmesser unserer Milchstraße beträgt ca. 100.000 Lichtjahre. Aber Unvorstellbarkeit ist keine Grenze für die wissenschaftliche Erkenntnis.

Schauen wir nur einmal vor unsere Haustüre (Abb. 10.1). Es hat sich bei den meisten Leuten herumgesprochen, dass die Erde um die Sonne kreist (1 Jahr) und sich um sich selbst dreht (1 Tag). Und dass der Mond sich um die Erde dreht (1 Monat) und mit ihr zusammen in einem Jahr die Sonne umkreist.

Wenn die Erde nur ein Ball mit 1 m Durchmesser ist, ist die Sonne eine Kugel mit 110 m Durchmesser in 11,8 km Entfernung (siehe Kasten in Abb. 10.1). Ein anderer anschaulicher Vergleich: Wenn die Sonne eine Kugel mit 1,4 m Durchmesser ist, ist die Erde ein Kügelchen von knapp 1,3 cm, das mit einem Möndchen von 3,5 mm im Abstand von 150 m um sie kreist, gehalten von einer magischen Kraft, der Gravitation. Das Erde-Mond-System mit einem Durchmesser von 76 cm würde zwei Mal in die Sonnenkugel passen.

Glückliche Umstände zeichnen die Erde aus

Die Erde ist in vieler Hinsicht privilegiert und wir mit ihr, neben allem Leben auf ihr. Sie hat den richtigen Abstand zur Sonne, ist weder zu warm noch zu kalt. Sie hat einen Mond, der (wie wir noch sehen werden) ihre Drehachse stabilisiert. Das sorgt für einen gemäßigten Wechsel zwischen Sommer und Winter auf ihren Halbkugeln und damit für ein Klima ohne Exzesse. Da sie etwa 4,6 Mrd. Jahre alt ist, hat sie die Frühstadien eines jungen Planeten überwunden. Nebenbei: Wenn wir ihr Alter auf einen einzigen Tag projizieren, dann tauchen die ersten Säugetiere eine Stunde vor Mitternacht auf, der *Homo sapiens* 2,4 s und Eddi und Rudi 0,19 s. Die Erde besitzt eine Atmosphäre und flüssiges Wasser – zwei Zutaten, die das organische Leben braucht. Ihre Atmosphäre (zzt. ca. 78 % Stickstoff, 21 % Sauerstoff und andere Gase, darunter Kohlendioxid mit 0,04 %) hat sie „selbst gemacht". Als junger Planet, gewissermaßen ein im All fliegender Vulkan, waren es ca. 80 % Wasserdampf, 10 % Kohlendioxid und 5 bis 7 % Schwefelwasserstoff. Tödlich für alles Leben, hätte es welches gegeben. Irgendwann einmal kühlte sich der vulkanische Ball so weit ab, dass sich der Wasserdampf in Regen verwandelte. Ein Winter in Holland ist nichts dagegen, denn der Dauerregen dauerte etwa 40.000 Jahre. Danach hatten sich die Ozeane gebildet und allerlei chemische Prozesse bildeten aus der ersten die „zweite Atmosphäre" vor etwa 3,4 Mrd. Jahren: hauptsächlich Stickstoff und geringere Anteile an Wasserdampf, Kohlendioxid und Argon.

Aber die Ozeane waren da, und in ihnen entstand – auf noch nicht vollständig geklärte Weise – das erste Leben in Form von Einzellern. Sie lebten drei Milliarden Jahre hier, bevor die ersten Mehrzeller auftauchten. Blaualgen, heute Cyanobakterien genannt, verwandelten durch chemische Reaktionen Kohlendioxid in Sauerstoff. So bildete sich im Laufe der Zeit die „dritte Atmosphäre" – im Laufe einer *langen* Zeit. Dummerweise war Sauerstoff für die meisten damaligen Lebewesen giftig: die „große Sauerstoffkatastrophe". Aber die Natur passte sich an, und nach langer Zeit halfen auch Pflanzen mit der sauerstoffbildenden Photosynthese mit. Die Sauerstoffkonzentration nahm zu, und vor etwa 750 bis 400 Mio. Jahren begann die Bildung von Ozon (O_3) in höheren Schichten der Atmosphäre.

Denn unsere Erde ist ja einem ständigen und gefährlichen Bombardement von der Sonne ausgesetzt. Sie versorgt uns nicht nur mit lebensspendender Energie in Form von Licht und Infrarotstrahlung, sondern auch noch mit allerlei gefährlichen Dingen wie z. B. UV-Strahlen. Die Ozonschicht hält sie ab. Und ein Magnetfeld schirmt weitere Emissionen der Sonne ab: den „Sonnenwind", hochenergetische Teilchen, die auch das Polarlicht hervorrufen. Auch das Magnetfeld ist wie die Atmosphäre „selbstgemacht". Und wie erzeugt unser toller Planet das Erdmagnetfeld? Die Herren Maxwell, Faraday und Siemens lassen grüßen: Die Erde ist ein Dynamo. Der innere Erdkern ab einer Tiefe von 5150 km und bis zum Erdmittelpunkt ist eine feste Eisen-Nickel-Legierung (80 % Eisen, 20 % Nickel). Der äußere Erdkern zwischen ca. 2900 und 5150 km mit Temperaturen zwischen ca. 4200 °C und ca. 6000 °C ist zähflüssig. Diese Masse ist elektrisch leitend. Jetzt wird Ihnen alles klar: Die Erde dreht sich, der Kern setzt dem eine Massenträgheit entgegen, in der unterschiedlich heißen Zwischenschicht bilden sich Wärme- und damit Materialströme aus – und die können über Ionisierungsvorgänge elektrisch geladen sein. Bingo! Bewegte elektrische Ladungen erzeugen ein Magnetfeld. Fertig ist das Erdmagnetfeld mit allen seinen segensreichen Wirkungen.[284]

Ach ja, Wasser … wo kommt das denn her? Das ist bis heute nicht vollständig geklärt. Wasser ist ja „nur" ein Molekül, das im Weltraum und z. B. auf den Planeten Venus und Mars vorkommt. Es könnte in ausreichender Menge in den Brocken vorhanden gewesen sein, aus denen sich die Urerde zusammengeklumpt hat. Vielleicht hat sie auch einen „nassen" Asteroiden eingefangen? Planetenkeime („Planetesimale") aus dem Asteroidengürtel des Sonnensystems waren reich an Wasser. Außerdem wurde das innere Sonnensystem vor ca. 3,9 Mrd. Jahren vom „Großen Kosmischen Bombardement" getroffen – Kometen, die auf langen Bahnen um die Sonne flogen. Kometen sind aber im Grunde nichts anderes als schmutzige Schneebälle. Sie hätten (neben diversen anderen, auch organischen, Verbindungen als Bausteine für die Entstehung des Lebens) auch Wasser mitbringen können. Wie dem auch sei: Wir haben Wasser, wir brauchen es und wir lieben es.

Was fliegt im Sonnensystem herum?

Acht „echte" Planeten umkreisen die Sonne und leuchten durch die Reflexion ihres Lichtes. „Mein Vater erklärt mir jeden Sonntag unseren Nachthimmel" – wenn Sie sich diesen Satz merken können, dann können Sie die Planeten des Sonnensystems in der richtigen Reihenfolge (von der Sonne ausgehend) aufzählen. Jetzt müssen Sie nur noch auf die doppelten „M" achten, dann haben Sie die korrekte Folge Merkur, Venus, Erde, Mars, Jupiter, Saturn, Uranus und Neptun. Pluto wurde ja inzwischen zum Zwergplaneten degradiert und darf nicht mehr mitspielen. Vier von ihnen sind Gasplaneten (Jupiter, Saturn, Uranus, Neptun), die anderen sind erdähnliche Planeten mit einem festen Kern (Merkur, Venus, Mars).

Interessant sind vielleicht ein paar Daten als Orientierung (Tab. 10.1).[285] Im Vergleich zur Sonne mit einem Durchmesser von 1.392.700 km und einer Masse von ca. $2 \cdot 10^{30}$ kg sind die Planeten alle ziemlich klein und unscheinbar. Selbst der dicke Jupiter ist noch 1000-mal leichter als sie. (Fast) alle umkreisen die Sonne in derselben Drehrichtung auf nahezu kreisförmigen El-

Tab. 10.1   Einige Daten der Planeten unseres Sonnensystems

Planet	Monde	Durchm. [km]	Masse[a] rel. z. Erde	Temp.	Entfernung z. Sonne [Mio. km]	Umlaufperiode	Rotations-periode
Merkur	0	4.878	0,33/0,055	$-180\,°C$ bis $+430\,°C$	57,91	87,97 Erdtage	58,7 Erdtage
Venus	0	12.104	4,86/0,81	$+465\,°C$	108,2	224,7 Erdtage	243 Erdtage
Erde	1	12.756	5,97/1	$-60\,°C$ bis $+50\,°C$	149,6	365 Erdtage	23 Std. 56 min.
Mars	2	6.790	0,64/0,11	$-120\,°C$ bis $+25\,°C$	227,9	686,9 Erdtage	24 Std. 37 min.
Jupiter	63	142.984	1.898/318	$-150\,°C$	778,3	11,8 Erdjahre	9 Std. 55 min.
Saturn	60	120.536	568/95,2	$-180\,°C$	1.427	29,46 Erdjahre	10 Std. 40 min.
Uranus	27	51.118	86,8/14,5	$-197\,°C$	2.871	84,01 Erdjahre	17 Std. 14 min.
Neptun	13	49.528	102,4/17,2	$-201\,°C$	4.49	164,8 Erdjahre	16 Std. 6 min.

[a] in 10^{24} kg, daneben relativ zur Erdmasse

Abb. 10.2   Parallaxe im Alltag

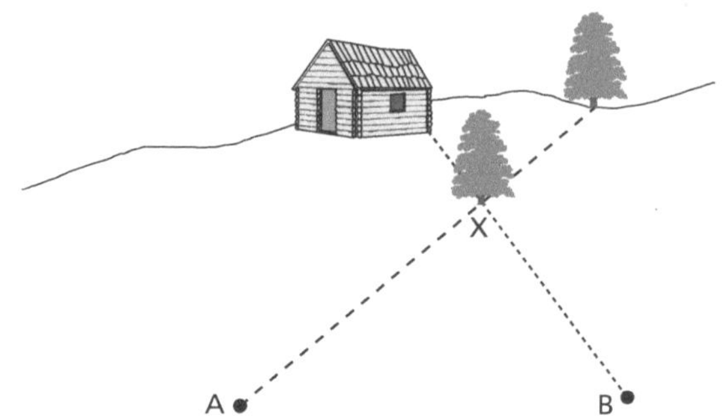

lipsen, die alle in ungefähr derselben Ebene liegen – eine Besonderheit, die manchem Kosmologen zu denken gab. Ebenso wie die Tatsache, dass wir es auf der Erde einigermaßen komfortabel erwischt haben: nicht zu heiß und nicht zu kalt, festen Boden unter den Füßen und … Wasser, ohne das kein Leben möglich wäre.

So weit eine kurze Bestandsaufnahme unseres Sonnensystems, die mit dem physikalischen Geschehen und seinen Gesetzen erst einmal wenig zu tun hat.

Der Zollstock im Weltall

Wie aber messen wir denn nun die Entfernungen, wie z. B. zwischen der Erde und einem Stern? Und Entfernung, das haben wir inzwischen erkannt, ist wegen der begrenzten Geschwindigkeit des Lichts ja immer ein Rückblick in die Vergangenheit. Jede Beobachtung eines fernen Sterns ist eine Zeitreise! Wenn wir also wissen, wie *groß* das Universum ist, dann wissen wir auch, wie *alt* es ist. Wenn wir irgendetwas vom „Rand" des Universums „sehen" (mit „sehen" ist nicht nur das Licht gemeint, sondern jede elektromagnetische Welle), dann muss es vom Anfang des Universums stammen.

Ein komplexes Thema, wie so viele, wenn man tiefer einsteigt. Denn jede beantwortete Frage reißt, wie so oft, zehn weitere auf: Woher kennt man den Radius der Erdumlaufbahn von ca. 150 Mio. km? Dieser Wert wurde sogar zur „Astronomischen Einheit" 1 AE erklärt. Wie bestimmt man die Entfernung des Mondes oder die Masse der Sonne? Das ist, wie gesagt, alles noch vor unserer Haustür. Wo sind aber die nächsten Sterne, d. h. „Sonnen" mit eigener Leuchtkraft?

Nehmen wir exemplarisch nur diese Frage heraus (alles andere kann man nachlesen).[286] Die der Messung zugrunde liegende Erscheinung kennen wir aus dem Alltag – und auch Eddi und Rudi waren sie bekannt (Abb. 10.2). Sieht man ein Objekt X – etwa den Stamm eines Baumes – von einem Standpunkt A aus an der rechten Kante einer Hütte, dann „wandert" er nach rechts,

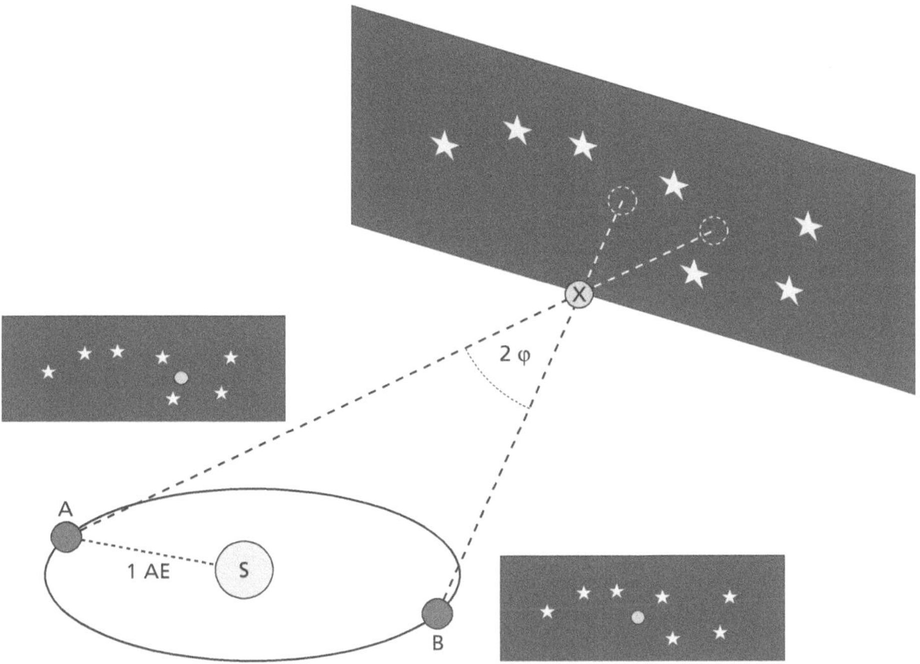

Abb. 10.3   Parallaxe zur Entfernungsbestimmung für Stern X

wenn man selbst nach links wandert, z. B. zum Punkt B, und man sieht ihn vielleicht vor einem anderen markanten Punkt. Diesen Effekt nennt man „Parallaxe".

Dieselbe „Bewegung" vollführt ein „naher" Stern vor einem weit entfernten Sternbild, da sich dieses bei der Bewegung des Beobachters nicht verschiebt. Die Bewegung des Beobachters ist die … Erdumlaufbahn um die Sonne. Im Frühjahr, wenn die Erde am Punkt A steht (vielleicht am „Frühlingspunkt", um den 20./21. März), sieht man den Stern X vielleicht im Inneren des großen Wagens an der Vorderkante. Im Herbst (am „Herbstpunkt", um den 22./23. September) steht die Erde am Punkt B und X ist unterhalb der Deichsel zu sehen (Abb. 10.3). In Wirklichkeit ist dieses Beispiel stark übertrieben, denn die am Himmel beobachteten Unterschiede bewegen sich im Bereich weniger Bogensekunden.[287]

Wir suchen den Abstand r zwischen Stern X und der Sonne S. Nun kennen wir die Entfernung AS = 1 AE, und das rechtwinklige Dreieck AXS aus Erde, Stern und Sonne schneidet den Winkel 2φ in 2 Hälften, sodass

$$\tan \varphi = \frac{1\,\mathrm{AE}}{r}$$

Da φ sehr klein ist, ist tan φ ≈ φ (im Bogenmaß). Es sind nur Bruchteile eines Winkels, also misst man nicht in Grad, auch nicht in Bogenminuten (1/60 Grad), sondern in Bogensekunden (1/60 Bogenminute). Und schon ist ein neues kosmisches Maß definiert, die *parsec* (Parallaxensekunde, pc). Das ist die Entfernung, für die die Parallaxe 1" (1 Bogensekunde) betragen würde. Jetzt werden Sie aufmerksam: ein „Spitzdach" mit einem Winkel von 1/3600 Grad über dem Erdbahnradius?!! Das muss aber *sehr* weit weg sein!

Ist es auch. Wandelt man den Winkel von [Grad] in Bogenmaß [rad] um, dann ist

$$1\mathrm{pc} = \frac{180 \cdot 60 \cdot 60 \cdot 1\,\mathrm{AE}}{\pi} \cdot 206 \cdot 000\,\mathrm{AE} = 3{,}26\,\mathrm{Lj}.$$

Die kleinsten messbaren Parallaxen liegen bei 0,01", und das beschränkt die damit messbaren Sternentfernungen auf ca. 100 pc = 326 Lj – wieder nur „vor unserer Haustüre". Also muss man zu anderen Methoden der Entfernungsbestimmung im All greifen.[288] Die Parallaxenmethode sollte ja nur als Beispiel dienen, mit welchen Verfahren man einfachste Physik im Weltraum betreibt. Nebenbei: Das macht das menschliche (und auch manches tierische) Gehirn automatisch und unbewusst, wenn es die Entfernung von Dingen abschätzt.

Ein Blick in die Ferne ist ein Blick zurück

Nun blicken wir also ins Weltall mit unseren Teleskopen (wörtlich: Fernseher). Stellen wir uns vor, um den erdnächsten Stern *Alpha Centauri* (eigentlich ein Doppelsternsystem), der etwa die gleiche Masse wie die Sonne hat und damit die gleiche Anziehungskraft, kreise eine weitere Erde. Dort wohnt Ihr *Facebook*-Freund, von dem Sie lange nichts gehört haben. Also schicken Sie ihm eine Nachricht, er möge Ihnen doch ein aktuelles Foto einstellen. Er zögert keine Sekunde. Allerdings ist er etwa 4,34 Lichtjahre entfernt und bekommt Ihre Nachricht erst nach über vier Jahren. Was er ins Netz stellt, ist aus heutiger Sicht ein Bild aus der Zukunft. Allerdings sehen Sie das Ergebnis erst in 8 Jahren und Sie sehen somit kein aktuelles Foto, sondern eines, das vier Jahre alt ist. Ein Bild aus der Vergangenheit. Wie alle Bilder, die die Astronomen aus dem Weltall empfangen. Sie sehen vielleicht Dinge, die „jetzt" gar nicht mehr da sind. So viel zum Thema „Gleichzeitigkeit" (das noch viel tückischer ist und uns später in diesem Kapitel noch beschäftigen wird).

Was Kosmologen sonst noch messen ... und wie

Das Schöne an der Physik ist: Die Naturgesetze gelten immer und überall. Zum Beispiel der Dopplereffekt – egal ob Rudi mit seinen primitiven technischen Mitteln einen messbaren Effekt produzieren konnte oder nicht (Kap. 6.1). Aber Welle ist Welle – ob Schall oder Licht, eine elektromagnetische Welle. Deren „Schallgeschwindigkeit" beträgt bekanntlich ca. 300.000 km/s, die Frequenz des Lichtes liegt zwischen etwa 384 THz bis 789 THz (1 THz = 10^{12} Hz) und umgekehrt die Wellenlänge λ zwischen etwa 780 nm bis 380 nm (1 nm = 10^{-9} m). Die Zahlen sind also „geringfügig" anders, aber der Effekt ist derselbe.

Wenn sie mit 150.000 km/s (die halbe Lichtgeschwindigkeit) auf eine rote Ampel zufahren, dann würde ihnen die Ampel grün erscheinen.[289] Jetzt können Sie sich aussuchen, ob Sie wegen des Überfahrens einer roten Ampel oder zu hoher Geschwindigkeit bestraft werden wollen. Erfreulicherweise fliegt im Weltall wenig auf uns zu und das meiste von uns weg. Also sehen wir bestimmte Wellenlängen, die wir bei Sternen kennen (z. B. eine Spektrallinien der Sonne wie die rote Fraunhofer-Linie C für Wasserstoff bei 656,28 nm), als „Rotverschiebung". Überlassen wir den Nachweis, dass es sich bei einem Stern X um ein sonnenähnliches Ding handelt, den Astrophysikern – aber wenn sie es bewiesen haben und die C-Linie bei tiefroten 669,71 nm Wellenlänge messen, dann wissen sie, wie schnell es sich von uns entfernt. Es verschieben sich also Spektrallinien, d. h. Emissionen oder Absorptionen von Frequenzen, die charakteristisch für bestimmte Materialien sind. Bei den meisten Sternen ist das Wasserstoff und Helium, aus denen ihr gasförmiges heißes Plasma besteht. Vielleicht verschieben sich die Linien noch weiter als bis zum „Rot", nämlich in den Infrarot-Bereich.

Sterne und Planeten

„Dass die Erde um die Sonne kreist, das hat Rudi ja schon vor einem Jahr herausbekommen",[290] sagte Siggi, „Aber wie geht das genau? Wie sieht die Bahn der Erde aus? Habt ihr euch darüber schon mal Gedanken gemacht?" „Nö", sagte Rudi, „aber als Physiker vermute ich erst einmal, dass es ein Kreis ist. In seinem Mittelpunkt könnte die Sonne stehen." Eddi hatte einen Einwand: „Wir haben aber Sommer und Winter, die sich stark unterscheiden. Ich glaube, dass im Winter die Sonne weiter weg ist. Dann müsste die Erdbahn eine Ellipse sein, in deren einem Brennpunkt A die Sonne steht. Ich male das mal auf. Der helle Kreis um B wäre dann die zweite mögliche Sonnenposition" (Abb. 10.4).

Siggi schüttelte den Kopf, was Rudi sofort erfasste: „Das kann nicht sein, denn im Winter steht die Sonne ja wesentlich tiefer. Vielleicht ist es doch ein Kreis, und die Erdachse steht darin schräg. Meine Physikerkollegen haben mir nämlich berichtet, dass sie auf der Südhalbkugel genau dann Winter haben, wenn bei uns Sommer ist. Und umgekehrt."

Abb. 10.4 Das Zweite Kepler'sche Gesetz

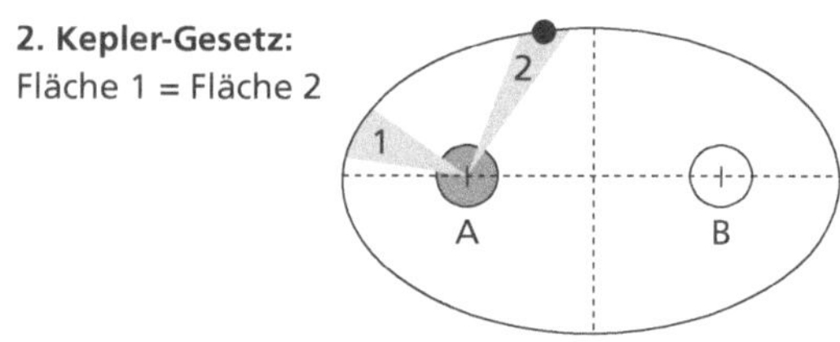

Worüber unsere Gelehrten mal eben ein paar Minuten nachdachten, das beschäftigte den deutschen Naturphilosophen und Astronomen Johannes Kepler um das Jahr 1600, wie Siggi zu berichten wusste. Kepler glaubte, dass die Grundlage der Natur mathematische Beziehungen seien, und er beobachtete, rechnete und erfand nebenbei noch ein Fernrohr. Das Ergebnis jahrelanger akribischer Arbeit waren die zu seinen Ehren sogenannten Kepler'schen Gesetze.[291] Die ersten beiden formulierte er 1609, am dritten tüftelte er weitere zehn Jahre. Er griff die Ideen des polnischen Astronomen Nikolaus Kopernikus auf und konkretisierte sie. Hier sind sie:

1. Die Planeten bewegen sich auf Ellipsen, in deren einem Brennpunkt die Sonne steht.[292]
2. Die Verbindungslinie Sonne–Planet überstreicht in gleichen Zeiten gleiche Flächen.
3. Das Verhältnis aus den 3. Potenzen der großen Halbachsen und den Quadraten der Umlaufzeiten ist für alle Planeten konstant.

Nehmen wir als Beispiel das 2. Gesetz (Flächen 1 und 2 in Abb. 10.4): Es besagt, dass der Planet im Bogen 1 schneller fliegen muss als im Bogen 2. Wie gut, dass Newton seine Gesetze noch nicht erfunden hatte, sonst hätte Kepler darüber nachdenken müssen, welche Kraft denn zu dieser Geschwindigkeitsänderung führt!

Dass die verstärkte Gravitationswirkung einen Planeten beschleunigt, wenn er sich der Sonne nähert (bei 1), ist ja klar – aber was macht ihn langsamer (bei 2)? Nach Newton müsste er doch seine gewonnene Geschwindigkeit beibehalten! Welche Kraft bremst ihn? Es ist ihre Gravitation: Wenn er sich der Sonne A nähert, wird er beschleunigt, wenn er sich von der Sonne entfernt, wird er durch ihre Anziehungskraft gebremst … ein immerwährendes Wechselspiel.

Keplers Schlussfolgerung lautete wörtlich, „dass die Himmelsmechanik nicht einem göttlichen Gefüge, sondern eher einem Uhrwerk verglichen werden muss … insofern nämlich, als all die vielfältigen Bewegungen mittels einer einzigen, recht einfachen […] Kraft erfolgen." Fortschrittlich, der Mann!

Aber welche „einfache Kraft" hält die Planeten auf ihren Bahnen? Eine mystische Fernwirkungskraft, Magnetismus oder die unergründlichen Gesetze der Schöpfung? Nun kommen wir also endlich zu der schon so oft erwähnten „Gravitation" – ein Begriff, der uns allen geläufig ist und dessen Gesetz wir jetzt kennenlernen.

10.2 Warum hält auch das alles zusammen?

Schon unsere Steinzeit-Forscher fragten sich, welche Kräfte die Himmelskörper an ihrem Platz halten. Rudi kam allein wieder nicht weiter und suchte das Gespräch mit Siggi: „Wir wissen doch schon seit ein paar Jahren, dass die Erde rund ist und um die Sonne kreist. Und der Mond um die Erde. Aus meinen Fliehkraft-Experimenten weiß ich, dass sie das nicht freiwillig tun. Irgendetwas muss sie festhalten, sonst würden sie geradeaus wegfliegen. Welche Kraft hält aber die Erde in der Kreisbahn um die Sonne? Da ist ja kein Seil …" Siggi grinste höflich über diesen kleinen Scherz und gab die Antwort: „Darüber werden später viele Gelehrte nachdenken. Eine rätselhafte Fernwirkung. Der erste und berühmteste, der es deutlich ausgesprochen und mathematisch formuliert hat, war Newton. Den kennst du ja schon. Einfach ausgedrückt: Zwei Massen m_1 und m_2 im Abstand r ziehen sich mit einer Kraft F an. Das ist das Newton'sche Gravitationsgesetz. Soll ich dir die Formel in den Sand schreiben?"[293] Rudi nickte und betrachtete nachdenklich das Ergebnis, während Siggi sich still entfernte, um seine Formel wirken zu lassen:

$$F = G\,\frac{m_1 m_2}{r^2}$$

Eddi kam vorbei und war natürlich neugierig: „Zwei Körper ziehen sich an? Wie abwegig! Dann müssten *wir* uns ja anziehen, vor allem bei deiner Masse!" „Ich weiß", grinste Rudi, „das ist ja nur zwischen dir und Willa der Fall." Doch als er sah, wie schlecht diese Anspielung bei Eddi ankam, wurde er sofort wieder sachlich: „Ich glaube Siggi. Ich weiß nicht, *warum* sie sich anziehen, aber das ist auch nicht Gegenstand der Physik. Wenn das Gesetz stimmt und die Formel auch – und physikalische Gesetze gelten immer und überall –, dann müssten auch wir uns anziehen. So leid mir das täte … Dann kann es nur an der Größe der Gravitationskonstanten G liegen, dass wir das nicht merken."

Scharfsinnig, der Rudi. Das Wesen der Gravitation, dieser „geisterhaften Fernwirkung", ist noch nicht restlos geklärt. Und viele physikalische Effekte sind *da*, aber so klein, dass sie nicht spürbar und manchmal nicht einmal messbar sind. Hier liegt es am Wert der Gravitationskonstanten G:

$$G = 6{,}673 \cdot 10^{-11} \frac{\mathrm{m}^3}{\mathrm{kg} \cdot \mathrm{s}^2}$$

Rechnen wir nach und prüfen dabei auch gleich die Dimensionen: Eddi sei m_1 mit 70 kg, Rudi sei m_2 mit 90 kg und sie stehen 1,5 m voneinander entfernt:

$$F = 6{,}673 \cdot 10^{-11} \frac{\mathrm{m}^3}{\mathrm{kg} \cdot \mathrm{s}^2} \cdot 70 \cdot 90 \ \mathrm{kg}^2 \cdot \frac{1}{2{,}25 \, \mathrm{m}^2} = 1{,}868 \cdot 10^{-7} \frac{\mathrm{m} \cdot \mathrm{kg}}{\mathrm{s}^2}$$

Siehe da, F ist eine Kraft, und die Einheit m·kg/s² wird zu Ehren des Gelehrten „Newton" (N) genannt. Die Kraft ist hier nur sauklein, denn sie entspricht einem Gewicht von ca. 0,2 Mikrogramm (μg). Denn ein Körper der Masse 1 kg erfährt die Gewichtskraft von 9,81 N. Die Größe G ist eine der vier fundamentalen Naturkonstanten und hat die exakte Größe 6,673 84(80)·10⁻¹¹ m³ kg⁻¹ s⁻², wie man inzwischen weiß.[294]

Das Newton'sche Gravitationsgesetz, diese einfache Formel aus dem Jahre 1686, war eine Revolution. Die Gesetze der „heiligen" Sterne lassen sich in einer so einfachen mathematischen Formulierung ausdrücken, dass man sie zur Not auch noch in Worte fassen kann: „Die Anziehungskraft zwischen zwei Körpern ist proportional zum Produkt der beiden Massen und umgekehrt proportional zum Quadrat ihres Abstandes." Es ist eine Kraft, die eine „große Reichweite" hat – in großer Entfernung vielleicht nicht mehr messbar, aber vorhanden. Im Gegensatz zum Coulomb'schen Gesetz ist sie immer nur eine Anziehungskraft – es gibt (anders als bei gleichen Ladungen) keine Abstoßung.[295]

Heißt das, dass wir die Massenanziehung auf der Erde nicht feststellen können und wir nicht wissen, ob uns nicht eine andere geheimnisvolle Kraft auf dem Stuhl hält? Keineswegs! Denn es gibt die „Gravitationswaage", ein Gerät, das der britische Naturwissenschaftler Henry Cavendish 1797 benutzte, um die Dichte der Erde und danach die Gravitationskonstante G zu ermitteln. Er benutzte zur Messung dieser feinen Anziehungskräfte einen „Torsionsdraht": ein Draht, dessen Verdrehung (Torsion) durch einen Lichtstrahl gemessen wird (Abb. 10.5).[296] Das haben wir schon in Kap. 4.1 kurz gestreift.

An dem Draht hängen ausbalanciert an einem waagerechten Stab zwei kleine Massen m_k (in Abb. 10.5 schwach gezeichnet). Dann werden zwei große Massen m_g jeweils in einer Drehrichtung im Abstand r daneben angebracht, die die kleinen Massen mit einer Kraft F ablenken. Durch die Massenanzie-

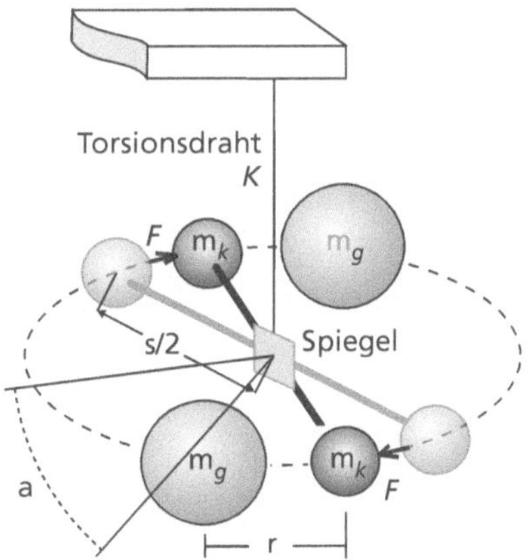

Abb. 10.5 Gravitationswaage zur Messung der Massenanziehung

hung verdreht sich der Draht ein wenig, was durch den Spiegel zur Ablenkung a vergrößert wird. Ist die Stablänge gleich s (also der Radius des Drehkreises s/2), dann können wir sofort mit dem Drehmoment M arbeiten:[297]

$$\left|\vec{M}\right| = \left|\vec{L} \times \vec{F}\right| \approx L \cdot F$$

Nach dem Newton'schen Gravitationsgesetz ist das Moment einfach auszudrücken:

$$M = G\,\frac{m_k m_g}{r^2}\,L$$

Der Rest ist ein wenig Rechnerei – die Ablenkung a des Spiegels usw. Aber immerhin war Cavendish damit in der Lage, die Dichte der Erde zu $5{,}448\ \mathrm{g/cm^3}$ zu bestimmen. Wenn Sie das mit Tab. 2.1 vergleichen, werden Sie staunen: ein Wert zwischen Granit und Eisen, fast dreimal so hoch wie Erdreich (vom Meerwasser ganz zu schweigen). Also muss im Kern der Erde ganz schön schweres (d. h. dichtes) Material stecken! An den heutigen Wert der Gravitationskonstanten G kam er bis auf 1 % heran. Nun war es nur noch ein Schritt zur Bestimmung der Masse der Erde (die man ja schließlich nicht auf die Waage legen kann): Die Erde bringt es auf $m_g = 5{,}974 \cdot 10^{24}$ kg.

Anders als zwischen Eddi und Rudi schaut die Gravitationskraft schon bei Erde und Mond aus: Der Mond hat $m_k = 7{,}349 \cdot 10^{22}$ kg, und die Entfernung beträgt ca. 384.400 km (die Bahn ist nicht exakt kreisförmig) oder $3{,}844 \cdot 10^8$ m. Ab damit in Newtons Formel … na ja, das können Sie selber. Ich bekomme, wenn ich mich nicht verrechnet habe, $F = 1{,}982 \cdot 10^{20}$ N heraus. Das ist schon ein starkes „Seil"!

Fliehkraft, *da capo*

„Wir haben doch über die Fliehkraft gesprochen",[298] sagte Eddi, „Wenn die Erde sich dreht, dann müssten wir doch von der Fliehkraft in den Himmel geschleudert werden. Warum fliegen wir nicht davon, zu den Planeten oder den Sternen?" „Fragen Sie Ihren Physiker!", antwortete Rudi, „Das können wir berechnen. Wir vereinfachen natürlich mal wieder einiges. Nehmen wir an, du wolltest in einer stabilen Umlaufbahn um die Erde kreisen, gehalten vom Gleichgewicht zwischen Erdbeschleunigung und Zentrifugalbeschleunigung, gewissermaßen wie ein kleiner Mond." „Nehmen wir lieber *dich* als Beispiel, denn du bist ja erheblich schwerer …" „Werde nicht frech … Außerdem ist das Ergebnis von der Masse des Trabanten unabhängig, wie du hier siehst. Du bist die kleine Masse m, die Erde ist die große Masse M". Und er begann, die Formeln hinzuschreiben:

$$\text{Fliehkraft} = \text{Massenanziehungskraft}$$

$$m \cdot \frac{v^2}{r} = G\,\frac{m \cdot M}{r^2} \;\Rightarrow\; v = \sqrt{G\,\frac{M}{r}}$$

„Jetzt müssen wir ein wenig …" Eddi ergänzte: „Rechnen, ich weiß. Lassen wir mal den Luftwiderstand und alles andere weg – ich möchte so schnell waagerecht fliegen, dass ich gewissermaßen schwebe. Wie schnell muss ich sein?" Rudi kritzelte Zahlen in den Sand (gehen wir mal darüber hinweg, woher er sie kannte – Siggi käme infrage):

$$G = 6{,}673 \cdot 10^{-11}\,\frac{m^3}{kg \cdot s^2},\; M = 5{,}974 \cdot 10^{24}\,kg,\; r = 6{,}371 \cdot 10^{6}\,m$$

$$\Rightarrow v = 7{,}91 \cdot 10^{3}\,m/s = 28.476\ km/h$$

„Wenn du unserem tristen Dasein entfliehen willst, dann musst du mehr als 28.476 Stundenkilometer schnell sein."[299] „Waagerecht durch die Luft …", sinnierte Eddi, „Hoffentlich stehst du mir da nicht im Wege!"

Der Mond birgt ein Geheimnis

Rudi traf Eddi am Strand, wo er das ansteigende Wasser beobachtete. „Ich denke nach …", begann Eddi und kam gleich zur Sache: „Einige Menschen glauben, der Mond ziehe Wasser an. Die Flut beweise es. Und da wir zu 80 % aus Wasser bestünden, habe er auch einen Einfluss auf uns. Deswegen be-

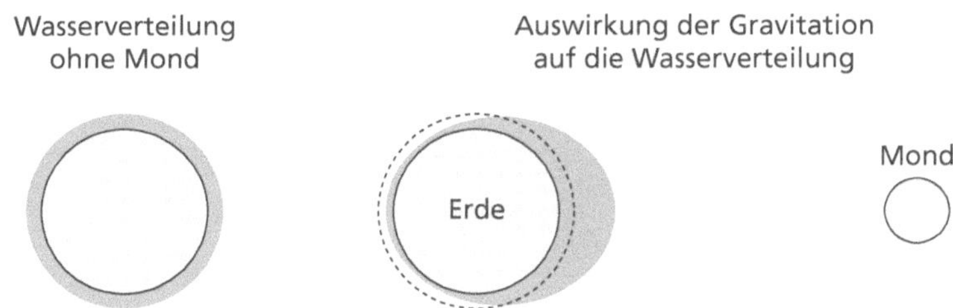

Abb. 10.6   Ein Flutberg, erzeugt durch die Gravitation des Mondes

kommen sie bei Vollmond Kopfschmerzen und können nicht schlafen. Aber ihre Haare wachsen dann kräftiger. Nun frage ich mich – und ich frage *dich* –, wie hängt das alles zusammen? Ich bin verwirrt."[300] „Das sind Mathematiker ja öfter, wenn sie auf das wirkliche Leben treffen", grinste Rudi, „aber lass uns mal die Sache auseinandernehmen!"

„Ja", sagte Eddi, „Vollmond … das ist ja kein *anderer* Mond, er ist nicht schwerer oder so, er reflektiert nur in seiner vollen Größe das Sonnenlicht, weil er auf der Seite der Erde steht, die der Sonne abgewandt ist." (vergl. Abb. 10.1, in der der Mond als Halbmond erscheinen würde). „Richtig!", bestätigte Rudi, „Stände er zwischen Erde und Sonne, würde seine der Sonne zugewandte Seite beleuchtet und wir sähen nur seine dunkle Seite. Neumond. Er ist ja immer *da*, auch wenn wir ihn nicht sehen. Halte einen runden Apfel senkrecht zur Richtung des Sonnenlichts, und du siehst eine Hälfte erleuchtet und die andere Hälfte im Schatten – mit einer schönen sichelförmigen Trennlinie."[301]

„Gut!", sagte Eddi, „Weiter! Was zieht der Mond an?" „Alles. Nach dem Gesetz der Massenanziehung zieht er *alles* an: Wasser, Steine und die ganze Erde.[302] Auch die Haare, die ja kein Wasser enthalten, sondern trockene Hornfäden sind. Aber er tut es immer, egal, wie er beleuchtet ist. Doch das Wasser – in diesem Fall der Ozean – ist frei beweglich. Deswegen bildet es an der Seite der Erde, die aufgrund der Erddrehung dem Mond zugewandt ist, eine Beule, einen Flutberg. So entstehen die Gezeiten." „Auch das leuchtet mir ein", sagte Eddi und verfiel in nachdenkliches Schweigen.

Es dauerte ein wenig, dann brach es aus ihm heraus: „Wenn das alles stimmt, wieso haben wir dann *zweimal* Flut am Tag? Denn so sind doch die Verhältnisse." Und er zeichnete sie in den Sand (Abb. 10.6).[303]

„Die Erde dreht sich *einmal* pro Tag um sich selbst, also wandert der Flutberg *einmal* um die Erde. Wo kommt der zweite Berg her?" „Hm …", sagte Rudi und kratze sich am Kopf. Dann kam ihm eine Idee. Er drückte Eddi einen dicken Stein in die Hand, um den er ein Seil gebunden hatte (er trug ständig irgendwelche Schnüre um den Bauch, „für physikalische Experimen-

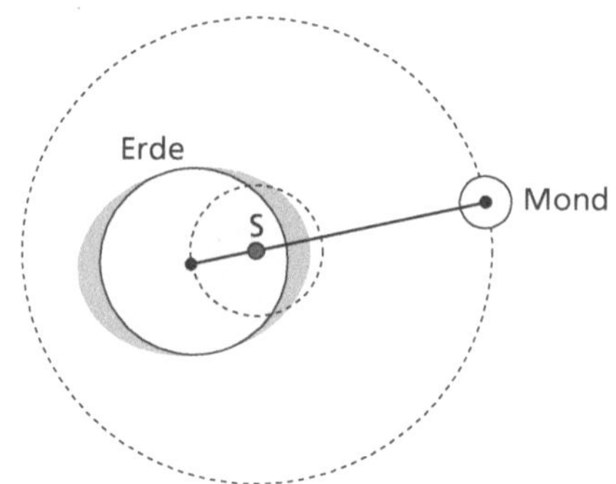

Abb. 10.7   Zwei Flut-
berge, erzeugt durch die
Rotation von Erde/Mond
um den gemeinsamen
Schwerpunkt

te", wie er sagte). „Schwinge den Stein an dem Strick um dich herum", befahl er und Eddi tat es. Rudi sah genau hin und sagte dann erleichtert: „Du eierst!" „Ich eiere?!?" „Ja. Du schwingst den Stein nicht um dich, denn du bist ja nicht mit einer festen Achse mit der Erde verbunden. Du und der Stein, ihr bildet ein Gesamtsystem, das sich um den gemeinsamen Schwerpunkt dreht. So entsteht in deinem Rücken eine Fliehkraft, ein ‚zweiter Flutberg' sozusagen. Ich binde dir ein Steinchen an einem Faden hinten an den Kragen, und du wirst sehen, wie es bei deiner Drehbewegung absteht."

Gesagt, getan, gesehen. Beide waren so erleichtert, dass sie das Ergebnis sofort in den Sand zeichneten (Abb. 10.7).

„Also …", sagte Rudi, „Das System aus Mond und Erde kreist einmal im Monat um den gemeinsamen Schwerpunkt, der im Inneren der Erde liegt, weil sie etwa 80-mal schwerer ist als unser bleicher Geselle. Durch die Fliehkraft entsteht die zweite Flutwelle an der dem Mond abgewandten Seite."[304]

Willa kam vorbei und fragte nach den Ergebnissen ihrer Überlegungen. „Jetzt brauchst du deine Kräutermischungen nicht mehr nach dem Mond zu richten", fasste Rudi zusammen, „Alles pure Physik. Keine geheimnisvollen Kräfte des Universums." „Jungs", sagte Willa und lächelte hexenhaft, „Ihr habt wirklich *nichts* begriffen! Der Begriff ‚Verkaufspsychologie' sagt euch wohl nichts – na ja, kein Wunder bei zwei Höhlenmenschen!"

Eine Kleinigkeit zur Ergänzung Ihres „Mondwissens" am Rande: Der Mond dreht der Erde mehr oder weniger immer dieselbe Seite zu, dreht sich also während seiner einen Monat dauernden Umlaufbahn um die Erde einmal um sich selbst.[305] Das ist kein Zufall, wie man meinen könnte, sondern ein physikalischer Synchronisationseffekt. Wie die Mondrückseite aussieht, das wissen wir erst seit 1959 durch eine russischen Mondsonde.

Aber warum sollte man den Menschen ihren tröstenden, sinnstiftenden und manchmal sogar heilenden (Aber-)Glauben nehmen? Nur weil Scharlatane Geld damit verdienen? Immerhin sollen Kunden bis zu 30 % Aufschlag für echtes „Mondholz" zahlen – Holz von Bäumen, die unter spezieller Berücksichtigung des Mondkalenders gepflegt und gefällt wurden. Das ist zwar in wissenschaftlichen Experimenten nicht zu belegen, aber ein erfolgreiches Marketingkonzept.[306]

Der Mond ist nicht nur schön, er ist für uns ein Segen – ja, eine Notwendigkeit. Immerhin ist er der (relativ zu seinem Planeten, der Erde) schwerste Mond im Sonnensystem. Ohne den Mond würde die Erde sich mehr als doppelt so schnell drehen. Dann gäbe es uns vermutlich nicht. Dann würden gewaltige Stürme auf der Erde toben. Dann würde die Rotationsachse der Erde nicht nur leicht schwanken, sondern kippen – auch ziemlich unangenehm für das Klima. Wie gut, dass vor etwa 4,5 Mrd. Jahren ein Asteroid oder Planet von der doppelten Marsmasse (siehe Tab. 10.1) mit der Erde zusammengestoßen ist und sie *nicht* zerstört hat. Stattdessen haben sich die Trümmer dieses zufälligen Zusammenstoßes in einem Ring um die Ur-Erde gesammelt und schließlich aufgrund ihrer gegenseitigen Massenanziehung (Newtons Gravitationsgesetz gilt auch für Staubteilchen!) zusammengeklumpt.[307] Allerdings gibt es einen Grund zur Sorge: Der Mond entfernt sich ca. 3,8 cm pro Jahr von uns. Das wissen wir so genau, weil im Juli 1969 von Astronauten der Apollo-11-Mission der erste Laser-Reflektor auf der Mondoberfläche installiert wurde. Die Ursache dafür ist eine Verkettung komplexer physikalischer Vorgänge, die man unter dem Stichwort „Gezeitenreibung" nachlesen kann.

10.3   Wieso fliegt das Universum dennoch auseinander?

Unser Sonnensystem ist ja nur ein Stäubchen im Universum. Hinter dem letzten Planeten, Neptun in etwa 4 ½ Mrd. km Entfernung von der Sonne, fliegt in einem 3 Mrd. km breiten Ring (dem „Kuipergürtel") Bauschutt aus dem Sonnensystem herum. Unser Sonnensystem seinerseits ist ein kleiner Teil einer Ansammmlung von Sternen. Die alten Griechen (schon wieder!) nannten das *galaxías* („Milchstraße"). Sie zieht sich wie ein milchiger Pinselstrich quer über das Firmament. Eine Galaxie ist nichts weiter als ein „Haufen von kosmischen Objekten" (Sternen, Planeten, Staub- und Gaswolken usw.). Es gibt Milliarden (!) davon.

Kommen wir langsam zum Thema: Der amerikanische Astronom Edwin Hubble revolutionierte (wieder einmal!) ein Weltbild, denn er entdeckte 1923, dass es neben unserer Milchstraße noch weitere Galaxien gab. Viele, sehr viele. Und wir dachten bis dahin, das wäre schon alles. Es kam aber noch schlimmer: Fast alle Galaxien zeigen eine Rotverschiebung: Sie entfernen sich von uns. Und zwar bewegen sie sich umso schneller von uns fort, je weiter sie entfernt sind (der „Hubble-Effekt"). Das Universum fliegt auseinander!

Der Weltraum ist leer

„Da oben ist nichts", sagte Siggi, als die Gespräche mal wieder auf den Weltraum kamen. Rudi bekam große Augen: „Du meinst, der Mond ist nicht da, wenn keiner hinschaut?"[308] Eddi griff ein: „So ein Unsinn! Schließlich stabilisiert er die Erdachse, lange bevor wir Egozentriker aufgetaucht sind. Das meint Siggi nicht, denn der Mond, die Planeten und die Sterne sind *da* – ob wir Menschen hinschauen oder nicht. Aber *dazwischen* … dazwischen ist nichts – oder siehst du was?!" Willa mischte sich ein und hatte offensichtlich ihren philosophischen Tag: „Was ihr seht, muss da sein. Aber was ihr nicht seht, muss nicht *nicht* da sein!" Eddi war froh, ihr zustimmen zu können: „Das ist pure Logik. Es *könnte* etwas da sein, aber wir sehen es nicht." Und Siggi hatte wieder eine Weisheit aus der Zukunft: „Wobei ‚sehen' bei den Astrophysikern sehr weitherzig ausgelegt wird: nicht nur das sichtbare Licht, sondern jede Art von elektromagnetischer Strahlung …" „Ach ja, ich erinnere mich", sagte Rudi, „Infrarot, Radiowellen, Röntgen- und Gammastrahlung, das ganze Zeugs. Und was ‚sehen' die Leute da, wo wir nur Dunkelheit erkennen?" Siggi wusste es aus der Zukunft: „Gas- und Staubwolken zum Beispiel, jede Menge Materie, die kein Licht aussendet. Aber ansonsten … wie ich schon sagte: Nichts, gar nichts! Löcher." Rudi fragte unschuldig: „Und was ist da *drin*?" Siggi wusste es: „Die absolute Leere."[309] Die Höhlenmenschen staunten.

Und wir mit ihnen. Der Weltraum ist ziemlich leer – aber nicht ganz, denn er ist an einigen Stellen mit interstellarem Gas gefüllt. Hauptsächlich Wasserstoff, mit unterschiedlicher Dichte und unterschiedlicher Temperatur. In der Milchstraße sind es im Durchschnitt etwa 90 % Wasserstoff, 9 % Helium und etwa 1 % Staub. Wobei „Staub" auch komplexe organische Moleküle sein können, Vorstufen des Lebens.[310] In 1 cm³ Luft auf der Erde sind im Durchschnitt etwa 10^{20} Teilchen, in 1 cm³ Milchstraße ist 1 Teilchen, in 1 cm³ Universum ist … nichts! Kein einziges Teilchen. Erst in 1 m³ (1 Mio. cm³) Universum ist 1 Teilchen. Im Durchschnitt. Und das erhebt natürlich die Frage nach der Natur des „Nichts". Ein Teilchen pro Kubikmeter ist ja schon fast nichts.[311]

Die Dichte im All reicht von 10^{-6} Atomen pro cm³ bis 10^5 Atomen pro cm³, und die Temperaturen bewegen sich zwischen −250 °C und mehreren Millionen Grad. Nun sind 10^{-6} Atome pro cm³ ja schon ziemlich wenig, aber in den „Löchern", die bis zu 100 Mio. Lichtjahre groß sein können, ist noch weniger Materie. Wohlgemerkt: nicht zwischen den Sternen, sondern zwischen den

Galaxienhaufen (auf die wir gleich kommen werden). Das Universum hat eine Art „Blasenstruktur": Galaxienhaufen und dazwischen … nichts. Wie leer sie sind, darüber gehen die Meinungen auseinander. Astronomen halten aufgrund ihrer Berechnungen auch 1 Wasserstoffatom je 20 Kubikmeter in einem solchen „Loch" für möglich. Die durchschnittliche Dichte im Universum (eine gefährliche Zahl, weil sie sich aus extrem dünnen und extrem dichten Gebieten zusammensetzt) wird zu $2{,}686 \cdot 10^{-27}$ kg/m^3 berechnet.[312] Die Galaxienhaufen bilden so eine Art Faden- oder Wabenstruktur („Filamente" genannt) in der Leere, was zuerst etwas merkwürdig erscheint, denn so ein Haufen kann eine Größe von 10 bis 20 Mio. Lichtjahren haben. Aber was ist das schon?! Ein Tausendstel der Größe des Universums!

Das gibt uns aber nun zu denken – so *leer* soll das Universum sein?! Vielleicht existiert da doch noch etwas, an das wir bisher gar nicht gedacht haben?! Siggi Spökenkieker könnte hier seinem Namen alle Ehre machen und von einer „völlig neuen Art von Materie" erzählen … Sie können also noch gespannt sein. Doch bleiben wir zunächst noch bei der bekannten Materie.[313] Sie kann so dünn gesät sein, wie gerade beschrieben, aber sie kann auch extrem dichte Klumpen bilden. Unser innerer fester Erdkern aus einer Eisen-Nickel-Legierung, der ab einer Tiefe von ca. 5100 km beginnt (bei einem Erdradius von 6370 km), hat eine Dichte von 13 g/cm^3. Deswegen ist er fest (und nicht flüssig wie der äußere Erdkern), weil eben dieser Druck auf ihm lastet, hervorgerufen durch … die Gravitation, was sonst?

Bevor Sie das unheimlich beeindruckt, schauen wir uns etwas dichtere Brocken an, auf die wir später genauer eingehen werden: „normale" Sterne wie die Sonne. Ihre Dichte im Kern beträgt über das Zehnfache des Erdkerns, ca. 150 g/cm^3. Das Material ist keine auf der Erde übliche Materie mehr, sondern Plasma. Zusammen gehalten durch die eigene Masse, durch … die Gravitation. Geht's noch dichter? Na klar, ein normaler Stern ist ja noch gar nichts! Es gibt Neutronensterne, die – wie der Name verrät – nur aus Neutronen bestehen. Sie haben typischerweise einen Durchmesser von etwa 20 km und eine Masse von etwa 1,44 bis 3 Sonnenmassen. Deswegen sind sie ganz schön dicht: etwa 10^{14} g/cm^3 bis zu $2{,}5 \cdot 10^{15}$ g/cm^3. Dagegen ist ein Stern wie die Sonne ein luftiges Gebilde. Es sind Sterne, die aufgrund ihrer Masse kollabiert sind, weil der Gegendruck durch die Kernfusion wegfällt – alles Material ist verbraucht. Was presst sie so zusammen? Klar … die Gravitation. Nun reicht es aber, oder?

Ich sehe was, was du nicht siehst

Da passt ein Berliner Spruch: „Wie Sie sehen, sehen Sie nichts. Warum Sie nichts sehen, sehen Sie gleich." Die Rede ist vom „Schwarzen Loch". Kurt

Tucholsky schreibt: „Ein Loch ist da, wo etwas nicht ist."[314] Nun werden Sie sagen: „Ein Loch ist immer schwarz" – aber lassen wir die Scherze. Ein Schwarzes Loch ist eine ernste Angelegenheit, aber relativ einfach zu erklären. Wenn ein Stern mit maximal 3 Sonnenmassen (mehr oder weniger, so genau weiß man das nicht) kollabiert, entsteht ein Neutronenstern. War er vorher massereicher, dann ist die Gravitation noch größer und das Ergebnis noch dichter und … schwarz. Ein „Schwarzes Loch". Denn warum ist es schwarz? Weil aus ihm selbst kein Licht heraus kommt (es leuchtet nicht selbst wie ein Stern) und weil es kein Licht reflektiert (wie der „leuchtende" Planet Venus), sondern es verschluckt. Nicht einmal die energiereiche und superschnelle elektromagnetische Strahlung kann dem Sog der Gravitation entkommen.

Nun fragt der Physiker weiter: Wieso kann aus ihm kein Licht „entkommen"? Schon 1786 vermutete ein britischer Physiker, dass das Licht aufgrund seiner Teilchennatur der Gravitation unterliegen müsse. Diese Idee griff Pierre Simon Laplace im Jahr 1796 auf. Richtig „in den Griff" bekam man es aber erst mit Einsteins Relativitätstheorie, auf die wir gleich kommen werden (Kap. 10.5). Aus ihr ergibt sich, dass auch Licht der Gravitation unterliegt, also von Massen abgelenkt wird. Wie bei einer Rakete, die von der Erde in den Himmel geschossen wird, gibt es zwei Möglichkeiten: Entweder sie fällt aufgrund der Schwerkraft wieder auf die Erde zurück oder sie erreicht die „Fluchtgeschwindigkeit" und entkommt dem Schwerefeld der Erde.[315] Ist also die Fluchtgeschwindigkeit des Schwarzen Lochs größer als die Lichtgeschwindigkeit, dann haben die Lichtteilchen keine Chance zu entkommen. Zwar wird das Licht nicht „abgebremst" wie der Flug einer Rakete (denn c ist eine nicht veränderbare Konstante), aber es entkommt dem Schwarzen Loch so wenig wie jede andere Art von elektromagnetischer Strahlung.[316]

Schwarze Löcher gibt es in verschiedenen Größen, supermassereiche mit bis zu 10 Mrd. Sonnenmassen (!) bis hin zu kleineren mit nur etwa 10 Sonnenmassen (von evtl. künstlich hergestellten „Mikro-Löchern" ganz zu schweigen). Ihr bevorzugter Lebensraum sind Zentren von Galaxien, wo sie durch ihre Gravitation den ganzen Haufen Material zusammenhalten. Daraus können Sie messerscharf schließen, dass Galaxien sich drehen müssen (Fliehkraft!), sonst würde ja alles zu einem Klumpen zusammenstürzen. Im Zentrum unserer Milchstraße sitzt z. B. ein supermassereiches Schwarzes Loch namens „Sagittarius A* (Sagittarius A Stern)" mit ca. 4 Mio. Sonnenmassen. „Sgr A*" wird seit 1992 von Astronomen untersucht. Im Jahr 2002 konnten sie einen Stern mit immerhin 15 Sonnenmassen beobachten, der sich dem Loch bis auf ca. 18 Mrd. km genähert hatte. Plötzlich machte er kehrt und schwenkte in eine Umlaufbahn um „Sgr A*" ein in dem verzweifelten (und bisher erfolgreichen) Versuch, dem Sturz in das Schwarze Loch zu entgehen. Seine Umlaufgeschwindigkeit ist deswegen mit bis zu 5000 km/s sehr hoch.[317]

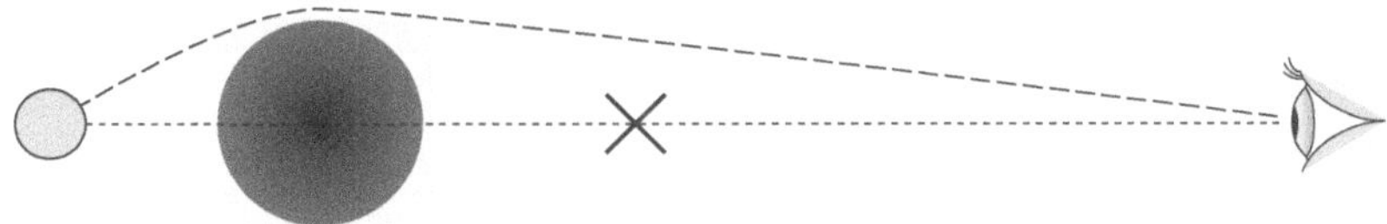

Abb. 10.8   Die „Gravitationslinse" zeigt verdeckte Objekte

Die Beeinflussung des Lichtes durch Gravitation führt zu einem für Astronomen erfreulichen Effekt: der „Gravitationslinse". Sie sehen einen Stern hinter einem anderen Stern und auch hinter einem Schwarzen Loch, wie Sie sofort in Abb. 10.8 erkennen.[318] Er hat keine Chance, sich zu verstecken.

Die geradlinige Bahn des Lichtes wird durch die enorme Gravitation gekrümmt und erreicht das forschende Auge. Dies wurde zum ersten Mal am 29. Mai 1919 bei einer totalen Sonnenfinsternis in Südamerika als Verzerrung der Position von Sternen nahe am Sonnenrand bestätigt. Ein Stern *hinter* der Sonne wurde sichtbar – das ging damals durch alle Zeitungen und machte Einstein mit einem Schlag weltweit berühmt. Das war der erste experimentelle Beweis seiner Relativitätstheorie, die genau diesen Effekt der Krümmung der Bahn des Lichtes vorausgesagt hatte. Aber die kommt ja erst noch …

Das Universum expandiert

Kommen wir zurück zu Edwin Hubble und seinen Erkenntnissen. Sie warfen die bisherigen Überlegungen und damit die Vorstellung von der Natur des Universums über den Haufen. Man dachte nämlich, es sei statisch – einfach *da* und von einer unveränderlichen Größe. Dumm nur, dass dies dem Newton'schen Gravitationsgesetz widersprach: Die Gravitation hätte eine zusammenziehende Kraft gefordert, das Universum hätte also nicht statisch sein können. Doch was nicht passt, wird passend gemacht: Einstein führte eine Konstante in seine Allgemeine Relativitätstheorie ein, um den Kollaps des Kosmos gemäß seiner Formeln zu verhindern – etwas, was er später als „meine größte Eselei" bezeichnete. Später, um 1927, kam der belgische Priester und Astrophysiker Georges Lemaître auf die Idee, dass das Universum aus einem explodierenden „Uratom" entstanden sei. Doch erst Edwin Hubble konnte zwei Jahre später nachweisen, dass sich das Universum tatsächlich ausdehnt: die „Rotverschiebung", der „Hubble-Effekt", wie in der Einleitung schon erwähnt. Wie schon andere Astronomen vor ihm stellte er fest, dass fast alle Galaxien (bis auf den Andromedanebel) eine Rotverschiebung aufweisen. In einem Diagramm wurde die Fluchtgeschwindigkeit (also die Rotverschiebung) im Verhältnis zur Entfernung der Galaxie dargestellt. Das überraschende Ergebnis war: Je weiter eine Galaxie entfernt ist, umso schneller bewegt sie sich von uns fort. Dieses Phänomen heißt Hubble-Effekt.[319] Er maß 1929 im *Mount-Wilson*-Observatorium in Kalifornien zuerst 46 Galaxien in unserer „näheren" Umgebung und entdeckte einen linearen Zusammenhang zwischen ihrer Geschwindigkeit und ihrer Entfernung. Eine Sensation! Heerscharen von Astronomen machten sich seither darüber her, um die Expansionsrate immer genauer zu bestimmen – mit immer genaueren Teleskopen, die man schließlich zur Vermeidung atmosphärischer Störungen in den Weltraum verfrachtete.[320]

Das Verhältnis von Geschwindigkeit zu Entfernung ist die „Hubble-Konstante" mit einem Wert von ca. 74,3 km/(s·Mpc).[321] Unklar? „Mpc" steht für Megaparsec, also Millionen *parsec* (die Ihnen schon bekannte „Parallaxensekunde", ca. 3,26 Lichtjahre). Die Dimension ist ja [Geschwindigkeit/Entfernung], [km/s] je [Mpc]. Eine 1 Mpc (3,26 Mio. Lichtjahre) *weiter* entfernte Galaxie als eine andere entfernt sich also 74,3 km/s *schneller* als die zweite. Eigentlich ist die Hubble-Konstante keine echte Konstante, denn sie wird durch verschiedene Kräfte beeinflusst. Das bedeutet, dass sich das Universum nicht immer gleich schnell ausgedehnt hat. Aber der Punkt ist ja gemacht: Das Universum dehnt sich aus.[322] Der Raum *selbst*, wohlgemerkt – nicht die Galaxien in einen „vorhandenen Raum" hinein.

Eine Revolution, wie gesagt. Einstein schmiss seine „kosmologische Konstante" über Bord, die ein statisches Universum ermöglicht hätte, wie man bis dahin annahm. In einem privaten „Gang nach Canossa" reiste Einstein 1931 zum *Mount Wilson*, um Hubble dafür zu danken, dass er durch seine Beobachtungen die Basis für die moderne Kosmologie geschaffen habe. Ein schönes Beispiel für die Fähigkeit der Wissenschaft zur Selbstkorrektur! Und ein weiteres schönes Beispiel für eine schon oft erwähnte Erscheinung: Es war kein Zufallsfund, was Hubble entdeckt hatte! Der russische Physiker Alexander Alexandrowitsch Friedmann hatte bereits 1922 die Möglichkeit eines expandierenden Universums vorausgesagt.[323]

Wenn wir nun schon beim Korrigieren wissenschaftlicher Erkenntnisse sind, dann machen wir doch gleich weiter! Es tauchten nämlich noch weitere Ungereimtheiten auf.

Dunkle Kräfte lassen ganze Galaxien rotieren

Die Galaxien, diese niedlichen kleinen Haufen von Sternen und anderer Materie mit Hunderten von Milliarden Sternen und Durchmessern von Hunderttausenden von Lichtjahren, sie machten den Astrophysikern zu schaffen. Diese Sternenhaufen drehen sich. Um was? Eigentlich ist der Schwerpunkt nur für starre Körper definiert, deshalb spricht man bei einem Sternenhaufen von einem Massenmittelpunkt. Da in ihrer Mitte oft ein dickes Schwarzes

Loch sitzt, fungiert dieses oft als Drehpunkt. Viele sind Spiralgalaxien mit einem Kern und davon ausgehenden Spiralarmen, die mehr oder weniger in einer flachen Scheibenebene liegen. Unsere Milchstraße ist eine und unser galaktischer Nachbar, die Andromeda-Galaxie, ebenfalls. Offensichtlich drehen sie sich innen schneller als außen. Denn es sind ja keine festen Gebilde, die Materie ist ja nicht miteinander verbunden wie Rudis Arme bei seiner Pirouette (Kap. 3.3), die an der Schulter, am Ellenbogen und an den Fingerspitzen dieselbe Winkelgeschwindigkeit haben müssen. Die Spiralarme werden ja nur durch die mit dem Abstand abnehmende Wirkung der Gravitation mitgeschleppt.

Aber *warum* drehen sie sich überhaupt? Die erste Antwort klingt wie ein Kalauer: weil sie sich „schon immer" gedreht haben. Ein einmal gewonnener Drehimpuls bleibt erhalten. Das führt sofort zur zweiten Frage: Wo kam *er* her? Die einzig wirksame Kraft in Galaxien ist ja die Gravitation, die das Zeug einfach nur zusammenzieht, wodurch ihre Bestandteile in lineare Bewegung geraten. Galaxien in ihrem Frühstadium haben sich noch nicht gedreht. Da sie nicht zusammengewachsen sind wie Rudis Arme, verhalten sie sich eher wie zähe Flüssigkeiten, deren Moleküle einerseits frei beweglich sind, andererseits durch Kräfte zusammengehalten werden. Nun tritt aber ein physikalisches Phänomen auf, das auf Gezeitenkräften beruht (wie die maritimen Gezeiten, die durch den Mond auf der Erde entstehen). Man kann es mit einer einfachen Analogie erklären: Stellen Sie sich vor, ein Eisstock gleitet entlang einer Bahn, wo die Eisfläche auf der linken Seite ein bisschen glatter ist als auf der rechten Seite. Der Stein wird durch diesen Unterschied in der Reibungskraft im Uhrzeigersinn in Drehung versetzt werden. Da ja nicht alle Bestandteile einer Galaxie gleich schwer und gleich weit voneinander entfernt sind, fliegen sie auch nicht geradlinig auf den Massenmittelpunkt zu. Es müssen auf ihrem Weg gegenseitige Anziehungskräfte wirksam werden, also unregelmäßige Querkräfte, die schließlich in ihrer Summe zu einem Drehimpuls führen.[324] Und ist er erst mal da, wird man ihn nicht wieder los. Da fragt man sich natürlich: Wo kommt er denn her? Widerspricht das nicht der Drehimpulserhaltung? Vielleicht hat das Gesamtsystem bereits einen Drehimpuls: Das Universum hat ihn bereits beim Urknall mitbekommen ...[325]

Aber irgendetwas stimmte mal wieder *gar* nicht: Die Astronomen stellten schon ab 1933 fest, dass Messungen und Berechnungen nicht zueinanderpassten. Viele Galaxien rotieren so schnell, dass die Sterne in ihnen eigentlich aufgrund der Fliehkraft auseinandergetrieben werden müssten. Das dritte Kepler'sche Gesetz schien verletzt zu sein. Aber müssen die physikalischen Gesetze denn wirklich überall gelten? Das könnte man fragen, wenn nicht Gravitationslinsen den zweiten Hinweis gegeben hätten. Gravitationslinsen, die nicht aus Einzelsternen, sondern aus ganzen Galaxien bestehen, lenkten das Licht viel stärker ab, als es aufgrund ihrer berechneten Masse zu erwarten gewesen wäre. Außerdem halten große Galaxien riesige Gaswolken um sich herum fest, was sie aufgrund ihrer „normalen" Masse gar nicht könnten. Schließlich ist auch der Zusammenhalt von Galaxien*haufen* mit „normaler" Gravitation nicht zu erklären. Da muss also noch mehr Masse sein, sonst stimmen die elementarsten Naturgesetze nicht. Sie muss der enormen Fliehkraft, die durch die viel zu schnell rotierenden Spiralarme der Galaxien entsteht, entgegenwirken. Aber wir „sehen" nichts – es muss „dunkle" Materie sein.

„Dunkle Materie" heißt so, weil man sie nicht sieht. Sie „leuchtet" nicht. Kein Infrarot, keine Radiowellen, keine Gammastrahlung – nichts. Sie absorbiert auch keine Strahlung – es gibt einfach keine Wechselwirkung mit ihr. „Normale" Materie hat eine Wechselwirkung mit Strahlung, denn sie emittiert oder absorbiert sie. Es gibt nur ein einziges (allerdings im Wortsinne sehr gewichtiges) Anzeichen für ihre „dunkle" Existenz: die Schwerkraft. Dunkle Materie zieht normale Materie an, sie hat eine Gravitationswirkung.[326] Ihr Vorhandensein gilt inzwischen als gesichert, man kann sie sogar quantifizieren: Das Esa-Weltraumteleskop „Planck" hat nachgemessen. Es ergab sich, dass gewöhnliche Materie: 4,9 % des Universums ausmacht, Dunkle Materie dagegen 26,8 % – mehr als das Fünffache.[327] Na ja, fast gesichert: Eine neuere Studie weckt massive Zweifel an der Existenz Dunkler Materie.[328]

Immerhin haben Physiker schon das passende Teilchen dazu postuliert: ein WIMP, ein schwach wechselwirkendes massereiches Teilchen.[329] Es soll eine Masse zwischen einigen zehn und etwa tausend Massen eines Wasserstoffatoms haben.

Nun protestieren Sie sofort, denn Sie haben ja mitgerechnet: zusammen 31,7 %. Wo sind die restlichen 68,3 %?! Haben wir *immer* noch nicht alle Geheimnisse des Universums geklärt? Nein, beileibe nicht, im Gegenteil. Denn Universum ist ja nicht gleich Universum. Es hat eine Geschichte, es verändert sich. Es fliegt auseinander, wie Hubble und andere festgestellt haben. Nun wurden genauere Messungen durchgeführt, um die Geschwindigkeit der Expansion und ihre Veränderung über die Lebenszeit des Universums zu bestimmen. Traditionelle Modelle besagten, dass die Expansion aufgrund der Materie und der durch sie wirkenden Gravitationsanziehung verlangsamt wird. Doch es fliegt immer schneller auseinander, denn 6 oder 8 Mrd. Lichtjahre entfernte Sternexplosionen (die also vor 6 oder 8 Mrd. Jahren stattgefunden haben) zeigen, dass der Kosmos damals langsamer expandierte als heute.

Ein Astrophysiker hat das anschaulich beschrieben: „Wenn man in der Zeit weiter zurückgeht, also immer tiefer ins All guckt, dann ist die Materie sehr viel dichter gepackt als heute. Damals dominierte die Materie mit ihrer Anziehungskraft – das Universum dehnte sich zwar aus, wurde aber langsamer.

Irgendwann war im sich ausdehnenden Weltall die Materie so dünn verteilt, dass ihre Anziehung kleiner war als die abstoßende Kraft der Vakuumenergie. Seitdem beschleunigt das Universum. Das Universum hat sozusagen irgendwann umgeschaltet – von Abbremsen auf Beschleunigen!"[330] Das Universum expandiert beschleunigt. Woher kommt diese Energie? Wir wissen es nicht, wir kennen sie nicht. Es ist „Dunkle Energie". Ihre Existenz ist experimentell nicht nachgewiesen. Aber wir haben berechnet, wie viel der Gesamtenergie des Universums es ist: 68,3 %, die uns oben gefehlt haben.[331] Die Anwesenheit der Dunklen Energie bewirkt eine Beschleunigung über die Zeit: Dunkle Energie dominiert die Dynamik des Universums – und das bedeutet, dass die Hubble-Konstante mit der Zeit zunimmt.

10.4 Der Kosmos besteht aus Teilen, die aus Teilen bestehen

Viele Menschen denken, dass „die Sterne" da oben einfach zusammenhangslos herumhängen. Das tun sie aber nicht. Sie bilden Galaxien, die ihrerseits zu größeren Einheiten zusammengefasst werden, um einigermaßen Ordnung in das Durcheinander im Weltraum zu bekommen.

Stern ist nicht gleich Stern

Wenn die Wettermoderatorin ihren poetischen Tag hat, dann sagt sie schon mal: „In der Nacht funkeln überall die Sterne", um einen wolkenlosen Himmel anzukündigen. Daraus könnte man schließen, dass alles, was leuchtet ein Stern ist. Die Kosmologen sind da strenger, in anderer Beziehung auch wieder lockerer. Leuchten, also Licht ausstrahlen, können auch Gaswolken im All und Planeten, die fremdes Licht reflektieren. Ein Stern im engeren Sinne ist ein massereicher, selbstleuchtender Himmelskörper aus Gas oder Plasma. Mehr als 99 % der sichtbaren leuchtenden Materie im Weltall befindet sich im Plasmazustand. Beim Begriff „leuchten" sind die Kosmologen ein wenig freizügiger: nicht nur sichtbares Licht, sondern das gesamte elektromagnetische Wellenspektrum. Also Infrarot, Ultraviolett, Gammastrahlen, um nur einige zu nennen.

Aber was *sind* Sterne und warum leuchten sie? Wie entstehen sie und woraus? Es bedurfte der weit entwickelten Technik und Physik, um erste plausible Hypothesen über Sterne zu erhalten. Erst vor etwa 300 Jahren stellten ein Philosoph und ein Astronom eine brauchbare Theorie auf: Sterne bestehen nur aus … Gas.[332] Gas, so denkt man, ist leicht, luftig und unsichtbar. Aber die Physik sieht das anders. Wenn es heiß ist, leuchtet es. Damit war man schon auf dem richtigen Weg, musste aber noch den letzten Schritt gehen: vom Gas zum Plasma. Ein Stern ist also ein massereicher, selbstleuchtender Himmelskörper aus Gas und Plasma. Er wird durch die eigene Schwerkraft zusammengehalten und ist an der Oberfläche 2200 bis 45.000 K heiß, im Inneren oft Millionen Grad. Unsere Sonne ist das beste Beispiel. Sterne kommen in unterschiedlichsten Größen, Leuchtkräften und Farben vor und werden daher nach bestimmten Eigenschaften klassifiziert. Von ihrer glühenden Oberfläche senden sie neben intensiver elektromagnetischer Strahlung auch geladene Plasmateilchen weit in den Raum und bilden eine „Astrosphäre" (z. B. die „Heliosphäre" unserer Sonne).[333] Dies ist eine Art riesige Seifenblase, die den Stern wie eine Dunstwolke umgibt.

Sterne können Planeten haben – wie viele so ausgerüstet sind wie unsere Sonne, das wissen wir nicht. Planeten leuchten nicht selbst und sind daher meist nicht sichtbar (bis auf die in unserer Nachbarschaft). Wir haben dennoch einige außerhalb unseres Sonnensystems gefunden, denn sie bringen ihre „Sonne" zum Wackeln. So, wie die Erde aufgrund ihres umlaufenden Mondes „eiert" (sie bildet mit ihm ein Gesamtsystem, das sich um seinen Schwerpunkt dreht), so werden Sterne durch ihre umlaufenden Planeten in periodische Schwingungen versetzt. Das ist *eine* der Nachweismethoden, mit denen die Astrophysiker inzwischen über 1000 solcher „Exoplaneten" entdeckt haben.

Sterne bilden Galaxien, Galaxien bilden Galaxienhaufen

Schon unsere Steinzeitmenschen (und alle vor ihnen) konnten die Milchstraße sehen. Das ist die Ansammlung von ca. 100 bis 300 Mrd. Sternen, in der unser Sonnensystem irgendwo mitschwimmt. Eine „Galaxie" von vielen Milliarden anderen. Sehen (mit bloßem Auge) können wir nur ca. 5000 von ihnen, nur 0,0001 % der Sterne, die es allein in der Milchstraße gibt. Oder noch viel weniger.[334]

Die zwei wichtigsten Arten von Galaxien sind elliptische, die immer die Gestalt einer Kugel haben, und Spiralgalaxien, die von der Seite wie eine Scheibe aussehen, von oben aber Spiralarme zeigen. Die Milchstraße hat einen Durchmesser von 950 Billiarden Kilometern oder 100.000 Lichtjahren und enthält Sterne, die unserer Sonne ähnlich sind. Eine leuchtende Wolke aus Gas und Staub, der „Große Orionnebel", ist etwa 1500 Lj von uns entfernt. Er ist eine Art Kreißsaal für Sterne. Die Gase der Nebel sind mehrere tausend Grad heiß und leuchten in verschiedenen Farben, abhängig von der Art des Gases (z. B. Wasserstoff rot, Sauerstoff grün). Obwohl die Staub-

und Gaswolken „undurchsichtig" sind, kann man in sie hineinsehen. Wie denn das? Undurchsichtig sind sie für normales Licht, durchsichtig aber für Infrarot-Strahlung – und wenn das nichts mehr gegen die Staubwolken hilft, müssen wir ins Röntgenspektrum ausweichen. Im Orionnebel findet man damit viele „Kindersterne", die nur wenige hunderttausend Jahre alt sind. Sie bestehen – wie die meisten Sterne – im Wesentlichen aus Gas. Sie sind aus kalten Gaswolken entstanden, bei denen die Schwerkraft das Gas so stark zusammengedrückt hat, dass Temperatur und Druck ins fast Unermessliche gestiegen sind. Bei 18 Mio. Grad verschmelzen die Wasserstoffatome zu Helium, das zu strahlen beginnt, denn bei der Kernfusion wird Energie frei. Durch den Strahlungsdruck werden die umgebenden Staub- und Gaswolken vertrieben, und übrig bleibt ein schöner leuchtender Stern.

Und mit Galaxien ist noch nicht Schluss: Sie bilden Galaxienhaufen und diese wiederum Galaxien*super*haufen. Und nach unten ist auch fast keine Grenze: Es fliegen nicht nur einzelne Atome durch das All (z. B. Wasserstoff in großen Mengen), sondern auch Teilchen, die keine messbare Ausdehnung haben: Licht! Genauer gesagt: Photonen, die Träger der elektromagnetischen Energie. Sonst würden wir ja nichts „sehen", im weitesten Sinn des Wortes. Denn das Photon ist ja eigentlich kein „Teilchen", kein „Ding", sondern die elementare Anregung („Quant") des quantisierten elektromagnetischen Feldes, der Vermittler der elektromagnetischen Wechselwirkung.

Im Zentrum von Galaxien finden wir oft ein Schwarzes Loch und die Sterndichte ist tausendmal höher als in unserem Bereich um die Sonne. Die Sterne bewegen sich dort mit enormer Geschwindigkeit, mit etwa 16 Mio. km/h. Antriebskraft dieser Bewegungen ist das Schwarze Loch: eine unglaublich große Masse von im astronomischen Sinne winziger Ausdehnung. Dessen Gravitation ist so stark, dass ihm nicht einmal Licht entkommen kann. Und woher kommt die Spiralbewegung? Ganz einfach: ein physikalisches Gesetz. Der Drehimpuls bleibt erhalten, wie schon erwähnt. Schwarze Löcher wachsen, denn sie verschlucken alle Materie. Ein Teil der Materie wird, bevor sie verschluckt wird, in Plasma-„Jets" umgewandelt, energiereiche Strahlungsbündel, die weit ins All reichen.

Und die sichtbare Materie ist nur knapp 5 % des Universums – wie Sie erfahren haben, besteht das All ansonsten aus unsichtbarem Unbekanntem! 95 % des Universums, die wir einfach nicht verstehen!

Tabelle 10.2 gibt Ihnen einen groben Überblick über die hierarchische Struktur der Objekte im All. Es würde sich lohnen, hier weiter in Einzelheiten einzudringen. Das All ist voller interessanter Dinge – zum Beispiel gibt es dort komplexe „Lebensmoleküle": die Aminosäure Glycin (NH_2CH_2COOH).[335]

Tab. 10.2 Inhalt des Universums

Was?	Beispiel	Größe (Beispiel)
Filamente, Voids	Große Mauer	Ø ca. 1 Mrd. Lichtjahre
Superhaufen	Virgo-Superhaufen	Ø ca. 200 Mio. Lichtjahre
Galaxienhaufen	Lokale Gruppe	Ø ca. 10 Mio. Lichtjahre
Galaxien	Milchstraße	Ø ca. 100.000 Lichtjahre
Sternhaufen	Kugelsternhaufen	Ø 10 bis 1000 Lichtjahre
Schwarze Löcher	Zentrum Ω Centauri	30 km bis 5,5 Lichtstunden
Planetensysteme	Sonnensystem	41 Lichtstunden
Sterne	Sonne	Ø 1.392.500 km
Planeten	Erde	Ø 12.756 km
Monde	Erdmond	Ø 3476 km
Asteroiden, Kometen	Ceres, Halley	ca. 1 bis 1000 km
Staubpartikel	Diamanten, Korunde	10^{-6} bis 10^{-3} m
Moleküle	Wasserstoff (H_2), Wasser	5×10^{-10} bis 2×10^{-8} m
Atome	Wasserstoff (H), Helium	3×10^{-11} m
Elementarteilchen	Elektronen	(keine: „punktförmig")

Warum ist nicht Nichts?

Dies ist eine berühmte Frage, über die schon der griechische Philosoph Parmenides (ca. 520–460 v. Chr.) nachdachte. Er meinte, dass das Seiende ist, das Nicht-Seiende hingegen nicht. Dann formulierte Leibniz im Jahre 1714 die Frage: „Wieso gibt es etwas und nicht nichts? Denn das Nichts ist einfacher und leichter als ein Etwas." Er meinte: „Nichts geschieht ohne zureichenden Grund", sein berühmter „Satz vom zureichenden Grund" (lateinisch *principium rationis sufficientis*). Ein moderner Physiker und Philosoph meint, das wäre keine besonders tiefsinnige Frage, denn da die Welt definitionsgemäß alles umfasst, was es gibt, kann es nichts Außerweltliches geben. Also ist entweder die Frage sinnlos oder unbeantwortbar.[336] Der Grund für das Existieren von „Etwas" darf ja nicht zum bereits Existierenden gehören. Das „Nichts" ist auch kein bestimmtes „Etwas" und damit ein leerer Begriff. Über das „Nichts" lässt sich keine Aussage treffen, erst recht keine Existenzaussage. So weit die Philosophen – aber die Physiker definieren sich diesen Begriff wieder etwas anders und finden eine Antwort: Der Grund muss ein quantenmechanischer Grund sein. Denn das ist eine Frage nach dem Anfang von allem. Kosmologie ist „die Fortsetzung der Philosophie mit anderen Mitteln", so ein heutiger Astrophysiker.[337] Und der Volksmund sagt: „Von nichts kommt nichts."

Eddi stellte die entscheidende Frage, die alle verblüffte: „Warum existiert das Universum überhaupt? Warum ist nicht Nichts? Wie kann aus Nichts etwas werden?" Siggi erholte sich als erster und antwortete: „Die rätselhafte Faktizität des Seienden. Früher war das nur eine philosophische Frage: Woher wir kommen, woher das Weltall kommt. Vielleicht ist die Antwort: damit es uns gibt, einen Beobachter, der diese Fragen stellt."[338] Willa war dazugetreten und erkannte sofort die praktische Seite: „Ihr sagt doch immer, Warum-Fragen gehören eigentlich nicht in die Physik. Wir können nicht wissen, was zur Existenz von uns geführt hatte und auch nicht, wodurch das Universum entstanden ist." Nun erwachte Rudi aus längerem Nachdenken und trug seinen Teil dazu bei: „Aber wir können es zurückverfolgen, aufgrund der Voraussetzungen, die erfüllt sein müssen. Für unsere Existenz muss es schwere Elemente geben: Kohlenstoff, Stickstoff, Wasserstoff und Sauerstoff – die Hauptelemente, aus denen wir zu über 95 % unseres Gewichtes bestehen. Warum gibt es diese Elemente? Antwort: weil leichtere Elemente in Kernfusionsprozessen miteinander zu schwereren verschmelzen konnten, weil unser Material in Sternen ausgebrütet wurde." Eddi war entsetzt: „Was?! Ich bestehe aus Graphit und drei Gasen?!"

„Genau!", sagte Rudi, „Und das geschah, weil Naturgesetze dazu führten, dass zwei Protonen einer ‚Ursuppe' unter enormen Druck und enormer Hitze die Abstoßung der elektromagnetischen Kraft überwinden konnten. Und weil die noch stärkere ‚starke Kernkraft' sie dann aneinanderschweißte. Das sind physikalische Gesetze, an denen nicht zu rütteln ist." „Da stimme ich zu", sagte Eddi, „Mathematik und Physik haben in den meisten Bereichen eine grundlegende Eigenschaft: Sie gelten immer und überall. Sie sind logisch und können daher keine Bruchstellen haben. Was auseinanderfliegt, muss vorher zusammen gewesen sein. Ein heißes Gas in einem sich ausdehnenden Volumen kühlt sich ab. Je näher sich zwei schwere Körper sind, desto stärker ziehen sie sich an und desto näher kommen sie sich. Eine positive Rückkopplung, die wir schon ausführlich durchdacht haben."[339] Willa griff ein: „Ich würde noch die Entropie ins Spiel bringen …" Rudi griff das auf: „Sie ist ja anwachsende Unordnung. Wenn wir gedanklich rückwärtsgehen, muss folglich die Ordnung anwachsen. Ist denn das so?"

Und jetzt konnte Siggi wieder mitreden: „Dazu hat die Kosmologie in 10.000 Jahren viel zu sagen, wie ich von meinen Reisen weiß. Die Kosmologie ist gewissermaßen die Fortsetzung der Philosophie mit anderen Mitteln, empirische Philosophie sozusagen. Die Wissenschaftler in der Zukunft nehmen an, dass der Urzustand extrem einfach, gleichmäßig, homogen und symmetrisch war. Es gab keine Unterschiede. Eine ‚Ursuppe' aus extrem heißen Elementarteilchen. Aber durch die quantenmechanischen Gesetze – Eddi, du hast Recht, sie gelten immer und überall – muss es am Anfang Schwankungen, winzige Unterschiede gegeben haben. Das muss der Anfang von allem gewesen sein, dieser Symmetriebruch. Bei der Umwandlung von Energie in Masse müssten nach der Theorie ja gleiche Anteile von Teilchen und ihren spiegelsymmetrischen Antiteilchen entstanden sein. Sie hätten sich eigentlich gegenseitig wieder auslöschen müssen. Nach dem Urknall jedoch überlebte die Materie, Antimaterie dagegen verschwand.“[340] Rudi nickte: „Und weil die physikalischen Gesetze so sind wie sie sind – die Gravitation ist sehr viel schwächer als die elektromagnetische Kraft, und die ist sehr viel schwächer als die Kernkraft – deswegen gibt es überhaupt irgendetwas und schließlich Lebewesen, die diese komische Frage stellen.“ „Ihr Männer“, schnaubte Willa, „dieser Naturgesetz-Chauvinismus! Das klingt mir alles *sehr* spekulativ.“ Siggi warf seine Autorität in die Diskussion: „Wir können nicht *wissen*, was zur Existenz des Universums geführt hat. Aber wir können die Naturgesetze, die Logik, und unsere Beobachtungen nicht ignorieren. Und was wir in Zukunft gesehen haben werden, passt haargenau: Die Menschen werden in die Tiefen des Weltalls blicken können und damit in die Vergangenheit.“ „Klar“, unterbrach ihn Rudi, „wenn ich in der Entfernung von einem Lichtjahr etwas sehe, sehe ich nicht wie es *jetzt* ist, sondern wie es vor einem Jahr war, denn solange braucht das Licht, um mich zu erreichen. Und was werden sie in der Vergangenheit gesehen haben?“ „Die Hintergrundstrahlung, die genau diese winzigen Schwankungen zeigt.“ „Hintergrundstrahlung“ – wieder ein neues Phänomen. Sie ist der Nachweis für den Urknall, auf den wir gleich zu sprechen kommen (Kap. 10.6).

Sind wir allein hier?

Sind wir allein hier? Die Frage ist berechtigt, wenn man bedenkt, dass „da oben“ viel los ist. 300 Mrd. Sonnensysteme in unserer Galaxie („Milchstraße“), 200 Mrd. solcher Galaxien insgesamt … Deswegen versuchte man, die Wahrscheinlichkeit für intelligentes Leben im Kosmos zu errechnen. Dafür wurde von dem amerikanischen Astrophysiker Frank Drake 1960 eine Formel entwickelt, die die einzelnen (recht unwahrscheinlichen) Faktoren im Sinne einer Gesamtwahrscheinlichkeit miteinander multipliziert (die „Drake-Gleichung“). Also z. B. die Wahrscheinlichkeit, dass ein Stern überhaupt Planeten hat *und* dass ein Planet im richtigen Abstand um ihn kreist, um Leben zu ermöglichen (nicht zu heiß, nicht zu kalt) *und* dass auf ihm Wasser vorhanden ist *und* … Drake stellte sie im November 1961 auf einer Konferenz in Green Bank, USA, vor – daher ist sie auch als Green-Bank-Formel bekannt. Zwar ergibt die Multiplikation der einzelnen Wahrscheinlichkeiten einen extrem kleinen Wert, aber wir müssen sie ja mit der Gesamtzahl der Sonnensysteme im All multiplizieren. Und das führt zu dem überraschenden

Ergebnis … 100 %. Es gibt mit absoluter Sicherheit intelligentes Leben im All – irgendwo da draußen. Denn es gibt einfach sehr viele Sterne und Planeten. Ob es je mit uns in Kontakt kommen kann, ist eine ganz andere Frage.[341] Vielleicht werden wir es nie erfahren. Zwar haben wir inzwischen über 1000 „Exoplaneten" entdeckt, aber sie sind weitgehend unerforscht und nach Meinung vieler Kosmologen ein winziger Bruchteil der möglichen Kandidaten. Und zu sagen, auf der Erde sei intelligentes Leben nicht möglich, weil von ihr ja schon die Menschen Besitz ergriffen hätten, zeugt sicher von einem gewissen Sarkasmus.

10.5 Die wohl berühmteste Formel der Welt

Es ist nicht nur die berühmteste Formel der Welt, sondern auch die kürzester Formulierung einer Revolution: $E = mc^2$. Nicht umsonst ziert sie diesen Buchtitel. Masse und Energie sind gleichwertig, das eine kann sich in das andere verwandeln und umgekehrt. Wohlgemerkt, das ist etwas anderes als die kinetische Energie, die in einer beschleunigten Masse steckt, also $E = \frac{1}{2} mv^2$. Es ist die Energie in einer Masse selbst. Aber auch das kann man missverstehen, wie Sie gleich sehen werden.

Einer der Helden dieses Buches ist Eduard Einstein, genannt „Eddi".[342] Aber er hat einen berühmten Namensvetter: Albert Einstein. Er hat nicht nur 1922 den Nobelpreis für Physik erhalten, sondern 1905 auch die wohl berühmteste Formel der Welt gefunden (oder *er*funden?), nämlich die Gleichung $E = mc^2$. Jetzt wollen wir uns ein wenig intensiver mit eben dieser Formel beschäftigen und das Empfinden für ihre Bedeutung schärfen. Sie stellt nichts anderes dar als die Aussage über die Äquivalenz von Masse und Energie. Der Zusammenhang zwischen Masse, Energie und Lichtgeschwindigkeit wurde jedoch schon ab 1880 von unterschiedlichen Vordenkern vermutet, aber erst von Einstein im Rahmen seiner „Speziellen Relativitätstheorie" formuliert.[343] Nicht zu verwechseln mit dem „Äquivalenzprinzip der allgemeinen Relativitätstheorie", nämlich der Un-Unterscheidbarkeit von Gravitation und gleichförmiger Beschleunigung. Man kann es auch als Äquivalenz von träger Masse und schwerer Masse bezeichnen, denn auf keine Weise kann man im Weltraum unterscheiden, ob man sich ruhend in einem Gravitationsfeld befindet oder im leeren Raum gleichförmig beschleunigt.[344]

„Energie" haben Sie in ihren unterschiedlichen Energie*formen* schon kennengelernt, z. B. als kinetische, thermische oder elektrische Energie. Die elektromagnetische Strahlung ist eine Energieform, von der Radiostrahlung[345] über die Mikrowellen über die Wärme über das Licht über die Röntgenstrahlen bis zur Gammastrahlung (und der ganze Rest des Spektrums auch). Gemessen wird sie bekanntlich in [kg·m²/s²] oder in [Joule]. Ein Joule ist die Energie, die benötigt wird, um einen ruhenden Körper mit der Masse von 1 kg auf die Geschwindigkeit 1 m/s zu beschleunigen. Oder um eine Tafel Schokolade (102 g) um einen Meter anzuheben (0,102 kg·9,81 m/s²·1 m Erdbeschleunigung). Oder die ungefähre Leistung Ihres Herzens (1 Watt) für die Dauer einer Sekunde (somit 1 Wattsekunde). Eine Kilowattstunde (kWh), für die Sie um die 20 Cent bezahlen, sind also $3,6 \cdot 10^6$ Joule oder 3600 Kilojoule (kJ). So weit noch einmal die Grundlagen zum Thema „Energie".

Zurück zur Einstein-Formel. Die Größe c darin ist bekanntlich die Lichtgeschwindigkeit von ca. $3 \cdot 10^8$ m/s. Enthält also obige Tafel Schokolade von 100 g die Energie von $0,1 \cdot 9 \cdot 10^{16}$ kg·m²/s²? Mit ein wenig Hochzahl-Spielerei sind das $9/3,6 \cdot 10^9$ kWh, schlappe 2,5 Mrd. Kilowattstunden. Die zugehörige Stromrechnung möchte ich gar nicht mehr betrachten … Eine „Milchmädchenrechnung", denn die Energie aus der Äquivalenzgleichung steckt ja in der Bindungsenergie im Inneren der Atome und in den Massen der Nukleonen. Erst wenn sie (bei der Kernspaltung oder der Begegnung eines Protons mit einem Anti-Proton) zum Vorschein kommt, erscheint sie in dieser Größenordnung. Beim bloßen Verzehr der Tafel nehmen Sie etwa 600 kcal zu sich – das sind ca. 2500 kJ oder etwa 0,694 kWh.[346] 14 Cent Energiekosten, der Rest ist Genuss.

Ansonsten ist $E = mc^2$ im täglichen Leben kaum zu sehen, denn unser Leben spielt sich weitgehend „klassisch" ab, d. h. nicht-relativistisch. Die einzigen Beispiele, in denen diese Gleichheit sichtbar wird, sind Kernkraftwerke, Atombomben und natürlich die im Sonneninneren ablaufenden Prozesse, die uns unser tägliches Licht geben, aber auch den Hautkrebs und das Nordlicht.

Trotzdem verliert die Sonne allein durch ihr abgestrahltes Licht (Leuchtkraft ca. $3,8 \cdot 10^{26}$ W) aufgrund der Äquivalenz von Masse und Energie in jeder Sekunde rund 4 Mio. t Masse (das sind $4 \cdot 10^9$ kg). Erfreulicherweise beträgt ihre Gesamtmasse etwa $2 \cdot 10^{30}$ kg, und so können wir uns beruhigt zurücklehnen, denn sie wird uns noch mehrere Milliarden Jahre erhalten bleiben.

Die Relativitätstheorie ist eine Absolutheitstheorie

Dass unsere Vorstellung versagt, wenn wir uns riesige Entfernungen, Geschwindigkeiten und Massen vor Augen führen wollen (bei den winzigen aus Kap. 9 gilt das gleichermaßen), ist eine Sache. Eine andere ist es, wenn theoretisch *und* praktisch nachgewiesene physikalische Phänomene unserer Anschauung widersprechen. Aber welche Naivität steckt im Grunde dahinter, wenn wir erwarten, dass die Welt in ihrer Fülle und ihrer Komplexität „in unser Gehirn hineinpassen" müsse.[347]

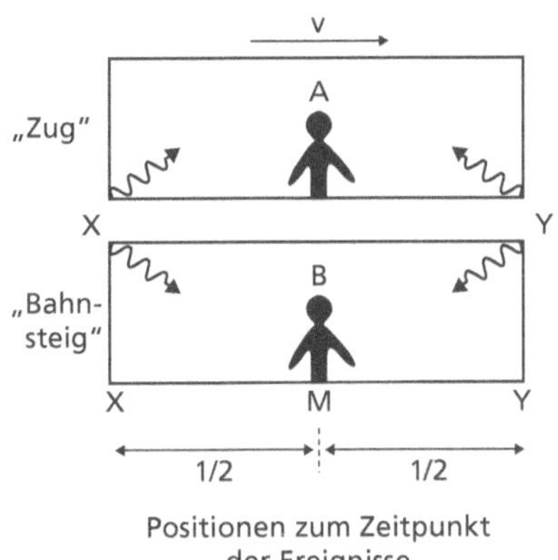
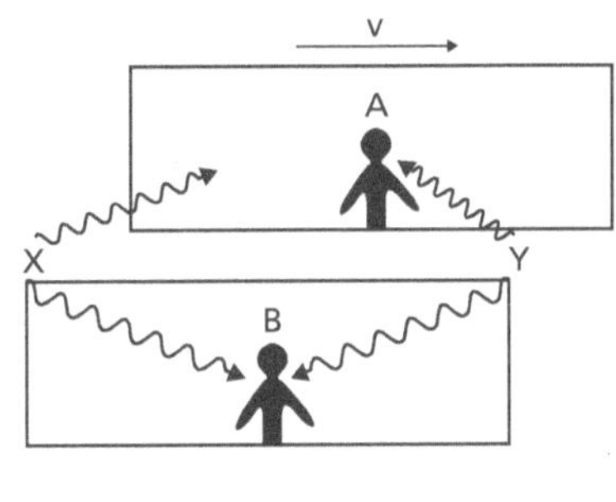

Abb. 10.9   Beobachtung „gleichzeitiger" Ereignisse

Die Relativitätstheorie gründet auf der Absolutheit der Lichtgeschwindigkeit. Sie hat auch etwas mit der Zeit zu tun. Aber was ist Zeit? „Zeit ist etwas, das verhindert, dass alles auf einmal passiert", sagte der amerikanische Physiker John A. Wheeler. Doch schon der Kirchenvater der Spätantike Augustinus von Hippo (354–430) schrieb: „Was also ist die Zeit? Wenn mich niemand fragt, weiß ich es. Wenn ich es jemandem erklären will, der fragt, weiß ich es nicht." Doch Newton sagte einfach „Zeit ist, und sie tickt gleichmäßig von Moment zu Moment."[348] Wir alle sind fest davon überzeugt, dass Zeit einer gleichmäßig und konstant tickenden Uhr gleicht. Aber vielleicht wäre der scharfsinnige Denker Eddi schon auf die Idee gekommen, dass Rudis Wassertropfenuhr schneller tropfen würde, wenn die Erdanziehungskraft größer wäre. Oder ein Pendel (Kap. 3.3) schneller schwingen würde.

So musste die Welt auf seinen Nachfahren warten, denn erst Albert Einstein wagte es, sozusagen „die Zeit infrage zu stellen". Es blieb ihm auch nichts anderes übrig angesichts der Absolutheit der Lichtgeschwindigkeit. Denn die ist unabhängig von der Geschwindigkeit des gleichförmig bewegten Beobachters immer dieselbe. Schließlich war das „Michelson-Morley-Experiment" (Kap. 8.3) inzwischen mit großer Genauigkeit wiederholt worden. Anders konnte er das Problem der Gleichzeitigkeit nicht lösen. Denn das ist die zentrale Frage: „Wann passieren Dinge *gleichzeitig* und wie stelle ich das fest?" Albert Einstein selbst versuchte seine Einsichten einem Publikum zu vermitteln, das „sich vom allgemein wissenschaftlichen, philosophischen Standpunkt für die Theorie interessiert, ohne den mathematischen Apparat der theoretischen Physik zu beherrschen."[349] Er benutzte das bekannte Gedankenexperiment vom „fahrenden Zug" (Abb. 10.9). Präziser wäre eine Region in den Tiefen des Weltraums, fernab von allen starken Gravitationsquellen, in der zwei Raumstationen frei mit beliebiger Geschwindigkeit umhertreiben, ohne sich zu drehen oder zu beschleunigen. Auf jeder dieser Stationen befindet sich ein Beobachter (A und B), der Abstände misst und Zeitpunkte bestimmt.[350] Dabei kann man nach den Gesetzen für Inertialsysteme die eine als „ruhend" (Bahnsteig) und die andere als „bewegt" (Zug) annehmen. X sei das vordere, Y das hintere Ende des Bahnsteigs, an dem der geradlinig gleichförmig fahrende Zug mit der Geschwindigkeit v vorbeifährt (umgekehrt könnte auch auf magische Weise der Bahnsteig am Zug vorbeiflitzen). An den zwei Stellen X und Y des Bahnsteigs blitze gleichzeitig ein Lichtzeichen auf. Die Angabe „gleichzeitig" hat nur einen Sinn, wenn die Richtigkeit nachgeprüft werden kann. Das machen wir, indem wir uns in der Mitte M von XY aufstellen. Da dass das Licht für die gleichlangen Strecken XM und YM gleiche Zeiten braucht, stellen wir fest, dass die Signale sich in M begegnen. Erfolgen die beiden Signale auch für den Beobachter in M_1 im Zug gleichzeitig? Beide Beobachter, der in M und der in M_1, befinden sich, vom Bahndamm aus beurteilt, im Augenblick der Signale am gleichen Ort. Aber der Beobachter A im Zug fährt dem von Y auf dem Bahnsteig kommenden Licht entgegen und von dem von X ausgehenden weg. Er wird also den Y-Blitz *früher* wahrnehmen als den aus X. Da die Lichtgeschwindigkeit auch in seinem Bezugssystem in beide Richtungen gleich groß ist, muss er daraus schließen, dass die Signale *nicht* gleichzeitig gegeben wurden.

In der speziellen Relativitätstheorie wird also die Existenz einer universell gültigen Zeit und somit eines universellen Verständnisses von Gleichzeitigkeit widerlegt. Wenn man sich nahe der Lichtgeschwindigkeit bewegt, läuft die Zeit deutlich langsamer. Das war die Geburt der „Relativitätstheorie". Sie gipfelt in dem volkstümlichen Satz: „Bewegte Uhren gehen langsamer." Nicht gerade intuitiv einsichtig. Ebenso wenig, dass nicht nur die Zeit relativ ist, sondern auch der Raum.[351] Dieses Gebäude steht (wie das der Mathematik) auf einem Fundament aus schlüssiger und konsistenter Logik. Und wenn der eine Pfeiler nicht hält, dann muss ein anderer eingesetzt werden. Man ist ja schließlich kein Dogmatiker. Was ist also mit der Gleichzeitigkeit, auf der Beobachtungen beruhen? Sie ist relativ, da es die Lichtgeschwindigkeit *nicht* ist! Das war die (im wahrsten Sinn des Wortes) umwerfende Idee Albert Einsteins. Der im Weltraum feststehende „Äther" als Medium für die Ausbreitung des Lichts erledigte sich damit bei der Gelegenheit auch gleich. Dass ein großer Physiker wie Hendrik Lorentz (siehe Kap. 7.2), der diese Theorie nach 1892 vertrat, sich auch einmal vergaloppieren kann, tut seiner Leistung keinen Abbruch und schadet auch nicht dem Ansehen der Physik. Gleichzeitigkeit können wir ja nur durch den Abgleich zwischen zwei (möglicherweise weit voneinander entfernten) Uhren bewerkstelligen. Und wie

gleichen wir sie ab? Durch Licht oder andere elektromagnetische Signale wie
z. B. Funkwellen. Diese reisen mit konstanter und absoluter Lichtgeschwindigkeit. Wenn diese in zueinander gleichförmig bewegten Bezugssystemen
dieselbe ist, muss die Zeit relativ sein. Ein bewegter Zollstock erweist sich im
Vergleich zum Ruhezustand in Bewegungsrichtung als verkürzt. Nun kann
aber jeder gleichförmig bewegte Beobachter den Standpunkt vertreten, er
sei in Ruhe. Daher beruhen diese Beobachtungen auf Gegenseitigkeit: Zwei
relativ zueinander bewegte Beobachter sehen die Uhren des jeweils anderen
langsamer gehen und die Ausdehnung seiner längs der Bewegungsrichtung
ausgerichteten Objekte verkürzt. Und schon sind wir beim „Zwillingsparadoxon", das wie folgt formuliert werden kann: „Das Zwillingsparadoxon (oder
Uhrenparadoxon) ist ein Gedankenexperiment, das einen scheinbaren Widerspruch in der speziellen Relativitätstheorie beschreibt. Danach fliegt einer von
zwei Zwillingen mit nahezu Lichtgeschwindigkeit zu einem fernen Stern und
kehrt anschließend mit derselben Geschwindigkeit wieder zurück. Während
der Flugphasen altert der jeweils andere Zwilling als Folge der Zeitdilatation
langsamer. Nach der Rückkehr auf der Erde stellt sich aber heraus, dass der
dort zurückgebliebene Zwilling älter geworden ist als der gereiste."[352]

Wahrheit ist wie Wasser. Wasser – das weiß jeder Mensch – ist unser Le-
benselixier. Ohne Wasser können wir nicht existieren. Wasser – das weiß jeder Geologe und jeder Besitzer eines Eigenheims – „hat spitze Zähne". Es
sickert irgendwann irgendwo durch. Es fragt sich nur, wie schnell. Auch die
Wahrheit sickert irgendwann irgendwo durch. Und jede Wirkung hat eine
Ausbreitungsgeschwindigkeit. Und zwar maximal die Lichtgeschwindigkeit:
Keine physikalische Wirkung kann sich schneller ausbreiten. Wenn also die
Sonne in diesem Augenblick verschwinden würde, dann würden Sie es erst
8 min später merken! Erst dann würde es dunkel (Entfernung Erde–Sonne
$\approx$ 150 Mio. km = 1 „Astronomische Einheit" = 8,33 Lichtminuten) *und* wir
würden erst dann mitsamt der Erde davonfliegen (denn auch die Gravitationswirkung „reist" mit Lichtgeschwindigkeit). Das erinnert uns an Donald
Duck, der auf eine Klippe zu rennt und in der Luft weiterläuft. Er stürzt erst
ab, wenn er *merkt*, dass er keinen Boden mehr unter den Füßen hat. Auch
Science-Fiction-Soaps sollten Sie nun kritisch sehen. Demnach ist die Kom-
munikation mit der Bodenstation etwas schwierig, wenn der Astronaut in
seinem Raumschiff den Rand des Sonnensystems (ca. 50 Astronomische Einheiten $\approx$ 6,8 Lichtstunden) erreicht.

Bewegte Uhren gehen langsamer

Wenn Sie sich nach längerer Abstinenz mal wieder eine Formel wünschen,
hier ist sie. Eine „ruhende" Uhr misst die Zeitspanne T. Die mit der kons-

Tab. 10.3 Zeitdilatation für verschiedene Geschwindigkeiten

v [m/s] =	299.000.000	259.641.346	100.000.000	600.000	60.000	6.000
T^0 [s] =	0,07266171	0,499922	0,942727	0,99999800	0,99999998	1,00000000
	92,73 %	50,01 %	5,73 %	0,00020028 %	0,00000200 %	0,00000002 %

tanten Geschwindigkeit v „bewegte" Uhr misst die Zeitspanne T_0 und geht spürbar nach, wenn v gegenüber c nicht sehr klein ist:

$$(1)\ T_0 = T \cdot \sqrt{1 - \frac{v^2}{c^2}}$$

Na, das wollen wir doch mal sehen! Wenn ich im Düsenjäger sitze und mit 2160 km/h (600 m/s, ca. 2-fache Schallgeschwindigkeit) durch die Gegend fliege, soll meine Armbanduhr langsamer gehen als im Lehnstuhl?! Das kann man ja nicht glauben. Also rechnen wir nach und gehen von c = 299.792.458 m/s aus. Das Ergebnis für verschiedene Geschwindigkeiten sehen Sie in Tab. 10.3. In T = 1 s im Lehnstuhl vergeht T_0 im bewegten Objekt – bei v = c ist T_0 natürlich 0.

Haben Sie fast die Lichtgeschwindigkeit erreicht (Spalte ganz links), dann steht im Raumschiff die Zeit fast still (0,07 einer Erdsekunde). Bei 259.641.346 m/s (86,6 % von c) tickt die Astronautenuhr halb so schnell. Bei 6000 m/s (Spalte ganz rechts) beträgt der Fehler nur noch 0,02 Millionstel Prozent. Im Düsenjäger ist bei 600 m/s praktisch nichts mehr zu merken, da das Komma des Fehlers noch einmal zwei Stellen nach rechts rückt und bei 0,2 Milliardstel Prozent landet. Trotzdem wurde die Zeitdilatation durch Messungen in Flugzeugen mit äußerst präzisen Uhren nachgewiesen.[353]

Nun haben Sie perfekte Entschuldigungen – z. B., wenn Ihnen jemand sagt, Sie seien zu dick. Erklären Sie es mit der Massenzunahme von bewegten Körpern! Sie kommen immer zu spät? Klar: Bewegte Uhren gehen langsamer. Aber Achtung auf die Größenordnungen!

Relativitätstheorie – wenige Dinge geben uns so viel zu denken und widersprechen unserer Erfahrung aus „Mesonesien" so sehr wie die Erkenntnisse der Physiker in der Welt des Universums und des Lichtes. Mit einer Ausnahme vielleicht: die schon in Kap. 9.3 erwähnte Quantenphysik (mit der das Licht ja etwas zu tun hat). Das Verständnisproblem der Relativitätstheorie kommt von der Endlichkeit der Geschwindigkeit der Informationsübertragung – und davon, dass wir dies in unserer Erfahrungswelt nicht bemerken. Aber sie ist *da*, die begrenzte Lichtgeschwindigkeit und damit die begrenzte Ausbreitungsgeschwindigkeit von Licht, Information, Gravitation und jeglicher Wirkung. Und eigentlich hätte man sich das ja denken können, ja: müssen. Würden sich Geschwindigkeiten beliebig addieren (wie die der Pistolenkugel und des Rades in Kap. 8.3), dann könnte man ja „unendliche" Geschwindigkeiten herstellen.

Das Unbegreifliche in der Relativitätstheorie

Ein Teil der Verständnisschwierigkeiten rührt daher, dass die Effekte der Relativitätstheorie einfach nicht der Alltagserfahrung entsprechen. Beispielsweise ist eine Relativbewegung ein alltäglicher Vorgang und jeder Mensch „weiß aus Erfahrung", dass damit weder eine Zeitdilatation noch eine Lorentzkontraktion verbunden ist.[354] Die „Lorentzkontraktion", benannt nach dem Physiker Hendrik Antoon Lorentz, ist nämlich der zweite Effekt, der sich zwingend aus der speziellen Relativitätstheorie (kurz: SRT) ergibt. Danach misst ein bewegter Beobachter einen kürzeren Abstand zwischen zwei Punkten im Raum als ein ruhender. Klar, ein ruhender Beobachter legt einfach ein Metermaß an, aber ein bewegter muss mit Licht- oder Radarsignalen arbeiten. Und die haben die bekannten *endlichen* Laufzeiten, die sich bemerkbar machen, wenn die Geschwindigkeit der Beobachter in die Nähe der Lichtgeschwindigkeit kommt. Der Korrekturfaktor ist wieder die Wurzel aus obiger Formel (1) – würde man die Lichtgeschwindigkeit erreichen, würde die gemessene Länge null.

Beide Erscheinungen widersprechen Newtons Auffassung, dass Raum und Zeit von physikalischen Ereignissen und Objekten völlig unabhängig und unbeeinflusst existieren und Kräfte überall sofort wirken. Im Alltag merken wir die Korrektur dieser Gesetze nicht. Nahe der Lichtgeschwindigkeit werden Objekte gedreht, verzerrt. Es ergeben sich interessante Paradoxien daraus, die unseren Kopf zu sprengen drohen – z. B., dass ein Seil zwischen zwei hintereinander mit gleicher Beschleunigung herfliegenden Raumschiffen reißen würde, da es kontrahiert.[355] Seien Sie froh, dass Sie nie in die Gefahr kommen werden, diese Effekte am eigenen Leib zu spüren.

Die spezielle Relativitätstheorie (kurz: SRT) besagt auch, dass kein Körper die Geschwindigkeit des Lichtes überhaupt erreichen kann, weil seine Masse dann unendlich groß würde. Sie können das mathematisch nachvollziehen: Im Nenner der Formel für die Masse eines Körpers mit der Geschwindigkeit v steht wieder der Wurzelausdruck aus obiger Formel (1):

$$\frac{m}{\sqrt{1-\dfrac{v^2}{c^2}}}$$

Ein guter alter Bekannter: Wenn $v = c$, dann wird dieser Nenner null. Unangenehm, um es gelinde zu sagen. Da Sie mitdenken, stellen Sie sofort die

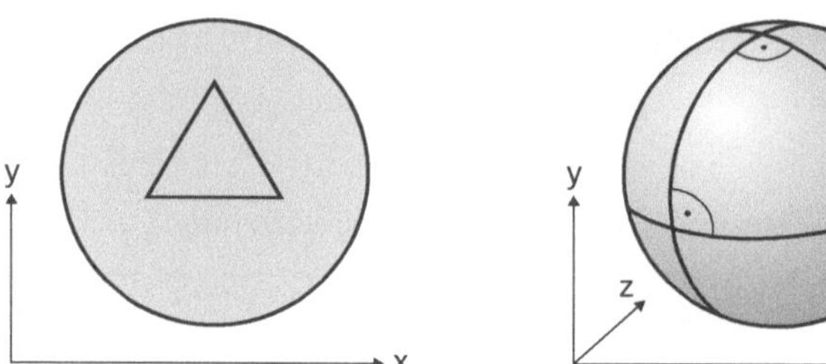

Abb. 10.10   Gibt es eine Vorstellung vom gekrümmten Raum?

Frage: „Wie erreicht aber das Licht *selbst* die Lichtgeschwindigkeit?" Denn *eine* Deutung des Lichtes (neben seiner Wellennatur) ist ja das Teilchenmodell, welches Lichtteilchen (Photonen) postuliert. Hier arbeitet die Natur geschickt mit der Unbestimmtheit des Ausdrucks „0/0": Photonen haben keine Ruhemasse!

Aber kehren wir zur „Nicht-Relativität" der Lichtgeschwindigkeit zurück. Das muss man sich mal klarmachen: Die klassischen Naturgesetze (besser: *eins* der klassischen Naturgesetze), durch Erfahrung geboren und in der Evolution gehärtet, gelten plötzlich nicht mehr! Geschwindigkeit a plus Geschwindigkeit b ergibt Geschwindigkeit (a + b), aber Geschwindigkeit a plus Geschwindigkeit c ergibt Geschwindigkeit c – die Licht-Geschwindigkeit! Bei Mathematikern stimmt die Gleichung a + c = c nur für a = 0 oder c = ∞. Aber c ist zwar sehr groß, aber keineswegs ∞ (unendlich). Daher gibt es dafür eine „neue" Logik: Die Zeit ist nicht mehr überall dieselbe! Bewegte Uhren gehen langsamer.[356] „Die spinnen ja!", könnte man sagen – wenn es nicht experimentell erhärtet wäre und in täglich benutzter Technik funktionieren würde.

Was ist ein „gekrümmter Raum"?

Das fehlt uns gerade noch! Einen „gekrümmten Raum" – können wir uns das vorstellen? In Abb. 10.10 sehen Sie ebene Flächen. Ein x-y-Koordinatensystem reicht, um jeden Punkt in ihnen zu identifizieren. Die Summe der Winkel im Dreieck ist bekanntlich genau 180°. Sind die Flächen jedoch gekrümmt, brauchen wir eine dritte Dimension, die z-Achse, um Punkte auf ihr zu bestimmen. (Der Ehrlichkeit halber: Ein ebenfalls gekrümmtes Koordinatensystem würde auch reichen, wie z. B. Länge und Breite auf der Erdoberfläche.) Die Summe der Winkel in einem Dreieck muss nun nicht mehr genau 180° sein. Nun denken wir einfach logisch weiter. Ist der Raum „gekrümmt", dann ist das für unsere Anschauung wie eine vierte *räumliche* Dimension. Es ist aber eine rein „innere" Krümmung, denn man betrachtet hier keine Einbettung des Raums in einen höherdimensionalen Raum (wie die Einbettung der Fläche in den dreidimensionalen Raum in Abb. 10.10), sondern beschränkt sich auf Abstands- und Winkelmessung in dem Raum selbst.

Wie muss man sich das vorstellen? Ich weiß es nicht. Es übersteigt meine Fähigkeiten, denn ich kann es so wenig wie ein Bewohner von „Flächenland". Denn da gibt es eine ebenso zauberhafte wie tiefsinnige Geschichte.[357] Ein „Quadrat" (so die Selbstdarstellung des Autors) schrieb sie 1883 mit dem Titel „Flächenland". Ja, Sie lesen richtig: Der Autor bezeichnet sich als Quadrat, denn er ist ein Bewohner dieser Welt, in der eine dritte Dimension nicht existiert. Alle Einwohner sind nur Flächen (Dreiecke, Rechtecke, Vielecke usw.). Es gibt nur Länge und Breite von Dingen, aber keine Höhe. Wir, die wir drei Dimensionen kennen, *sehen* ja auch nur zwei. Wir stellen die Räumlichkeit in unserem Gehirn ja nur durch die zwei verschiedenen Perspektiven unserer getrennten Augen her. Logischerweise sieht der Flachländer seine Mitbewohner nur von der Seite, als eindimensionale Linien. Wie er erkennt, dass es sich um Dreiecke oder andere Formen handelt (er kann sie ja nicht „von oben" sehen), das ist das Eintauchen in das altertümliche Englisch des Originals schon wert.

Es gibt zwei hübsche Episoden in der Geschichte: Das Quadrat träumt, es sei nach „Linienland" verschlagen, ein Land mit nur einer Dimension (in der man konsequenterweise nur Punkte sicht!). Verzweifelt und erfolglos versucht es, dem König von Linienland seine Flächenwelt zu erklären, aber der König kann es gedanklich nicht nachvollziehen. Ihm fehlt ja die zweite Dimension in seiner Vorstellungswelt.

Die zweite Episode betrifft den Autor (das Quadrat) selbst: Aus dem Nichts taucht ein Fremder auf, der behauptet, er sei eine „Kugel" und habe drei Dimensionen – was sich unser Quadrat trotz aller geistigen Anstrengung aber nicht vorstellen kann. Sie und ich jedoch haben das Vorstellungsvermögen. Die Kugel verzweifelt ebenso bei dem Versuch, dem Quadrat die dritte Dimension zu erklären, wie dieses in seinem Traum beim Versuch dem König von Linienland die zweite Dimension verdeutlichen zu wollen. Schließlich nimmt die Kugel das Quadrat mit in ihre Welt, das „Raumland". Das ist für das Quadrat geradezu ein mystisches, transzendentales, spirituelles Erlebnis, in dem sich Grauen und Entzücken mischen. Erleuchtet kehrt das Quadrat in sein Land zurück (nicht ganz freiwillig: Es wird aus Raumland herausgeworfen, weil es nun – durch Gebrauch des logisch-mathematischen Verstandes – der Kugel eine vierte Dimension schmackhaft zu machen versucht) und versucht seine Mitbewohner zu missionieren. Es landet – wie könnte es anders sein? – im Kerker, wo es der Großinquisitor einmal im Jahr besucht und überprüft, ob es seinem Irrglauben abzuschwören bereit ist. Und nun kommt Einstein im O-Ton: „Für $v = c$ schrumpfen alle bewegten Objekte (vom ‚ruhenden' System aus betrachtet) in flächenhafte Gebilde zusammen."[358]

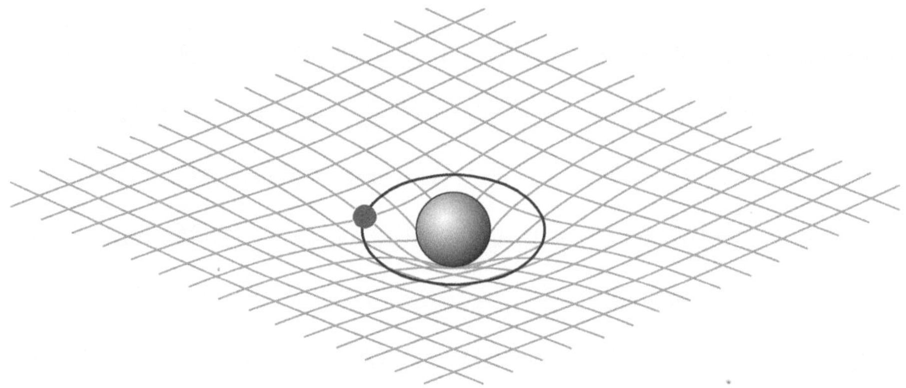

Abb. 10.11   Die „Gummituchanalogie"[360]

Nun haben wir also eine „4. Dimension": Ein Objekt oder Ereignis hat nicht nur drei Koordinaten im Raum, sondern auch noch eine vierte, die Zeit. Das ist die „Raumzeit", die ausdrücken soll, dass Ort *und* Zeit eines Ereignisses eng zusammenhängen und sich gemeinsam transformieren. Wenn Sie also demnächst einen Astrophysiker in seinem Kerker besuchen und mit ihm über die „gekrümmte Raumzeit" mit ihren vier Dimensionen diskutieren, seien Sie nachsichtig! Er lebt in einer anderen Welt, die Ihrer Anschauung verschlossen ist. Wir können sie uns nicht vorstellen, aber sie existiert, da wir sie mathematisch beschreiben und experimentell nachweisen können.

Ein beliebtes Modell zum Verständnis der Raumzeit-Krümmung ist das Gummituchmodell (Abb. 10.11). Stellen wir uns vor, die Erde sei eine Kugel, die auf einem dehnbaren Gummituch liegt. Das Gewicht der Kugel drückt das Gummituch in der Mitte ein und erzeugt eine Mulde, also einen gekrümmten zweidimensionalen Raum. Das Gummituchmodell erklärt nicht, *wie* die Masse den Raum krümmt. Soll es auch nicht. Damit würden wir tatsächlich Gravitation durch Gravitation erklären. Das Gummituchmodell erklärt lediglich, wie die Krümmung einer Oberfläche zu einer Ablenkung umherfliegender Teilchen und Wellen führen kann.[359] Also bestimmt die Masse, wie sich die Raumzeit krümmt, und die Krümmung bestimmt, wie sich Materie und Strahlung ausbreiten. Die kleine Kugel kreist widerstandslos auf der gezeichneten Kreisbahn um die „Delle", so wie eine Ameise auf der gekrümmte Fläche „geradeaus" laufen würde (auf der gekrümmten Erdoberfläche in Abb. 10.10 fliegen wir auch „geradeaus" und dennoch nicht im mathematischen Sinne auf einer Geraden).

Ein Schwarzes Loch sähe in dieser zweidimensionalen Analogie aus wie ein gekrümmter Trichter. Aber vergessen Sie nicht: Es ist eine *Analogie* aus „Flächenland" – der gekrümmte *Raum* sieht anders aus. *Wie*, das kann man sich nicht vorstellen. Es ist nur eine sprachliche Analogie – wir Menschen aus „Mesonesien" haben weder eine Vorstellung davon noch ein Wort dafür. Die Evolution brauchte uns das nicht mitzugeben.

SRT und ART sind Brüder: Die Spezielle Relativitätstheorie (SRT) sagt aus, dass *alle* Gesetze der Physik in allen Inertialsystemen dieselbe Form haben. Insbesondere hat die Lichtgeschwindigkeit in jedem Bezugssystem denselben Wert. Daraus folgt, dass es keinen absoluten Raum und keine absolute Zeit gibt, sondern Zeiten und Längen vom Bewegungszustand des Betrachters abhängen („Zeitdilatation" und „Lorentzkontraktion"). Aus der SRT folgt auch die Äquivalenz von Masse und Energie ($E = mc^2$), denn auch die Masse eines Körpers hängt von seiner Geschwindigkeit und damit seiner Energie ab. Zum Beispiel verliert die Sonne allein durch die von ihr abgestrahlte Lichtenergie ca. 4 Mio. t Masse je Sekunde (was angesichts ihrer Gesamtmasse von über 10^{27} t kein baldiges Erlöschen befürchten lässt). Über den Einfluss der Gravitation sagt die SRT nichts aus – Einstein baute sie erst 1907 in seine Überlegungen ein. Das führte zur Allgemeinen Relativitätstheorie (ART), die die Gravitation als geometrische Eigenschaft der gekrümmten vierdimensionalen Raumzeit deutet. Sie beschreibt die Wechselwirkung zwischen der Materie (alles, was Energie und Impuls tragen kann) und der Raumzeit. Diese besteht darin, dass Energie und Impuls der Materie eine Raumzeitkrümmung hervorrufen und somit seine Geometrie verändern. Einstein wies nach, dass Massen und Beschleunigungen Raum und Zeit „verbiegen". Das wirkt wiederum auf die Bewegung der Materie zurück. Ein Beispiel ist die schon erwähnte Lichtablenkung durch massive Körper („Gravitationslinse", siehe Abb. 10.8). In einer weiteren Konsequenz führt das auch dazu, dass nicht nur eine bewegte Uhr langsamer geht, sondern auch eine in einem Gravitationsfeld ruhende Uhr.[361]

Aber machen wir uns nichts vor: Ein „gekrümmter Raum" ist unserem menschlichen Vorstellungsvermögen unzugänglich. Es ist eine metaphorische Formulierung, denn unsere Weltsicht wie unsere Sprache beruhen auf unseren Erfahrungen im „Mesokosmos". Die Naturwissenschaft hat hier wieder einmal den Nachweis geführt, dass unsere erlebte Welt nicht identisch ist mit einer „objektiven Realität". Denn schon oft mussten wir feststellen, dass wir für viele der realen Eigenschaften der Welt „blind" sind (denken Sie nur an den winzigen Ausschnitt der elektromagnetischen Strahlung, den wir mit unseren Sinnen wahrnehmen können).[362]

10.6 Und wo kam das Universum überhaupt her?

Jetzt sind wir schon mit einem Bein in der Philosophie – bei der Frage der Kausalität. Wodurch und warum und woraus entstand es? Was war „vorher" und was ist „außerhalb"? Oder, wie es ein Buchtitel so schön formuliert: „Wenn das Universum die Antwort ist, was ist die Frage?"[363] Dass das Universum im „Urknall" geboren wurde, hat sich inzwischen herumgesprochen und gehört zum allgemein akzeptierten „Standardmodell der Kosmologie". Der Theologe und Physiker Georges Lemaître hatte ja schon 1931 für den Anfangszustand des Universums den Begriff „Uratom" oder „kosmisches Ei" verwendet und die Anfänge der Theorie begründet. Es lohnt sich, einen genaueren Blick darauf zu werfen – wobei es schwer sein wird, bei diesem faszinierenden Thema eine Grenze zu finden.[364]

Ein Stern wird geboren

Aber wo kommen die Sterne überhaupt her? „Geboren" suggeriert ja (fälschlicherweise) ein „vorher", vielleicht sogar „Eltern".[365] Nun, das Universum war und ist voll von interstellaren Gaswolken, meist Wasserstoff (H oder das Molekül H_2) oder Helium (He) – aber auch komplexere Moleküle bis hin zu Aminosäuren („organische" Verbindungen mit mindestens einer „Carboxygruppe" –COOH und einer „Aminogruppe" –NH_2). Dazu kommen Staubpartikel, winzige feste Materieteilchen. So bewegte sich vor etwa 4,6 Mrd. Jahren an Stelle unseres Sonnensystems eine ausgedehnte Molekülwolke um ein gemeinsames Zentrum innerhalb des Milchstraßensystems. Die Wolke bestand zu über 99 % aus den Gasen Wasserstoff und Helium sowie einem geringen Anteil aus nur mikrometergroßen Staubteilchen, die sich aus schwereren Elementen und Verbindungen (wie Wasser, Kohlenmonoxid, Kohlendioxid, anderen Kohlenstoffverbindungen, Ammoniak und Siliziumverbindungen) zusammensetzten.

Die Teilchen haben natürlich nicht einen gleichmäßigen Abstand zueinander, und außerdem zappeln sie noch ein wenig herum (die Physiker nennen das bekanntlich „Temperatur"). So kommen sich zwei ein wenig näher, und sie ziehen sich an – nach dem Prinzip der Gravitation. Und irgendwann finden sie zueinander und bildeten einen „Klumpen" von zwei Atomen (natürlich ohne sich gleich zu einem Molekül zu verbinden – es nimmt einfach nur die mittlere Dichte in einem Raumgebiet zu). Der hat nun schon die doppelte Anziehungskraft. Das ist wie bei zwei Jungvögeln im Nest: Der eine bekommt zufällig ein wenig mehr Futter, wird ein kleines bisschen stärker, und ergatterte dadurch am nächsten Tag wieder etwas mehr Futter. Er wird dick und fett, und sein Bruder kann sehen, wo er bleibt. Nun wiederholt sich der

Vorgang: Der Wasserstoff-Klumpen zieht weitere Atome an und – zack! – hat sich eine riesige Gaswolke zu einem Gasklumpen verdichtet. Das „zack!" sind allerdings einige 100.000 Jahre oder gar Millionen. Und vermutlich spielt die dunkle Materie bei der Bildung von Sternen auch noch eine entscheidende Rolle. Aber da wir ihre Natur nicht kennen, ist das nur ein Gedanke …

Um zum Stern zu werden, muss der Gasklumpen noch stärker komprimiert werden. Das ist ein komplexer Prozess, denn das kann nur geschehen, wenn die Wolke nicht zu heiß ist (sonst ist der Druck zu hoch). Denn „Vater und Mutter" eines Sterns sind Druck und Schwerkraft. Sie spielen zusammen, sozusagen. Ab einer bestimmten Masse und Größe der Wolke „fällt sie unter ihrem eigenen Gewicht" zusammen. Zum Beispiel bestehen große Molekül-wolken aus etwa 10^4 bis 10^7 Sonnenmassen mit einer Ausdehnung von 160 bis ca. 1000 Lichtjahren.

Da die Wolken durch Strahlung (sonst würden wir sie nicht „sehen") Wärmeenergie und damit Druck verlieren, zieht die Schwerkraft die Gas- und Staubteilchen zusammen. Sie stoßen dadurch immer häufiger zusammen (in der ursprünglichen Wolke hatten sie nur eine Dichte von ca. 1 Molekül je cm^3) und geben dadurch noch mehr Energie als Strahlung ab. Dadurch wird das Material noch kälter und die Wirkung der Gravitation noch stärker: ein sich selbst verstärkender Rückkopplungsprozess. Die Wolke zieht sich so weit zusammen (aber natürlich nicht gleichmäßig), dass einzelne „Klumpen" entstehen, die sich – da die Klumpen natürlich eine noch größere gravitative Anziehung besitzen – noch weiter verdichten. Dann kommt ein Augenblick wie im Dieselmotor: Das Teilchengemisch „zündet". Die Quantenmechanik schlägt zu und die Atomkerne (meist Wasserstoffkerne, also einzelne Protonen) verschmelzen miteinander durch Kernfusion (Sie erinnern sich an Kap. 9.2 und Abb. 9.2).[366] Denn nun besiegt ja die Starke Kernkraft die elektrische Abstoßung der beiden positiven Ladungen. Wieder wird Energie freigesetzt, besiegt den Druckabfall und damit die Abkühlung. Druck (Kraft nach außen) und Gravitation (Kraft nach innen) sind nun im Gleichgewicht – und eine „neugeborene" Sonne leuchtet am Himmel.

Natürlich ist dieser Vorgang etwas komplizierter, z. B. durch Drehimpulse, die schon in der Wolke vorhanden waren oder bei der ungleichmäßigen Zusammenziehung entstehen. Wenn sich die Gaswolke aber dreht und sich dabei zusammenzieht, dann dreht sie sich immer schneller (Drehimpuls-Erhaltung!). Dann drängt die Fliehkraft sie aber wieder auseinander und es entsteht auch hier ein Gleichgewicht – wie bei den rotierenden Galaxien.

Ein Stern stirbt auch wieder – und das ist nicht traurig

Aber wie im menschlichen Leben sind Geburt und Tod nahe beieinander. Sterne (auch unsere Sonne) können und werden sterben. Im Jahre 1054 tauchte ein neuer heller Stern am Himmel auf, wie chinesische Astronomen berichteten. Er war sogar tagsüber sichtbar – doch dann verschwand er wieder. Heute liegt dort der „Krebsnebel" – der Überrest einer „Supernova". Das ist der Sternentod: eine gigantische Explosion. Im Durchschnitt passiert das in einer Galaxie alle hundert Jahre – aber keine Bange: Wir können inzwischen mit unseren leistungsfähigen Teleskopen viele Tausende von Galaxien gleichzeitig beobachten – es gibt Supernovae quasi „auf Bestellung", sodass Supernova-Forscher keinen Mangel leiden. Sie können jederzeit einen Stern beobachten, die gerade explodiert – genauer: der vor so viel Jahren explodiert ist, wie er Lichtjahre entfernt ist. Und das können Millionen oder Milliarden sein. Wir blicken im Universum in die Ferne *und* in die Vergangenheit, wie Sie bereits wissen.

Wie aber kommt es dazu? Sterne stehen am Himmel, erzeugen Energie durch Kernfusion und leuchten still vor sich hin, vom Anfang bis zum Ende aller Tage? Wenn es doch nur so einfach wäre! Aber irgendwann einmal „ist der Ofen aus", im wahrsten Sinn des Wortes. Sterne halten nicht ewig. Woran gehen sie zugrunde? Das Gleichgewicht zwischen dem Druck der Kernfusion und der Gravitation bleibt lange Zeit stabil. Aber irgendwann ist der Wasserstoff verbraucht, die Kernfusion kommt zum Stillstand. Weg ist der Gegendruck. Je mehr Masse der Stern ursprünglich hatte, desto heißer war er und desto schneller ist sein Brennstoff verbraucht.

Was dann passiert, können Sie sich ausmalen: Der Stern fällt durch die Gravitation weiter in sich zusammen. Dadurch wird er aber wieder heißer (Kap. 5.3!) und die Kernfusion zündet wieder. Brennstoff ist diesmal das Helium, das zu schwereren Elementen fusioniert. So entstehen Kohlenstoff, Sauerstoff und schließlich Eisen. Dann aber ist Schluss, denn die Fusionsprozesse erzeugen immer weniger Energie.[367] Der Kern kann keinen nach außen gerichteten Druck mehr aufbauen, der der Gravitation entgegenwirken würde. Der Stern kommt in die Krise, es folgt der totale Zusammenbruch, der Kernkollaps. Der Todeskampf dauert etwa einen Monat. In dieser Zeit kann eine Spektralanalyse viele Einzelheiten des Sterns ermitteln – z. B. die chemische Zusammensetzung, den Druck und die Temperatur. Daher wissen wir, dass bei Eisen Schluss ist, denn die Fusion von Eisen zu noch schwereren Elementen *verbraucht* Energie. Der Eisenkern kollabiert, und eine gewaltige Stoßwelle schleudert die Sternhülle weg. Dabei werden alle Elemente im Kosmos verteilt. Wenn sie mal wieder ein Bild aufhängen, dann denken Sie also daran, dass das Eisen Ihres Hammers von einem weit entfernten Stern stammen könnte. Und nicht nur das: Auch Sie selbst mit allen Ihren atomaren Bestandteilen sind „Sternenstaub".[368]

In einigen Fällen stößt der sterbende Stern dabei einen Energiestrahl aus, der sich fast mit Lichtgeschwindigkeit ausbreitet – einen „Jet" aus starker Gammastrahlung, der wenige Sekunden bis mehrere Wochen (!) dauern kann. Ein solcher „Gammablitz" kann eine Strahlungsleistung von Trillionen (10^{18}) Sonnen erreichen. Jetzt trennen sich die Dicken von den Dünnen. Massereiche Sterne mit einer Anfangsmasse von mehr als etwa acht Sonnenmassen kollabieren zu einem Schwarzen Loch oder zu einem Neutronenstern. Sie enden in einer gigantischen Sternexplosion, einer Supernova. Der Name kommt von dem lateinischen Ausdruck *„stella nova"* (neuer Stern), den der dänische Astronom Tycho Brahe (1546–1601) schon im Jahr 1572 prägte. Dabei nimmt die Leuchtkraft des Sterns millionen- bis milliardenfach zu: Er wird für kurze Zeit so hell wie eine ganze Galaxie.

Leichtere Sterne, die Dünnen, ziehen sich nicht so dicht zusammen, sondern enden als „Weißer Zwerg". Es sind ausgebrannte Sterne, die ihre äußeren Hüllen ins All abgestoßen haben und deren äußerst kompakter und glühend heißen Kern ohne Fusionsprozesse noch weiter leuchtet.[369]

Unsere Sonne ist viel zu klein und zu leicht (eine seltsame Aussage bei einer Masse von $2 \cdot 10^{30}$ kg). Sie stirbt anders, das wissen wir heute schon, obwohl es erst in etwa 5 Mrd. Jahren passieren wird. Sie kollabiert nicht. Der Strahlungsdruck der Kernfusion wird sie zu einem „Roten Riesen" aufblähen. Die äußeren Gasschichten, bestehend aus Sauerstoff, Silizium oder Schwefel, werden abgestoßen, denn die Gravitation kann sie nicht mehr halten. Das ist eine weitere Todesursache – eine von vielen, die wir hier nicht alle aufzählen können. Einige Sterne verschwinden sogar einfach, sie werden von Schwarzen Löchern gefressen.[370]

Was auseinanderfliegt, muss einmal zusammen gewesen sein

Das Universum expandiert, das wissen Sie seit Kap. 10.3. Die Galaxien entfernen sich von unserer eigenen Milchstraße und zwar mit einer Fluchtgeschwindigkeit, die proportional mit dem Abstand zunimmt, wie Edwin Hubble 1929 festgestellt hat. Wenn das Universum heute so leer und groß ist und expandiert, dann muss es „früher" kleiner und dichter gewesen sein. Und noch früher noch kleiner und dichter und damit … heißer. Es war unglaublich klein (10^{-35} m), unglaublich heiß (10^{32} Grad) und unglaublich homogen. Extrapoliert man also die Fluchtbewegung zurück in die Vergangenheit, so scheint alle Materie am Anfang des Universums in einem Punkt konzentriert gewesen zu sein. Dieser Befund führte zur Formulierung der Urknalltheorie.[371]

Jetzt kommt das logische Problem der Kausalität: Was war die Ursache des Universums? Die gesamte Physik ist ja das (quantitative und qualitative) Zusammenspiel von Ursache und Wirkung. Die Naturwissenschaft ist „kausalitätssüchtig". Aber wir können die „Seifenblase" des Universums nicht „von außen" betrachten. Wir wissen weder, was seine Entstehung verursacht hat, noch was „vorher" war. Alle diese logischen Zusammenhänge aus unserer „Mesowelt" werden in der „Makrowelt" genauso erschüttert wie in der „Mikrowelt" der Quantenphysik.[372] Daher sagt die Theorie, dass beim Urknall auch *Zeit und Raum* entstanden sind – es gibt beim Universum kein „vorher" und kein „außerhalb". Der Raum *selbst* dehnte sich aus, wie schon erwähnt, nicht „das Universum" in einen bestehenden leeren Raum hinein. Schwer vorstellbar. Die beobachteten Rotverschiebungen der fernen Galaxien werden daher auch nicht direkt durch den Dopplereffekt eines sich entfernenden Objektes erklärt. Vielmehr wird im expandierenden Universum der Raum an sich gedehnt und damit auch die Wellenlängen der elektromagnetischen Strahlung. Galaxien oder Galaxienhaufen expandieren nicht, denn sie sind durch die Gravitation aneinander „gebunden", nur die Raumzeit selbst dehnt sich aus.

Die Allgemeingültigkeit der Naturgesetze ist eine Voraussetzung dafür, dass unsere Vorstellung vom Ursprung des Universums richtig ist. Und die Gesetze der Logik – dazu gehört z. B. der „0. thermodynamische Hauptsatz": Wenn zwei Temperaturen einer dritten gleichen, dann sind sie auch untereinander gleich. Meist beobachten wir auch eine gewisse Stetigkeit, da es keine unerklärlichen Sprünge gibt – wohl aber erklärliche, wie wir gleich sehen werden. Newtons Gravitationsgesetz ($F = G \cdot m_1 \cdot m_2/r^2$) gilt für alle Massen und alle Entfernungen, nicht nur für Massen über 6 Pfund und Entfernungen über 3 Seemeilen. Das schließt nicht aus, dass bei sehr großen Distanzen r die Kraft F unmessbar klein wird. Stetigkeit erlaubt auch *scheinbare* „Sprünge", z. B. Phasenübergänge. Wasser bei 99 °C ist etwas anderes als Wasser bei 101 °C. Beim Abkühlen eines Gases sinkt nicht nur sein Druck, sondern bei bestimmten Temperaturen wird es auch flüssig. Das gilt für Wasserdampf genauso wie für Stickstoff und alle anderen Gase. Also bleibt das Universum bei seiner Ausdehnung nach dem Urknall (bzw. bei seiner Rückrechnung vom jetzigen Zustand, um die Verhältnisse im frühen Universum zu klären) nicht gleich. Im Gegenteil: War es so winzig, wie es bei der Rückrechnung gewesen sein muss, dann muss es „undenkbar" und „unendlich" klein gewesen sein: eine „Singularität", der „Urknall" (poetisch: „Der Tag ohne Gestern"). Aber niemand war dabei. Die Urknall-Theorie ist zwar die zzt. plausibelste und anerkannteste Theorie zur Entstehung des Universums – aber es gibt auch andere.[373] Bewiesen ist sie nicht, sondern nur eine Folge der Naturgesetze und eine Konsequenz der Modelle und Theorien, die das beobachtbare Weltall gut beschreiben.

Der Uhr-Knall

Bei dieser Schreibweise können Sie zwischen einem Schreibfehler und einem Kalauer wählen – oder aber ein Körnchen Wahrheit darin entdecken. Denn nach den allgemein akzeptierten Vorstellungen der Kosmologen sind dabei nicht nur Energie und Materie, sondern auch Raum und Zeit (!) entstanden. Der Urknall (englisch *Big Bang*) ist *keine* Explosion in einem leeren Raum, er ist das Entstehen des Raumes und seine Ausdehnung. Das heißt: Vorher war *nichts* da. Das riesige Universum ist aus dem Nichts entstanden. Wobei dieses „Nichts" ja erst einmal definiert werden muss: Ist es leerer Raum (nach dem Standardmodell der Kosmologie sicher nicht), kein Raum oder das Gegenteil von „Etwas". Existiert das Nichts oder ist es das, was *nicht* existiert?[374] Ist es vielleicht das Nichts zwischen dem Atomkern und der Elektronenhülle? Und wie kann *etwas* aus *nichts* entstehen – ist das die Umkehrung des Vorganges der gegenseitigen Auslöschung? Wenn wir „+1" und „–1" addieren, ergibt sich null (= nichts). Wenn ein Elektron und ein Positron zusammenstoßen, bleibt „nichts" übrig (außer Energie). Ist der Vorgang vielleicht umkehrbar? In der Tat: Stoßen zwei energiereiche (aber masselose) Photonen zusammen, dann werden z. B. diese beiden unterschiedlich geladenen Teilchen erzeugt.

Denken wir also die heutige Expansion rückwärts, als Kontraktion – natürlich unter Beachtung aller gültigen physikalischen Gesetze. Bei dieser gedanklichen Zusammenziehung muss das Universum heißer und dichter werden und schließlich zu einem Punkt zusammenschrumpfen. Das ist die „Singularität", der alles entstammt. *Alles* entstand beim Urknall – Materie *und* die „Raumzeit". Das können Sie sich nicht vorstellen? Macht nichts – niemand kann es. Es ist letztlich nur eine logische Konsequenz aus den mathematischen Modellen. Was aber nicht heißt, dass es genauso gut auch anders sein könnte, denn diese Modelle und ihre nachgemessenen Konsequenzen passen konsistent zusammen wie Steine eines riesigen Puzzles.

Aber zuerst eine gute Nachricht: Sie brauchen sich nicht die Mühe zu machen, den Urknall zu verstehen. Denn das Ereignis, von dem alle reden, gibt es selbst nicht. Im Urknall besteht eine „Singularität": Die Theorien und Formeln versagen, weil die Dichte des Universums und die Krümmung der Raumzeit unendlich werden. Und in der Mathematik ist „unendlich" eine ganz fiese Größe. Alle Modelle liefern erst danach brauchbare Ergebnisse, wenn die Unendlichkeit umschifft ist. Erst „kurz danach" (10^{-34} s) können wir physikalische Aussagen machen. Die Resultate der Modelle sind auch brisant genug, und sie gelten 13,7 Mrd. Jahre lang bis heute. Und sie werden es noch Milliarden von Jahren weiter tun. Denn das Gesetzbuch der Natur wurde zwar einmal geschrieben, aber es gibt keine Updates. Die physikalischen Regeln gelten immer und in alle Ewigkeit. Das können wir zwar nicht sicher wissen, aber bisher ist nichts Gegenteiliges bekannt.

Wie aber lief diese „Explosion", die keine war, ab? Wenn Sie bei der nächsten Stehparty einen langweiligen Gesprächspartner loswerden wollen, dann fragen Sie ihn doch einfach: „Was halten Sie von der primordialen Nukleosynthese?" Weg ist er. Wenn Sie aber Pech haben, kann der Schuss nach hinten losgehen, denn er wird sagen: „Synthese ist ‚Zusammensetzung' und Nukleus ist der Kern. Sind Sie etwa Kernphysiker? Dann erklären Sie mir doch, was ‚primordial' heißt!" Nun sollten Sie Ihren Duden dabei haben, um nachzusehen, dass das Wort so viel wie „ursprünglich" oder „uranfänglich" heißt. Und schon sind Sie in einer interessanten Unterhaltung über die ursprüngliche Zusammensetzung der Atomkerne am Beginn des Universums gelandet. Denn sie müssen sich ja irgendwann einmal gebildet haben, als das Universum kälter wurde. „Kälter" klingt bei den 10^{25} K etwas merkwürdig, weist aber darauf hin, dass es vorher noch heißer (und dichter) war – so heiß, dass selbst Atomkerne nicht mehr zusammenhalten.

Aber fangen wir von vorne an und erwähnen die wichtigsten Entwicklungsschritte stichwortartig:[375] Das Interessanteste ist, dass im sehr frühen (heißen und dichten) Universum Quanteneffekte eine Rolle spielen, sich also der Makrokosmos und der Mikrokosmos berühren. Wieder eine sehr poetische Idee. Die mathematischen Modelle sagen aus, dass in der Frühphase des Universums die Energiedichte sehr hoch war. Die vier Grundkräfte der Physik waren noch vereint und in einer sogenannten „Inflationären Phase" fand eine extreme Expansion um einen Faktor zwischen 10^{30} und 10^{50} in der Zeit nach 10^{-33} s bis 10^{-30} s statt. Wer nachrechnet, stellt fest: mit Überlichtgeschwindigkeit! Aber diese Grenze gilt für bewegte Materie, nicht aber für den Raum selbst. Bei dieser rasanten Ausdehnung wurde es praktisch schockgefroren, wenn man eine Abkühlung von 10^{25} Grad auf 10^{12} Grad als „gefrieren" bezeichnen will.

Danach beginnt sich die anfangs total homogene unterschiedslose Materie (ein „Elementarteilchenbrei") zu differenzieren. In den ersten 10 s erscheinen die üblichen Verdächtigen der „Mikrowelt": Quarks, Photonen, Protonen, Neutronen, Elektronen und deren Antiteilchen, um nur einige zu nennen. Viele zerstrahlen gleich wieder bzw. Teilchen und ihre Antiteilchen vernichten sich. Übrig bleibt ein kleines, aber bedeutsames Ungleichgewicht: Materie dominiert, Antimaterie verschwindet. Vielleicht wie die zwei Vögel im Nest am Anfang dieses Kapitels ... Aber warum sich nicht die Teilchen und ihre Antiteilchen gegenseitig vollständig auslöschen und das Universum überhaupt existiert, das ist noch unklar. Nun haben wir die Bausteine der Atomkerne zusammen und die „primordiale Nukleosynthese" kann beginnen. Bei 1 Mrd. Grad (so „kalt" ist es geworden) besiegt die starke Kernkraft die Bewegungsenergie der Protonen und Neutronen. Sie verbinden sich miteinander zu Atomkernen, und überschüssige Neutronen zerfallen (Halbwertszeit 10 min). Das Ganze ist in 3 min abgeschlossen, da dann die Kernfusion zum Erliegen kommt. Es ist zu kalt geworden. Die Kerne von Wasserstoff (75 %) und Helium (25 %) sind entstanden. Hier findet diese Theorie eine hervorragende Bestätigung, denn dieser Wert stimmt extrem gut mit den Beobachtungen der ältesten (und damit fernsten) Sterne überein. So, nun haben wir die Nukleonen zusammen, und nun herrscht für kurze Zeit Ruhe. „Kurze Zeit" sind immerhin 300.000 Jahre, was aber nur zwei Hunderttausendstel des heutigen Alters des Universums ist. In Anlehnung an ein bekanntes Zitat könnte man sagen: „Ein kleiner Schritt für das Universum, aber eine lange Zeit für die Menschheit!"[376] Dies ist die „Strahlungs-Ära", in der Strahlung dominiert (wie die Bezeichnung verrät). Während dieser Zeit ist die Energiedichte der elektromagnetischen Strahlung (der Photonen) größer als die Energiedichte der Materie. Jetzt hat das Weltall schon etwa ein Tausendstel seiner heutigen Größe. Es ist „optisch dick", denn die Dichte der Strahlung lässt keine Photonen hindurch (so wenig wie die Materiedichte einer Ziegelsteinmauer). Es ist nun gefüllt mit einem stark wechselwirkenden Plasma aus Elektronen, Photonen und den beiden einfachsten Atomkernen. Heute nimmt man aber an, dass es außerdem eine große Menge dunkler Materie gab, die ebenfalls nur durch die Gravitation mit dem Plasma wechselwirkte. Nach ca. 300.000 Jahren war das Weltall „kalt genug" (immerhin noch ca. 3600 K heiß), um seine physikalischen Eigenschaften erneut zu wechseln. Diese Temperatur ist gerade diejenige, bei der Wasserstoff ionisiert werden kann, also seiner Elektronen beraubt wird. Umgekehrt gilt: Unterhalb dieser Temperatur können freie Elektronen von Protonen gebunden werden. Man nennt diesen Vorgang auch „Rekombination" (die Umkehr der Ionisation) und den Zeitpunkt des Übergangs von der strahlungsdominierten Ära zur materiedominierten Ära die „Rekombinationsära". Jetzt wurde Strahlung zu Materie, nach Einsteins berühmter Äquivalenzformel. Stabile Atome bildeten sich, und das Licht konnte nun große Distanzen zurücklegen, ohne absorbiert zu werden. Das Universum wurde durchsichtig. Was früher war, können wir also nicht „sehen" – diese „Strahlungswand" ist unüberwindlich. Die Gravitationskraft führte zur schon ausführlich geschilderten „Verklumpung" von Materie. Diese Materieklumpungen koppelten sich wegen der Massenanziehung von der allgemeinen Expansion des Alls ab, und an ihnen konnte weitere Materie „kondensieren". Sterne und Galaxien entstanden.[377] Nun war es in seinen heutigen Grundeigenschaften „fertig", denn weitere temperaturbedingte Phasenübergänge des gesamten Universums gab es nicht. Die ersten Sterne bildeten sich nach oben beschriebenem Verfahren (Kap. 10.4) nach etwa 400 Mio. Jahren. Seither dehnte sich das Universum weiter aus, kühlte weiter ab und ist heute nur ca. 3 Grad wärmer als die absolute Untergrenze von 0 Kelvin (–273,15 °C). Doch die Expansionsgeschwindigkeit verlangsamte sich durch die Gravitation für die nächsten 10 Mrd. Jahre und nahm dann durch die „Dunkle Energie" wieder Fahrt auf.[378]

Hier können wir wieder auf die Frage in der Zusammenfassung von Kap. 3 und die Antwort in Endnote 83 zurückkommen: Woher kommt die potenzielle Energie, die im Firststein „gefangen" war, den Rudi auf das Dach des Dorfhauses gestemmt hatte? Letztlich aus der Gesamtenergie des Universums, die weder ab- noch zunimmt.

Beim Urknall war sie da – aus dem Nichts! Die Fragen „Warum ist nicht Nichts?" und „Wie kann Etwas aus dem Nichts entstehen?" aus Kap. 10.4 beantwortet Lawrence M. Krauss lakonisch: „Das Nichts ist nicht stabil".

Die längste TV-Serie der Welt

Viele von uns haben die Nachwirkungen des Urknalls jahrelang nachts im Fernsehen gesehen. Wir sahen dasselbe Phänomen wie das, das zwei Experimentalphysiker im Jahre 1964 fast zur Verzweiflung brachte. Im Gegensatz zu vielen Kollegen, die mit den Tücken ihrer Messapparatur kämpften, brachte dies Arno A. Penzias und Robert W. Wilson 1978 den Nobelpreis ein.[379] Sie hatten versucht, Signale von „Echo-Satelliten" einzufangen, die diese im Weltraum reflektieren sollten, um die Bedingungen der äußeren Erdatmosphäre durch ausgesandte Mikrowellenstrahlen zu erforschen. Doch ein hartnäckiges Rauschen, eine Art „Hintergrundstrahlung", ließ sich nicht eliminieren. Es blieb bestehen, selbst wenn die Satelliten gar keine Strahlung empfingen und daher nichts reflektieren konnten. Diese „Störung" kam gleichmäßig aus allen Richtungen. Radiobastler kennen und hassen dieses Brummen und Rauschen, das manchmal von Taubenkot auf den Antennen verursacht wird. Doch diesmal hatte es andere Quellen – und es war bereits um 1940 theoretisch vorhergesagt worden (was die beiden Physiker aber nicht wussten).

Diese elektromagnetische Strahlung mit der Wellenlänge um die 7,3 cm (ca. 4,1 GHz; ein Mikrowellenherd arbeitet bei 2,45 GHz) war ein Beweis für den Urknall. Die „Rotverschiebung" hat die Strahlung des Urknall-„Blitzes" bis in den Radiobereich verschoben. Nach der Entdeckung der Fluchtbewegung der Galaxien (Hubble-Effekt) hatten viele Physiker bereits die Existenz eines heißen *Big Bang* vorhergesagt. Zwar können wir mit unseren Teleskopen von der Erde aus „nur" einige Milliarden Lichtjahre weit sehen (mit dem

Hubble-Weltraumteleskop noch weiter), aber Radioteleskope schaffen es bis zurück zum Urknall – na ja, nicht ganz. Denn wer sich dieses Ereignis als gewaltigen Blitz denkt, liegt falsch. Es war zappenduster und würde es auch die nächsten 300.000 Jahre bleiben. Erst dann formte sich die Strahlung, wie gerade besprochen. Es handelt sich also sozusagen um ein „Babyfoto des Universums", eine Aufnahme der „Strahlungswand". Die ursprünglich heiße Strahlung ist durch die Expansion des Weltalls auf heute nur noch 2,725 K abgekühlt. Aus winzigen Temperaturschwankungen innerhalb der Strahlung (in der Größenordnung von nur 0,001 %) haben die Kosmologen genaue Erkenntnisse über die Struktur und die Entwicklung des Universums gewonnen. Dazu gehört z. B. die beobachtete Menge an Wasserstoff und Helium, die exakt zur vorhergesagten passt – ein weiterer Beweis für die Richtigkeit der Urknall-Theorie.

Und genau das ist es, was ältere Leser auf ihren Fernsehgeräten mit Antennen nachts, nach Abschalten des Programms, als „Schnee" gesehen haben. Der Großteil des Rauschens auf der Mattscheibe stammt zwar von irdischen Störquellen, aber etwa 1 % dieses Rauschens war die Hintergrundstrahlung aus der Zeit vor 13,72 Mrd. Jahren.[380] Also haben Sie Respekt vor dem Alter! Photonen leben ewig, zumindest die meisten von ihnen. Sie sehen auf der Mattscheibe die Boten von Exemplaren, die 13,7 Mrd. Jahre alt sind und die ausgerechnet von *Ihrer* Fernsehantenne eingefangen wurden.

Wie soll das bloß enden – ein Universum verschwindet?!

Weitsichtige Zeitgenossen sehen ein Problem auf uns zukommen: „Unsere miserable Zukunft", wie Krauss es formuliert.[381] Wir leben in einem Erkenntnisfenster, das sich unwiderruflich wieder schließt. Künftige Astrophysiker (die das Ende der Erde durch die Explosion der Sonne in einigen Milliarden Jahren überlebt haben) werden … *nichts* mehr sehen. Alle Sterne, Galaxien oder sonstige Strahlungsquellen haben sich durch die expansive Kraft des Universums so weit von ihnen entfernt und sind so schnell geworden, dass ihr Licht sie nicht mehr erreicht. Auch die längerwellige Strahlung, in die sich das Licht wegen der Rotverschiebung verwandelt, wird immer mehr gedehnt – bis sie die Größe des sichtbaren Universums überschreitet. Wenn sich das Universum *beschleunigt* ausdehnt, muss das irgendwann einmal sogar die Lichtgeschwindigkeit überschreiten, denn die begrenzt nur die Geschwindigkeit materieller Objekte und physikalischer Größen, nicht aber den Raum selbst. Dann gehen alle Lichter aus – in nur 2 Billionen Jahren, so die Berechnungen.[382] Vorher (in nur 100 Mrd. Jahren) werden sich die Milchstraße, der Andromedanebel und einige kleinere Galaxien in der Umgebung zu einem einzigen Supersternhaufen vereinigen und unsere Astrophysiker werden glauben, dies wäre alles am Himmel. Und nicht nur das: Auch die Erkenntnis, überhaupt in einem expandierenden Universum zu leben, ist aufgrund der verschwundenen Beweise (Hintergrundstrahlung) nur noch „ein Märchen aus alten Tagen". Also genießen Sie das Heute![383]

Nun müssen wir aber leider aufhören mit den größten Dingen. Sie sind aber auch *zu* spannend!

Fassen wir zusammen

Nach all diesen Fakten kann ich nur den bekannten Wissenschaftsjournalisten Bill Bryson zitieren: „Das Fazit aus allem lautet: Wir leben in einem Universum, dessen Alter wir nicht berechnen können, umgeben von Sternen, deren Entfernungen wir nicht kennen, zwischen Materie, die wir nicht identifizieren können, und alles funktioniert nach physikalischen Gesetzen, deren Eigenschaften wir eigentlich nicht verstehen."[384] Nun, das ist vielleicht der berühmte schwarze Humor der Angelsachsen. Aber es zeigt, dass wir im Weltall nicht so einfach experimentieren können wie auf Erden. Viele Messergebnisse haben oft nicht die Genauigkeit, die durch ihre Werte suggeriert wird. Viele Angaben beruhen auf Annahmen über durchschnittliche Massen, Dichten oder Geschwindigkeiten.

Dennoch: Bryson hat sich vielleicht wirklich einen Scherz erlaubt, denn jede seiner Behauptungen können wir heute als *falsch* bezeichnen. Vor nur einem Jahrhundert war es anders: Das Universum galt als statisch und ewig, und die Milchstraße war die einzige bekannte Galaxie.[385] Dumm nur, dass dies dem Newton'schen Gravitationsgesetz widersprach: Die Gravitation hätte eine zusammenziehende Kraft gefordert, das Universum hätte also nicht statisch sein *können*. Doch was nicht passt, wird passend gemacht: Einstein führte eine Konstante in seine Allgemeine Relativitätstheorie ein – etwas, was er später als „meine größte Eselei" bezeichnete.[386] Später, um 1927, kam der belgische Priester und Astrophysiker Georges Lemaître auf die Idee, dass das Universum aus einem explodierenden „Uratom" entstanden sei. Doch erst Edwin Hubble konnte zwei Jahre später nachweisen, dass sich das Universum tatsächlich ausdehnt: Die „Rotverschiebung" ferner Galaxien, die ihre Geschwindigkeit anzeigt, ist umso größer, je weiter sie entfernt sind. Nun musste man umdenken (ein schönes Beispiel für die Kraft der Selbstkorrektur in den Wissenschaften!). Auch die Milchstraße hatte inzwischen Kollegen bekommen: einige 100 Mrd.! Galaxien! Jede mit Milliarden von Sternen.

Im Mittelalter glaubte man, das Universum sei endlich, denn dahinter war „der Himmel", das Reich Gottes. Der italienische Priester und Astronom Giordano Bruno glaubte an die Unendlichkeit des Weltalls und wurde wegen Ketzerei und Magie am 17. Februar 1600 auf dem Scheiterhaufen hingerichtet. Inzwischen besagt das „Standardmodell der Kosmologie", dass es einen zeitlichen Anfang und ein Ende hat, endlich und dennoch unbegrenzt ist und dass es „dahinter" und „davor" nichts gibt. Keinen Raum und keine Zeit.

Das wohl Interessanteste an der Kosmologie ist die einfache Erkenntnis, dass die Begriffe „jetzt" und „gleichzeitig" eine in „Mesonesien" unvorstellbare Bedeutung bekommen: Wenn die Astrophysiker heute eine bestimmte Supernova in einer 2,5 Mio. Lichtjahre entfernten Galaxie beobachten, dann ist der Stern schon seit 2,5 Mio. Jahren nicht mehr da. Ein Blick ins All ist ein Blick in die Vergangenheit. Und alle bekannte Materie (mit Ausnahme von Wasserstoff und Helium) ist gewissermaßen eine zweite Generation, denn sie ist aus ihm durch atomare Kernverschmelzungsprozesse entstanden.

Um es noch einmal zu wiederholen: Nicht die Galaxien fliegen wie von einem Motor angetrieben voneinander weg, sondern der *Raum* dehnt sich aus. Der Raum, der beim Urknall entstand. Und nur der Raum *zwischen* ihnen, nicht der, den sie selbst einnehmen. Dort hält die Gravitation alles zusammen. Höchst verwirrend – und das letzte Wort ist noch nicht gesprochen –, denn einige sagen, die „alte Urknall-Theorie" sei so nicht mehr zu vertreten.

Der Urknall war der Anfang von allem, und er fand in drei (!) groben, leicht zu merkenden Schritten statt: 3 min bis zur Bildung der Atomkerne, 300.000 Jahre bis zum Abschluss der Herstellung von kompletten Atomen (Wasserstoff und Helium) und der ersten Freisetzung von Strahlung, und drittens der ganze Rest unter dem hauptsächlichen Einfluss der Gravitation.

Die SRT (spezielle Relativitätstheorie) besagt, dass alle Bezugssysteme, in denen Körper der Trägheit unterworfen sind (Inertialsysteme), gleichberechtigt sind. Insbesondere ist die Lichtgeschwindigkeit im Vakuum eine konstante Größe und nicht relativ zum Bezugssystem. Daraus resultieren Effekte wie die Lorentzkontraktion (Längenkontraktion), relativistische Massenzunahme („Bewegte Körper sind schwerer als ruhende Körper") und die Zeitdilatation („Bewegte Uhren gehen langsamer"). Und schließlich und vor allem: die Äquivalenz von Masse und Energie, $E = mc^2$. Kurz: Sie beschäftigt sich mit der Relativität verschiedener Vorgänge.

Die ART (allgemeine Relativitätstheorie) erweitert dies noch um die Aussage, dass beschleunigte Bewegung und Gravitation nicht voneinander zu unterscheiden sind. Masse und damit auch Energie verzerren die Raumzeit. Sie ist also in sich gekrümmt und sie muss es auch sein, damit Beschleunigung und Gravitation äquivalent sind. Also wird Licht in der Nähe von sehr schweren Körpern abgelenkt (schon von der Sonne). In den extrem massereichen „Schwarzen Löchern" wird das Licht ganz verschlungen. Kurz: Die ART beschäftigt sich mit den Wechselwirkung zwischen Raum, Zeit und Materie.

Und das sind keine „Theorien" im umgangssprachlichen Sinne, da sie durch äußerst exakte Messungen bestätigt und in funktionierende technische

Apparate „eingebaut" sind. Zum Beispiel müssen die Uhren in den (bewegten!) Satelliten des GPS „relativistisch korrigiert" werden, um auf der Erde eine genaue Positionierung zu ermöglichen.

In unserer „Mittelwelt" merken wir von relativistischen Effekten genauso wenig wie von quantenmechanischen. Obwohl das Weltall mit seinen unanschaulichen Dimensionen kaum einen Bezug zu unserer Erdwirklichkeit hat, ist das Interesse an ihm riesig. Die Medien sind voll davon (von den Metern an Buchrücken ganz zu schweigen) – und auch ich kann mich der Faszination des Universums nicht entziehen, wie Sie an dieser ausführlichen Darstellung gemerkt haben.[387]

11
Physik und Metaphysik
Was hat Physik mit unserer Welt zu tun und gibt es noch etwas außerhalb?

Es gibt einige böse Bemerkungen über die Philosophie: „Philosophie ist das, was man macht, wenn man die richtigen Fragen noch nicht kennt", „Die Philosophen haben sich in den letzten 2000 Jahren in so ziemlich jeder Frage unter der Sonne gründlich geirrt" oder „Die Philosophen stellen oft gute Fragen, aber ihnen fehlen die Techniken, um sie auch beantworten zu können". Aber die gesamte Naturwissenschaft segelte einst unter der Flagge der Philosophie, wie man an zahlreichen Buchtiteln noch bis ins 19. Jahrhundert verfolgen kann.[388] Erst mit zunehmender Spezialisierung aller Wissensgebiete wurden diese von ihr getrennt. Übrig geblieben innerhalb der Physik ist ein Teilgebiet „Philosophie der Physik", die zur Wissenschaftstheorie gehört. Der französische Philosoph und Mathematiker René Descartes verglich die Philosophie mit einem Baum: Die Wurzeln sind Metaphysik, der Stamm ist die Physik, die Äste und Zweige sind die anderen Wissenschaften.

Was hat Philosophie (im heutigen eingeschränkten Sinne) überhaupt in einem Buch über Physik zu suchen? Schließlich soll man hier das Gravitationsgesetz oder die thermodynamischen Hauptsätze kennenlernen. Aber kein Wissenschaftsgebiet existiert für sich allein im freien Raum, im Gegenteil: Vielen Disziplinen ist es gar nicht gut bekommen, wenn sie nicht über den eigenen Tellerrand hinausgeschaut haben. Deswegen soll auch hier versucht werden, die Stellung der Physik in der Welt und unserer Weltanschauung zu beleuchten.

Das Wesen der Philosophie ist der Zweifel und die genaue Definition von Begriffen, auch wenn man das nicht immer merkt. Und das ist eine zutiefst wissenschaftliche Haltung. Wenn auch Philosophie und Naturwissenschaft gelegentlich „in Streit geraten",[389] so ist doch eine gemeinsame Grundhaltung vorhanden – und ein Zielpunkt: Erkenntnis. Diese schreitet voran wie eine antike Phalanx, eine Schlachtreihe aus dicht geschlossenen Kampfformationen. Schritt um Schritt, Zug um Zug. Gelegentlich prescht ein Held als Einzelner vor und erreicht einen bedeutenden Geländegewinn – er wird berühmt, und in unserer Zeit bekommt er den Nobelpreis. Doch alle anderen Kämpfer um Erkenntnis sind in ihrer Summe nicht minder bedeutend, denn ihre Entdeckungen bauen aufeinander auf und bringen so Zug um Zug den Fortschritt. Auf der anderen Seite vollzieht sich Fortschritt in der Wissenschaft nicht durch kontinuierliche Veränderung, sondern durch revolutionäre Prozesse. Dabei beschreibt der Begriff der wissenschaftlichen Revolution den Vorgang, bei dem bestehende Erklärungsmodelle, an denen und mit denen die wissenschaftliche Welt bis dahin gearbeitet hat, abgelöst und durch andere ersetzt werden: es findet ein Paradigmenwechsel statt.[390] Vielleicht kann man auch sagen, dass sich mit zunehmender Erkenntnis die Metaphysik in Physik verwandelt?

Gottfried Wilhelm Leibniz wird oft als „letzter Universalgelehrter" bezeichnet. Er betrachtete die Wissenschaft als eine Einheit. Nach seiner Auffassung leben wir in der „besten aller möglichen Welten" – eine Meinung, die zumindest die Astrophysiker angesichts „unserer miserablen Zukunft" teilen. Wir werden aber gleich noch sehen, dass wir vermutlich in der *einzig* möglichen Welt leben, denn schon bei einer geringfügigen Abweichung wichtiger physikalischer Konstanten vom gegenwärtigen Wert gäbe es sie und damit uns nicht.

Oft genug wurde schon erwähnt, dass theoretische Überlegungen Dinge postulierten, die erst (viel) später gefunden wurden. Ein weiteres Beispiel sind die Neutrinos, deren Existenz der österreichische Physiker Wolfgang Pauli bereits 1930 vermutete und die erst 1956 in einem Versuch mit dem hübschen Namen „Poltergeist-Experiment" empirisch nachgewiesen wurden. Das wurde, wie es sich gehört, 1995 mit einem Nobelpreis belohnt. Pauli kommentierte das Telegramm der Entdecker vom 14. Juni 1956 cool: „Danke für die Nachricht. Alles kommt zu dem, der zu warten weiß."[391] Wo hat man das schon, dass Voraussagen sich nicht nur bewahrheiten, sondern sogar (oft) noch auf viele Dezimalstellen genau eintreffen!? Nicht jeder Futurologe oder Prophet kann solche Erfolge vorweisen.

11.1 Theorien sind gut, Experimente sind besser

Es gibt ja Leute, die glauben: Alles ist nur Physik. Man nennt sie „Materialisten" (nicht zu verwechseln mit demselben Begriff für Zeitgenossen, die nach Geld und Besitztümern streben). Manchmal bezeichnet man diese Einstellung auch als „Naturalismus" oder „Realismus".[392] Andere teilen diese radikale Ansicht nicht, denn sie sind der Meinung, es gebe noch etwas „jenseits der Physik": Gedanken, Gefühle, Empfindungen, Wünsche, Geist und Seele. Doch schauen wir uns zuerst die Grundpfeiler physikalischer Erkenntnisse an.

Das Wesen der Physik

Bisher haben wir die Welt von der Ebene der Physik aus betrachtet. Jetzt gehen wir eine Etage höher und betrachten die Physik aus der Meta-Ebene. Was braucht sie, womit arbeitet sie? Das ist in Abb. 11.1 skizziert.

Zunächst gibt es ein Subjekt a und Objekte b, materielle Dinge oder Ereignisse. Die Philosophen nennen das „Subjekt-Objekt-Spaltung" oder „-Dualismus". Das Subjekt ist der Beobachter, denn Physik ist Beobachtung (c). Dazu braucht man Maßstäbe, Messgrößen und ihre Einheiten (d). Dann denken wir darüber nach (e) und formen uns ein Modell der Realität (f), oft – aber nicht immer – als mathematische Beschreibung. Das Modell ist eine Abstraktion der Realität: ein Gesetz, eine Formel, eine Idealisierung. Physik als Wissenschaft ist meist bewusstes Denken, Physik als Erkenntnis aus der Erfahrung der Natur braucht das Bewusste nicht – auch der Hai macht sich ein Modell der Welt und ihrer Gesetze. „Benutze deinen Verstand!" (e) ist also eine der wichtigsten Regeln der Physik – eine notwendige, aber nicht hinreichende Bedingung der Erkenntnis. „Klingt gut, was Sie sich da aus-

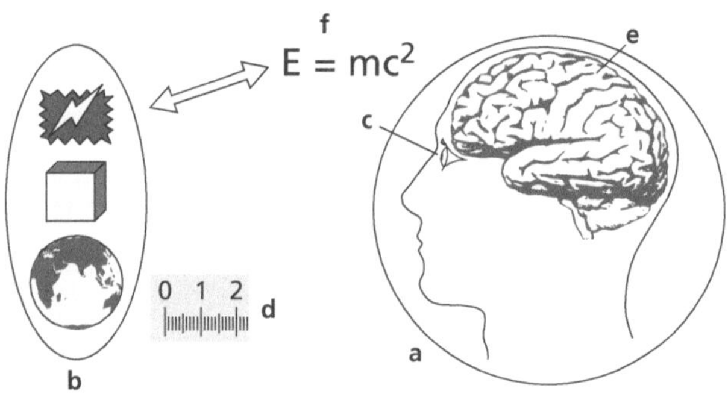

Abb. 11.1   Das Wesen der Physik

gedacht haben!" ist kein ausreichendes Argument für einen Physiker, und sei die Hypothese auch noch so überzeugend. „Ich glaube aber fest daran – in meinem tiefsten Innersten *weiß* ich es!" reicht auch nicht aus. Subjektive Gewissheit zählt leider nicht, auch wenn sie manchmal an der Grenze zu „implizitem Wissen" angesiedelt ist. Da bleibt er stur: „Beweise es durch ein Experiment!" Nichts anderes lässt er gelten, allenfalls noch logisch zwingende Schlüsse aus bisherigen Erkenntnissen. Denn Physik ist ein riesiges Puzzle: Alle einzelnen Ergebnisse müssen zusammenpassen und dürfen sich nicht widersprechen. Denn das Hauptziel der Naturwissenschaften ist die Reduktion verschiedener komplexer Phänomene auf gemeinsame einfache Grundregeln. Damit gewinnt man in der Regel eine tiefere Einsicht in die Vorgänge.[393] Dieser „Reduktionismus" stößt jedoch bei vielen Geisteswissenschaftlern und Philosophen auf Vorbehalte.

Eine persönliche Erfahrung (wie intensiv sie auch sei und von wie vielen Menschen sie auch geteilt werden mag) stellt keine Erkenntnis dar, kann aber zu einer solchen führen. Wie Newtons Apfel, der ihm angeblich auf den Kopf fiel und ihn zu dem Gravitationsgesetz führte. Solche subjektiven Erlebnisse (wie z. B. in der Meditation), die sich nicht objektivieren lassen, gehören nicht in die Welt der Physik. Naturwissenschaftliche Gesetze werden auch nicht durch Abstimmung und Mehrheiten beschlossen. Ein einziges reproduzierbares Experiment, zu dem die Theorie im Widerspruch steht, genügt zur Falsifizierung, d. h. zur Widerlegung der Theorie.

Ein Naturgesetz jedoch ist immer eine generalisierende Abstraktion, denn es beschreibt das statistische Durchschnittsverhalten einer hinreichend großen Zahl von Einzelfällen, deren grundsätzlich vorhandene individuelle Abweichungen sich gegenseitig „ausmitteln". Der Physiker versteht darunter nur die statistisch gesicherte Vorhersagbarkeit bestimmter Aspekte des Verhaltens natürlicher Systeme.[394]

Werkzeuge der Physik

Womit gelangen Physiker zu ihren Erkenntnissen, seien es Rudi oder Einstein (der echte, nicht Eddi)? Das ist vor allem die experimentelle Methode: ausprobieren. Dazu braucht man natürlich die geeigneten technischen Beobachtungsinstrumente, von denen es in der Steinzeit nur wenige gab – und wenn, dann waren sie höchst ungenau. Doch von den technischen Instrumenten soll hier nicht die Rede sein, denn ein drittes Werkzeug spielt in der Physik eine wichtige Rolle: die Mathematik. Im Zweig der „Theoretischen Physik" ist sie sogar das einzige Werkzeug – wobei erneut angemerkt werden muss, dass das Wort „Theorie" in der Physik eine ganz spezielle Bedeutung hat.

Galilei hat gesagt: „Das Buch der Natur ist in der Sprache der Mathematik geschrieben." Doch Mathematik ist mehr als eine Sprache. Mathematik ist eine Sprache plus Schlussfolgerungen, eine Sprache plus Logik.[395] Sie ist eine Sammlung von logischen Schlüssen, die aus logischen Schlüssen gezogen wurden, die aus logischen Schlüssen ... usw. – bis hinab zu der Stufe von Axiomen, unmittelbar einleuchtenden Grundsätzen, die weder bewiesen noch widerlegt werden können. Ein Axiom ist z. B. das Identitätsprinzip: Ein Gegenstand A ist genau dann mit einem Gegenstand B identisch, wenn es zwischen A und B keinen Unterschied gibt – oder präziser: A und B bezeichnen genau dann denselben Gegenstand, wenn sich A für B in allen Aussagen bei Erhaltung des Wahrheitswertes ersetzen lässt.[396] Während aber die Mathematik sich nur für abstrakte Strukturen interessiert, beschäftigt sich die Physik mit realen Gegenständen. Idealisierten Systemen, zugegeben, aber physikalische Objekte haben reale Bedeutung – und Experimente bestätigen oder widerlegen mathematische Schlussfolgerungen.

Die Sprache der Mathematik kennt Objekte wie z. B. Skalare oder Vektoren, die durch Gleichungen in genau festgelegte Beziehungen zueinander treten. Sie bilden „Sätze" oder Aussagen, wie z. B. Newtons Gravitationsgesetz ($F = G \cdot m_1 \cdot m_2/r^2$). Damit werden physikalische Systeme theoretisch beschrieben – ein mathematisches Modell. Ein solches Modell dient dazu, aus bekannten Größen unbekannte zu errechnen. Damit kann das Ergebnis einer experimentellen Messung vorhergesagt werden. Die Physik konzentriert sich also auf Quantitäten und Experimente, auf messbare Größen. Erst daraus zieht sie – wenn überhaupt – allgemeine qualitative Schlüsse und bildet Theorien. Das unterscheidet sie von der Philosophie, und daher werden nicht quantifizierbare Modelle nicht als Teil der Physik betrachtet.

Eine Theorie, wie gesagt, ist ein System von Aussagen, das bestimmte Aspekte der Realität beschreibt oder erklärt und Prognosen über das Verhalten (z. B. bei Experimenten) ermöglicht. Das „System von Aussagen" ist meist mathematisch formuliert. Und es verblüfft immer wieder, wie bestimmte

Dinge aufgrund solcher Theorien postuliert und schließlich (oft viel später) experimentell bestätigt wurden. Zum Beispiel …

- Neutrinos („Neutrönchen"), die winzigen und fast masselose elektrisch neutralen Elementarteilchen, von denen wir gerade gesprochen haben;
- das „Top-Quark" wurde Anfang der 1960er-Jahre gedanklich geboren und (als letztes der Quarks) erst 1995 durch die Kollisionen von Protonen und Antiprotonen erzeugt und nachgewiesen;
- das „Higgs-Teilchen", ebenfalls ein Elementarteilchen, das den anderen massebehafteten Teilchen erst eben diese Masse verleihen soll. Es wurde in den 1960er Jahren postuliert und im März 2013 vermutlich gefunden, obwohl die Experten noch auf eine endgültige Bestätigung warten. Immerhin wurde dafür bereits der Nobelpreis 2013 zuerkannt.

Das sind nur drei Beispiele aus der jüngeren Vergangenheit, aber erinnern wir uns daran, dass viele „klassische" physikalische Theorien am Anfang nur Hypothesen und Vermutungen waren und erst viel später experimentell verifiziert wurden. Denken Sie nur an Nikolaus Kopernikus, der in seinem heliozentrischen Weltbild die Sonne in den Mittelpunkt der Planetenbewegung stellte. Er stützte sich auf Ideen des antiken Astronomen Aristarchos von Samos, Johannes Kepler berechnete die Planetenbahnen um die Sonne und Galileo Galilei beobachtete sie ab 1610 mit dem in Holland erfundenen Teleskop. Doch erst 1728 konnte der sichere Nachweis für die Richtigkeit dieses Modells erbracht werden.

Fast könnte man sagen: Die Physiker stellen eine Hypothese auf, errechnen mithilfe der mathematischen Logik allerlei aberwitzige Konsequenzen und entdecken sie schließlich in genau der vorhergesagten Art und Weise in der Natur. Und die Natur nickt dazu und bestätigt: „Ich gehorche den Regeln der Mathematik." Oder hat der menschliche Geist die Regeln der Mathematik genau nach dem Funktionieren der Natur ersonnen?

Und der Werkzeugkasten der Mathematik ist in der Physik unerlässlich. Hätten zum Beispiel Leibniz und Newton nicht kurz nach 1680 unabhängig voneinander die Infinitesimalrechnung entwickelt, dann sähe die mathematische Modellierung physikalischer Vorgänge arm aus. Nehmen wir eine beschleunigte Bewegung: Die Berechnung der Geschwindigkeit zu einem bestimmten Zeitpunkt – sagen wir: nach 10 s – wäre schwierig. Die Geschwindigkeit v ist ja Wegänderung dividiert durch Zeitänderung. Wir messen also Weg $s_1 = 95$ m bei 9,8 s und Weg $s_2 = 108$ m bei 10,2 s. Damit erhalten wir $v = (s_2 - s_1)/(t_2 - t_1) = 32,5$ m/s oder 117 km/h. In dieser Zeit hat der Wagen aber beschleunigt, und dieser Wert ist nur ein Mittelwert. Der wird zwar immer feiner, wenn wir bei 9,9 und 10,1 oder 9,95 und 10,05 s messen, aber er ist nie exakt. Also messen wir zweimal bei t = 10 s: Die Zeitänderung ist 0, die Wegänderung auch. Bingo! Dann ist die Geschwindigkeit v = 0/0 und damit mathematisch unbestimmt. Hier hilft nur die Infinitesimalrechnung aus der Patsche.[397]

Immerhin kommen wir mithilfe der Mathematik zu einem definierten Ergebnis. An anderer Stelle führt uns der „unendliche Regress" in die Leere, mit der schon Aristoteles kämpfte. Denn die Kette aus Ursache und Wirkung setzt sich eben nicht unbegrenzt fort. So wenig wie die Teilung: „Alles besteht aus Teilen, die aus Teilen bestehen" – die Wissenschaft ist bei Elementarteilchen angekommen, die nicht weiter zerlegbar sind, und deren Herkunft und Ursache wir nicht kennen. Und selbst wenn wir eine tiefere Ebene fänden, stünden wir vor demselben Problem. Alles Weitere ist philosophische Spekulation und ein kausales Denkmuster, das uns vielleicht von unserem begrenzten Verstand diktiert wird, der durch die Erfahrungen unseres Mesokosmos geprägt ist.

Grundkräfte der Physik

Wir sind ihnen ja schon in Kap. 9 begegnet: Die vier Grundkräfte pokern seit Beginn des Universums gegeneinander – und meist gewinnt die Gravitation, obwohl sie bei Weitem die schwächste Kraft ist. Aber deswegen sind die Sterne so groß, und letztlich existieren wir nur aus diesem Grund.

Was kennen wir nicht alles für Kräfte: Anziehungs- und Abstoßungskräfte, Beschleunigungskräfte, Federkräfte, Zug und Druck, Zentrifugal- und Zentripetalkraft, Gravitationskräfte, Widerstandskräfte (z. B. Luftwiderstand), elektrische und magnetische Kräfte, Schubkräfte, Lagerkräfte, Reibungskräfte, … – wie viele mögen es in der gesamten Physik sein? Egal, da muss Ordnung her! So wie in der Biologie, wo alle Lebewesen in Tiere, Pflanzen, Pilze usw. (insgesamt 5 „Reiche") unterteilt werden, so gibt es in der Physik „Grundkräfte". Man kann sie auch „Wechselwirkungen" nennen. Nur vier – und nur zwei können Sie sich vermutlich vorstellen. Die eine hält Sie im Sessel – die Gravitation. Sie wirkt nur in *eine* Richtung, die der Anziehung – es gibt keine Abstoßung. Sie wirkt unendlich weit. Unsere Erde wird also nicht nur von der Sonne angezogen, sondern auch von allen Planeten, die um sie herumfliegen. Und vom erdnächsten Stern, dem schon erwähnten *Alpha Centauri*, der etwa die gleiche Masse wie die Sonne hat und damit die gleiche Anziehungskraft. Allerdings ist er etwa 4,34 Lichtjahre entfernt – im Vergleich zu den 8 Licht*minuten* der Sonne. Und da die Gravitationskraft nach dem Newton'schen Gravitationsgesetz mit dem Quadrat der Entfernung abnimmt, ist die Anziehung nicht mehr messbar. Aber die Reichweite der Gravitation erstreckt sich im Prinzip bis zum Rand des Universums.[398]

Anders ist es mit der zweiten Grundkraft der Physik, der elektrischen (genauer: der elektromagnetischen) Kraft. Was bei der Gravitation die Massen sind, sind hier die Ladungen. Es gibt nur *eine* Art von Masse (also keine „Negativmasse"), aber *zwei* Arten von Ladungen: positive und negative. Daher wirkt sie in *zwei* Richtungen, der Anziehung *und* der Abstoßung. Genauso ist es beim Magnetismus: Bei zwei Stabmagneten zieht der Nordpol des einen den Südpol des anderen an und stößt den Nordpol ab. Und wie beim Gravitationsgesetz ist die Kraft proportional zum Produkt der beiden Ladungen und umgekehrt proportional zum Quadrat der Entfernungen – das Coulomb'sche Gesetz. Wie schon in Kap. 7.2 ausführlich erörtert, werden hier drei Bewegungsformen unterschieden: Ruhe, gleichförmige Bewegung und Schwingung (die elektromagnetischen Wellen). Und letztere haben ebenfalls eine unendliche Reichweite: Wir empfangen die „Hintergrundstrahlung" vom Rand des Universums. Ladungen in Ruhe dagegen haben eine praktische Grenze ihrer Reichweite von wenigen Metern und sie sind – im Gegensatz zur Gravitation – abschirmbar.

Das ist es eigentlich schon, was uns im Alltag begegnet. Wäre da nicht die Frage: „Warum hält das alles zusammen?" aus Kap. 9.4, wo sich doch die gleichartigen positiven Ladungen der Protonen im Atomkern so vehement abstoßen. Die Neutronen als neutrale Beobachter richten im erbitterten Streit innerhalb der Protonenfamilie nicht viel aus. Nein, da müssen die starken „Familienbande" herhalten, eine wirklich starke Kraft.[399] Und so heißt sie dann der Einfachheit halber auch: „Starke Kernkraft". Sie ist der Kleister für die Teilchen in Atomkern und hält alles zusammen wie ein Sekundenkleber. Deswegen auch hier die Regel: dünn auftragen! Ihre Reichweite beträgt nur etwa 10^{-15} m, die Grenzen des Atomkerns. Sie ist also eine dritte Art von Kraft, denn weder hält die Gravitation den Kern zusammen noch gar die elektromagnetische Kraft, die ihn ja sogar auseinandertreibt. Und sie ist wirklich saustark, denn die elektromagnetische Kraft ist ja schon gewaltig im Vergleich zur Gravitation.

Die „Schwache Kernkraft" dagegen ist das, was ihr Name aussagt: schwach. Auch sie haben wir im Kap. 9.4 schon kennengelernt. Sie rumort in den Tiefen des Atomkerns und ist am Zerfall von Neutronen beteiligt bzw. an der Umwandlung von Protonen in Neutronen. Ihre Reichweite ist 1000-mal geringer als die der Starken Kraft: nur etwa 10^{-18} m. Und das ist es auch schon, was beim Ordnungmachen von den Kräften übrig bleibt: vier Grundkräfte der Physik.[400]

Die elektromagnetische ist ca. 10^{13}-mal, die starke Wechselwirkung ca. 10^{15}-mal stärker als die schwache Wechselwirkung. Keiner, dem schon mal

Tab. 11.1 Die vier Grundkräfte der Physik im Vergleich

Kraft	Verhältnis (zu Starker K.)	Verhältnis (zu Schwacher K.)
Starke Kernkraft	1 (Referenz)	10^{15}
Elektromagnetische Kraft	10^{-2}	10^{13}
Schwache Kernkraft	10^{-15}	1 (Referenz)
Gravitation	10^{-41}	10^{-26}

ein Hammer auf die Füße gefallen ist, vermag zu glauben, dass die Gravitation die allerschwächste Kraft ist. Aber sie liegt 39 Zehnerpotenzen unter der elektromagnetischen Kraft. Tabelle 11.1 zeigt noch einmal einen Vergleich.[401]

Fünf (?) Revolutionen der Physik

Nichts ist so konstant wie die Änderung, sagt man. In den Wissenschaften führt jeder Tag zu einer Erweiterung des Wissens der Menschheit – meist in kleinen, aber manchmal in großen Schritten. Denn es gibt Umbrüche und Revolutionen der Physik. Der Wissenschaftsphilosoph Thomas Kuhn bezeichnet es als „Paradigmenwechsel", als Änderung einer Weltsicht. Denn wenn wir die Welt mithilfe der Naturwissenschaft objektivieren, schaffen wir ein verändertes Bewusstsein über unsere Rolle in ihr. Der Sonnengott, der die Menschen zu angstvollen Opfergaben zwang, wird plötzlich zu einem bloßen Himmelskörper. Der britische Mathematiker und Physiker Sir Roger Penrose hat fünf solcher Umbrüche benannt (natürlich eine weitgehend subjektive Sicht):[402]

1. Die griechische Antike legt Grundsteine der Physik: die euklidische Geometrie (in ebenen, nicht gekrümmten Flächen), das Verhalten starrer Körper, die Statik, die Mathematisierung der Physik und erste Gedanken zum Aufbau der Materie (Demokrits „Atome").
2. Galilei, Newton und andere fanden fundamentale Bewegungsgesetze und fassten sie formelmäßig und quantitativ. Kopernikus und Kepler stellten das Weltbild sozusagen vom Kopf auf die Füße. Dieser Zeit (ca. 17. Jahrhundert) verdanken wir ein physikalisches Paradigma: die Vorhersage des Verhaltens von Objekten aufgrund mathematischer Modelle.
3. Faraday und Maxwell werden in ihrer Bedeutung für die Physik oft unterschätzt. Doch die Theorie des Elektromagnetismus brachte eine grundlegende Wende im Beschäftigungsfeld der Physiker: Neben Materie (Körpern, Teilchen) existieren (körperlose und an kein Medium gebundene) Felder.

4. Einsteins Relativitätstheorie riss gewissermaßen einen Grundpfeiler der klassischen Physik ein (die Unveränderlichkeit von Raum und Zeit) und ersetzte ihn durch die Konstanz der Lichtgeschwindigkeit – mit allen ihren seltsamen Folgen, die unserer menschlichen Erfahrungswelt widersprechen. Daraus ergab sich eine bedeutsame Ergänzung bzw. Korrektur der traditionellen Physik, nicht zuletzt durch die Äquivalenz von Masse und Energie: $E = mc^2$.
5. Bohr, Einstein, Planck, Heisenberg und viele andere bauten weitere riesige Gebäude an die klassische Physik an: die Quantenphysik. Dann erwies sich die Quantenmechanik nicht als Anbau, sondern als Fundament und die klassische Physik als Spezialfall. Die alten mechanistischen und deterministischen Sichten wurden begraben: In feinster Betrachtung ist „die Welt" (Materie und Energie) nicht mehr stetig und nicht mehr fassbar.

Eine subjektive Einteilung, wie gesagt. Ich persönlich würde der Entdeckung und Erforschung der Atome, also der gesamten Kernphysik, mindestens noch einen zusätzlichen Platz in der Ehrenhalle der physikalischen Revolutionen einräumen und sie somit neben Penroses Punkt 5, der Quantenphysik, als eigenständige Errungenschaft herausstellen. Penrose wartet jetzt auf eine 6. Revolution, die Vereinigung der Quantenphysik und der Relativitätstheorie zu einer „großen vereinheitlichten Theorie" (GUT, *Grand Unified Theory*). Ich würde auch noch eine Revolution Nr. 2a. hinzufügen: Francis Bacon (1561–1626) schuf die Grundlagen der modernen wissenschaftlichen Methodik. In seinem Buch *Novum organon scientiarum* (wörtlich „Neues Werkzeug der Kenntnisse") von 1620 vollzog er einen Wendepunkt am Ende mittelalterlichen Denkens, um Trugschlüsse und naive oder ideologische Behauptungen zu vermeiden. Forscher sollten die Natur durch Beobachtung, Formulierung einer These und deren Überprüfung im Experiment befragen: der Beginn des Empirismus, der induktiven Methode. Der „Geist Bacons" sieht die Natur noch als (weibliches) Wesen, dem man seine Geheimnisse wie in den Hexenprozessen der damaligen Zeit entreißen musste. René Descartes und Isaac Newton lösten diese Weltsicht ab und betrachteten das Universum als riesige „Maschine".[403] Wie dem auch sei, über „Einzelereignisse" kann man streiten. Insgesamt zeigen alle Erkenntnisfortschritte (und besonders die, die unser Vorstellungsvermögen überschreiten), dass es eine nachweisbare Realität gibt, die sich unserem Verständnis ebenso entzieht wie einer Beschreibung in unserer menschlichen Sprache. Wie groß, ja „unendlich" mag die „wahre Realität" sein, die wir nie erfassen werden?!

Penrose unterscheidet auch drei Bewertungsklassen von physikalischen Theorien: großartig, nützlich und vorläufig. Natürlich bringen alle „Revolutionen" *großartige* Theorien hervor. Er teilt auch „die Welt" in drei Teilberei-

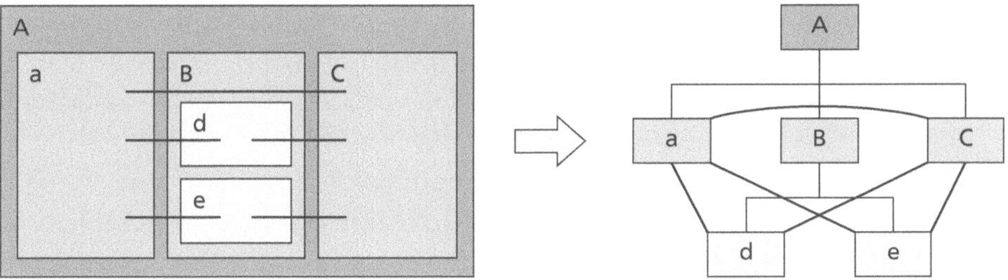

Abb. 11.2 Ein System mit drei Subsystemen (Verbindungslinien sind Interaktionen)

che: die physikalische Welt, die geistige Welt und die platonisch-mathematische Welt. Platon, der große griechische Philosoph (ca. 428–348 v. Chr.), beschrieb in seinem „Höhlengleichnis" unsere reale Welt nur als Abbild, als Schatten einer anderen Welt, der der „Ideen". Die Menschen leben in einer Höhle und können nur die Schatten der Gegenstände wahrnehmen, die hinter ihren Rücken vorbei getragen werden. „Auf keine Weise also können diese irgendetwas anderes für das Wahre halten als die Schatten jener Kunstwerke", so schreibt Platon in seiner Analogie.[404] Eine abstrakte Zahl, losgelöst von jeder konkreten Bedeutung, ist eine solche Idee – in philosophischem Sinne ein unabhängig vom Menschen vorhandenes Etwas. Und so steht die physikalische Welt mit der geistigen Welt in Beziehung, denn alle Gedanken haben ihre Ursache allein in berechenbaren physikalischen Vorgängen. Und umgekehrt: Gedanken lösen physikalisch-chemische Körperreaktionen aus. Schließlich wird die gesamte mathematische Wahrheit durch die Gedanken der Menschen vielleicht nicht ausgedacht, sondern „nur" entdeckt. Aber darüber streiten die Philosophen noch …

Abgeschlossene Systeme – gibt's die?

Ein physikalisches Objekt ist fast so etwas wie eine platonische Idee: ein Urbild, ein Funktions- und Strukturprinzip, ein Abstraktum, ein Idealtypus mehr oder weniger fern von konkreten Ausprägungen mit allen ihren Schwächen in Abmessungen, Form, Energieverlust usw. – zum Beispiel ist ein ideales Pendel eine punktförmige Masse an einem masselosen Faden, reibungsfrei im absoluten Vakuum in einem homogenen Schwerefeld aufgehängt.[405] Wo gibt es das schon „in Wirklichkeit"?!

Zudem ist fast jedes Objekt ein System, das aus Subsystemen (oder Komponenten) besteht. Wir können es in einer Schachtelungs- oder hierarchischen Darstellung zeichnen (Abb. 11.2 links bzw. rechts). Die Komponenten stehen miteinander in Beziehung, tauschen Informationen aus, beeinflussen sich gegenseitig. So entsteht die Funktion des Gesamtsystems, denn „das Ganze ist mehr als die Summe seiner Teile" (das ist eine so triviale Einsicht, dass man sie sich immer wieder vergegenwärtigen muss). So wird aus einem Haufen Zahnräder eine Uhr oder aus einem Haufen von Organen ein Organismus.

Die übliche Vorgehensweise in der wissenschaftlichen Untersuchung ist es, jedes Subsystem (das wieder aus Komponenten bestehen kann, wie B in Abb. 11.2) *getrennt* zu analysieren. Diese „Systemanalyse" hat sich heute als eigenständige Strukturwissenschaft neben der Mathematik und anderen etabliert. Das „Kunststück" besteht dann darin, die vielfältigen Schnittstellen der Subsysteme untereinander so zu berücksichtigen, dass daraus auf die Funktion des Gesamtsystems geschlossen werden kann. Ein Vorhaben, das – wie zahlreiche Beispiel belegen – leider nicht immer gut gelingt. Daher entstehen die nicht vorhergesehenen und manchmal katastrophalen „Nebenwirkungen". Das sollte niemand allzu leichtfertig kritisieren, denn Systeme in unsere Welt bestehen nicht (wie in Abb. 11.2) aus wenigen, sondern oft aus Hunderten oder Tausenden von miteinander interagierenden Komponenten.

So und fast *nur* so ist die Wissenschaft zu den vielfältigen heutigen Erkenntnissen gelangt – durch isolierende und reduktionistische Betrachtung von Subsystemen. Deswegen ist jetzt die ungeheure und nahezu unlösbare Aufgabe, diese Puzzlesteine zu einer ganzheitlichen Sicht zusammenzusetzen, die die Vernetzung aller ihrer Komponenten hinreichend berücksichtigt. Denn hier lauert eine gefährliche Falle: Zu oft lässt sich ein Ganzes eben *nicht* aus der Summe der Eigenschaften seiner Teile erklären. Im Gegenteil, neue Eigenschaften oder Strukturen eines Systems bilden sich spontan infolge des Zusammenspiels seiner Elemente heraus. Dies nennt man „Emergenz" (lateinisch *emergere* „auftauchen", „emporsteigen"). Ein sofort einleuchtendes Beispiel ist Kochsalz, dessen Eigenschaften man aus den Eigenschaften seiner Bestandteile (Salz = NaCl aus Chlorgas Cl und Natriummetall Na) nicht vollständig herleiten kann.[406] Das beste Beispiel dafür ist jedoch die Evolution: ein aktiver, von selbstreproduktiven Systemen vorangetriebener eigendynamischer Prozess der Bildung immer „höherer" Einheiten.

Die Konvergenz der Theorien

Richard Feynman, Empfänger des Nobelpreises für Physik, hat den Weg dieser Wissenschaft sehr schön geschildert.[407] Sie ist über die Beschreibung verschiedener Erscheinungen zu wenigen Theorien gekommen. So hatte man – wie wir in diesem Buch auch – Erscheinungen der Bewegung und Erscheinungen der Wärme unterschieden, ebenso Effekte der Akustik und der Optik. Nach der Entdeckung der Bewegungsgesetze durch Newton stellte man fest, dass viele scheinbar verschiedene Dinge auf ein und dasselbe zurückzuführen waren. Alle akustischen Phänomene können durch die Bewegung der Moleküle in der Luft erklärt werden. Ebenso ist Wärme nichts anderes als die Bewegung von Molekülen. Maxwell entdeckte die Gesetze der Elektrizität und des Magnetismus. Und dann erkannte man, dass Licht als eine elektromagnetische Welle aufgefasst werden kann und denselben Gesetzen gehorcht. Somit gab es nur noch drei Bereiche: die Gesetze der Bewegung, des Elektromagnetismus und den Sonderfall der Schwerkraft. Denn die Gravitation spielt bis heute eine gewisse Sonderrolle in der Physik.

Um 1900 „entdeckte" man die Atome. Später fand man heraus, dass sie nicht unteilbar sind, sondern einen Kern aus Nukleonen und eine Hülle aus Elektronen besitzen, die den Kern umkreisen. Leider passten die Voraussagen, die man aus den Newton'schen Bewegungsgesetzen ableitete, nicht zu den Ergebnissen der Experimente. Die Elektronen kreisen nicht um den Kern wie die Planeten um die Sonne. Erst die Quantenmechanik befreite die Physiker aus diesem Dilemma. Eine Theorie, von der Feynman sagt, sie fuße nicht auf dem gesunden Menschenverstand. Mehr noch: Er sagte, niemand verstünde sie – wobei er sich selbst nicht ausnahm (etwas kokett, wie wir bereits in Kap. 9.3 gesehen haben). Sie erklärt jedoch nicht nur die gesamte Atomphysik, sondern auch noch die Chemie.

Nun war nur noch die Sonderrolle des Lichtes ein Problem. Einerseits besaß es die Eigenschaften einer elektromagnetischen Weile, andererseits vermutete schon Newton, dass es aus Materie besteht, aus „Korpuskeln" (kleinen Körperchen). Erst die Quantenelektrodynamik löste diesen Konflikt auf. Sie erklärt das Verhalten der Atome ebenso wie die Eigenschaften des Lichtes. Sie ist eine der Theorien, die experimentell am besten erhärtet ist. Sie beschreibt nahezu alle Phänomene der physikalischen Welt mit Ausnahme der Wirkung der Gravitation und einiger Phänomene der Radioaktivität. Dabei erreicht sie eine fantastische Genauigkeit: z. B. wird das „magnetische Moment eines Elektrons" (was immer das ist) theoretisch mit $1{,}001159652 \pm 0{,}000000046$ berechnet – und im Experiment findet man den Wert $1{,}0011596521 \pm 0{,}0000000093$.[408] Und genau das ist Physik: Theorien, die Voraussagen erlauben, die durch das Experiment bestätigt werden.

Eine Anmerkung: Wir haben schon öfter festgestellt, dass umgangssprachliche Ausdrücke in der Physik eine besondere Bedeutung haben, sei es „Energie", „Arbeit" oder Ähnliches. Genauso ist es mit dem Wort „Theorie": umgangssprachlich etwas, das man in der Praxis noch nicht ausprobiert hat. Eine unbewiesene Vermutung, eine Behauptung, eine Hypothese. In der Naturwissenschaft ist eine Theorie ein Erklärungsmodell, das einen Teil der Realität so beschreibt oder erklärt, dass Voraussagen möglich sind, die von der Realität bestätigt werden. Experimente, die den theoretischen Werten innerhalb gewisser Grenzen der Genauigkeit entsprechen. Nehmen wir nur ein einfaches, schon bekanntes Beispiel: Die Theorie besagt, dass ein 4 m langes Pendel im

Vergleich zu einer Länge von 1 m nur die doppelte Schwingungsdauer hat (siehe „Das ideale Pendel" in Kap. 3.3). Und der Versuch beweist es.

Es ändert sich auch unser Verständnis der Welt. Bis zum 19. Jahrhundert war Vereinfachung das Thema der Wissenschaften, und Zusammenhänge wurden in (hierarchischen) Baumstrukturen dargestellt, z. B. in der ersten französischen Enzyklopädie von Diderot und D'Alembert im Jahre 1751.[409] In der 1. Hälfte des 20. Jahrhunderts regierte „unorganisierte Komplexität", die Welt geriet aus den Fugen. In der 2. Hälfte des 20. Jahrhunderts war man – trotz zunehmender Komplexität – besser in der Lage, dies in den Griff zu bekommen: „organisierte Komplexität". Ein Paradigmenwechsel in der Betrachtung und Beherrschung der Welt. Das dazu passende Realisierungs- und Darstellungsmittel sind Netzwerke. Darwins „Baum des Lebens" wird zum „*Netz* des Lebens". Bekanntestes Beispiel ist das Internet, und dort Wikipedia oder Facebook. Das haben auch Sie hier im Kleinen gesehen: Die klassische Physik (z. B. Wärmelehre, Elektrizität) ist nicht zu verstehen ohne ihre Querbeziehungen zur Atomphysik.[410]

Wer hätte gedacht, dass nach der Entdeckung der Atome und ihres Aufbaus (auf der Ebene des Bohr'schen Modells) noch eine weitere Erkenntnisschicht freigelegt würde, die Welt der Quarks?! Und dass die wenigen elementaren Bestandteile, aus denen jede Substanz besteht (die ca. 100 Elemente) auf noch weniger Elementarteilchen reduziert werden würde? Und dass letztendlich selbst so grundlegende und bis dahin nicht erklärbare Erscheinungen wie z. B. die Masse (bei der man nur eine „träge Masse" von einer „schweren Masse" unterschied) nicht eine der Materie „innewohnende" Eigenschaft ist, sondern durch „Wechselwirkung" entstehen, also durch Interaktion mit dem Higgs-Teilchen?

Auch die Relativitätstheorie passt nahtlos zur klassischen Mechanik, denn bei kleinen Geschwindigkeiten verschwinden die relativistischen Verzerrungen in der Messungenauigkeit. So finden letztlich alle Teilgebiete zueinander, was letztlich ja auch zu erwarten war. Es ist ja nur *eine* Natur, die wir erforschen.

11.2 Philosophie und Spiritualität

In der Domäne des „reinen Denkens" – man könnte es auch „Philosophie" nennen – waren Mathematik und Physik schon immer beheimatet. Bekanntlich waren viele große Philosophen unserer Kulturgeschichte auch Naturwissenschaftler. Und sie machten eine erstaunliche Feststellung: Die Natur richtet sich nach der Mathematik! Wie gesagt: Das Buch der Natur ist in der Sprache der Mathematik geschrieben.[411] Dabei ist Mathematik quasi das

Gegenteil der materiellen Natur: reiner Geist. Forscher in vielen Disziplinen, insbesondere die Physiker, machen Beobachtungen, fassen Vermutungen in mathematische Form und Formeln und verarbeiten diese nach den Gesetzen der mathematischen Logik weiter. Sie kommen damit zu Schlüssen, die sie oft überraschen – neuen Gesetzmäßigkeiten. Wenn sie die empirisch überprüfen, stellen sie fest: Der aus den Formeln abgeleitete Sachverhalt *stimmt*. Ist das nicht fantastisch!?

Doch daraus ergibt sich für die Philosophie sofort eine grundlegende Frage, die sie seit Jahrhunderten und in Metern von Literatur diskutieren: das „Leib-Seele-Problem". Man könnte es auch „Körper-Geist-Problem" oder – wie in der modernen Gehirnforschung – „Gehirn-Bewusstseins-Problem" nennen. Es ist die (scheinbar) einfache Frage: Gibt es einen vom Körper, dem Materiellen, *un*abhängigen Geist als gewissermaßen „Zweite Seinsebene" oder lassen sich alle seelischen, geistigen und Bewusstseinsvorgänge ausschließlich auf Materielles zurückführen? Ersteres behaupten die „Dualisten", Letzteres die „Monisten" bzw. „Reduktionisten".[412] Wenn man es mit einem Computer vergleicht, dann reden wir hier über den (grundlegenden?) Unterschied zwischen Hardware und Software.[413]

Es gibt ja viele Einwände gegen die Wissenschaft: „Die Wissenschaft kann auch nicht alles erklären", „Die Wissenschaft irrt häufig und ist auch nur ein Glauben" oder „Wissenschaftler können keine Warum-Fragen beantworten". Alle diese Einwände kann man entkräften. Die Wissenschaft *will* nicht alles erklären, und sie ist selbstkorrigierend. Wahrheit verlangt auch keinen Glauben: Man muss nicht glauben, dass die Gravitation existiert, man kann es nachweisen. Und ein Psychologe und Systemanalytiker schreibt: „Die Wissenschaft beantwortet also auch Warum-Fragen, aber erst, nachdem sie das Wie geklärt hat, weil man nur dann erkennen kann, ob die Frage nach dem Warum überhaupt sinnvoll ist (zudem sind viele Warum-Fragen bereits geklärt, wenn man alle Wie-Fragen hinreichend beantwortet hat)."[414] Andere gehen hier weiter: „Nur die Wissenschaft beantwortet hin und wieder Warum-Fragen korrekt. Es ist ein weit verbreiteter Irrtum anzunehmen, dass andere Systeme, z. B. Religion, ‚richtige' Antworten auf Fragen haben, zu denen die Wissenschaft schweigt."[415]

Wie wirklich ist die Wirklichkeit?

Diese berühmte Frage des Wissenschaftlers Paul Watzlawick taucht naturgemäß auch in den Köpfen von Physikern auf – spätestens nach den Erkenntnissen der Quantenmechanik.[416] Einige, vielleicht viele Wirklichkeiten können wir gar nicht erfassen. An der Grenze der Insel des Wissens zum Meer der Unkenntnis lauern die Klippen in der Brandung. Dort haben Physiker mit der

Kopenhagener Deutung eine „Anlegestelle" gebaut. Gesichertes Wissen verbindet sich mit möglichen Interpretationen zu einem „vorläufigen Befund". Lassen wir Werner Heisenberg selbst zu Wort kommen: „Die Kopenhagener Deutung der Quantentheorie beginnt mit einem Paradox. Jedes physikalische Experiment, gleichgültig, ob es sich auf Erscheinungen des täglichen Lebens oder auf Atomphysik bezieht, muß in den Begriffen der klassischen Physik beschrieben werden. Diese Begriffe der klassischen Physik bilden die Sprache, in der wir die Anordnung unserer Versuche angeben und die Ergebnisse festlegen. Wir können sie nicht durch andere ersetzen. Trotzdem ist die Anwendbarkeit dieser Begriffe begrenzt durch die Unbestimmtheitsrelationen."[417] *Ein* Problem ist, dass Physiker auch Ausdrücke der Umgangssprache (oft als Bilder) verwenden. Leider ist die Beschreibung mancher moderner Theorien für den Normalbürger von Esoterik nicht mehr zu unterscheiden.[418] Das kurioseste Beispiel ist die „Farbe" der Quarks, die völlig falsche Assoziationen weckt. Auch die Phänomene selbst sind schwer zu „begreifen": Einstein schrieb 1947 über die Quantenphysik: „Ich kann nicht ernsthaft an die Quantentheorie glauben, weil sie nicht mit der Idee in Einklang zu bringen ist, dass die Physik eine Wirklichkeit in Zeit und Raum repräsentieren sollte, die frei von spukhaften Fernwirkungen ist."[419]

Die menschliche Sprache erlaubt es uns, physikalische Prozesse verständlich zu beschreiben. Darin lauert aber die Gefahr, sie zu „vermenschlichen" – d. h., Naturgesetzen menschliche Absichten unterzuschieben, z. B. eine Zielgerichtetheit. Deswegen ist die Mathematik als abstrakte Sprache in der Physik so wertvoll, weil sie das vermeidet. Die „Kopenhagener Deutung" ist trotzdem ein Versuch, die Regeln der Welt in Worte zu fassen. Sie macht folgende Aussagen: Die Beschreibung der Natur ist auf feinster Ebene im Wesentlichen probabilistisch. Ein quantenmechanisches System wird durch eine „Wahrscheinlichkeitsfunktion" beschrieben. Wenn eine Messung durchgeführt wird, legt diese den Wert dieser Funktion für *einen* Zustand fest. Es ist daher nicht möglich, den Wert *aller* Eigenschaften des Systems gleichzeitig zu kennen. Diejenigen Eigenschaften, die nicht genau bekannt sind, müssen mit Wahrscheinlichkeiten beschrieben werden.

Materie zeigt eine Welle-Teilchen-Dualität. *Ein* Experiment kann die partikelartigen Eigenschaften der Materie zeigen, ein anderes die Welleneigenschaften. In einigen Experimenten müssen beide (komplementären) Sichtweisen berücksichtigt werden, um die Ergebnisse zu erklären. Messgeräte sind im Wesentlichen klassischen Geräte, die nur die klassischen Eigenschaften wie Ort und Impuls messen. Die quantenmechanische Beschreibung von großen Systemen nähert sich eng an die klassische Beschreibung an. Denn 10^5 Atome sind nicht nur mehr als 5 Atome, sie sind *anders* in ihrem Verhalten.

Diese Interpretation der Quantenmechanik zeigt das Problem, den Begriff „Realität" zu definieren. Denn die zu beobachtenden Objekte sind nicht klar festzumachen (Welle-Teilchen-Dualismus). Einige Physiker haben daher folgendes Kriterium der klassischen physikalischen Wirklichkeit aufgestellt: „Kann man den Wert einer physikalischen Größe mit Sicherheit (das heißt mit der Wahrscheinlichkeit 1) vorhersagen, ohne ein System dabei in irgendeiner Weise zu stören, dann gibt es ein Element der physikalischen Wirklichkeit, das dieser physikalischen Größe entspricht."[420]

Es gibt nämlich einen grundlegenden Unterschied zwischen Quantenmechanik („QM") und klassischer Physik. Nach dem „Bell'schen Theorem" (auch „Bell'sche Ungleichung" genannt) des Physikers John Bell von 1964 ist die Quantenmechanik keine „realistische und lokale" Theorie wie die klassische Physik. „Realistisch" heißt, dass Messungen nur Eigenschaften ablesen, die *un*abhängig von der Messung vorliegen (in der QM beeinflusst die Messung das Gemessene). „Lokal" bedeutet, dass bei zwei räumlich getrennten Teilchen die Messung des einen das andere nicht beeinflusst (bei der QM gibt es die „Quantenverschränkungen"). Nach der Kopenhagener Deutung erfüllt die Quantenmechanik also nicht die Anforderungen Einsteins an eine vollständige „reale und lokale" Beschreibung der Physik. Trotzdem ist sie nicht „falsch", denn sie stimmt exakt mit den experimentellen Feststellungen überein.

Da erhebt sich ein geheimnisvolles Raunen unter den Esoterikern: „In Wirklichkeit gibt es keine Materie, es ist alles Energie." Ein interessanter Satz! Denn erstens: Was heißt „in Wirklichkeit"? Das Wort kommt von Wirkung – und genauso *wirken* die Energiequanten, die Elementarteilchen, die „nur Energie" sind. Sie wirken wie festes hartes Material. Sie können Teilchen aus Materie herausschlagen. Und zweitens: $E = mc^2$. Energie und Materie sind äquivalent. Also was wollen sie uns damit sagen? Vermutlich wissen sie es selber nicht. Ein Science-Fiction-Autor macht es sich einfach – er sagt: „Wirklichkeit ist das, was nicht verschwindet, wenn man aufhört, daran zu glauben".[421]

Beschreibt die Physik die reale Welt?

Die Physik beschreibt also idealisierte Systeme, die in der Wirklichkeit so nicht vorkommen. Sie beruht auf Annahmen, die völlig fiktiv sind und gerade *nicht* auf Erfahrungen beruhen. Das erste Gesetz von Newton etwa zum Trägheitsprinzip besagt, dass ein Körper, der sich im kräftefreien Raum bewegt, seine Geschwindigkeit aufrechterhält und diese nicht ändert. Die Annahme eines kräftefreien Raumes ist aber eine reine Fiktion. Ein solcher Raum existiert nicht. Newton beschreibt etwas, das es so nicht geben kann. Die Galilei'sche Wissenschaft versucht das Reale durch das Unmögliche zu erklären.[422]

Bevor nun einige in einen unberechtigten Freudentaumel geraten, sei gesagt: Die Physik kommt dem Realen aber verdammt gut nahe. Bis auf Ungenauigkeiten, die manchmal im Milliardstel-Bereich liegen. Und sie baut damit technische Apparate, die weit jenseits einer „selbsterfüllenden Prophezeiung" funktionieren – also objektiv und vom menschlichen Betrachter unabhängig.

Die Heisenberg'sche Unschärferelation zeigt uns, dass im subatomaren Bereich der Messvorgang die Messung beeinflusst und „Unbestimmbares" übrig bleibt. Aber auch in der klassischen Physik haben wir „Unschärfen" – ideale Systeme, in denen wir störende Kräfte, Massen oder andere Einflüsse „vernachlässigt" haben. Selbst wenn wir das nicht taten, konnte trotzdem der Messvorgang das zu messende Phänomen beeinflussen (z. B. beim Spannungsteiler, Kap. 7.1, Abb. 7.3). Andererseits treiben wir heute die Genauigkeit unserer Messungen bis ins Extreme.

Bekommen Sie das jetzt bitte nicht in den falschen Hals. Denn was bedeutet das für „unsere" Welt? Antwort: *gar nichts*. Was immer ihnen andere erzählen – der Mikrokosmos ist nicht der Mesokosmos. Sie erinnern sich: Die Unschärfe, also das Planck'sche Wirkungsquantum, ist winzig. Sie unterscheidet sich von der Null erst in der vierunddreißigsten Stelle. Der Physiker Philip W. Anderson fasste es in drei Worten zusammen: „Mehr ist anders" – eine Zunahme der Quantität bedeutet eine Umwandlung der Qualität. Die Philosophen, aber auch die Biologen und Systemforscher nennen das „Emergenz" – das Entstehen neuer Eigenschaften oder Strukturen durch das Zusammenspiel sehr vieler einzelner Elemente.[423]

Ist der Kosmos für uns maßgeschneidert?

Irgendwann fingen Astrophysiker an, sich zu wundern. Die unbezweifelbar bemerkenswerte Feinabstimmung der Naturkonstanten machte sie hellhörig, und nicht nur sie.[424] Sie hat viele hitzige Diskussionen hervorgerufen und wurde teils als indirekter Beweis für die Existenz eines metaphysischen Schöpfers herangezogen, teils für das genaue Gegenteil: die Untermauerung eines streng naturalistischen Weltbildes. Aber um was geht es?

Schauen wir uns zuerst einige Fakten an: Viele Naturkonstanten haben Sie ja schon kennengelernt, z. B. die Gravitationskonstante G, das Planck'sche Wirkungsquantum h oder die sogenannte „Feinstrukturkonstante der Starken Wechselwirkung" α_S. Es würde den Rahmen dieses kleinen Abschnittes sprengen, sie alle aufzuzählen und zu erläutern. Deswegen möchte ich nur einige spektakuläre und einfach zu verstehende Beispiele herausgreifen. „Feinabstimmung" heißt: Sie sind nicht einfach so, wie sie sind – sie sind so, wie sie sein *müssen*, damit das Universum und damit Sie und ich überhaupt existieren. Und zwar in manchmal unglaublich engen Grenzen. Wäre α_S nur um

3,7 % größer, wäre ein Kern aus zwei Protonen („Diprotonen") stabil. Das hätte katastrophale Folgen für die Lebensdauer von Sternen: Das „Wasserstoffbrennen" würde 10^{18}-mal schneller ablaufen! Es gäbe keinen Wasserstoff und keine organische Chemie, da sich alle einzelnen Protonen zu Diprotonen binden würden. Wäre α_S um 11 % kleiner, so wäre das Deuterium nicht stabil. Die wesentlichen Reaktionen zur Heliumsynthese in der Sonne würden dann nicht stattfinden. Es ist fraglich, ob dann überhaupt langlebige Sterne existieren könnten. Aber das ist noch gar nichts! Im Standardmodell sind beim Urknall die „Expansionskraft" und die Schwerkraft mit der unglaublichen Genauigkeit von etwa 1 : 10^{60} aufeinander abgestimmt (wobei sich die Frage erhebt, wie man das gemessen oder sonst experimentell bestätigt hat!). Wäre die Expansion stärker, käme es zu keiner Bildung von Sternen und Galaxien. Lebensfreundliche Bedingungen würden also gar nicht erst entstehen. Wäre sie geringer, so wäre das Weltall schon vor jeder Sternbildung wieder kollabiert.[425] Und Leben und damit wir wären (anders als in „Flächenland") nicht einmal denkbar, wenn es nur zwei Raumdimensionen geben würde – der durchgehende Verdauungstrakt würde uns in zwei Hälften zerlegen. Die Kraftgesetze (mit ihrer Proportionalität zu $1/r^2$) wären in einem 2- oder 4-dimensionalen Raum anders. Auch gäbe es keine geschlossenen Planetenbahnen, wenn die Gravitation nicht wie $1/r^2$, sondern mit irgendeiner anderen Potenz agierte. Die Planetenbahnen unseres Sonnensystems bewegen sich sowieso in einem sehr schmalen „Stabilitätskorridor" – nur deswegen leben wir auf unserer so besonderen Erde, mit der wir so schludrig umgehen.

Der Mensch hielt sich (und seine Erde) ja lange Zeit für den Mittelpunkt von allem und für die Krone der Schöpfung. Er empfand es als „Kränkung", als sich herausstellte, dass die Erde nicht der Mittelpunkt des Universums ist (Kopernikus).[426] Dass er nicht absolut einzigartig, sondern „nur" ein besonders hoch entwickeltes Tier ist (Darwin). Und dass sein bewusstes Ich nicht einmal „Herr im eigenen Haus" ist, sondern den Impulsen des Unbewussten folgt (Freud).

Manche sagen, das Weltall sei zu unserem Wohl gemacht – dem Menschen sozusagen auf den Leib geschneidert. Das heute von uns beobachtete Universum ist auch nur so alt und so groß, weil sonst die Menschheit gar nicht da wäre. Denn das Universum muss alt genug sein, dass unsere „Erschaffung" bereits stattgefunden hat. Immerhin hat es ca. 8 Mrd. Jahre gedauert, bis „Geburt und Tod" der Sterne den Bausatz der Elemente erzeugt hatten, aus denen wir bestehen. Das ist das „Schwache Anthropische Prinzip" (*Weak Anthropic Principle* – WAP): Das physikalische Universum, das wir beobachten, hat eine Struktur, welche die Existenz von uns als Beobachtern zulässt. Der Mensch ist wieder im „Mittelpunkt"!

Das ruft sofort die Teleologen auf den Plan – diejenigen, die in allem nach einem Sinn und Zweck suchen. Sie vertreten ein „Starkes Anthropisches Prinzip" (*Strong Anthropic Principle* – SAP): Das Universum muss in seinen Gesetzen und in seinem speziellen Aufbau so beschaffen sein, dass es irgendwann unweigerlich einen Beobachter hervorbringt. Das Entstehen des Lebens wird zur notwendigen Eigenschaft des Universums erklärt. Von da zu einem Schöpfer ist es dann nicht mehr weit (*Design or not design?*).[427] Das Universum ist *für uns* gemacht, es hat den Zweck, (intelligentes) Leben hervorzubringen. Die Wissenschaft sieht darin eine Umkehrung von Ursache und Wirkung.

Andere Physiker wiederum bestreiten, dass eine Feinabstimmung überhaupt existiert, denn es ist unklar, wie weit diese überhaupt beweisbar wäre. Gäbe es sie nicht, dann gäbe es natürlich auch keinen Erklärungsbedarf.[428] Unwillkürlich kommt mir da eine Scherzfrage von Harald Lesch in den Sinn: „Wie kommt es, dass die Katze gerade dort Löcher in ihrem Fell hat, wo die Augen sind?!"

Rudis Teekanne

Kehren wir doch endlich mal wieder in die Steinzeit zurück. Willas Ruf als weise Frau, Heilerin und Herrscherin über die umfangreichste Kräutersammlung der ganzen Gegend hatte sich schnell und weit verbreitet. Oft bekam sie Besuch von Kolleginnen aus anderen Stämmen, die sie um Rat baten, aber auch oft hitzige Diskussionen mit ihr führten. Heute war Sarah Hennefrau zu Gast, die eine ganz eigenwillige Meinung vertrat: „Zu jeder Kraft gehört eine Gegenkraft, hat euer Physiker gesagt. Beide sind gleich groß – sind sie es nicht, entsteht eine Bewegung in Richtung der kleineren Kraft. So reagiert auch unser Körper: Er strebt mit Kraft nach Gesundheit – wirkt auf ihn ein böses und stärkeres Kraut, wird er krank." „So kann man es sehen", nickte Willa, „Worauf willst du hinaus?" „Nehmen wir zum Beispiel die Tollkirsche – sie ruft Vergiftungserscheinungen hervor, wenn die eingenommene Menge zu hoch ist. Oder die Brechnuss – nimmst du zu viel, wird dir schlecht" „Wie wahr du doch sprichst!", entgegnete Willa, „Und nun?"

„Nun drehen wir es um: Ähnliches soll durch Ähnliches geheilt werden. Wenn das Kraut stärker ist als der Körper und ihn damit krank macht, wird ein kranker Körper durch ein schwächeres Kraut gesund." „Ach!", sagte Willa. „Fantastisch!", sagte Rudi. „Ist ja interessant!", ergänzte Eddi. Das beflügelte Sarah: „Ja, und je schwächer die Arznei, desto größer ist der Heilungseffekt. Daher verdünnen wir den Kräutersud, und zwar extrem stark. Entsprechend potenziert sich die Heilwirkung. Deswegen nennen wir es ‚potenzieren'."

„Das klingt etwas unwissenschaftlich, nach purer Esoterik", sagte Willa. „Ach, die Wissenschaft! Sie kann auch nicht alles erklären. Die Wissenschaft ist nichts anderes als eine Kette von Irrtümern."[429] „Von *entdeckten* Irrtümern", korrigierte Eddi, „Das kann einem beim Glauben nicht passieren. Und außerdem bringt uns jeder Irrtum der Wahrheit näher." „Wieso hat sich das dann noch nicht durchgesetzt?", sagte Willa zweifelnd. Auch darauf hatte Sarah eine Antwort: „Ist doch klar, die mächtige Kräuterlobby verhindert es. Dadurch kann sie nichts mehr verdienen." Rudi war noch spitzfindiger: „So, also die Wissenschaft irrt. Wenn du das sagst, dann erkennst du ja ihre Methode an. Dass sie etwas Richtiges herausfinden kann, nämlich: was ein Irrtum ist und was keiner."[430]

Sarah konnte noch einen Trumpf ausspielen: „Es ist uraltes Wissen unserer Ahnen, seit Generationen überliefert …" „Wohl eher Glaube", kommentierte Rudi, „Und das Alter eines Glaubens ist kein Beweis für seine Richtigkeit." „Aber sie haben die Wirkung beobachtet, immer und immer wieder …" Eddi griff ein: „… und die falschen Schlüsse daraus gezogen. Wir beobachten auch immer wieder, dass die Sonne um die Erde wandert. Aber wir wissen auch, dass es nicht so *ist*. Wissen ersetzt den Glauben. Wir werden immer klüger … und das bedeutet logischerweise, dass wir früher dümmer waren. Also ist ‚uraltes Wissen‘ vermutlich eher falsch."

So landen wir unversehens in der Physik bei einer philosophischen Frage: Was ist wahr? Die Physik und die gesamte Naturwissenschaft gibt die Antwort: (vorläufig) das, was experimentell nachgewiesen ist. Und *endgültig* widerlegt ist das, wofür es einen Gegenbeweis gibt. Und auch das natürlich in dem Wissen, dass wir irren können. Und welch gigantische Irrtümer sind schon von der Wissenschaft begangen worden – sie werden nur übertroffen von den Irrtümern des (Aber-)Glaubens.[431]

Sarah ließ nicht locker: „Aber ist es doch zumindest denkbar … beweise mir das Gegenteil!" Rudi konterte: „Nein, wer eine Behauptung aufstellt, muss sie auch beweisen. Sonst wäre alles möglich. Ich behaupte zum Beispiel, dass um den Hundsstern eine Teekanne aus Ton kreist, so wie ich sie in meiner Töpferwerkstatt herstelle. Beweise mir das Gegenteil!" Sara war empört: „Wer glaubt denn so einen Unsinn?" „Siehst du? So geht es mir mit deinen inhaltslosen Säften."[432]

In der Medizin ist der Wirknachweis eines Medikamentes die Heilung des Patienten. Zum Ärger der Wissenschaften werden auch manche von selbst gesund oder gar nicht. In der Regel findet man einen Nachweis nur durch statistische Häufigkeiten. In den (klassischen) Naturwissenschaften ist das anders. Naturgesetze gelten immer und überall. In der Mathematik ist der Nachweis für eine These der formale Beweis. Gibt es mehrere davon, dürfen sie sich nicht widersprechen. Fachleute streiten sich nicht auf Kongressen, ob der Satz des Pythagoras richtig ist. In der Physik ist der Nachweis für eine Theorie das Experiment. Das gestaltet sich in der Steinzeit jedoch schwierig, da hier Technik benötigt wird, die damals wirklich noch nicht zur Verfügung stand. Deswegen muss Siggi auch so oft eingreifen.

Anders als in der Medizin gilt: Geht ein einziges physikalisches Experiment trotz vieler Wiederholungen schief und zeigt damit die Unzulässigkeit der Grundannahme, dann ist die Theorie im Eimer – so wie ein einziges Gegenbeispiel in der Mathematik. Der Versuch von Michelson und Morley, wenn Sie sich erinnern. Geht es gut, ist … noch lange nichts bewiesen. Denn in der Naturwissenschaft (und damit in der Physik) kann man nichts endgültig beweisen. Alles gilt als möglicherweise widerlegbar. Sir Karl Popper (1902–1994) hat darauf den „Falsifikationismus" gegründet: Eine Theorie ist nur dann wissenschaftlich, wenn sie überprüfbar ist. Sie muss es erlauben, einen Satz zu formulieren, der sie widerlegt, wenn er richtig ist. Alles Wissen ist Vermutungswissen. Das zeigt sein berühmtes Beispiel: „Alle Schwäne sind weiß". Der Satz, der die Behauptung widerlegt, wäre: „Es gibt einen Schwan, der nicht weiß ist." Und in der Tat, einen schwarzen Schwan, den gibt es. Das heißt natürlich nicht, dass jede beliebige These gültig ist, bis sie widerlegt wird. Im Gegenteil: wer etwas behauptet, muss es nachweisen. Ein Nachweis ist schon mal (im Gegensatz zu vielen dogmatischen Glaubenssätzen) ein erster handfester Anhaltspunkt. Aber er reicht nicht als endgültiger Beweis: Die Theorie hat sich nur „bewährt". Je öfter eine Theorie solchen Falsifikationsversuchen widersteht, desto stärker hat sie sich bewährt. Doch nach wie vor genügt *eine* weitere Beobachtung, um sie zu falsifizieren.

Wissenschaft „entzaubert die Welt"?

Viele lehnen die Wissenschaft ab, weil sie „geistlos", „materialistisch" und unzulänglich ist. Sie nimmt den Menschen ihre Träume und „entzaubert die Welt". Statt unerklärlicher Wunder präsentiert sie trockene Tatsachen. Der Naturwissenschaftler und Wissenschaftsjournalist Hoimar von Ditfurth hat das wie folgt kommentiert:[433]

Sind nicht allein die Fülle der wechselseitigen Beziehungen und die unübersehbare Zahl der Naturerscheinungen, von denen wir ohne die jahrhundertelangen Anstrengungen unserer Wissenschaftler bis heute nichts ahnten, eine ständige Quelle des Staunens und der Bewunderung? Von den Ausmaßen des Kosmos und den Entwicklungsgesetzen der Sterne bis zur Struktur der Atome und der geheimnisvollen Beziehung zwischen Materie und Energie, von den Vorgängen im Zellkern, in denen der Bauplan eines lebenden Organismus gespeichert ist, bis zur Entdeckung der elektrischen Abläufe in unserem eigenen Gehirn – unerschöpflich ist die Zahl der Beispiele für bewundernswerte Naturerscheinungen, die uns allein als Resultate wissenschaftlicher Untersuchungen bekannt geworden sind. Ungeachtet dieser Tatsachen wird eine erstaunlich hohe Zahl von Menschen nicht müde, die unsinnige Formel zu wiederholen, Wissenschaft entzaubere die Welt und entkleide sie des Wunderbaren. Das ganze staunenswerte Ausmaß dessen, was ‚Natur' überhaupt bedeutet, hat uns dabei doch allein die Wissenschaft erst aufgehen lassen.

Ich weiß, dass wir „nur aus Sternenstaub", simplen Atomen, bestehen. Doch dadurch sind meine Verwunderung und meine Bewunderung für das, was daraus auf natürliche und teilweise schon erklärliche Weise entstanden ist, nicht geringer, sondern größer geworden. Sie haben ja an vielen Phänomenen in diesem Buch schon gesehen, wie komplex manche Zusammenhänge sind. Doch auch „spukhafte Fernwirkungen" und „dunkle" Materie und Energie haben (ziemlich sicher) eine physikalische Grundlage. Wir können uns meiner Meinung nach darauf verlassen, dass sie ohne Geister, Götter und Dämonen aufgrund des wunderbaren Zusammenwirkens der Natur erklärt werden können. Eine persönliche Glaubensentscheidung bleibt davon unberührt und hat auch in einem naturalistischen Weltbild Platz. Ditfurth selbst begriff die Evolution als Schöpfungsprozess und glaubte an eine „jenseitige Wirklichkeit" hinter unserer erkennbaren und erlebbaren Welt. Der amerikanische Physik-Nobelpreisträger Steven Weinberg hat es am treffendsten formuliert: „Die Wissenschaft macht es nicht unmöglich an Gott zu glauben, sondern ermöglicht es vielmehr, nicht an Gott zu glauben."[434] Doch die meisten Menschen entscheiden sich aus dem Bauch heraus für eine Position und versuchen dann nachträglich, Argumente dafür zu entwickeln bzw. mit Argumenten die Gegenposition zu schwächen.

11.3 Große Fragen der Physik

Greifen wir die Klassifizierung physikalischer Theorien (großartig, nützlich und vorläufig) von Roger Penrose noch einmal auf. Denn die „großartigen" Theorien sorgen für die „Quantensprünge" (im umgangssprachlichen Sinn) der menschlichen Entwicklung. Was erwartet uns noch, welche „Revolutionen" stehen uns noch bevor (wenn die Menschheit noch lange genug fortbesteht – was auch eine unsichere Annahme ist)[435]?

Bekanntes Unbekanntes und unbekanntes Unbekanntes

Dem Wissenschaftstheoretiker Sir Karl Popper wird der Spruch zugeschrieben: „Wenn wir wüssten, was wir in 200 Jahren wissen werden, dann wüssten wir es heute schon." Auch hier schlagen die oben erwähnten Glaubensinhalte, die „aus dem Bauch kommen", wieder voll zu. Die einen meinen, die Physik sei in der Lage, alle Erklärungslücken irgendwann einmal zu schließen (z. B. beim „Leib-Seele-Problem"), die anderen verweisen auf prinzipielle Schranken oder darauf, dass die gesamte Wissenschaft seit Galilei umgeschrieben werden müsste (z. B., wenn der Nachweis der physikalischen Wirkung einer Hochpotenz in der Homöopathie gelänge).[436]

Was wird uns an neuen Erkenntnissen überraschen? Und auf welche Ergebnisse können wir warten, obwohl wir sie noch nicht haben? Die *unknown unknowns* und die *known unknowns*.[437] Mit Sicherheit bringt das unbekannte Unbekannte den größten gesellschaftlichen Wandel hervor – und es taucht häufiger auf, als man vermutet.[438] Vielleicht hätte man im Mittelalter schon wissen können, dass man einmal mobile Telefone kennen wird? Dann wären Frauen, die auf offener Straße mit einem Kästchen gesprochen hätten (wie Siggi aus einer anderen Zeit kommend), möglicherweise nicht ohne Umweg als Hexen auf dem Scheiterhaufen gelandet. Doch das heute Bekannte war damals ein unbekanntes Unbekanntes.

Die große offene Frage in der Physik ist ja die Vereinigung der Allgemeinen Relativitätstheorie und die Quantentheorie. Das ist ein „bekanntes Unbekanntes". Während die klassische Physik als „effektive Näherung" der ART auf einer anderen Beschreibungsebene vereinfachten Gesetzen (den Newton'schen Bewegungsgleichungen) gehorcht, gilt das für die Quantentheorie nicht überall. Also wissen wir, dass wir die „große vereinheitlichte Theorie" (GUT, *Grand Unified Theory*) noch nicht haben. Und mit Penrose hoffen wir, dass es eines Tages so weit sein wird. Ein führender theoretischer Physiker meint dazu: „Eine vereinheitlichte Theorie wäre nicht nur ein großer Schritt für die Physik, sondern ihr natürliches Ende."[439]

In den letzten 100 Jahren hat unser Wissen explosionsartig zugenommen. Da aber jede beantwortete Frage zehn weitere unbeantwortete aufreißt, könnte man logisch schließen: Unser Unwissen wächst stärker als unser Wissen. Da wir diese Fragen aber noch nicht kennen, gehören sie zum „unbekannten Unbekannten". Bereits Karl Popper sagte, unser Wissen könne immer nur begrenzt sein, während unsere Unwissenheit notwendigerweise grenzenlos sei: „Wir ahnen die Unermesslichkeit unserer Unwissenheit, wenn wir die Unermesslichkeit des Sternhimmels betrachten. Die Größe des Weltalls ist zwar nicht der tiefste Grund unserer Unwissenheit, aber sie ist doch einer ihrer Gründe."[440]

Alles ist vorbestimmt

Das ist das Los der Menschen: Alles ist vorbestimmt. Gott … die Götter … das Schicksal … Kismet … Karma … ein Dämon – gegen ihr Wirken kämpfen wir vergebens. Eine unerbittliche Kausalität: Alles hat eine Ursache, alles hat eine Wirkung. Der Philosoph nennt es „Determinismus". Der französische Mathematiker, Physiker und Astronom Pierre-Simon Laplace (1749–1827) erfand dafür einen „Weltgeist", der später als „Laplace'scher Dämon" bekannt wurde. Laplace selbst bezeichnete es als unendliche „Intelligenz" oder „Geist" (im Sinne von Geistigem). Er beschrieb ihn so:

> Wir müssen also den gegenwärtigen Zustand des Universums als Folge eines früheren Zustandes ansehen und als Ursache des Zustandes, der danach kommt. Eine Intelligenz, welche für einen gegebenen Augenblick alle in der Natur wirkenden Kräfte sowie die gegenseitige Lage der sie zusammensetzenden Elemente kennte, und überdies umfassend genug wäre, um diese gegebenen Größen der Analyse zu unterwerfen, würde in derselben Formel die Bewegung der größten Weltkörper wie die des leichtesten Atoms umschließen; nichts würde ihr ungewiss seien und die Zukunft und Vergangenheit würden ihr offen vor Augen liegen.[441]

Schon René Descartes hatte das Universum als riesige „Maschine" interpretiert und Isaac Newton betrachtete den Kosmos als mithilfe seiner Gesetze berechenbar. Doch alle diese mechanistischen Vorstellungen haben sich seither als unhaltbar erwiesen – aus eine ganzen Reihe von Gründen, deren Darlegung hier zu weit führen würde. Die Heisenberg'sche Unschärferelation und die Chaostheorie sind nur zwei davon. Letztere zeigt uns Fälle chaotischen Verhaltens, wo kleinste Abweichungen in Randbedingungen gravierende Wirkungen haben (der berühmte Schmetterling, dessen Flügelschlag einen Tornado auslösen kann).[442] [443]

In der klassischen Physik gilt das Prinzip der Kausalität, das schon Leibniz als „Satz vom zureichenden Grund" formuliert hatte. Dort haben gleiche Ursachen gleiche Wirkungen – doch was heißt schon „gleich". Digitale Größen können gleich sein, analoge Größen sind *per se* immer ungenau. Also fordern viele eine noch „stärkere" Kausalität: Ähnliche Ursachen haben ähnliche Wirkungen.

Doch *warum* glauben wir an Schicksal und Vorbestimmung und können uns mit dem Zufall nicht anfreunden? Weil wir Kausalitätssuchmaschinen, Regelbildungswesen, Begründungsfanatiker sind. Die Verknüpfung von Ursache und Wirkung half uns, zu überleben: Wenn Willas Stammesmitglieder ernste Beschwerden bekamen, war es überlebenswichtig, als Ursache diese seltsamen roten Kirschen zu identifizieren. Wenn Eddis Stamm Körner in die Erde steckte, hatte das die Wirkung, dass man in ein paar Monaten genug zu essen hatte. Daher treibt uns die Angst vor der Ursachenleere. Das war unser evolutionärer Vorteil und Antrieb: die Gesetze unserer Umwelt schnell zu begreifen. Der wahre Grund des Glaubens an Götter und Geister ist die Erklärungslücke – *warum* donnert es? Ein „ich weiß es nicht" stürzt uns in existenzielle Ängste. Wir finden lieber eine abstruse, komplizierte und falsche Erklärung als gar keine.[444] Oder wir fallen auf Korrelationen, die fälschlicherweise für Kausalzusammenhänge gehalten werden, und Placeboeffekte herein.

Leben aus „toter Materie"

Ist denn Materie wirklich „tot"? Kann sie ohne Einwirkung eines äußeren Kraftfeldes (z. B. Gravitation) „von sich aus" Bewegung erzeugen? Sagen wir: ein Haufen Kupfer, Eisen und andere Metalle und ein Glas mit einer Flüssigkeit? *Gar nicht*, werden Sie sagen. Doch lassen Sie uns – ohne in (aus früheren Kapiteln bekannte) Einzelheiten zu gehen – Struktur und Wechselwirkungen in den Haufen von Material einbauen. Die Flüssigkeit ist leichte Schwefelsäure, in der metallene Platten hängen (eine Volta'sche Säule, eine Batterie). Das Kupfer ist in Form von Drähten um den Eisenkern gewickelt und mit der Batterie verbunden. Fertig ist die „Dynamik aus toter Materie": ein Gleichstrommotor! Das Ergebnis von Naturgesetzen plus Struktur und Wechselwirkungen.

Entsteht so Leben aus „toter Materie"? Unsere Steinzeitmenschen und viele nach ihnen glauben bis heute an eine geheimnisvolle „Lebenskraft", eine *vis vitalis* (lateinisch). Denn was Leben *ist* und wie es *entstand*, das ist bis heute ungeklärt. Mindestens drei Eigenschaften kennzeichnen lebende Organismen:

1. Sie haben einen Stoffwechsel („Metabolismus"). Sie tauschen mit ihrer Umgebung Materie und Energie aus. Sie ziehen einen „Strom von Ordnung" aus der Umwelt auf sich und weichen damit dem Zerfall in atomares Chaos und der Zunahme von Entropie aus. Sie können Energie in geordneter Weise umformen und ihre Informationen auf andere (nahezu) identische Systeme übertragen.[445]
2. Sie sind zur Selbstreplikation fähig. Neue Individuen werden „geboren", ihre Eltern sterben (außer bei Einzellern).[446] Die Nachkommen erben die Eigenschaften der Eltern, die in einem Makromolekül (der DNS) in jeder Körperzelle „codiert" sind.
3. Sie sind zur Evolution fähig, denn die Selbstreplikation ist keine exakte Kopie. „Mutabilität" ist das Stichwort: Die Organismen der neuen Generation sind geringfügig anders als die der alten – bei der geschlechtlichen Fortpflanzung sogar eine „Mischung" aus den Eigenschaften der beiden Elternteile. (Andernfalls gäbe es uns nicht und die Erde wäre von Klonen der Urzelle bevölkert.)

Das Individuum unterliegt der evolutionären Selektion: Diejenigen, die aufgrund ihrer Eigenschaften in ihrer Umwelt nicht bis zur Fortpflanzung (Selbstreplikation) überleben, können ihre Eigenschaften nicht an eine neue Generation weitergeben. Der Übergang von „unbelebt" zu „belebt" ist fließend, einige wohnen an der Grenzlinie: Viren besitzen keinen eigenen Stoffwechsel und sind außerhalb der Wirtszelle „tote" Moleküle, praktisch nur ein Gen in einer Eiweißhülle (eine isoliert existierende Erbanlage, ein „Ribonukleinsäuremolekül"). Kristalle bilden sich „von selbst" in einer gesättigten Lösung, reproduzieren sich mit leichten Änderungen und verbrauchen dabei Energie – alle drei Kriterien von „Leben" scheinen erfüllt und bilden offensichtlich eine notwendige, aber nicht hinreichende Bedingung für Leben.[447] Lässt sich Leben also *vollständig* auf Physik und Chemie reduzieren? Die Vertreter des „Reduktionismus" behaupten es. Denn das Phänomen der „Emergenz", des Entstehens neuer Eigenschaften in einem Gesamtsystem, die aus den Eigenschaften seiner Komponenten nicht vollständig abgeleitet werden können, ist in der Physik allgegenwärtig. Ein gängiges Beispiel stammt aus der Chemie: Kochsalz (NaCl) zeigt ein Verhalten, das aus der Kenntnis der Eigenschaften seiner Bestandteile (Natrium und Chor) nicht vorhergesagt werden kann.

Leben, so sagt der französische Theologe, Philosoph und Anthropologe Pierre Teilhard de Chardin sinngemäß, ist die Auswirkung des unendlich Komplexen. Es entsteht „von allein" durch Zunahme von Komplexität.[448] Dieser Begriff ist seinerseits von einer gewissen Komplexität. Einerseits ist es die Schwierigkeit, das System zu beschreiben, andererseits ist es der Aufwand, es herzustellen. Ein gutes Beispiel ist ein romanischer Torbogen: einfach zu beschreiben, aber nicht so leicht zu bauen. In beiden Fällen kommt es nicht auf die Zahl der Systemkomponenten an, sondern auf die Vielfalt ihrer inneren Wechselbeziehungen.[449]

Doch wie ist etwas so Komplexes wie eine Aminosäure oder gar ein Enzym – eine der vielen Voraussetzungen für lebende Zellen – *überhaupt* entstanden? Wenn der Reduktionismus Recht hat, dann ohne Mitwirkung „höherer" Kräfte, also mehr oder weniger aus Zufall. Das ruft sofort scharfsinnige Kritiker auf den Plan, die für ein aus 20 Aminosäuren bestehendes Enzym errechnen, dass es eine Wahrscheinlichkeit von $1 : 20^{106}$ für ein zufälliges Entstehen hatte. Eine oft anzutreffende falsche Analogie, denn nicht das Endergebnis ist durch Zufall entstanden, sondern die Grundbausteine und das Bildungsgesetz. Die zufällig aufgetauchten Grundbausteine (z. B. Enzym-Prototypen mit nur wenigen Aminosäuren) hatten nach evolutionären Regeln kleine Überlebensvorteile. Sie fanden sich nach chemisch-physikalischen Gesetzen zu höheren Einheiten zusammen und das Spiel wiederholte sich.[450] Deswegen laufen die Prozesse der Selbstentstehung („Autopoiese") zuerst langsam und dann immer schneller: exponentiell. Auch etwas so Komplexes wie eine biologische Zelle entstand nicht als Ganzes „durch Zufall", sondern durch den Zusammenschluss und das Zusammenwirken von einfacheren Bausteinen.

Leben als Zunahme von Ordnung scheint dem Entropiesatz, dem 2. Hauptsatz der Thermodynamik, zu widersprechen – aber das sieht nur so aus. Er gilt bekanntlich nur für abgeschlossene Systeme, und dazu zählen lebende Organismen aufgrund ihres Stoffwechsels gerade *nicht*. Offene Systeme, die durch Energie- und Materiedurchsatz fern vom thermodynamischen Gleichgewicht gehalten werden (lokale Abnahme von Entropie), neigen zu spontanen Strukturbildungen. Dieser selbstorganisierende Übergang vom ungeordneten zum geordneten Zustand erfolgt oft sprunghaft. Lebende Systeme sind winzige Oasen der Ordnung in einer weitgehend ungeordneten Umwelt.[451] Zellen (z. B. Bakterien), die Urformen des Lebens, zeichnen sich durch Abgrenzung von der Umwelt und Zusammenfassung der chemisch-physikalischen Prozesse aus. Und trotz der Abgrenzung muss die Verbindung mit eben dieser Umwelt zum Zwecke des Stoffwechsels und damit der Energiezufuhr aufrechterhalten bleiben. Andernfalls wäre ihr Ende nach dem Entropiegesetz besiegelt. Leben erfordert „organische" Moleküle. Diese Bezeichnung weckt mehr Assoziationen als nötig, denn mit einer geheimnisvollen „Lebenskraft" hat auch das nichts zu tun. Chemiker meinen damit im Wesentlichen (meist große) Moleküle, die Kohlenstoffverbindungen darstellen (z. B. die einfachste Aminosäure: Glycin $H_2N\text{-}CH_2\text{-}COOH$, Bestandteil des Kollagens, aus dem Sehnen und Bänder im Körper aufgebaut sind).

Das größte aller Wunder ist, dass aus extrem wenigen „globalen" Anfangsbedingungen (Raum + Zeit + Energie + Naturgesetze) ein Universum entstand, in dem Materie, Leben und schließlich ein „Beobachter" entstanden. „Wunder" nicht in dem Sinne, dass es ein völlig unwahrscheinliches Ergebnis ist, dass nur durch eine „höhere Macht" oder einen „Sinn" erklärt werden kann (das schon besprochene „anthropische Prinzip"). Wunderbar ist schon die folgerichtige, unausweichliche, naturgesetzliche schrittweise Entwicklung in einem typischen exponentiellen Wachstum, in dem jedes Ergebnis in weitere Schritte eingebaut wird, sodass eine immer schneller wachsende Menge von Systemen entsteht. Vielleicht ist „Leben" auch nichts „grundsätzlich Neues", sondern nur eine Fortsetzung dieses Prozesses? Vielleicht ist der Übergang von „toter" zu „lebendiger" Materie nicht einmal eine Diskontinuität, sondern ein (in Hunderten von Millionen Jahren) unmerklicher Vorgang? Oder wirklich ein „Quantensprung", ein kleiner Übergang ohne erkennbare Zwischenstufen zu „etwas ganz anderem". Die „halbtote" Form von Viren könnte darauf hindeuten. Ebenso die Experimente, die ein Student namens Stanley Miller 1953 durchführte (1930–2007, später Professor für Biologie und Chemie an verschiedenen amerikanischen Universitäten): Er setzte Wasser (H_2O), Methan (CH_4) und Ammoniak (NH_3) elektrischen Entladungen aus, die wie die nicht enden wollenden Blitze in der frühen Erdgeschichte wirkten (siehe Kap. 10.1). Ergebnis waren nach wenigen Tagen (und nicht Jahrmillionen!) 3

von 20 Bausteinen aller biologischen Eiweißarten: Aminosäuren. Dies wurde unter der Bezeichnung „Miller-Urey-Experiment" berühmt. Der Weg führt heute in die „Synthetische Biologie", sozusagen „Leben 2.0".[452] Die Biologie weist der Technologie den Weg – wie in der Chemie wird die analytische Phase durch die synthetische abgelöst: Neue Stoffe werden hergestellt. Craig Venter produzierte im Mai 2010 den ersten künstlich hergestellten Organismus: Aus Gen-Ziegeln (*BioBricks*) werden künstliche Genome hergestellt. Und schließlich sind ca. 70 % der gesamten Biomasse der Erde einfachste Lebensformen: Mikroorganismen (z. B. Bakterien ohne eigenen Zellkern).

Ein komplexes und faszinierendes Thema, zu dem allein schon ganze Bücher gefüllt wurden. Der Physik-Nobelpreisträger Schrödinger (der Mann mit der Katze!) zum Beispiel hat die physikalische Rolle von Molekülen in lebenden Organismen einer gründlichen Analyse unterzogen. Noch trifft Meinung auf Meinung, noch kämpfen Reduktionisten gegen ihre Gegner.[453] Ich glaube, diese Frage gehört in die Klasse des „bekannten Unbekannten" und wird eines Tages geklärt sein. Denn inzwischen kann man selbstreproduzierende Systeme allein auf physikalisch-chemischer Grundlage bauen. Die „Molekularbiologie" untersucht genau diese Grenzlinie zwischen „lebendiger" und „toter" Materie. Enzyme z. B. sind lange Kettenmoleküle aus nur 20 verschiedenen Aminosäuren, die je nach Anordnung unterschiedliche Wirkung haben und unterschiedliche Informationen weitergeben können – eine der Voraussetzungen für und Kennzeichen von „Leben". Komplexe Moleküle verwandeln bei der Photosynthese Lichtenergie in chemische Energie – Grundlage allen pflanzlichen Lebens. Machen wir es kurz: Nach bisheriger Erkenntnis scheint eine Erklärung von „Leben" aufgrund physikalisch-chemischer Prozesse möglich zu sein, *ohne* zusätzliche Annahmen (wie eine *vis vitalis*) machen zu müssen.

Wahrheit und Wirklichkeit

„Die Wahrheit ist wie ein Elementarteilchen: Sie ist nicht weiter zerlegbar", hat mal jemand gesagt.[454] Wenn wir die Metapher weitertreiben, dann wissen wir auch nicht *genau*, wo sie ist. Sie kann vielleicht – wie ein Photon im Doppelspaltexperiment – an zwei Stellen gleichzeitig sein, sich mit sich selbst überlagern. Aber jetzt geraten wir in das gefährliche Fahrwasser der Esoteriker, die gerne Unverdautes aus der Quantenphysik benutzen, um Leute an der Nase herumzuführen.

„Wahrheit" ist kein Begriff, mit dem Physiker auf sinnvolle Weise operieren. Die Physik lebt von dem Prinzip, dass behauptete (oder aufgrund meist mathematisch-logischer Überlegungen postulierte) Erscheinungen in der Realität experimentell bewiesen, personenunabhängig nachvollzogen und – wenn möglich – in ihrem Wirkungsmechanismus erklärt werden können.

Dies lässt, wie wir an vielen Beispielen gesehen haben, oft jahrelang auf sich warten. Das ist nicht schlimm: So lange ist die Behauptung eine Hypothese, aber keine physikalische Theorie. Denn dieses Wort hat – ähnlich wie „Energie" – in der Physik eine eng abgegrenzte Bedeutung. Eine Theorie ist ein System von Aussagen, das dazu dient, Ausschnitte der Realität zu beschreiben beziehungsweise zu erklären und Prognosen über die Zukunft zu erstellen.[455] Treffen die Prognosen ein, ist die Theorie brauchbar, vielleicht sogar richtig (um nicht „wahr" zu sagen). So lange und nur so lange, bis sie „falsifiziert", also durch eine Beobachtung widerlegt wird. Salopp gesagt: Fällt der Apfel mal nicht senkrecht vom Baum, ist die Newton'sche Theorie der Gravitation im Eimer. Aber das ist auch noch keine Katastrophe: Viele der Theorien der klassischen Physik sind im strengen Sinne falsch bzw. unvollständig, denn sie berücksichtigen relativistische Effekte nicht. Dennoch sind sie brauchbar, denn diese Effekte verändern Messergebnisse bei normalen irdischen Geschwindigkeiten in meist nicht einmal feststellbarer Weise. Ist die empirische Prüfung einer Behauptung nicht möglich, dann gilt sie als „spekulativ" – sie gehört zu den Pseudowissenschaften oder Parawissenschaften.

„Wissenschaft ist nichts weiter als eine nicht endende Kette von Irrtümern", sagen viele, die ihr – oft aus Unkenntnis – ablehnend gegenüberstehen. Und wie Recht sie doch haben! „Wir irren uns empor", sagte mal ein Physiker.[456] Aber die „nicht endende Kette" ist gerade ihre Stärke: Sie hat immer die Möglichkeit, sich zu korrigieren und zu verfeinern. Andere meinen: „Nicht nur Gläubige denken, dass die Dinge existieren, an die sie glauben. Das tun auch Wissenschaftsgläubige." Deswegen ist es mit dem Glauben an wissenschaftliche Vermutungen nicht getan – Beweise müssen her. Aber alle Beweise sind vorläufig, gelten nur bis zu ihrer Widerlegung, so sagt Sir Karl Popper. Ich warte auf den Tag, wo der Apfel vom Baum – durch ko(s)mische Kräfte angezogen – im All verschwindet und das Gravitationsgesetz widerlegt ist. Am 28. Februar gehen alle Schiffe unter. Die Auftriebsgesetze, das archimedische Prinzip, hat sich als falsch erwiesen. Die Flugzeuge fallen am gleichen Tag vom Himmel: Der Bernoulli-Effekt hielt sie dort, aber er gilt nicht mehr. Ohne die Maxwell-Gleichungen dreht sich kein Elektromotor, erzeugt kein Generator Strom.[457] Also: So trivial ist Poppers Falsifikationismus auch wieder nicht!

Wir nähern uns in unserer Erkenntnis der Wahrheit und der Realität immer nur an. Bis wir den letzten Teil der Welt rational-materialistisch erklärt haben, ist unsere Art vielleicht ausgestorben. Nicht ganz vielleicht … Wenn wir uns ansehen, wie die Aborigines vor 40.000 Jahren in Australien Hitzeperioden und Eiszeiten überlebten – weit vom intellektuellen Niveau der heutigen Menschen entfernt –, dann können wir auf einen *Restart* hoffen. Und der heutige Mensch ist nichts anderes als der „Frühmensch" aus Sicht des Jahres 42.014.

11.4 Das physikalische Quartett

Über ein Jahr war vergangen. Die Wissenschaftler Willa, Eddi und Rudi hatten nach dieser Zeit harter geistiger Arbeit Zeit zur Besinnung, um die Ergebnisse ihres Tuns in einen größeren Zusammenhang einzubetten. Die Gelegenheit dazu bot sich, als Siggi mit trüber Stimme sagte: „Heute Abend ist nichts im Fernsehen!" In der Tat, der Eingang der Höhle, von dem aus sie so oft den herrlichen Weitblick genossen, war wolkenverhangen.[458]

Und so entspann sich ein tiefsinniges Gespräch, in dem unsere Freunde nochmals das aus ihrer Sicht Wichtigste Revue passieren ließen (oder auch nur das, was ihnen einfach in den assoziativen Gesprächsverlauf floss) …

Siggi: „Nun habt ihr ein Jahr Physik betrieben – was ist denn nun an tiefgreifender Erkenntnis herausgekommen?"

Eddi: „Wir vertreten ja vier Sichten auf die Physik: Ich suche Strukturen, Muster, Gesetze und innere Zusammenhänge, mathematische Regeln zu physikalischen Gesetzen."

Rudi: „Schön gesagt. Und ich überlege, was man damit Praktisches anfangen kann, wie man sie anschaulich präsentiert oder nachweist und ob sie im täglichen Leben etwas taugen. Und ich versuche, die Gesetze erst einmal herauszufinden und experimentell zu bestätigen."

Willa: „Wenn du vom täglichen Leben sprichst, komme ich ins Spiel. Ich denke darüber nach, welche Bedeutung das für uns hat, welche Lebensweisheiten man daraus ziehen kann. Eddi beweist, dass es eine Lösung gibt, Rudi findet sie und meine Handwerker bauen sie. Und ich überlege, ob das unser Leben verändert."

Siggi: „Das bringt uns zu meiner Sicht. Trägt es zur Weisheit der Menschen bei, hat es Konsequenzen für die Zukunft, fördert es die Entwicklung der Menschheit? Falls es überhaupt eine Zukunft gibt, so dumm, wie wir uns manchmal verhalten … Wir fressen unsere Ressourcen auf – es gibt kaum noch Mammuts! Doch was ist denn nun herausgekommen?"

Rudi: „Die Physik macht Aussagen über die Realität, die Dinge des täglichen Lebens. Über die Gesetze, denen sie gehorchen. Sie liefert Beschreibungen von Regelmäßigkeiten im Verhalten realer Systeme. Sie ist überprüfbar durch praktische Experimente. Sie ermöglicht Voraussagen über das Verhalten von Systemen, deren Gesetze wir kennen – zum Beispiel über die Fallzeit eines Gegenstandes. Sie ist etwas Konkretes, nichts Abstraktes wie die Mathematik. Die ist doch nur meine Hilfswissenschaft!"

Eddi: „Das denkst *du*! Ohne Mathematik gäbe es keine naturwissenschaftliche Erkenntnis! Außerdem arbeitet die Physik mit abstrakten Modellen der Realität, bei denen viele Einflussgrößen schlicht vernachlässigt werden. Die mathematischen Formulierungen der physikalischen Gesetze beschreiben eben *nicht* die Realität, sondern idealisierte Systeme. Es gibt kein ‚abgeschlossenes System‘, wie ihr das euch so oft vorstellt. Zum Beispiel kein Pendel, das nicht vom Luftwiderstand gebremst wäre. Voraussagen sind immer schwierig, besonders über die Zukunft. Wenn wir heute schon wüssten, was wir in 200 Jahren wissen werden, dann wüssten wir es ja heute schon.“

Siggi: „Leute, lasst die Kalauer. Für das Wissen aus der Zukunft habt ihr ja mich. Diese Schwarzweiß-Diskussionen führen bekanntlich zu keinerlei zusätzlicher Erleuchtung. Es gibt ja auch einen feinen Unterschied zwischen dem bekannten Unbekannten und dem unbekannten Unbekannten. Selbst ihr wisst ja schon, dass man in späterer Zeit einmal Näheres über das ‚Atom‘ herausbekommen wird. Aber ihr wisst nicht, welche neuen Theorien über die Materie irgendwann einmal auftauchen werden.“

Willa: „Da hat er Recht. Selbst ich als Hexe und weise Frau kann mir vorstellen, dass es Dinge gibt, die ich mir nicht vorstellen kann.“

Siggi: „Ja, keiner kann sie sich vorstellen, selbst ich nicht. Ich kann mir nicht vorstellen, dass eine bewegte Sanduhr langsamer geht oder dass eine bewegte Masse schwerer wird. Trotzdem *ist* es so, wie man nachweisen wird. Und zwar im Experiment, wie Rudi gesagt hat. Aber machen wir uns nichts vor: Rudis Physikerkollegen in ferner Zukunft werden noch verzweifeln an ihrer Aufgabe, das Universum zu verstehen. Jedes Mal, wenn sie die Natur durch ein Experiment befragen, antwortet sie mit einem Paradoxon. Dem Welle-Teilchen-Dualismus zum Beispiel. Sie werden sich fragen: ‚Kann die Natur wirklich so absurd sein?‘“[459]

Willa: „Unsere Vorstellungskraft versagt, weil wir nur die ‚Mittelwelt‘ kennen, in der wir leben. Nur hier hat unser Gehirn seine Denkregeln erlernt. Die ‚Mikrowelt‘ können wir ebenso wenig sinnlich erfahren wie die ‚Makrowelt‘. Deswegen gibt es Dinge, die wir uns nicht vorstellen können. Wir können uns aber auch Dinge vorstellen, die es nicht gibt. Aber nicht alles, was wir uns nicht vorstellen können, gibt es auch.“

Eddi: „Hexeneinmaleins! Aber es stimmt. Man kann es mit den Mitteln der Mengenlehre aufmalen – soll ich mal?“ (Abb. 11.3).

Willa: „Auch unsere Sprache spiegelt die Welt wider, in der wir leben und nicht die Welt der Atome oder des Universums, von der Siggi uns erzählt hat.“

Rudi: „Aber wir können sie mit unserem Verstand erschließen …“

Eddi: „… und ihre Gesetze in der Sprache der Mathematik formulieren.“

Willa: „Aber nicht in der Sprache unserer realen Erfahrung wiedergeben und den Menschen begreifbar machen. Eure mathematische Sprache ist eine Kunstsprache ohne jede Resonanz in eurer Seele. Eure Beschreibungsgegenstände sind idealisierte Systeme, die es in der Wirklichkeit nicht gibt.“

Siggi: „Wo die Frau Recht hat, hat sie Recht. Unser Gehirn ist kein Organ zur Erkenntnis der Natur, sondern zur Verbesserung unserer Überlebenschan-

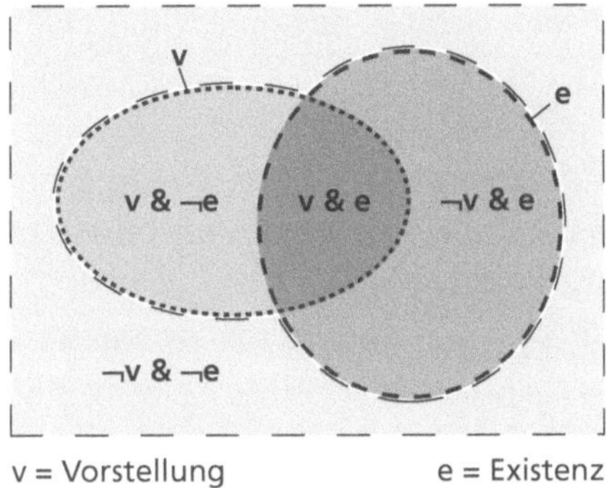

Abb. 11.3 Die vier Möglichkeiten von Vorstellung und Existenz

cen. Die Verwendung zu Erkenntniszwecken ist eine Zweckentfremdung.[460] Aber wir kommen vom Thema ab. Wir wollten die grundsätzlichen Erkenntnisse der Physik beleuchten, die im Gegensatz zu anderen Wissenschaften für sie charakteristisch sind."

Rudi: „Wie ich schon sagte: das wiederholbare Experiment. Die genaue Messung – zugegeben, unter Vernachlässigung winziger, vielleicht gar nicht messbarer Effekte. Genau genug, um praktische Technik im Alltag darauf aufzubauen, zum Beispiel Flaschenzüge. Das ist doch schon was, findet ihr nicht?!"

Willa: „Ja, ich als Vertreterin des praktischen Alltags kann das bestätigen. Es wird der Menschheit nutzen. Das weiß ich schon durch meine Intuition – da brauche ich die Bestätigung durch Siggis Seherkraft gar nicht."

Eddi: „Zu Experimenten und Messungen ist noch etwas Grundsätzliches zu sagen: Die Messung beeinflusst *immer* den zu messenden Vorgang. Der Effekt kann – und muss – vernachlässigbar klein sein. Ist er das nicht, bekommen wir Probleme. Eine Messung ist also niemals *beliebig* genau"."

Rudi: „Ein Messfehler von ein paar Prozent ist im Normalfall ausreichend. Ein Fehler im Promille-Bereich ist ein Traum."

Siggi: „In Zukunft wird man einige Messungen bis auf zehn Stellen genau vornehmen können. Aber bei *sehr* kleinen Objekten, den ‚Quanten', greift die ‚Heisenberg'sche Unschärferelation'. Da stört die Messung das zu Messende so sehr, dass die Messgenauigkeit ihr Ende findet. *Eine* Größe kann man noch genau messen, zwei komplementäre wie Ort und Impuls nicht mehr."

Rudi: „Naturgesetze gelten immer und überall. Das haben wir schon zigmal gesagt. Es ist eine grundlegende Regel."

Siggi: „Keine Regel ohne Ausnahme. In Singularitäten wie dem Urknall oder in Schwarzen Löchern ist die Physik am Ende."

Eddi: „Aber ‚Keine Regel ohne Ausnahme' ist auch eine Regel. Es muss eine Ausnahme geben, eine Regel, die *immer* gilt!"

Willa: „Jungs, nun aber Schluss mit dem Quatsch!"

Rudi: „Ich habe aber ein Problem …"

Eddi: „Du Glückspilz! *Ich* habe ganz viele …"

Rudi: „… wie kommt es, dass die konkreten Dinge und Sachen, die Materie, das Zähl- und Messbare, die ausgedehnten und massebehafteten Körper …"

Willa: „Komm zum Punkt, Mann!"

Rudi: „…den abstrakten Gesetzen der Mathematik folgen, den bloßen Gedanken und logischen Schlüssen?"

Willa: „Gute Frage! Ist das nicht dasselbe wie die Frage, wieso unsere Gedanken unseren physischen Körper bewegen? Ich will dir eine pfeffern, und ich tue es."

Rudi: „Oder du entscheidest dich mit deinem freien Willen, es *nicht* zu tun – wozu ich dir dringend raten würde!"

Eddi: „Auf jeden Fall scheinen Geist und Körper oder Seele und Leib oder Gehirn und Bewusstsein etwas radikal Verschiedenes zu sein."[461]

Siggi: „In späterer Zeit wird man das Leib-Seele-Dualismus nennen. René Descartes …"

Eddi: „Der Erfinder des kartesischen Koordinatensystems …"

Siggi: „… hat es als erster so genannt. Oder als zweiter, denn es wurde schon bei Aristoteles erwähnt. Das Überleben einer vom Körper getrennten Seele beschäftigt die Menschen ja schon lange. Also als *einer* der ersten, meinetwegen. Descartes war zumindest der erste, der es deutlich formulierte, der etwas Denkendes von etwas Ausgedehntem unterschied, Geist von Materie.[462] Es wird in 10.000 Jahren noch die Menschen beschäftigen. Man wird dir dann in das Gehirn schauen können – übrigens mithilfe der Eigenschaften von Atomen – und sehen, welche Gefühle oder Sinnesreize welche elektrischen Ströme fließen lassen."[463]

Rudi: „In Eddis Gehirn?! Die schrecken auch vor nichts zurück!"

Eddi: „Elektrische Aktivitäten? Im Kopf sind doch keine Drähte!"

Rudi: „Auch Flüssigkeiten leiten Strom, das weißt du doch. Sogar Wasser in geringem Umfang – und dein Kopf besteht ja aus nichts anderem."

Willa: „Jungs! Schluss mit dem Macho-Gehabe! Das ist doch eine interessante Frage: Was verursacht einen Gedanken in meinem Kopf? Nur elektrische Ströme? Und wodurch werden *sie* verursacht?"

Siggi: „Die Frage nach der Ursache taucht sowohl in der Physik als auch in der Philosophie auf. Was verursacht den Zerfall eines bestimmten Atoms? Was verursachte das Wachsen eines Zweiges an einer bestimmten Stelle eines Astes? Was verursacht eine Handlung meines Körpers? Sind es Gedanken, also etwas Abstraktes und Immaterielles, oder Gehirnströme, also etwas Materielles? Gibt es den ‚absoluten Zufall', den wir nie erklären können werden?"

Rudi: „Als Physiker frage ich dann nach dem Kausalitätsprinzip: Wieso können nichtmaterielle Gedanken auf den materiellen Körper einwirken?"[464]

Willa: „Eine ähnliche Frage nach einer Art ‚Qualitätssprung' taucht ja schon auf, wenn wir nach dem Ursprung des Lebens suchen. Wie entsteht Leben aus toter Materie?"

Siggi: „Genauso ist es. In ferner Zukunft werden sich nicht nur Philosophen, sondern auch Rudis Physikerkollegen darüber den Kopf zerbrechen. Denn die Grundlage des Lebens ist reine Materie, Riesen-Moleküle zum Beispiel – und was Moleküle sind, habe ich euch ja aus der Zukunft berichtet."[465]

Rudi: „Die Welt ist ja nur ein riesiges Uhrwerk, das physikalischen Gesetzen gehorcht und damit vollständig mathematisch beschrieben werden kann. Wir Menschen sind nur lebende Maschinen.[466] Alles ist determiniert. Würden wir alle Naturgesetze und alle Anfangsbedingungen aller physikalischen Teilchen im Universum kennen, dann könnten wir jeden vergangenen und jeden zukünftigen Zustand berechnen."

Willa: „Quatsch! *Du* bist ein Teil der Welt, um nur *ein* Beispiel zu geben, und ich weiß nicht mal, was in deinem Kopf vor sich geht – wenn überhaupt darin etwas vor sich geht. Dein subjektives Erleben ist nicht einmal mitteilbar und schon gar nicht berechenbar. Es mag auf physikalischen, chemischen oder elektrischen Vorgängen beruhen, ist aber trotzdem etwas völlig anderes. Bewusstsein ist von Materie radikal verschieden."

Siggi: „So ist es. Der ‚Laplace'sche Dämon' ist undenkbar. Ich kann dir versichern, dass wir auch in zehntausend Jahren noch nicht alle Naturgesetze kennen werden. Und wenn ich dich an die Heisenberg'sche Unschärferelation erinnern darf …"

Rudi: „… die hier etwas überbeansprucht wird. Ich gehe davon aus, dass es in der Welt ausschließlich natürliche Dinge und Eigenschaften gibt. Ohne Dämonen oder übernatürliche Intelligenzen. Alles hier geht mit rechten Dingen zu, alles materielle Geschehen läuft im Rahmen von Naturgesetzen ab."

Eddi: „Ja, Wunder oder Geister oder geheimnisvolle Kräfte oder verborgenes Wirken oder eine das Schicksal bestimmende Vorsehung gibt es nicht."

Siggi: „Später wird man das ‚Naturalismus' und ‚Realismus' nennen, eine philosophische Denkrichtung. Für sie ist alles physische Natur, auch der Geist oder das Bewusstsein entstehen aus ihr – keiner weiß allerdings, wie."

Rudi: „Ja, wir sind überzeugt, dass alles seine natürlichen Ursachen hat – selbst wenn wir sie nicht erkennen können – und keine übernatürlichen. Man kann sich nicht einfach irgendeinen Unsinn ausdenken, nur weil die Wissenschaft manche Dinge noch nicht versteht."

Willa: „Aber wir brauchen die Götter! Sie geben uns Kraft, Trost, Hoffnung und Zuversicht angesichts des Todes. Sie sind Adressaten unserer Wünsche und Sehnsüchte. Wir können ihnen für ihre Geschenke danken, ohne uns klein zu fühlen. Sie können uns von unserer Schuld freisprechen."

Siggi: „Akzeptiert! Aber sie können uns die Welt nicht erklären. Der Glaube kann das nicht, nur die Wissenschaft."

Willa: „Die Götter führen und leiten und beschützen uns. Sie befehlen uns, Gutes zu tun."

Eddi: „Das mache ich auch ohne Befehl, aus freiem Willen ..."

Rudi: „Nur bei mir nicht ..."

Eddi: „... denn das schafft mir mehr Befriedigung."

Rudi: „Die Physik macht es nicht unmöglich an Gott zu glauben, sondern ermöglicht vielmehr, nicht an Gott zu glauben. Ohne Wissenschaft ist alles ein Wunder."

Siggi: „Religionen, Mythen und Geschichten werden vergehen – vielleicht erst in langer Zeit. Aber wissenschaftliche Erkenntnisse bleiben bestehen, wenn sie richtig sind."

Eddi: „Wir Realisten sind auch überzeugt, dass es eine ‚Welt da draußen‘ gibt und dass wir sicheres Wissen mit überprüfbaren Methoden über sie erlangen können. Wir können erfolgreiche Theorien und Modelle entwickeln, die sich bewähren."

Willa: „Aber auch falsche Theorien können erfolgreich sein. Es gibt positive Wirkungen, nur ihre Erklärung ist falsch. Denn, wenn ich ehrlich bin, meine Hexenkräfte existieren wahrscheinlich nicht, aber die Leute glauben daran und es hilft ihnen, wenn sie krank sind."

Eddi: „Deine Einsicht ehrt dich. In den Naturwissenschaften gibt es noch ein besseres Kriterium: Theorien können *scheitern*. Ein Theorie muss es erlauben, einen Satz zu formulieren, der, wenn er wahr ist, beweist, dass die Theorie falsch ist."

Siggi: „Der Falsifikationismus von Sir Karl Popper ..."

Rudi: „Sehr wolkig ausgedrückt ... gib ein Beispiel!"

Siggi: „Der Satz ‚Atome sind unteilbar‘ wäre der Ausdruck einer solchen Theorie. Das gilt noch Tausende von Jahren. Erst im 20. Jahrhundert der neuen Zeitrechnung wurde klar, dass sie aus kleineren Teilchen bestehen. Die Theorie war gescheitert."

Willa: „Wissenschaftliche Erkenntnisse bleiben bestehen, wenn sie richtig sind?! Ja, *wenn*! Das stimmt schon ... Aber sagt man nicht: ‚Wissenschaft ist nichts als eine lange Kette von Irrtümern‘?"

Siggi: „Von *korrigierten* Irrtümern! Und außerdem ist dein flotter Spruch eine selektive Wahrnehmung, denn zehn Irrtümern und tausend absichtlichen Fälschungen – ja, auch das gibt es! – stehen Hunderttausende verlässlicher Ergebnisse gegenüber. Warte zehntausend Jahre, und die Menschheit wird mühelos und angenehm mit und von den Ergebnissen leben können. Zumindest der reichere Teil ..."

Eddi: „Also leben wir mit beidem: dem Abstrakten, dem Logischen, dem Geistigen ..."

Rudi: „... und dem Konkreten, dem Messbaren, dem Materiellen."

Siggi: „Ja, und die Bereiche sind nicht voneinander getrennt. Sie wechselwirken. Sie stehen miteinander in kausaler Beziehung. Kurz gesagt: Nichts geschieht ohne Grund.“

Willa: „‚Nichts‘ ist vielleicht etwas weit gegriffen, denn das können wir nicht beweisen. Geschieht der Zerfall eines Atoms *ohne* Ursache oder mit einer, die uns nur nicht bekannt ist? Und wie gehen wir mit dem ‚unendlichen Regress‘ um, der daraus entsteht? Denn die Ursache-Wirkungs-Kette hätte ja nie ein Ende!“

Siggi: „Das ist von Aristoteles schon vorgedacht worden …“

Willa: „Wieso?! Der lebt doch erst in achttausend Jahren …“

Eddi: „Nicht umsonst bist du eine weise Frau! Was Siggi auf seinen anstrengenden Reisen erlebt und *sieht*, das *ahnst* du schon voraus. Wer von uns würde nicht gerne den Schleier lüften, unter dem die Zukunft verborgen liegt, um einen Blick zu werfen auf die bevorstehenden Fortschritte unserer Wissenschaft und in die Geheimnisse ihrer Entwicklung während der künftigen Jahrhunderte?“[467]

Siggi: „Gegenüber dem Rätsel aber, was Materie und Kraft seien, und wie sie zu denken vermögen, muss er ein für allemal zu dem viel schwerer abzugebenden Wahrspruch sich entschließen. *Ignoramus et ignorabimus* – das ist lateinisch und heißt: ‚Wir wissen es nicht und wir werden es nicht wissen‘.“[468]

Eddi aber erhob sich und zog demonstrativ den Schlussstrich: „Ich zitiere einen Kollegen aus der Zukunft, von dem Siggi mir berichtet hat: ‚Wir dürfen nicht denen glauben, die heute mit philosophischer Miene und überlegenem Tone den Kulturuntergang prophezeien und sich in dem Ignorabimus gefallen. Für uns gibt es kein Ignorabimus, und meiner Meinung nach auch für die Naturwissenschaft überhaupt nicht. Statt des törichten Ignorabimus heiße im Gegenteil unsere Losung: Wir müssen wissen, wir werden wissen.‘ Das sagte der berühmte Mathematiker David Hilbert.“[469]

Fassen wir zusammen

Von den einfachsten Naturgesetzen bis zu den Annehmlichkeiten der modernen Welt – Physik steckt in allen Dingen, ebenso wie die Mathematik. Deswegen gehört das Wissen um ihre Grundprinzipien auch zur Allgemeinbildung. Aber Anschaulichkeit und Vorstellbarkeit versagen oft, wenn wir uns die Welt erklären wollen. In diesem letzten Kapitel haben die Vier über das gesprochen, was man von der Physik wissen muss, wenn man alle Fakten vergessen hat. Hier berührt die Physik wie alle Wissenschaften wieder die Philosophie, aus der sie hervorgegangen ist – die „Liebe zur Weisheit“, die „Mutter allen Denkens“.

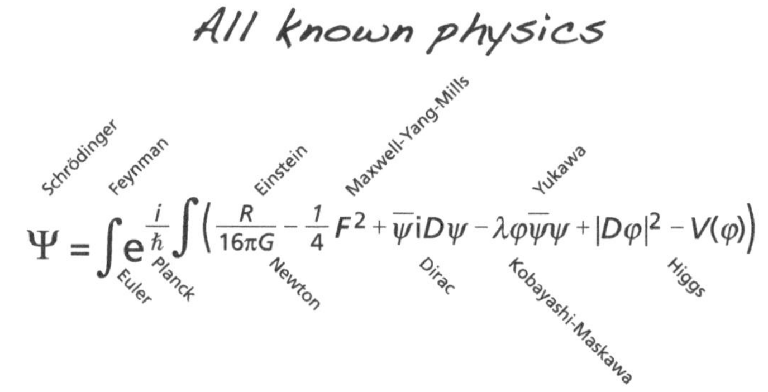

$$\Psi = \int e^{\frac{i}{\hbar}} \int \left(\frac{R}{16\pi G} - \frac{1}{4} F^2 + \overline{\psi} iD\psi - \lambda\varphi\overline{\psi}\psi + |D\varphi|^2 - V(\varphi) \right)$$

Abb. 11.4   Alle Gesetze der Physik in einer Zeile

Wichtige und große weltanschauliche Fragen siedeln an der Grenzlinie zwischen Physik und Philosophie. Ob nämlich Leben, Geist und Bewusstsein auf rein physikalischen Quellen beruhen oder ob ein meta-physisches „Etwas" dazu kommt – und welcher Natur es dann wäre. Letztlich die Frage nach der Ursache (der Ur-Sache) von allem und damit nach einer wie auch immer gearteten „Schöpfung".

Wird es je eine TOE, eine *Theory Of Everything* (eine große vereinheitlichte Theorie, *Grand Unified Theory*) geben? Eine Theorie, die alle vier Grundkräfte der Physik zusammenfasst. Zumindest hat der südafrikanische Astrophysiker Neil Turok „die gesamte bekannte Physik" in einer Formel zusammengefasst, die Sie – da Sie ja nun am Ende dieses Buches angekommen sind – nicht mehr schrecken kann (Abb. 11.4).[470] Nach Turoks Aussage ist sie noch unvollständig, aber erklärt Millionen von Experimenten mit nur 18 freien Variablen. Denn die klassische Physik betrachtet die Welt als Raum mit Objekten in ihr, durch die ggf. Wellen (oder Partikel) reisen, in der Zeit verrinnt. Die moderne Physik betrachtet die Welt als Gleichung der Quantenphysik. Und beide „Physiken" tauchen in Turoks Formel auf.

Die Physik liefert auch einen (bescheidenen) Ansatz, die Welt zu verstehen. Die Welt, die aus global vernetzten, rückgekoppelten Systemen besteht. Von ihnen können wir einen (zu) kleinen Teil mathematisch beschreiben und kontrollieren. Aber die selbst geschaffene Komplexität wächst schneller, als wir sie beherrschen können. Wir blicken nicht mehr durch. Wir können „blinden" Zufall und die Wirkung deterministischer Prozesse nicht mehr unterscheiden. Sie verlaufen zunehmend chaotisch und sind von Rand- und Anfangsbedingungen extrem abhängig. Wir verstehen nicht einmal die Fachsprache, in der die (vermeintlichen) Experten darüber reden. Vielleicht hat dieses Buch dazu beigetragen, dies um ein paar Promille zu verbessern.

Der Kosmos wird durch Naturgesetze bestimmt, die in ihrer mathematischen Logik widerspruchsfrei sind. Selbst der Mikrokosmos – die Quantenphysik, die kaum jemand versteht – gehorcht dieser Logik und kann nur durch Mathematik exakt beschrieben werden. Können wir nun dem in einer Sinnkrise befindlichen Dr. Heinrich Faust bei seinem Verlangen „Dass ich erkenne, was die Welt// Im Innersten zusammenhält" helfen?[471] Die Antwort wäre: „Wissenschaft ist, was die Welt// Im Innersten zusammenhält"!

Die Geschichte wiederholt sich nicht, sagen die Historiker. Bezüglich der hier vorgestellten wissenschaftlichen Erkenntnisse können wir erfreulicherweise das Gegenteil feststellen. Was die Steinzeitmenschen gedacht haben (könnten), wurde gedacht. Das scheint der Weg des Menschen zu sein. Denn die Evolution geht weiter. Wir sind nämlich nur die Höhlenmenschen von morgen. Wir müssen wissen, wir werden wissen. Wissenschaft mag verrückt und unverständlich sein – verrückter und unverständlicher als jede Theologie – aber sie funktioniert. Sie liefert Resultate.[472]

Anmerkungen

„Anmerkungen am Ende des Buchs, wie ich doch sehe, dass andre Bücher eingerichtet sind, auch fabelhafte und weltliche, die voller Sentenzen des Aristoteles, Plato und der ganzen Schar der Philosophen stecken, worüber sich alsdann die Leser verwundern und die Verfasser für belesene, gelehrte und beredte Männer halten."
Miguel de Cervantes Saavedra: Leben und Taten des scharfsinnigen Edlen Don Quixote von la Mancha (Prolog)

Anmerkung zur Anmerkung

Die häufige Bezugnahme auf Wikipedia® beruht u. a. auf der Anerkennung dieser Enzyklopädie als durchaus fundiertes Nachschlagewerk und auf ihrer starken Verbreitung. Für weitergehende Recherchen sollte der Leser jedoch auch auf andere Informationsquellen zurückgreifen.

Hinweis: Die Internet-Links sind Stand Mitte 2014 – sie können evtl. verschoben oder gelöscht worden sein.

1   Gedicht von Erich Kästner (1899–1974): Die Entwicklung der Menschheit. Quelle: http://www.gedichte.vu/?die_entwicklung_der_menschheit.html.

2   Als Spökenkieker werden im westfälischen und im niederdeutschen Sprachraum, speziell im Emsland, Münsterland und in Dithmarschen, Menschen mit „zweitem Gesicht" bezeichnet. Der Begriff Spökenkieker kann dabei in etwa mit „Spuk-Gucker" oder „Geister-Seher" übersetzt werden. Spökenkiekern wird die Fähigkeit nachgesagt, in die Zukunft blicken zu können. Quelle: http://de.wikipedia.org/wiki/Spökenkieker.

3   Determinismus (lat. determinare „abgrenzen", „bestimmen") bezeichnet die Auffassung, dass zukünftige Ereignisse durch Vorbedingungen eindeutig festgelegt sind. Quelle: http://de.wikipedia.org/wiki/Determinismus. Präkognition (lateinisch: vor der Erkenntnis) ist die Bezeichnung

für die angebliche Vorhersage eines Ereignisses oder Sachverhaltes aus der Zukunft, ohne dass hierfür rationales Wissen zum Zeitpunkt der Voraussicht zur Verfügung gestanden hätte. Quelle: http://de.wikipedia.org/wiki/Präkognition.

4 Als erste Mathematikerin überhaupt gilt Hypatia von Alexandria (ca. 355–415 n. Chr.), die ein grausiges Ende fand (Quelle: http://de.wikipedia.org/wiki/Hypatia). Die erste Mathematikprofessorin, die russische Mathematikerin Sofja Kowalewskaja (1850–1891), betrat erst 1889 in Stockholm die akademische Bühne. Quelle: http://de.wikipedia.org/wiki/Sofja_Kowalewskaja.

5 Wicca" ist eine neureligiöse Bewegung und versteht sich als eine wiederbelebte Natur- und als Mysterienreligion. Wicca hat seinen Ursprung in der ersten Hälfte des 20. Jahrhunderts und ist eine Glaubensrichtung des Neuheidentums. Die meisten der unterschiedlichen Wicca-Richtungen sind […] anti-patriarchalisch. Wicca versteht sich auch als die „Religion der Hexen", die meisten Anhänger bezeichnen sich selbst als Hexen. Quelle: http://de.wikipedia.org/wiki/Wicca.

6 Dietrich Schwanitz: Bildung – Alles, was man wissen muss. Eichborn, Frankfurt 1999, S. 482. Da empfehle ich eher Ernst P. Fischer: Die andere Bildung: Was man von den Naturwissenschaften wissen sollte. Ullstein, Berlin 2003.

7 Wilhelm von Beetz: Leitfaden der Physik. Hrsg. Julius Henrici. Grieben's Verlag, Leipzig 1893. Englisch (Faksimile des Originals), Verlag BiblioBazaar 2008, ISBN-13: 978-0559355868.

8 Eddis letzter Satz wurde von Galileo Galilei geschrieben (1623): „Das Buch der Natur ist in der Sprache der Mathematik geschrieben und ihre Buchstaben sind Dreiecke, Kreise und andere geometrische Figuren, ohne die es ganz unmöglich ist auch nur einen Satz zu verstehen, ohne die man sich in einem dunklen Labyrinth verliert." Original in Galileo Galilei: II Saggiatore (1623) Edition Nazionale, Bd. 6, Florenz 1896, S. 232. Siehe http://de.wiktionary.org/wiki/Natur.

9 Ein Spruch, der dem Mathematiker David Hilbert (1862–1943) zugeschrieben wird. Quelle: http://www.mathe.tu-freiberg.de/~hebisch/cafe/zitate.html.

10 Anmerkung von Jens J. Korff in seiner Rezension zu „Jürgen Beetz: 1 + 1 = 10 – Mathematik für Höhlenmenschen. Springer, Heidelberg 2012" (http://www.amazon.de/product-reviews/3827429277/).

11 Vergl. http://de.wikipedia.org/wiki/Ingenieur#Etymologie.

12 Mikronesien (von altgriechisch *mikros* = klein und *nēsoi* = Inseln – also „Kleine Inseln") ist ein Inselgebiet im westlichen Pazifischen Ozean. (Quelle: http://de.wikipedia.org/wiki/Mikronesien) – das gibt es wirk-

lich. Die anderen beiden sind Wortschöpfungen: vom griechischen *mé-sos* = mittlerer, mitten und *makrós* = groß.

13 Die bekannte Physik umspannt ca. 45 Größenordnungen: Zwischen der Größe von Elementarteilchen und der des Universums spannt sich ein Verhältnis von $1 : 10^{45}$. Quelle: Walter Lewin, Vorlesung „Lec 1 | 8.01 Physics I: Classical Mechanics, Fall 1999" in http://www.youtube.com/watch?v=PmJV8CHIqFc.

14 Natürlich gibt es die Einheit der Physik, und die physikalischen Gesetze sind universell, nur die „Allgemeine Relativitätstheorie" und die „Quantentheorie" (auf die wir ausführlich eingehen werden) hat man noch nicht zusammengebracht. Sie sind die unterschiedlichen „Kontinente", und dies ist ja die große offen Frage in der Physik. Deswegen sind die beliebten Sprüche „Wie oben so unten" oder „Wie im Großen so im Kleinen" falsche Analogieschlüsse. (Sie stammen aus den „Sieben Kosmischen Gesetzen nach Hermes Trismegistos", siehe http://www.puramaryam.de/gesetzhermes.html).

15 Quellen: 1. Volksmund (USA), 2. Paracelsus (1493–1541) *„dosis sola venenum facit"* = „Allein die Menge macht das Gift", 3. Philip W. Anderson, theoretischer Physiker und Nobelpreisträger, in Science Vol. 177 Nr. 4047 S. 393 (http://www.tkm.kit.edu/downloads/TKM1_2011_more_is_different_PWA.pdf).

16 Die letzten 2 Sätze entstammen wörtlich aus Peter Heinze: Technische Mechanik I – Statik starrer Körper. Hochschule Wismar, FB MVU WS 2009/2010 (http://www.mb.hs-wismar.de/~heinze/subdir/TM-1-main.pdf).

17 Siehe dazu Martin Bäker: Die ZEIT und die Zahlen (3.3.2013) in http://scienceblogs.de/hier-wohnen-drachen/2013/03/03/die-zeit-und-die-zahlen/. Zum Thema „Messgenauigkeit" die Publikation der ISO (*International Organization for Standardization*) *„Guide to the expression of uncertainty in measurement"* (http://www.bipm.org/utils/common/documents/jcgm/JCGM_100_2008_E.pdf aus http://www.bipm.org/en/publications/guides/gum.html).

18 Die Einheiten stehen in der Regel direkt („multiplikativ") hinter der Zahlenangabe, z. B. 1,5 m oder 9,81 m/s². Möchte man bei Variablen die Einheit anmerken, können sie in eckige Klammern gesetzt werden, also z. B. so: M [kg]. Grundregel in diesem Buch soll aber sein, Missverständnisse zu vermeiden und weniger, einer starren Vorschrift zu folgen.

19 Jürgen Beetz: 1 + 1 = 10 – Mathematik für Höhlenmenschen. Springer, Heidelberg 2012, S. 65.

20 In http://de.wikipedia.org/wiki/SI-Einheitensystem#Geschichte wird die zeitliche Entwicklung des „SI-Einheitensystems" beschrieben, in

http://de.wikipedia.org/wiki/Meter#Definitionsgeschichte die des „Urmeters".

21   Quelle: Hannsferdinand Döbler: Kultur- und Sittengeschichte der Welt V. Schrift, Buch, Wissenschaft. Bertelsmann, München 1973, S. 110. Der „Hundsstern" (*Alpha Canis Majoris*) ist uns allen als der Sirius bekannt (http://de.wikipedia.org/wiki/Sirius).

22   Angelika Franz: Fund in Schottland – Der älteste Kalender der Welt. SPIEGEL online 15.07.2013 (http://www.spiegel.de/wissenschaft/mensch/zeitmessung-archaeologie-aeltester-kalender-entdeckt-a-911211.html).

23   Er spielt auf das Sexagesimalsystem (60er-System) der Sumerer um 3300 v. Chr. an, aus dem sich später das Zwölfersystem (Duodezimalsystem) für die Stundeneinteilung entwickelte (siehe http://de.wikipedia.org/wiki/Geschichte_der_Zeitmessgeräte und http://de.wikipedia.org/wiki/Sexagesimalsystem).

24   Der Zählwettbeweb findet sich in Jürgen Beetz: $1 + 1 = 10$ – Mathematik für Höhlenmenschen. Springer, Heidelberg 2012, S. 338. Siehe auch http://de.wikipedia.org/wiki/Sexagesimalsystem#Ein-_und_zweihändiges_Zählen_mit_Fingergliedern_und_Fingern.

25   Hier passt die physikalische Größe l (für „Länge") zum Anfangsbuchstaben der Dimension („L"). Wir werden aber andere Beispiele sehen, wie etwa die Größe „Drehmoment" mit der Einheit [N · m] („Newtonmeter") und der Dimension $M·L^2·T^{-2}$ (Masse mal Länge² durch Zeit²). „Zeit" wird traditionsgemäß mit „t" abgekürzt, ihre Dimension mit „T".

26   Das Internationale Einheitensystem, abgekürzt SI (von französisch *Système international d'unités*), ist das heute weltweit am weitesten verbreitete Einheitensystem für physikalische Größen. Quelle: http://de.wikipedia.org/wiki/SI-Einheitensystem.

27   Zur Dichte aller Elemente siehe http://www.periodensystem-online.de/index.php, dort http://www.periodensystem-online.de/index.php?show=list&id=modify&prop=Dichte der Elemente im Festzustand, andere Stoffe z. B. http://home.eduhi.at/member/ams/PCDichte.htm.

28   Umrechnung $1 \ kg/m^3 = 0,001 \ g/cm^3$.

29   Eine Steinzeitaussage, z. T. eine auch heute noch gültige Empfehlung bei Versuchen im Unterricht. In der Forschung wird oft gemessen, bis eine gewünschte Fehlergrenze unterschritten ist.

30   Hier hat Rudi einfach einen mittleren absoluten Messfehler ausgerechnet: $(0,5 + 0,2 + 0,3)/3 = 0,333…$ Statistiker nehmen hier z. B. die „Standardabweichung".

31   Idee aus Walter Lewin: Vorlesung Lec 1 | 8.01 Physics I: Classical Mechanics, Fall 1999. Quelle: http://www.youtube.com/watch?v=PmJV8CHIqFc.

32 Die Erde dreht sich nach Osten, siehe http://de.wikipedia.org/wiki/ Erdrotation.

33 Die Masse der Erde von $5,9 \cdot 10^{24}$ kg dividiert durch Eddis Masse von 70 kg ist ca. $0,84 \cdot 10^{23} \cdot 10^5 \cdot 10^9 \cdot 10^9$.

34 Versuchsanordnung frei nach Christoph Drösser: Der Physikverführer – Versuchsanordnungen für alle Lebenslagen. rororo, Reinbek 2011. Quelle: http://www.droesser.net/physikverfuehrer/physik_leseprobe.php.

35 Eine solche Eichkurve gibt es für den „Recurvebogen" (eine fast lineare Abhängigkeit) in http://www.dieterortner.ch/physik/mechanik_ waerme/pfeilbogenphysik.pdf.

36 Jürgen Beetz: $1 + 1 = 10$ – Mathematik für Höhlenmenschen. Springer, Heidelberg 2012, S. 211 f.

37 Ihr Wert schwankt auf der Erdoberfläche wegen der Erdabplattung und der Erdrotation in Meereshöhe zwischen $9,78$ m/s^2 am Äquator und $9,83$ m/s^2 an den Polen. Zusätzlich ist sie von der Höhe über Normalnull abhängig.

38 Die Federwaage ist ein Messgerät, das die Dehnung einer Schraubenfeder zur Messung einer Kraft verwendet (Quelle: http://de.wikipedia. org/wiki/Federwaage). Wir werden ihr in Kap. 4.1 begegnen.

39 Wörtlich aus http://de.wikipedia.org/wiki/Actio_und_Reactio. Sir Isaac Newton war ein englischer Naturforscher und Philosoph im weitesten Sinne. Er verfasste 1686 das Werk „Mathematische Prinzipien der Naturphilosophie" (*Philosophiae Naturalis Principia Mathematica*).

40 In der Ebene arbeitet man z. B. mit „komplexen Zahlen", vgl. Jürgen Beetz: $1 + 1 = 10$ – Mathematik für Höhlenmenschen. Springer, Heidelberg 2012, S. 104 Abb. 3.23. Eine einfache Einführung in die Vektoraddition bietet auch Martin Bäker in „Die Maxwellgleichungen (fast) ohne Formeln" (http://scienceblogs.de/hier-wohnen-drachen/2010/08/24/ die-maxwellgleichungen-ohne-formeln-1-felder/). Mit ein wenig Mathematik (Sinus, Cosinus) kann man die x- und y-Anteile der Kräfte leicht errechnen und addieren, da die Angriffswinkel (z. B. relativ zur x-Achse) ja gegeben sein müssen.

41 Z. B. ist der Betrag von O_1 gleich $50 \sqrt{(4^2 + 2^2)} \approx 50 \cdot 4,472 \approx 224$.

42 Archimedes von Syrakus (ca. 287–212 v. Chr.) war ein antiker griechischer Mathematiker, Physiker und Ingenieur. Er gilt als einer der bedeutendsten Mathematiker der Antike. Quelle: http://de.wikipedia. org/wiki/Archimedes. Siehe dort unter „Hebelgesetz".

43 Quelle (leicht verändert): http://de.wikipedia.org/wiki/Hebelgesetz.

44 Ausführlich dargestellt in Walter Lewin: 25 | 8.01 Physics I: Classical Mechanics, Fall 1999 (u. a. am Beispiel einer Leiter, die an einer Wand lehnt). Quelle: http://www.youtube.com/watch?v=lJfuU7D1DOA.

45 Mehr zum Thema Balken u. a. im Vorlesungsskript „Der biegesteife Träger" der TU Berlin (http://mechanik.tu-berlin.de/popov/mechanik1_ws0304/skript/mech1_7.pdf).

46 Bild und Herleitung frei nach Wilhelm von Beetz: Leitfaden der Physik. Hrsg. Julius Henrici. Grieben's Verlag, Leipzig 1893, S. 27 (vergl. Anm. 6).

47 Näheres (der „Faktorenflaschenzug") siehe http://de.wikipedia.org/wiki/Flaschenzug#Faktorenflaschenzug.

48 Siehe Jürgen Beetz: 1 + 1 = 10 – Mathematik für Höhlenmenschen. Springer, Heidelberg 2012, S. 71 f.

49 Das „d" vor einer Größe (z. B. ds) bezeichnet ein winziges Stückchen dieser Größe (z. B. ein winziges Stückchen Weg). Siehe Jürgen Beetz: 1 + 1 = 10 – Mathematik für Höhlenmenschen. Springer, Heidelberg 2012, S. 225 f.

50 Siehe Jürgen Beetz: 1 + 1 = 10 – Mathematik für Höhlenmenschen. Springer, Heidelberg 2012, S. 251 f.

51 Urs Wyder: Geschwindigkeit, Beschleunigung und Kraft, S. 7 (Quelle: http://www.nanotribo.org/diploma/appendix/the_end/ksh/Beschleunigung.pdf).

52 Grafik und Text frei nach Werner Maurer: Affe am Seil (http://www.youtube.com/watch?v=2ZkQyQ_0Gew). Dieses Problem ist auch als *Lewis Carrol's Monkey Puzzle* bekannt (http://www.puzzlearchive.com/puzzlewiki/Lewis_Carrol's_monkey_puzzle).

53 Quelle: R. Hahnloser (ETH Zürich): Physik I, Musterlösung 2 (FS 08), S. 4 (http://www.ini.uzh.ch/~rich/Physik/Musterloesung2.pdf).

54 Bevor die Freunde der Breitreifen Protest anmelden: Das gilt – wie die gesamte Physik – für idealisierte Systeme. Es könnte z. B. sein, dass der Reibungskoeffizient vom Druck abhängig ist. Offensichtlich sind dennoch Breitreifen (z. B. bei Formel 1) sinnvoll, sonst würde man sie nicht einsetzen.

55 Die „Euler-Eytelwein-Formel", auch Seilreibungsformel genannt, wurde von Leonhard Euler (1707–1783) und Johann Albert Eytelwein (1764–1848) entwickelt. Quelle: http://de.wikipedia.org/wiki/Euler-Eytelwein-Formel. Siehe zu Seilhaftung und -reibung auch http://www.mb.hs-wismar.de/~heinze/subdir/TM-1-main.pdf.

56 Wörtlich aus http://de.wikipedia.org/wiki/Newtonsche_Gesetze#Erstes_newtonsches_Gesetz.

57 Hier gibt es noch viele feine Unterscheidungen, siehe http://de.wikipedia.org/wiki/Translation_(Physik).

58 Die Zentrifugalkraft „flieht" aus dem Zentrum der Kreisbewegung (lat. *fugere* = fliehen), die Zentripetalkraft zieht den Körper zum Zentrum

hin (lat. petere = streben nach) – andernfalls würde er tangential davonfliegen.

59 Quelle (Zeichnung und Herleitung): http://matheplanet.com/default3.
html?call=viewtopic.php?topic=119306.

60 Das einzige Pferd, das „rechnen konnte", war der „Kluge Hans" (siehe
http://de.wikipedia.org/wiki/Kluger_Hans).

61 Zitiert aus Jürgen Beetz: 1 + 1 = 10 – Mathematik für Höhlenmenschen.
Springer, Heidelberg 2012, S. 393.

62 Die erste Aussage stimmt nicht so ganz: Wir merken auf der Erde, dass
wir uns nicht in einem „Inertialsystem" bewegen (die Fachbegriffe in „"
bitte im Internet nachlesen), z. B. durch Effekte wie die „Corioliskraft".
Man erkennt es am „Foucault'schen Pendel" und an der Drehrichtung
von Tief- und Hochdrucksystemen.

63 Focus Online 10.05.2012: Astronomische Überraschung – Sonne fliegt
langsamer durch den Weltraum als gedacht. Quelle: http://www.focus.
de/wissen/weltraum/astronomie/astronomische-ueberraschung-sonne-
fliegt-langsamer-als-gedacht_aid_750743.html.

64 Siehe http://de.wikipedia.org/wiki/Relativitätsprinzip u. v. a. m., z. B.
Joachim Schulz: Relativitätsprinzip. Letzte drei Sätze zitiert von dort
(http://www.relativitätsprinzip.info).

65 Vergl. http://de.wikipedia.org/wiki/Kleinwinkelnäherung.

66 Herleitung in Anlehnung an Walter Lewin: Lec 10 | 8.01 Physics I:
Classical Mechanics, Fall 1999 mit einem seiner klassischen Pendelex-
perimente (am Ende bei min. 46:30 f.: „*Physics works!*"). Quelle: http://
www.youtube.com/watch?v=__2YND93ofE. Behandlung des Klassischen Pendels bei 29:10 f. (Willas Kommentar bei 31:50). Eine andere
Quelle (http://de.wikipedia.org/wiki/Mathematisches_Pendel) arbeitet
nicht mit x|y-Koordinaten, sondern mit der tangentialen Rückstellkraft.
Zu erwähnen auch das berühmte Experiment zur Energieerhaltung
beim Pendel in Walter Lewin: „*All of you have now lost your virginity…
in Physics!*" (http://www.youtube.com/watch?v=sF-m3XZKvLI). Das
„Todespendel", das den Energieerhaltungssatz demonstriert, kommt in
vielen Filmen vor, z. B. in http://www.youtube.com/watch?v=ihqtW-
dTdGAw oder http://www.youtube.com/watch?v=8GLtFNaiMH8.

67 Herleitung nach Georg-August-Universität Göttingen: „Die Schwingungsgleichung" in http://lp.uni-goettingen.de/get/text/6062. NB. Die
Wahl von „l" für die Länge des Pendels ist zwar mnemonisch einleuchtend, könnte aber zu Verwechslungen mit der „1" (eins) führen.

68 Kosmologen mögen mir vergeben: Ein Ende der Drehbewegung um die
Sonne ist vorauszusehen (wenn die Sonne zum „Roten Riesen" wird).
Und auch der unveränderliche Drehimpuls kann durch äußere Ein-

wirkungen (z. B. mit Meteoriten) verändert werden. Es gibt eben kein „ideales System".

69 Siehe Jürgen Beetz: 1 + 1 = 10 – Mathematik für Höhlenmenschen. Springer, Heidelberg 2012, S. 115, 220, 251 f.

70 Quelle der ersten zwei Absätze: Harald Lesch: „Was ist Energie?" alpha-Centauri 10.11.2002 http://www.br.de/fernsehen/br-alpha/sendungen/alpha-centauri/alpha-centauri-energie-2002_x100.html.

71 „Kugelschubsen" war der Steinzeitausdruck für *Pétanque* oder das *Boule*-Spiel, im Italienischen *Boccia*.

72 Gesprochen „Dschul" mit fast unhörbarem „D" und einem Sch-Laut wie in Jazz. Benannt nach dem britischen Physiker James Prescott Joule (1818–1889).

73 Benannt nach dem schottischen Wissenschaftler James Watt, der u. a. 1788 den Fliehkraftregler zur Regulierung der Drehzahl von Dampfmaschinen erfand (die Maschine selbst wurde schon 1712 von Thomas Newcomen erfunden).

74 Der Fachausdruck lautet „Dissipation". Die Energie einer Bewegung, die in andere Energieformen umwandelbar ist, geht in thermische Energie über, d. h. in Energie einer ungeordneten Bewegung der Moleküle. Quelle: http://de.wikipedia.org/wiki/Dissipation.

75 Wörtlich aus http://de.wikipedia.org/wiki/Potentielle_Energie#Potentielle_Energie_und_der_Energieerhaltungssatz.

76 Frei nach *Conservation of Energy* in der *Khan Academy*: https://www.khanacademy.org/science/physics/work-and-energy/work-and-energy-tutorial/v/conservation-of-energy.

77 Hier ist wieder ein kleiner Kalauer fällig: Im wohlschmeckenden Fleisch vom griechischen Drehspieß lebt das Wort weiter (griechisch *gýros* „Kreisel").

78 Damit spielt Siggi auf die Unterscheidung der *Perpetua mobilia* in „1. Art", „2. Art" und „3. Art" an. Die ist z. B. (mit vielen Beispielen) in http://www.perpetuum-mobile.de/ nachzulesen.

79 Siggi meint die „Archimedische Schraube" und beschreibt hier die „*water screw perpetual motion machine*" des englischen Physikers Robert Fludd aus dem Jahr 1618 (siehe http://www.perpetual-motion.info/water_screw.html).

80 Sehr schön am Billard erklärt in einem 3-min-Film in http://www.youtube.com/watch?v=aRD6D0vGla4.

81 Dieser Absatz wörtlich aus http://www.uni-protokolle.de/Lexikon/Energieerhaltungssatz.html.

82 Quelle: Edgar Lüscher: Pipers Buch der modernen Physik. Piper München, 2. Aufl. 1980, S. 143.

83 Wenn Sie lange genug darüber nachgedacht haben, liebe Leser(innen), dann sehen Sie vielleicht einen Lösungsansatz: Sie war in Rudis Körper gespeichert und entstammte seiner Nahrung, vielleicht einer Hammelkeule. Dorthin kam sie aus dem Gras, das der Hammel gefressen hatte. Pflanzen bekommen ihre Energie durch die Photosynthese, die das Sonnenlicht anzapft. Die Sonnenenergie wird in der Sonne durch die Verschmelzung von Atomkernen freigesetzt (nicht „erzeugt", denn sie ist ja schon *da*). Die Atome in der Sonne stammen aus dem Universum – und das alles führt uns schließlich zum „Urknall", den wir im Kapitel 10.6 besprechen werden.

84 Das versucht man bei der „Kraft-Wärme-Kopplung" (KWK) zu vermeiden: Mechanische Energie (z. B. ein Dieselmotor) oder direkt ein Heizkraftwerk liefern elektrischen Strom und nutzbare Wärme für Heizzwecke.

85 Sie haben ihn vielleicht bereits kennengelernt in Jürgen Beetz: 1 + 1 = 10 – Mathematik für Höhlenmenschen. Springer, Heidelberg 2012, S. 74 f, 120, 285 f.

86 Gute Herleitung mit Animation/Simulation in http://www.leifiphysik. de/web_ph11/simulationen/05ballistisch/ballistpendel_l.htm.

87 Das deckt sich gut mit den Werten aus http://www.kyudo-sum.de/ballistik/ wirkungsgrad-bogen-einfuehrend.htm (Rechnungen ohne übertriebene Genauigkeit).

88 Quelle (http://en.wikipedia.org/wiki/Ballistic_pendulum#History bzw. http://de.wikipedia.org/wiki/Ballistisches_Pendel.

89 Jürgen Beetz: 1 + 1 = 10 – Mathematik für Höhlenmenschen. Springer, Heidelberg 2012, S. 211 f.

90 Abbildung 3.5 frei nach Simon Steinmann: Elastischer Stoß 26.03.2006 (http://commons.wikimedia.org/wiki/File:Elastischer_stoß.gif).

91 Das weiß auch der dreijährige Wang Wuka aus China, „der Mozart der Billardkugeln". Sein Video (https://www.youtube.com/watch?v=CniPRkwqteI) wurde mehr als 100.000-mal angeklickt.

92 Gleichungen frei nach LEIFIphysik „Zentraler, vollkommen elastischer Stoß" (http://www.leifiphysik.de/themenbereiche/erhaltungssaetzeundstoesse/lb/zentrale-stoesse-voll-elastischer-stoss).

93 Schöne Java-Applets für beide Arten von physikalischen Stößen mit variablen Parametern gibt es von Walter Fendt auf http://www.walterfendt.de/ph14d/stoss.htm.

94   Jürgen Beetz: 1 + 1 = 10 – Mathematik für Höhlenmenschen. Springer, Heidelberg 2012, S. 158 f.

95   Frei nach Rüdiger Blume: „Bildungsserver für Chemie" (http://www. chemieunterricht.de/dc2/wasser/w-schwim.htm).

96   Denn, um Ihnen die ungewohnte Einheit „Newton" noch einmal ins Gedächtnis zu rufen: $1\,N = 1\,kg \cdot m/s^2$.

97   Der Fachausdruck dafür ist „Kugelschalenanemometer". Die beiden Formen haben einen unterschiedlichen „Strömungswiderstandskoeffizienten", den „c_W-Wert" (1,33 für die konkave Seite der Halbkugelschale; 0,34 für die konvexe Seite, also fast das Vierfache). Der Luftwiderstand ist proportional zum „c_W-Wert". Gute Serien-Pkws kommen auf ca. 0,25.

98   Quelle: http://de.wikipedia.org/wiki/Hydraulik#Geschichtliche_Entwicklung.

99   Die letzten beiden Absätze frei nach Quarks & Co 09.12.2003: „Warum fliegt ein Flugzeug? Alles eine Sache des Auftriebs" (http://www. wdr.de/tv/quarks/sendungsbeitraege/2003/1209/002_fliegen.jsp) und Gert Steidles Luftfahrtarchiv „Wie fliegt ein Flugzeug?". (http://www. luftfahrtarchiv.eu/index.php?option=com_content&view=article&id =186:wiefliegt-ein-flugzeug&catid=39:grundkenntnisse&Itemid=59).

100   Anders Celsius (1701–1744) war ein schwedischer Astronom und Physiker, Daniel Gabriel Fahrenheit (1686–1736) war ein deutscher Physiker und Erfinder.

101   Lassen Sie sich durch die typografische Ähnlichkeit von „eins" und „ell" nicht verwirren!

102   Der strenge Physiker rechnet hier nicht in „Grad" [°C], denn das ist keine SI-Einheit, sondern in „Kelvin" [K]. Das ist die Celsius-Einteilung relativ zum absoluten Nullpunkt von ca. −273 Grad. Sommerliche 27 °C sind etwa 300 K.

103   Fall 1 ist das „Boyle-Mariotte'sche Gesetz" $p \cdot V$ = const., Fall 2 ist das „Gay-Lussac'sche Gesetz" V/T = const., Fall 3 ist das „Gesetz von Amontons", oft auch „2. Gesetz von Gay-Lussac" p/T = const.; zusammen die „thermische Zustandsgleichung idealer Gase".

104   Näheres ist im Internet unter „Kalorie" und „Kalorimeter" zu finden.

105   Mephistopheles: „Blut ist ein ganz besonderer Saft." in „Faust. Eine Tragödie" von Johann Wolfgang von Goethe, 1. Aufzug, Szene „Studierzimmer", Zeile 1740.

106   Quelle der Zahlenwerte: Bundesgymnasium Ried, Ried im Innkreis (Österreich) in http://schulen.eduhi.at/riedgym/physik/10/waerme/ kapazitaet/start_kapazitaet.htm.

107 Benannt nach dem Schweizer Mathematiker Leonhard Euler (1707–1783), die Basis des „natürlichen Logarithmus", eine irrationale transzendente reelle Zahl mit dem Wert e = 2,71828.

108 „Lebenskraft" (lat. vis vitalis, franz. élan vital) war ein Begriff für unverstandene biologische Vorgänge und führte im 19. Jh. zur philosophischen Richtung des „Vitalismus", der eine wesensmäßige Besonderheit des Organischen gegenüber dem Anorganischen unterstellt.

109 Quelle: © Spektrum Akademischer Verlag (http://www.wissenschaftonline.de/artikel/1002879).

110 Sehr gut und umfangreich beschrieben in https://en.wikipedia.org/wiki/Brownian_motion (mit Simulation), zum Holländischen siehe https://nl.wikipedia.org/wiki/Brownse_beweging.

111 Siehe Einleitung zu Einsteins Arbeit in http://onlinelibrary.wiley.com/doi/10.1002/andp.200590005/abstract.

112 In Wikipedia zu finden (https://de.wikipedia.org/wiki/Aeolipile), unter dem Stichwort „Heronsball" oder „Aeolipile" bei Google und in action auf http://www.youtube.com/watch?v=Y8eb3ak1f9g.

113 Text mit freundlicher Genehmigung von Ilka Rhode, AstroMedia Versand, Neustadt in Holstein. Dort auch Selbstbausätze auf http://astromedia.eu/Bastelspass-der-Wissen-schafft/Der-Stirling-Motor::52.html und (ein Heronsball) http://astromedia.eu/Bastelspass-der-Wissen-schafft/Der-Dampfkreisel::71.html.

114 An vielen Stellen im Internet zu besichtigen, z. B. Werner Berthold: „Der Stirlingmotor" in http://www.youtube.com/watch?v=zHO2lnwB9gY.

115 Teile des Textes und die Abb. 4.4 mit freundlicher Erlaubnis von Bruno Lämmli (http://www.lokifahrer.ch/Lukmanier/Dampfmaschine.htm#6). Schöne Animation einer kompletten Maschine (mit Regler und Steuerung des Schiebers) in http://commons.wikimedia.org/wiki/File:Steam_engine_in_action.gif.

116 Jürgen Beetz: 1 + 1 = 10 – Mathematik für Höhlenmenschen. Springer, Heidelberg 2012, S. 96, 254 f. Einige Textteile wörtlich von dort.

117 Ein Begriff aus der Mathematik: eine Gleichung mit „Differenzialen", d. h. kleinen Differenzgrößen. Z. B. ist „dT" eine kleine Temperaturveränderung und „dt" eine kleine Zeitspanne.

118 Siehe http://de.wikipedia.org/wiki/Eigenschaften_des_Wassers. Verblüffen Sie Ihre Bekannten mit der „Dichteanomalie", der „Dipoleigenschaft" oder einem neuen Namen für H2O: „Dihydrogenmonoxid".

119 Zusätzlich zu den drei „klassischen" Aggregatzuständen gibt es noch andere, die zum Teil nur unter extremen Bedingungen auftreten. Ein Beispiel ist ein sog. „Plasma", wie es bei sehr hohen Temperaturen

beim Lichtbogen-Schweißen, in Blitzen oder im Inneren von Sternen auftritt. Dabei werden Atome in ihre Bestandteile zerlegt (mehr dazu in Kap. 9).

120 Die Bezeichnung „Grad Celsius" ist ja etwas eigenartig. Ein korrekter Physiker misst die Temperatur in „Kelvin" und nicht „Grad Kelvin".

121 Quelle: Wiedamann Media, Erkrath in Teichbau-Profi.de (http://www. teichbau-profi.de/113/wie-viel-wasser-verdunstet-im-teich.html).

122 Die animierte gif-Datei von Dieter Ortner zeigt die Wirkungsweise eines Kühlschrankes: Wärme wird aus dem Inneren des Kühlschrankes nach außen transportiert (http://www.dieterortner.ch/physik/mechanik_waerme/kuehlschrank.gif).

123 Text frei nach http://www.leifiphysik.de/themenbereiche/innere-energie-waermekapazitaet/ausblick#Kühlschrank.

124 Abbildung 5.7 links frei nach Universität zu Köln, Mathematisch-Naturwissenschaftliche Fakultät, Physikalische Chemie (http://www. polymere.uni-koeln.de/11590.html). Abbildung 5.7 rechts frei nach LEIFIphysik (http://www.leifiphysik.de/themenbereiche/innere-energie-waermekapazitaet/ausblick#Kühlschrank).

125 Der nullte Hauptsatz wurde erst nach den drei anderen im 20. Jh. formuliert – da er erst die Existenz der Temperatur als Beschreibungsgröße von thermodynamischen Gleichgewichtszuständen garantiert und damit fundamentaler ist als die anderen drei (und deswegen auch nicht verunglimpft werden sollte), wurde er den anderen dreien vorangestellt.

126 Der zweite Hauptsatz ist sehr kurios. Er ist einer der wenigen Gesetze in der Physik, die als Ungleichung (Entropie wächst: $dS > 0$) formuliert wird. Sonst werden Gesetze fast immer als Gleichungen formuliert ($F = m \cdot a$ etc.). Seine Herleitung aus fundamentaleren Gesetzen ist immer noch kontrovers.

127 Für Mathematiker: Es ist der „Binomialkoeffizient „n über k" = 100 über 36 = $1.977 \cdot 10^{27}$ (http://www.jetzt-rechnen.de/Mathematik/Binomialkoeffizient.html). Sie wissen: 1 Milliarde (mit der wir im Finanzsektor so verschwenderisch umgehen) sind „nur" 10^9.

128 Die Anzahl der Moleküle in einem „Mol" ist die „Avogadro-Zahl" (wie Sie in Kap. 9.1 sehen werden). In einem Gasvolumen von einem Kubikmeter bei normalem Druck liegt die Zahl der Teilchen in der Größenordnung von rund $3 \cdot 10^{25}$ Molekülen.

129 Das „d" vor einer Größe kennzeichnet eine kleine (infinitesimale, gegen 0 gehende) Zunahme dieser Größe, z. B. ist „dv" eine kleine Zunahme der Geschwindigkeit v oder „dt" eine winzige Zeitdifferenz. Bei endlichen Differenzen ist ein großes Delta üblicher: ΔS statt dS.

Der Übergang zwischen den beiden ist natürlich fließend. Bei der Verwendung von „d" wird oft ein darauf folgender Integrationsvorgang angedeutet: Z. B. führt dv/ dt = k (Konstante) durch Integrieren zu v = k · t.

130 Einige Sätze und das Rechenbeispiel mit freundlicher Erlaubnis von Helmut Föll, Christian-Albrechts-Universität Kiel (MaWi 1 Skript): Einführung in die Materialwissenschaft, dort 5.3.2 Definition der Entropie und erste Anwendung (http://www.tf.uni-kiel.de/matwis/amat/ mw1_ge/kap_5/backbone/r5_3_2.html). Dort auch ein sehr anschauliches Beispiel analog zu Abb. 5.8: Zwei Szenarien zum Begriff der „Entropie".

131 Quelle: H. Herwig: Was ist Entropie? Eine Frage – Zehn Antworten. Forschung im Ingenieurwesen 66, S. 74–78 (http://link.springer.com/ article/10.1007 %2Fs100100000038#page-1)

132 Nachlesbar in http://de.wikipedia.org/wiki/Entropie_(Thermodynamik)#Problematik.

133 Das ist die sog. „Sorites-Paradoxie" (auch „Paradoxie des Haufens"), die schon von den „alten Griechen" formuliert wurde.

134 Was im Vergleich zur Nutzung von Abwärme sowieso eine Vergeudung „hochwertiger" Energie ist, vgl. Frederic Vester: Neuland des Denkens. Vom technokratischen zum kybernetischen Zeitalter. DVA Stuttgart 1980, S. 256 f.

135 Quelle (teilweise): https://de.wikipedia.org/wiki/Wärmepumpe. Details siehe auch https://de.wikipedia.org/wiki/Wärmepumpenheizung.

136 Wer es genau wissen will, der besuche den Online-Rechner The speed of sound in sea water des Andreyev Acoustics Institute in Moskau (http://www.akin.ru/spravka_eng/s_i_svel_e.htm).

137 Quelle aller Zahlen: https://de.wikipedia.org/wiki/Schallgeschwindigkeit.

138 Resonanz (ein lineares Phänomen) wird heute allerdings nicht mehr als Ursache für den Kollaps akzeptiert. Siehe z. B. den englischen Wikipedia- Eintrag in https://en.wikipedia.org/wiki/Tacoma_Narrows_ Bridge_(1940). Neuerdings wird die Ursache durch einen komplexeren und fundamental nicht-linearen Ansatz erklärt.

139 In zahlreichen Filmen zu bewundern, z. B. Tacoma Narrows Bridge Collapse „Gallopin' Gertie" auf http://www.youtube.com/ watch?v=jzczJXSxnw oder (mit technischen Daten) http://www.youtube.com/watch?v=3mclp9QmCGs. Quelle der Geschichte (z. T. wörtlich): https://de.wikipedia.org/wiki/Tacoma_Narrows_Bridge. Unter den vielen Beschreibungen und Erklärungen wäre auch http://www.

berndnebel.de/bruecken/index.html?/bruecken/4_desaster/tacoma/ta-coma. html zu empfehlen.

140 Quelle: Universität Duisburg/Essen, Bauphysik auf http://www.uni-due.de/ibpm/BauPhy/Schall/Buch/Tabellen.htm#tab19.

141 Berechnung der Wellenlänge einer Schallwelle in Luft bei gegebener Frequenz und Temperatur im Forum von Eberhard Sengpiel auf http:// www.sengpielaudio.com/Rechner-wellen.htm.

142 Das gilt natürlich nur für gleichmäßig temperiert gestimmte Klaviere – für Cembali mit historischen Stimmungen nicht.

143 Anspielung auf „Play it again, Sam", einen Satz Humphrey Bogarts im Film Casablanca (den er nie gesagt hat: „This is well-known as one of the most widely misquoted lines from films"), Quelle: http://www. phrases. org.uk/meanings/284700.html.

144 Natürlich nicht bei Tönen, die im Vakuum ja nicht zu hören sind, son-dern bei der „Rotverschiebung" von Lichtwellen (die wir in Kap. 10.1 behandeln). Gemessen wurde die Änderung von Tonhöhen 1845 vom Physiker Christoph Buys-Ballot. Er postierte dazu mehrere Trompeter sowohl auf einem fahrenden Eisenbahnzug als auch neben der Bahn-strecke. Beim Vorbeifahren sollte jeweils einer von ihnen ein G spielen und die anderen die gehörte Tonhöhe bestimmen. Es ergab sich eine Verschiebung von einem Halbton, entsprechend einer Geschwindigkeit von 70 km/h (wörtlich aus http://de.wikipedia.org/wiki/Dopplereffekt).

145 Quelle: Frequenztabelle „Frequenzen der gleichschwebend temperier-ten Stimmung mit a' = 440 Hz" in http://pianotip.de/frequenz.htm. Eine medizinische Anwendung des Dopplereffekts ist die „Doppler-Ultrasonographie", bei der der Blutfluss im Herzen oder anderen Gefäßen untersucht werden kann. Zu wichtigen Anwendung in der Astronomie kommen wir noch in Kap. 10 (die sogenannte „Rotver-schiebung" erlaubt die Geschwindigkeitsmessung von Galaxien).

146 Abbildung 6.4 mit freundlicher Erlaubnis von Jan Krieger (https:// de.wikipedia.org/wiki/Datei:Interferenz_sinus.png).

147 Die Wahrnehmung der Lautstärke erfolgt im Wesentlichen nach einer logarithmischen Skala, weshalb einem der doppelte Schalldruck nicht doppelt so laut vorkommt. Eine Verdoppelung des Schalldrucks ent-spricht einer um 6 Dezibel größeren Lautstärke.

148 Auf Tasteninstrumenten wird gerne die „temperierte Stimmung" ver-wendet, um möglichst viele (im Idealfall alle) Tonarten spielen zu können. Denn wäre alles rein (also „pythagoreisch") gestimmt, dann könnte man nur eine Tonart spielen. Einige Intervalle werden dabei von ihrer akustischen Reinheit geringfügig abweichend gestimmt. Z. B. kann man eine reine Quinte stimmen – die Obertöne sind dann

in Resonanz (das hört man). Will man ein „temperiertes Klavier",
muss der Klavierstimmer bei der „temperierten Quinte" das Verhältnis $2^{7/12} = 1,4983…$ erkennen, das etwas niedriger als die reine Quinte
$3/2 = 1,5$ ist. Dazu vergleicht er zwei bestimmte Obertöne des Grundtons und der zu stimmenden Quinte und zählt die Schwebungen. Auf
diese Weise kann man diese kleinen Frequenzverhältnisse (i.e. den
Unterschied zwischen reiner und temperierter Quinte) gut einstellen.

149 Bernstein wurde schon vor über 20.000 Jahren als Schmuckstein verwendet. Er ist nichtmineralischer Struktur (also kein „Stein"), sondern
fossiles Harz.

150 Vermutlich meinte er die „Volta'sche Säule", auf die wir gleich zu sprechen kommen.

151 Frei nach „Frösche Galvanis" in LEIFIphysik (http://www.leifiphysik.
de/themenbereiche/elektrische-grundgroessen/lb/l-galvani-froesche-
galvanis).

152 Wenn es nicht wahr ist, dann ist es gut erfunden (*Se non è vero, è mol-
to ben trovato*, dem italienischen Philosophen und Dichter Giordano
Bruno zugeschrieben, Quelle: http://de.wikiquote.org/wiki/Giorda-
no_Bruno). Und als Eselsbrücke gut zu gebrauchen.

153 Oder benutzen Sie http://www.wolframalpha.com/input/?i=Ohm%-
27s+law+calculator&lk=3.

154 Wer es nicht glaubt, kann „kilowatt pro jahr" in eine Suchmaschine
eingeben und erhält *About 307,000 results (0.26 s)*. Darunter Zeitungen und Schulen. Peinlich!

155 Mithilfe eines Umspanners oder „Transformators", siehe den Abschnitt „Von der Induktion zur Transformation". Die Einzelheiten
dieser ereignisreichen Auseinandersetzung kann man in http://de.wi-
kipedia.org/wiki/Stromkrieg nachlesen.

156 Genaugenommen sind 230 V die effektive Spannung. Die Amplitude
beträgt $1,41 \cdot 230\,V = 325\,V$ (vergl. Abb. 7.5).

157 Text und Abb. 7.7 mit freundlicher Erlaubnis von Martin Bäker: Die
Maxwellgleichungen (fast) ohne Formeln in http://scienceblogs.de/
hier-wohnen-drachen/2010/08/30/die-maxwellgleichungen-fast-oh-
ne-formeln-5-unter-strom/.

158 Fans können sich hier an das dreidimensionale Spiel „Quidditch" in
den Harry-Potter-Romanen erinnern (http://de.wikipedia.org/wiki/
Begriffe_der_Harry-Potter-Romane#Quidditch).

159 Frei nach Harald Lesch in „Abenteuer Forschung" (http://www.you-
tube.com/watch?v=eYYVZZdERN0).

160 Ich stütze mich hier und im Folgenden mit freundlicher Erlaubnis
hauptsächlich auf Martin Bäker: Die Maxwellgleichungen (fast) ohne

Formeln (http://scienceblogs.de/hier-wohnen-drachen/2010/08/24/die-maxwellgleichungen-ohne-formeln-1-felder/) und Folgeseiten.

161 Dass sein Eisenkern nach Abschalten des Stromes einen Restmagnetismus behält, wollen wir hier mal vernachlässigen.

162 Im Technikerjargon wird ein Kondensator manchmal einfach „Kapazität" genannt, obwohl die Bezeichnung für die elektrische Kapazität (die Speicherfähigkeit) C = Ladung Q / Spannung U reserviert ist.

163 Quelle (3 Sätze wörtlich): https://de.wikipedia.org/wiki/Blindleistung. Das Erdkabel im Beispiel ist die „380-kV-Transversale" durch das Stadtgebiet von Berlin.

164 Näheres müssen wir uns hier schenken, es ist aber in Jürgen Beetz: 1 + 1 = 10 – Mathematik für Höhlenmenschen. Springer, Heidelberg 2012, Kap. 4.4 S. 102 f. nachlesbar.

165 Abbildung 7.15 mit freundlicher Erlaubnis von Reinhard Rossmann http://elektronik-kurs.net/elektrotechnik/gleichstrommotor/.

166 Quelle (leicht modifiziert): Chemie LK http://www.lk-chemie.de/faraday-gesetze.html. Dort erhält man ca. 0,237 g Kupfer mit 0,4 A in ½ Std. und 1,118 mg Silber mit 1 A in 1 s. NB.: Im Reichsgesetzblatt von 1898 wurde ein Ampere als die Stärke eines Stromes definiert, der in einer Sekunde mittels Elektrolyse aus einer Silbernitratlösung 1,118 mg Silber abscheidet (gemessen im „Silbercoulometer").

167 Quelle: „Schmelzflusselektrolyse zur Herstellung von Aluminium" in http://m.schuelerlexikon.de/mobile_chemie/Schmelzflusselektrolyse_zur_Herstellung_von_Aluminium.htm.

168 Während eine Alkali-Mangan-Batterie 1,5 V Nennspannung pro Zelle liefert, bringen es Lithiumbatterien je nach Kathodenmaterial auf 1,8–3,7 V.

169 Quelle: „Elektrolyte" auf http://gesund.co.at/elektrolyte-12631/.

170 Quelle (z. T. wörtlich): unbekannter Autor (auf stillgelegter Webseite?) http://www.wundersamessammelsurium.info/elektrisches/index.html. Es gibt noch weitere, z. B. den von Einstein entdeckten „Photoeffekt" oder den nach dem amerikanischen Physiker Edwin Hall benannten „Hall-Effekt".

171 Eine Spule, ein kräftiger kleiner Magnet und eine stromsparende Leuchtdiode bilden den Kern einer Taschenlampe, die durch Schütteln zum Leuchten gebracht werden kann. Beispiel: Ein am Gürtel befestigter Warnblinker für das Joggen am Abend: „Lauf-Leuchte" auf http://www.finetech.net/doutgar.html.

172 Zum Beispiel der „Seebeck-Effekt": In einem Stromkreis aus zwei verschiedenen elektrischen Leitern entsteht bei einer Temperaturdifferenz zwischen den Kontaktstellen eine elektrische Spannung. Beim

„Peltier-Effekt" ist es umgekehrt: Ein elektrischer Stromfluss bewirkt eine Änderung des Wärmetransportes (Wärme wird freigesetzt oder entzogen, der eine Kontakt wird warm und der andere kalt.). Beim „Thomson-Effekt" wird in einem stromdurchflossenen Leiter mit einer Temperaturdifferenz zwischen zwei Punkten entweder mehr oder weniger Wärme transportieren, als dies ohne Stromfluss aufgrund der Wärmeleitfähigkeit der Fall wäre. Quelle: https://de.wikipedia.org/wiki/Thermoelektrizität.

173　Quelle: Original-Patentschrift in http://www.pat2pdf.org/patents/pat307031.pdf.

174　Ggf. auch „flitzende Ionen", wenn Sie an die Elektrolyse denken.

175　Frei nach Martin Lambeck: Irrt die Physik? – Über alternative Medizin und Esoterik, C. H. Beck, München. 2. Auflage 2005, S. 17.

176　M. Andratschke, A. Pfitzner: Gläser. Demonstrationsvorträge im Wintersemester 2008/2009, Universität Regensburg, Institut für Anorganische Chemie. Quelle: http://www.uni-regensburg.de/chemie-pharmazie/anorganische-chemie-pfitzner/medien/data-demo/2008-2009/glas_rsmssh.pdf.

177　Quelle: http://de.wikipedia.org/wiki/Lichtstärke_(Photometrie)#Veraltete_ Einheiten.

178　Mit einem Applet der Mississippi-State-Universität kann man den Weg des Lichts durch ein Prisma verfolgen. Quelle: LEIFIphysik http://www.leifiphysik.de/themenbereiche/lichtbrechung/versuche#lightbox=/themenbereiche/lichtbrechung/lb/prisma-simulation-simulation.

179　Der Fachausdruck dafür ist „Rayleigh-Streuung", die Streuung elektromagnetischer Wellen an Teilchen, deren Durchmesser klein im Vergleich zur Wellenlänge λ ist. Sie gilt auch bei der Streuung von Licht an den kleinen Luftmolekülen.

180　Bild mit freundlicher Erlaubnis von Robert Roseeu, Zentrale für Unterrichtsmedien im Internet (ZUM Internet e. V.) von http://satgeo.zum.de/satgeo/methoden/anwendungen/satgeo_spektrum/seiten/spektrum_ sonnenstrahlung.htm.

181　Abbildung 7.4 aus Teaching Advanced Physics (http://tap.iop.org/vibration/em/312/page_46675.html). Die elektrischen Feldvektoren und die magnetische Feldvektoren elektromagnetischer Wellen stehen übrigens senkrecht aufeinander und senkrecht zur Ausbreitungsrichtung.

182　Nur in der Astronomie wird eine weitere Ablenkung des Lichts durch schwere Massen beobachtet, der „Gravitationslinseneffekt", den wir in Kap. 10.3 genauer behandeln werden.

183 Siehe Spektrum der Wissenschaft 08/2012 (http://www.spektrum.de/alias/wie-gross-muss-ein-spiegel-im-vergleich-zu-einem-selbstmindestens-sein-damit-man-sich-in-voller-gro/713802).

184 Siehe http://de.wikipedia.org/wiki/Lesestein_(Optik), http://www.optiker.at/museum/geschichte-der-brille/ und http://www.optiker.at/museum/ibn-al-haitham-alhazen/.

185 Quelle: Hans Thiem: Bildentstehung an der Sammellinse mit interaktivem Applet in http://hans-thiem-platz.de/Physik/Sammellinse/sammellinse.html (dort findet man auch die Linsengleichung, den Zusammenhang von Gegenstands-, Bild- und Brennweite).

186 An dieser Stelle wäre zu bemerken, dass „Sehen" mehr ist, als das Bild auf der Netzhaut vom Kopf auf die Füße zu stellen und zu erkennen. Sehen ist z. T. ein konstruktiver Prozess, bei dem das Gehirn viele Bestandteile aus der Erinnerung hinzufügt (oder weglässt), die nicht zum vom Auge gesehenen Bild gehören. So entstehen optische Täuschungen, so manipulieren Zauberkünstler (und Trickbetrüger) die Wahrnehmung.

187 Bild frei nach B. Crowell (Bcrowell at en.wikipedia) aus http://commons.wikimedia.org/wiki/File:Doubleslitdiffraction.png.

188 Seltsamerweise wird in allen Lehrwerken und im Physikunterricht so getan, als könne man Beugung von Licht nur im aufwendigen Experiment untersuchen. Dabei reicht ein bisschen Dunkelheit, eine entfernte Lichtquelle und ein Stück Stoff schon aus. Am besten geht es zum Beispiel mit einem Seidentuch, weil die Fäden sehr eng sind und genügend Licht durchlassen. Hält man das Tuch auf Armeslänge von einem weg und betrachtet die Lichtquelle (z. B. Straßenlaterne) hindurch, dann sieht man nicht eine Lichtquelle, sondern ganz viele, die im regelmäßigen Gitter angeordnet sind. Dreht man den Stoff, dann dreht sich das Muster mit. Probieren Sie's mal aus. Einmal gesehen, werden Sie sich wundern, wie oft man dieses Interferenzmuster zu Gesicht bekommt.

189 LEIFIphysik bietet eine Überblicksseite zum Doppelspaltversuch mit Licht mit Versuchsaufbauten, Simulationen usw. auf http://www.leifiphysik. de/themenbereiche/beugung-und-interferenz/versuche#Doppelspalt- Experiment. Viele gute Beiträge und Animationen (wenn auch streckenweise etwas theoretisch) bietet auch die Universität Ulm in „Einführung in die Quantentheorie" (http://www.uni-ulm.de/fileadmin/website_uni_ulm/nawi.inst.251/Didactics/quantenchemie/html/inhalt.html), z. B. den Doppelspaltversuch auf http://www.uni-ulm.de/fileadmin/website_uni_ulm/nawi.inst.251/Didactics/quantenchemie/html/DpSpaltF.html.

190 Definition aus „wissenschaft-online" (http://www.wissenschaft-online.de/abo/lexikon/physik/961), dort auch detaillierte Informationen zum Auflösungsvermögen.

191 Hier hat Rudi eine richtige Intuition: Licht wird durch „Lichtteilchen" („Photonen") erzeugt. Diese Elementarteilchen haben keine Ruhemasse (andernfalls könnten sie keine Lichtgeschwindigkeit erreichen, wie in Kap. 9.3 noch gezeigt wird).

192 Olaf Christensen Rømer (1644–1710) brachte als Erster den Nachweis, dass die Lichtgeschwindigkeit endlich und nicht unendlich groß ist und bot eine Anleitung, wie die Lichtgeschwindigkeit durch Beobachtung der Jupitermonde berechnet werden kann. Siehe „Rømer's Measurement of the Speed of Light" im Wolfram Demonstrations Project in http://demonstrations.wolfram.com/RomersMeasurementOfThe-SpeedOfLight/ (Abb. 7.12 von dort) und http://de.wikipedia.org/wiki/Ole_Rømer#Lichtgeschwindigkeit.

193 Z. B. den „Äther", den man als Medium für die Ausbreitung u. a. des Lichtes postulierte. Denn die Welleneigenschaft des Lichtes war gut erforscht, und man glaubte, dass Wellen sich nur in einem Medium ausbreiten können (wie z. B. Schallwellen in Luft). Siehe http://de.wikipedia.org/wiki/Äther_(Physik). Vergl. auch Volker Dittmar: Einwände gegen die Wissenschaft (http://www.dittmar-online.net/alt/religion/essays/religion_wissenschaft.html).

194 Z. T. wörtlich aus Jürgen Beetz: 1 + 1 = 10 – Mathematik für Höhlenmenschen. Springer, Heidelberg 2012, S. 393 f. Siehe dazu u. v. a. auch die Joachim Herz Stiftung, Hamburg http://www.leifiphysik.de/themenbereiche/spezielle-relativitaetstheorie/versuche#Michelson-Morley-Experiment und Bill Bryson: Eine kurze Geschichte von fast allem. Goldmann, München 2005 (3. Aufl.), S. 153 f.

195 „Der verschollene Film", bild der wissenschaft 2/2005, S. 47 (http://www.bild-der-wissenschaft.de/bdw/bdwlive/heftarchiv/index2.php?object_id=30337806). Siehe „Die Grundlagen der Einsteinschen Relativitäts- Theorie". Stummfilm Fleischer Studios 1923. Quelle: http://en.wikipedia.org/wiki/The_Einstein_Theory_of_Relativity.

196 Das sagt Harald Lesch: „Was ist Licht?" alpha-Centauri 08.12.2002 http://www.br.de/fernsehen/br-alpha/sendungen/alpha-centauri/alphacentauri- licht-2002_x100.html.

197 Schön animiert auf http://www.leifiphysik.de/themenbereiche/wellenmodell-des-lichts#Licht als Welle.

198 Zitiert aus https://de.wikipedia.org/wiki/Lichtgeschwindigkeit#Lichtgeschwindigkeit_in_Materie.

199   „Der seltsame Fall des Dr. Jekyll und Mr. Hyde" (*Strange Case of Dr Jekyll and Mr Hyde*) ist eine Novelle des schottischen Schriftstellers Robert Louis Stevenson (1850–1894) aus dem Jahr 1886 und ist eine der berühmtesten Ausformungen des Doppelgängermotivs in der Weltliteratur (Quelle: https://de.wikipedia.org/wiki/Der_seltsame_Fall_des_Dr._Jekyll_und_Mr._Hyde).

200   Quelle: Anaxagoras aus Klazomanae: Fragment: Über die Natur (http://www.pinselpark.org/philosophie/a/anaxag/texte/natur.html).

201   Siehe   http://de.wikipedia.org/wiki/Chemisches_Element#Geschichte, http://www.naturphilosophie.org/atom-glossareintrag/ und http://www.naturphilosophie.org/atom-2/.

202   Vergl. Jürgen Beetz: $1 + 1 = 10$ – Mathematik für Höhlenmenschen. Springer, Heidelberg 2012, S. 317 f. Im Übrigen waltet hier dichterische Freiheit, denn die ältesten datierten Goldfunde gehen auf das Jahr 5000 v. Chr. zurück, 3000 Jahre nach Rudi.

203   Rudis Daumenrechnung war nicht schlecht. Er hat sich nur um den Faktor 1,66 verschätzt. Ein Goldatom wiegt ca. $327 \cdot 10^{-24}$ g, also $1{,}66 \cdot 197 \cdot 10^{-24}$ g.

204   Wenn Sie sich über das merkwürdige Gewicht von 197 g wundern: Das ist genau ein „mol" Gold. Das „mol" ist das Äquivalent des Molekulargewichtes in Gramm, wie Sie gleich sehen werden.

205   Die Avogadro-Konstante ist für alle Elemente in einer bestimmten (unterschiedlichen) Gewichtsmenge gleich. Sie hat den Wert $6{,}022141\ldots \cdot 10^{23}$. So viele Atome sind in 107 g Silber oder 12 g Kohlenstoff oder 16 g Sauerstoff (jeweils 1 mol) enthalten. Eine Zahl mit 23 Nullen. Man kann ausrechnen, dass $6 \cdot 10^{23} \approx 2^{79}$ ist, also sind es fast exakt 79 Teilungen. Benannt ist sie nach dem italienischen Naturwissenschaftler Lorenzo Romano Amedeo Carlo Avogadro, Conte di Quaregna e Cerreto (1776–1856).

206   1 Mrd. mm = 1000 km: $10^9 \cdot 10^{-3} = 10^3 \cdot 10^3$. 1 Trilliarde = 1000 Mrd. Mrd.: $10^{21} = 10^3 \cdot 10^9 \cdot 10^9$.

207   Zur Kontrolle: $8{,}44 \cdot 8{,}44 \cdot 8{,}44$ ist ungefähr 601. Weil $10 \cdot 10 \cdot 10 = 1.000$ ist (3 Nullen hinter der 1) und $100 \cdot 100 \cdot 100 = 1.000.000$ ist (6 Nullen hinter der 1), braucht man nur die Zahl der Nullen mit 3 zu multiplizieren. Die Avogadro-Konstante ist 602 mal eine 1 mit 21 Nullen dahinter, also 10.000.000 (7 Nullen) dreimal mit sich selbst multipliziert. 10 Mio. cm sind 100.000 m = 100 km. Also $8{,}44 \cdot 100$ km = 844 km.

208   Überschlägige Rechnung: $7 \cdot 10^9$ Menschen $\cdot\, 10^9$ Atome/Mensch $\approx 7 \cdot 10^{18}$ Atome. 200 g (1 mol) : $6 \cdot 10^{23}$ Atome = x [g] : $7 \cdot 10^{18}$ Atome $\Rightarrow$ x $\approx 200 \cdot 10^{-5} = 2 \cdot 10^{-3}$ g.

209 Die meisten jenseits von Uran (92 Protonen, Atomgewicht 238) sind „superschwere Elemente" oder „Transurane", die in der Natur nicht vorkommen und erst nach 1940 entdeckt bzw. hergestellt wurden.

210 Quelle: https://de.wikipedia.org/wiki/Liste_der_Häufigkeiten_chemischer_ Elemente#Zusammensetzung_des_menschlichen_Körpers_(ca._70_kg).

211 Vergl. z. B. „Unsere Quantenwelt/ Atome" in http://de.wikibooks.org/ wiki/Unsere_Quantenwelt/_Atome.

212 Siehe http://de.wikipedia.org/wiki/Liste_der_Atommodelle und alle dort genannten Modelle.

213 Die „Rutherford-Streuung" wurde 1909 bis 1913 untersucht. Siehe http://de.wikipedia.org/wiki/Streuexperiment, http://de.wikipedia.org/ wiki/Rutherford-Versuch. Siehe auch Geiger, H. et al.: *On a Diffuse Reflection of the* α-*Particles*. Proc. Roy. Soc. 1909 A vol. 82, S. 495–500 (http://chemteam.info/Chem-History/GM-1909.html).

214 Quelle: M. Hecker: Der Rutherfordsche Streuversuch (© 1997 by Prof. Dr. Volker Schubert) in http://groups.uni-paderborn.de/cc/ arbeitsgebiete/rutherford/(mit schöner Animation des Streuversuchs).

215 Quelle: https://de.wikipedia.org/wiki/Neutron#Geschichte_der_Entdeckung_und_Erforschung.

216 Zur Erklärung: „etwa 100 Elemente" deutet darauf hin, dass man bis heute 118 Elemente gefunden bzw. künstlich hergestellt hat, von denen aber nur 94 auf der Erde vorkommen (80 stabile plus 14 radioaktive).

217 Das „Bohr'sche Atommodell" ist das bekannteste Modell. Niels Bohr entwickelte es 1913. Es entspricht nicht ganz der „Wirklichkeit", ist aber eine gute Annäherung. Siehe de.wikipedia.org/wiki/Liste_der_ Atommodelle (von dort auch das Heisenberg-Zitat) und http://de.wikipedia.org/wiki/Bohrsches_Atommodell.

218 Quelle: „Die Grenzen der Stabilität" in „Welt der Physik": Atomkerne (http://www.weltderphysik.de/gebiet/teilchen/hadronen-und-kern-physik/atomkerne/).

219 Siehe u. a. Andy Hoppe: Das Periodensystem der Elemente (interaktiv) in http://www.periodensystem.info/ (von dort auch der Bildausschnitt in Abb. 9.3).

220 Quelle: Elektronik Kompendium „Elektrolyse" (https://www.elektronik-kompendium.de/sites/grd/0209102.htm).

221 Rechnen Sie mit: $5{,}9 \cdot 10^{24} / 4 \cdot 10^{17} = 14{,}7 \cdot 10^{6}$ m³. Daraus die 3. Wurzel sind $2{,}45 \cdot 10^{2}$ m. Das *Empire State Building* ist (ohne Antennenspitze) 381 m hoch.

222   Siehe dazu div. Quellen, z. B.: http://www.zw-jena.de/energie/grundlagen.html

223   Diese und einige folgende Sätze wörtlich aus Jürgen Beetz: 1 + 1 = 10 – Mathematik für Höhlenmenschen. Springer, Heidelberg 2012, S. 113 f.

224   Ive Gotcha: *The extinction of the woolly mammoth (Mammuthus primigenius) in Europe*. Quaternary International 126–128 (2005), S. 71–74.

225   Die Zerfallskonstante λ („Lambda") gibt die Wahrscheinlichkeit an, mit der ein bestimmter Kern zerfallen wird. Die Halbwertszeit und λ hängen wie folgt zusammen: Halbwertszeit = ln 2/λ.

226   Das ist das „Bohr'sche Atommodell" des dänischen Physikers Niels Bohr (1885–1962). Es ist inzwischen durch ein genaueres quantenmechanisches Modell abgelöst worden, reicht aber immer noch zur Erklärung vieler chemischer Prozesse.

227   Von Neon sind insgesamt 18 Isotope zwischen ^{16}Ne und ^{34}Ne bekannt, von denen nur drei stabil sind.

228   Quelle (nahezu wörtlich): http://de.wikipedia.org/wiki/Sauerstoff.

229   Wundern Sie sich nicht, wenn hier ein Ihnen noch unbekannter Begriff auftaucht („Quark") – Sie werden sie gleich kennenlernen.

230   Mit einer Ausnahme: Im afrikanischen Staat Gabun gibt es den Naturreaktor Oklo, siehe http://de.wikipedia.org/wiki/Naturreaktor_Oklo und Harald Lesch: „Gibt es natürliche Reaktoren?" alpha-Centauri 16.08.2006 (http://www.br.de/fernsehen/br-alpha/sendungen/alpha-centauri/alpha-centauri-reaktoren-2006_x100.html).

231   Diese Darstellung ist nicht ganz sauber, denn sie übergeht den „Massendefekt", der über die Äquivalenz von Masse und Energie (die berühmte Formel $E = mc^2$) auch Energie liefert. Korrekt und schön animiert z. B. in LEIFI Physik „Kernspaltung und Kernfusion": http://www.leifiphysik.de/themenbereiche/kernspaltung-und-kernfusion. Vergleich der Energieausbeute auch von dort.

232   Beide Zitate aus http://de.wikiquote.org/wiki/Quantenphysik.

233   Zitiert nach Harald Lesch: „Was ist die Unschärferelation?" alpha-Centauri 28.04.2002 (http://www.br.de/fernsehen/br-alpha/sendungen/alpha-centauri/alpha-centauri-unschaerferelation-2002_x102.html).

234   Richard P. Feynman: Vom Wesen physikalischer Gesetze. Piper, München 2012, S. 101 f.

235   „In seiner ursprünglichen Bedeutung ist der Quantensprung ein Übergang zwischen zwei Werten einer physikalischen Größe im atomaren Bereich. Da dort alle Größen diskrete Werte annehmen, sind solche Veränderungen immer sprunghaft und in den meisten Fällen nicht

mit einer qualitativen Veränderung des Systems verbunden. Typisch für den Quantensprung ist, dass er winzig ist und in sehr kurzer Zeit abläuft. Die zweckentfremdete Anwendung des Begriffs hat allerdings seine ursprüngliche Bedeutung vollständig auf den Kopf gestellt. Nun wird er benutzt, um statt kleiner atomarer Schritte große qualitative Sprünge zu beschreiben." Zitiert aus Mathias Senoner: Der Quantensprung – die zweifelhafte Karriere eines Fachausdrucks. DIE ZEIT 3.5.1996 (http://www.zeit.de/1996/19/quanten.txt.19960503.xml). Siehe auch http://de.wikipedia.org/wiki/Natura_non_facit_saltus.

236 Manche sagen: in Femtosekunden (fs) = 10^{-15} s (Quelle: https://de.wikipedia.org/wiki/Franck-Condon-Prinzip#Aussage).

237 Man könnte einen Versuch wagen mit Richard Feynman: QED. Die seltsame Theorie des Lichts und der Materie. Piper, München 1992.

238 Siehe *The Nobel Prize in Physics 1921* http://www.nobelprize.org/nobel_prizes/physics/laureates/1921/.

239 Frei nach Jürgen Beetz: Eine phantastische Reise durch Wissenschaft und Philosophie – Don Quijote und Sancho Pansa im Gespräch. Alibri Aschaffenburg 2012, S. 165.

240 Quelle: http://de.wikipedia.org/wiki/Heisenbergsche_Unschärferelation. Der Kabarettist und Physiker Vince Ebert hat eine andere Deutung (http://www.youtube.com/watch?v=8IjLvpC4gP0). Siehe auch Harald Lesch: alpha-Centauri 094 „Was ist die Unschärferelation?" (http://www.youtube.com/watch?v=3fwim8smtaU).

241 Das Planck'sche Wirkungsquantum h ist das Verhältnis von Energie (E) und Frequenz (f) eines Photons oder eines Teilchens: h = E/ f. Quelle: http://de.wikipedia.org/wiki/Plancksches_Wirkungsquantum. Mit der Frequenz (z. B. des Lichtes) nimmt auch seine Energie zu. Deswegen ist Gammastrahlung (ca. millionenfach höhere Frequenz als Licht) besonders energiereich.

242 Johann Wolfgang von Goethe: West-östlicher Divan – Hikmet Nameh: Buch der Sprüche. Quelle: Project Gutenberg Etext http://www.gutenberg.org/cache/epub/2319/pg2319.html.

243 Feynman hat darüber etwas sehr Hässliches gesagt: „Leider ist den idiotischen Physikern [...] nichts Besseres eingefallen als die unselige Bezeichnung ‚Farbe', worunter man beileibe keine Farbe in der gewöhnlichen Bedeutung des Wortes verstehen darf." Quelle: Richard Feynman: QED. Die seltsame Theorie des Lichts und der Materie. Piper, München 1992, S. 155.

244 Eine Besichtigung in Julie Peasleys *Particle Zoo* lohnt sich: http://www.particlezoo.net/. Besonders zu empfehlen auch die *LOLcat page* auf http://particlezoo.net/physicsLOLcats.html.

245 Im Herbst 2011 wiesen Forscher angeblich nach, dass Neutrinos sogar schneller als das Licht sind. Ein Messfehler – siehe u. a. http://www.heise.de/ct/artikel/Einstein-und-die-Neutrinos-1354866.html, http://www.welt.de/wissenschaft/umwelt/article106445647/Jetzt-amtlich-Neutrinos-nicht-schneller-als-das-Licht.html oder http://www.spiegel.de/wissenschaft/natur/cern-experiment-bestaetigt-einstein-neutrinos-nicht-schneller-als-licht-a-821855.html.

246 Richard Feynman: QED. Die seltsame Theorie des Lichts und der Materie. Piper, München 1992, S. 24.

247 Ähnlich „virtuelle" Komponenten gibt es auch in der Mathematik (dort „imaginäre Zahlen" genannt). Sie gehören zu den „komplexen Zahlen" (die hier nicht erwähnt wurden, vgl. Jürgen Beetz: $1 + 1 = 10$ – Mathematik für Höhlenmenschen. Springer, Heidelberg 2012, S. 102 f.) und haben u. a. erheblich zur Erkenntnis von elektrischen und magnetischen Wechselfeldern beigetragen.

248 Zwei Sätze wörtlich aus https://de.wikipedia.org/wiki/Doppelspaltexperiment#Geschichte.

249 So beschreibt es Feynman sehr anschaulich in Richard Feynman: QED. Die seltsame Theorie des Lichts und der Materie. Piper, München 1992, S. 93 f.

250 Abbildung 9.9 und die folgende mit freundlicher Genehmigung von Wolfgang Schmickler, Universität Ulm, Abteilung Elektrochemie, Betreuer einer Staatsexamensarbeit von Olga Teider mit der Lernsoftware „Einführung in die Quantentheorie". Quelle: http://www.uni-ulm.de/fileadmin/website_uni_ulm/nawi.inst.251/Didactics/quantenchemie/html/DpSpaltF.html.

251 Dieser Absatz wörtlich und einige Sätze im vorigen und folgenden Absatz mit freundlicher Genehmigung von Florian Aigner und Dominik Grafenhofer, Redakteure der Website „naklar.at" bzw. „http://scienceblogs.de/naklar/" (Quelle: „Es klappt nur, wenn niemand hinsieht" auf http://www.naklar.at/content/features/quantenkollaps/).

252 Quelle: Ludwig Wittgenstein: Philosophische Untersuchungen, Satz 122 (http://www.geocities.jp/mickindex/wittgenstein/witt_pu_gm.html).

253 David Copperfield ließ 1983 die Freiheitsstatue während einer Live-Show „verschwinden", zu sehen in *Copperfield – Statue Of Liberty Disappears* in http://www.dailymotion.com/video/xdf7p_copperfield-statue-of-liberty-disap_fun. Natürlich konnte sie nicht (wie andere „verschwindende" Objekte) angehoben, versenkt oder verhüllt werden. Wie er das gemacht hat, zeigt u. a. „David Copperfield Freiheitsstatue entlarvt" in http://www.youtube.com/watch?v=uyfQYjBHxlo.

254 Dieser Absatz wörtlich aus https://de.wikipedia.org/wiki/Elastizität_ (Physik).

255 Siehe (englisch) http://en.wikipedia.org/wiki/Temperature: *„molecular vibration"*. Dort sieht man auch eine Simulation der thermalen Vibration eines Teils eines Protein-Moleküls.

256 Text mit freundlicher Genehmigung von Karl-Heinrich Meyberg, Graf-Friedrich-Schule Landkreis Diepholz. Quelle: Unterrichtseinsichten – Schuljahr 2012/2013 – Physik 7a – Energie (2012-09-27) „Wie hängt Wärme mit Energie zusammen?" in http://gfs.khmeyberg. de/1213/1213Klasse7aPh/1213UnterrichtPhysik7aEnergie.html.

257 „Normales" Wasser im Unterschied zu reinem, destillierten Wasser. Zum Thema „Information" siehe „Dr. Masaru Emoto – Wassergedächtnis" (http://www.lichtkreis.at/html/Wissenswelten/Wasserbelebung/dr-masaru-emoto-wassergedaechtnis.htm), aber es ist eher zweifelhaft, siehe *Memory of water* (http://en.wikipedia.org/wiki/Water_memory) oder „Verdünnte Wahrheit" (http://www.zeit.de/2003/49/N-Wasser_Ged_8achtnis). Ein gutes Thema für die *One Million Dollar Challenge* von James Randi (http://www.randi.org/site/index.php/1m-challenge.html).

258 Vgl. Harald Lesch: Abenteuer Forschung: „Übrigens" zur Sendung vom 19.1.2011 „Das Magnetische Moment des Elektrons" http://www.youtube.com/watch?v=eYYVZZdERN0 bei 9:15 min.

259 Text mit freundlicher Genehmigung von Michael Komma: „Physik und Mathematik mit Maple – Der Quantensprung" (http://www.mikomma.de/fh/hydrod/h71.html).

260 Dieser Absatz in Anlehnung an Richard Feynman: QED. Die seltsame Theorie des Lichts und der Materie. Piper, München 1992, S. 99 f.. Zur „partiellen Reflexion" siehe S. 118.

261 Erwin Schrödinger: Was ist Leben? – Die lebende Zelle mit den Augen des Physikers betrachtet, Piper, München 1989, S. 33.

262 Eva Tinsobin (derStandard.at): Interview mit dem Quantenphysiker Florian Aigner (3. Mai 2013) in http://derstandard.at/1363709682106/Quantenphysik-hat-nichts-mit-Quantenheilung-zu-tun.

263 Schön beschrieben von Rainer Schar: „Schrödingers Katze erhellt das Quantenreich". FAZ Wissen 17.08.2013 in http://www.faz.net/aktuell/wissen/physik-chemie/die-seltsame-welt-der-atome-schroedingers-katze-erhellt-das-quantenreich-12529251.html. Wer es noch düsterer liebt, der lese beim „Quantenselbstmord" des österreichischen Wissenschaftlers Hans Moravec auf http://de.wikipedia.org/wiki/Quantenselbstmord nach.

264   Quelle wörtlich: http://www.welt.de/debatte/kolumnen/Fuenf-Minu-ten-Physik/article5808981/Mysterioeser-Effekt-erstmals-bei-Elektro-nen-erzeugt.html. Siehe auch FAZ vom 07.01.2005: „Und der Herr-gott würfelt doch" (http://www.faz.net/aktuell/wissen/spukhafte-fern-wirkung-und-der-herrgott-wuerfelt-doch-1211093.html).

265   Martin Lambeck: Irrt die Physik? – Über alternative Medizin und Eso-terik, C. H. Beck, München. 2. Auflage 2005, Kap. 3.2, S. 24.

266   Thomas Metzinger: Der Ego-Tunnel – Eine neue Philosophie des Selbst: Von der Hirnforschung zur Bewusstseinsethik. Bloomsbury Berlin, 5. Aufl. 2012, S. 351.

267   Genauer gesagt: die „Dirac'sche Konstante" h/2π. Quelle: Richard Feynman: QED. Die seltsame Theorie des Lichts und der Materie. Piper, München 1992, S. 17. Dort steht zum Vergleich: Das ist so, als würden Sie die Entfernung von Los Angeles nach New York bis auf Haaresbreite genau messen.

268   Diese letzte Frage stellt auch Harald Lesch: „Warum fliegt nicht alles auseinander?" alpha-Centauri 17.08.2005 (http://www.br.de/fernse-hen/br-alpha/sendungen/alpha-centauri/alpha-centauri-fliegt-2005_x100.html).

269   Siehe https://de.wikipedia.org/wiki/Feinstrukturkonstante#Vergleich-_der_Grundkräfte_der_Physik und Richard P. Feynman: Vom Wesen physikalischer Gesetze. Piper, München 2012, S. 44.

270   Letzter Absatz z. T. wörtlich aus dem guten Überblick in http://de.wi-kibooks.org/wiki/Teilchenphysik:_Von_den_Atomen_zu_den_Ele-mentarteilchen.

271   Über diese „Restwechselwirkung der starken Wechselwirkung" hielt Yukawa seine Vorlesung. Er zeigte in den 1930er Jahren, dass ein Potenzial (das später nach ihm benannte „Yukawa-Potenzial") durch den Austausch von Elementarteilchen zwischen Protonen und Neut-ronen erzeugt wird.

272   Quelle teilweise: „Die schwache Wechselwirkung – Historische Ein-führung" in „Grundlagen der Teilchenphysik" (http://erlangen.phy-sicsmasterclasses.org/sm_ww/sm_ww_sch1.html).

273   Mit freundlicher Genehmigung von Joachim Schulz. Quelle: „Joa-chims Quantenwelt", hier http://www.quantenwelt.de/kernphysik/kernkraft/schwache.html.

274   Richard P. Feynman, Robert B. Leighton, Matthew Sands, Michael A. Gottlieb, Ralph Leighton: Feynman-Vorlesungen über Physik. R. Ol-denbourg Verlag München 1987. Bd. I. Zitiert nach Martin Lambeck: Irrt die Physik? – Über alternative Medizin und Esoterik, C. H. Beck, München. 2. Auflage 2005, S. 13.

275 „Unendlich" im mathematische Sinne bedeutet wörtlich „nie endend" – wie die natürlichen Zahlen, von denen es keine größte gibt, denn man kann immer noch eine 1 hinzuaddieren.

276 Siehe hierzu auch Manfred Lindinger: So schön einfach. FAZ Wissen 10.07.2013 in http://www.faz.net/aktuell/wissen/physik-chemie/glos-se-so-schoen-einfach-12275770.html.

277 Rede von Werner Heisenberg bei der Verleihung des Nobelpreises: *The development of quantum mechanics.* Nobel Lecture, Dec. 11, 1933 in http://www.nobelprize.org/nobel_prizes/physics/laureates/1932/hei-senberg-lecture.pdf.

278 Ein Neutronenstern zum Beispiel hat eine Dichte von 10^{11} kg/cm^3 (geringfügig mehr als Platin mit 0,021 kg/cm^3). Ein Kubikmillimeter seiner Masse wiegt auf der Erde 100.000 t.

279 Albert Einstein, Leopold Infeld: Die Evolution der Physik. Zsolnay Wien 1950/Bertelsmann Gütersloh 1972, S. 307.

280 Dass die Naturgesetze „immer und überall" gelten, ist eine bisher nicht widerlegte (aber nicht beweisbare) Annahme im „Standardmodell der Kosmologie".

281 Quelle teilweise: Hannsferdinand Döbler: Kultur- und Sittengeschich-te der Welt V. Schrift, Buch, Wissenschaft. Bertelsmann, München 1973, S. 110 f.

282 Siehe http://de.wikipedia.org/wiki/Geozentrisches_Weltbild und http://de.wikipedia.org/wiki/Heliozentrisches_Weltbild.

283 Eine der vielen Legenden, die sich um diesen berühmten Gelehrten ranken, siehe Thomas Schirrmacher: „Und sie bewegt sich doch!" & andere Galilei-Legenden (http://www.professorenforum.de/volumes/v01n01/artikel1/schirrm.htm).

284 Das war eine notwendigerweise stark verkürzte Darstellung. Wer an diesen spannenden und komplexen Zusammenhängen interessiert ist, kann sich u. a. mit den Stichwörtern *Erde, Erdkern, Erdmagnetfeld, Erdatmosphäre, Herkunft des irdischen Wassers* usw. durch Wikipedia hangeln. Auch die „Geodynamo"-Theorie ist noch mit einigen Unsi-cherheiten behaftet (siehe http://www.es.ucsc.edu/~glatz/geodynamo.html).

285 Quelle (teilweise) Alexandra Meier-Badusche: Astronomie-Tagebuch (http://www.astronomie-tagebuch.de/planeten.php).

286 Quellen z. B.: http://de.wikipedia.org/wiki/Entfernungsmessung, Ha-rald Lesch: „Wie misst man Entfernungen im All?" Teil I–III, alpha-Centauri 2000–2001 (http://www.br.de/fernsehen/br-alpha/sendun-gen/alpha-centauri/alpha-centauri-all-2000_x100.html, http://www.br.de/fernsehen/br-alpha/sendungen/alpha-centauri/alpha-centauri-

all-2001_x100.html, http://www.br.de/fernsehen/br-alpha/sendungen/alpha-centauri/alpha-centauri-entfernungen–2001_x100.html), Franz Schmied: Entfernungs-Messungen im All (http://www.raumfahrer.net/astronomie/beobachtung/entfernung.shtml).

287   Quelle: http://de.wikipedia.org/wiki/Parallaxe, Bild frei nach „ParallaxeV2.png" von „WikiStefan".

288   Siehe Thomas Gebhardt: „Entfernungsbestimmung in der Astronomie" (http://www.zum.de/Faecher/Materialien/gebhardt/astronomie/entfern.html) und http://de.wikipedia.org/wiki/Entfernungsmessung.

289   Sie erinnern sich an Kap. 7.1: Bewegung auf ein Objekt zu erhöht die Frequenz und verkürzt die Wellenlänge (für „rot" ≈ 600 nm, für „grün" ≈ 550 nm).

290   Jürgen Beetz: 1 + 1 = 10 – Mathematik für Höhlenmenschen. Springer, Heidelberg 2012, S. 59 f.

291   Hier bietet sich neben zahlreichen anderen Quellen die Kepler-Gesellschaft an: http://www.kepler-gesellschaft.de/Kepler-Foerderpreis/2006/Platz1_Faecheruebergreifend/Astronomie.html. Von dort die wörtliche Formulierung der drei Gesetze und Keplers Schlussfolgerung.

292   Streng genommen gilt dieses Gesetz nur, wenn die Planeten eine im Vergleich zur Sonne vernachlässigbare kleine Masse haben (das gilt für alle „Sonnen" = Zentralgestirne, um die Planeten kreisen bzw. für Monde, die um Planeten kreisen).

293   Siehe http://de.wikipedia.org/wiki/Gravitation#Geschichte, http://de.wikipedia.org/wiki/Newtonsches_Gravitationsgesetz, http://de.wikipedia.org/wiki/Fernwirkung_(Physik)

294   Quelle: NIST (National Institute of Standards and Technology) Reference on Constants, Units, and Uncertainty in http://physics.nist.gov/cuu/Constants/. Die „(80)" ist die Ungenauigkeit.

295   Wer weiß? „Es gibt keine" kann voreilig sein – „wir kennen noch keine" wäre angemessener. Wir werden noch „dunkle Energie" kennenlernen, die das Universum auseinandertreibt. Vielleicht ist das eine „abstoßende Gravitation"?

296   Abbildung frei nach http://de.wikipedia.org/wiki/Gravitationswaage. Formeln von dort und aus http://en.wikipedia.org/wiki/Cavendish_experiment.

297   Da die drei Größen Vektoren sind, müssen wir ihre Absolutbeträge (durch die „|" gekennzeichnet) verwenden.

298   Siehe Kap. 2.2.

299   Um dem Gravitationsfeld der Erde zu entkommen reicht es nicht, in einer Umlaufbahn zu sein. Die von Rudi errechnete Kreisbahngeschwindigkeit („erste kosmische Geschwindigkeit") ist dazu zu gering.

Erst die sog. „Fluchtgeschwindigkeit" („zweite kosmische Geschwindigkeit") von 40.320 km/h am Äquator befördert uns ins All.(Quelle: http://de.wikipedia.org/wiki/Fluchtgeschwindigkeit).

300   Vergl. u. a. Sven Stockrahm: „Alle mondfühlig oder was?" (http://www.zeit.de/wissen/gesundheit/2013-07/mond-schlaf-einfluss), Klaudia Einhorn & Günther Wuchterl (Jan. 2012): „Studien widerlegen behauptete Mondeinflüsse" (http://dermond.at/mondphasen.html), Odenwalds Universum: „Beeinflusst der Mond den Menschen?" focus online 02.11.2007 (http://www.focus.de/wissen/weltraum/odenwalds_universum/odenwalds-universum_aid_137752.htm), „Mythos: Schlechter Schlaf bei Vollmond" (http://www.netdoktor.at/gesundheit/mythos-schlechter-schlaf-bei-vollmond-301568), „Studie: Schläft man bei Vollmond wirklich schlechter?" (http://www.schlafen-aktuell.de/aktuell/new-wave/studie-vollmond.1108201301.htm) und Jürgen Beetz: Denken – Nach-Denken – Handeln – Triviale Einsichten, die niemand befolgt. Alibri, Aschaffenburg 2010, S. 93 f.

301   Ein Ausrutscher des Autors, denn halbrunde Steinsicheln gab es damals sicher nicht (aber es macht die Sache sehr anschaulich).

302   Seit wir die Erde mit Satelliten vermessen können, wissen wir, dass sich die Erdschale auf der dem Mond zugewandten Seite um fast einen halben Meter anhebt. Das ist das Gravitationsgesetz, das Sir Isaac Newton um 1686 in der *Philosophiae Naturalis Principia Mathematica* (Mathematische Prinzipien der Naturphilosophie) beschrieb und das wir gerade besprochen haben.

303   Rudi macht es sich ein wenig zu einfach: Zwar ist die Anziehungskraft des Mondes von seiner Beleuchtung unabhängig, aber abhängig von seiner Stellung (und damit an der Beleuchtung erkennbar) beeinflusst die Sonne zusätzlich die Gezeitenwirkung. Auch Abb. 10.7 (mit freundlicher Genehmigung von Veit Froer (http://www.ebbe-flut.info/index.html) ist etwas hypothetisch, da sie nur bei stillstehender Erde und Mond so gilt (ohne Fliehkräfte).

304   Der Drehpunkt ist ca. 4700 km vom Erdmittelpunkt entfernt bei einem Erdradius von ca. 6400 km – das System eiert also ganz beträchtlich! Diese plausible Erklärung hat nur einen kleinen Schönheitsfehler: Sie ist nicht ganz korrekt. Die Dynamik des Systems und die dadurch entstehenden Beschleunigungen wurden außer Acht gelassen. Auch die Sonne mit ihrer Masse spielt mit (ca. 40 % der Gezeitenwirkung des Mondes). Wie so oft ist das Ganze bei genauerer Betrachtung etwas komplizierter als Steinzeitmenschen sich das gedacht haben (könnten). Näheres siehe u. a. bei http://de.wikipedia.org/wiki/Gezeiten.

305 Er „wackelt" ein wenig – ca. 60 % seiner Fläche sehen wir; ca. 40 % beträgt die von der Erde aus unsichtbare Rückseite.

306 Weiterer Aberglauben vom Mond und seine Beseitigung: Klaudia Einhorn, Günther Wuchterl: Mondphasen – Studien widerlegen behauptete Mondeinflüsse (http://www.dermond.at/mondphasen.html) (incl. Astrologen-Test).

307 Siehe Harald Lesch: „Wie entstand der Mond?", alpha-Centauri 17.6.1999 (http://www.br.de/fernsehen/br-alpha/sendungen/alphacentauri/ alpha-centauri-mond-1999_x100.html).

308 „Der Mond ist nicht da, wenn keiner hinschaut, auch wenn alle, die hinschauen, stets den Mond sehen." Zitat aus Ulf von Rauchhaupt: Bernard d'Espagnat. Die Realität ist nicht in den Dingen. FAZ 2.3.2008, S. 69 (http://www.faz.net/aktuell/wissen/physik-chemie/ bernard-despagnat-die-realitaet-ist-nicht-in-den-dingen-1924250. html). Siehe auch http://www.spektrum.de/alias/auszeichnung-fuer-spektrum-autor/wo-ist-der-Mond-wenn-keiner-hinschaut/1004041. Original-Artikel Bernard d'Espagnat: „Quantentheorie und Realität" in http://www.spektrum.de/alias/pdf/quantentheorie-und-realitaet/985714.

309 Die „*Voids*" (engl. für Lücke, Leerraum), riesige Leerräume zwischen den größeren Strukturen des Universums. Quelle: http://de.wikipedia. org/wiki/Void_(Astronomie). Siehe Harald Lesch: „Gibt es Löcher im Weltraum?", alpha-Centauri 9.6.2004 http://www.br.de/fernsehen/ br-alpha/sendungen/alpha-centauri/alpha-centauri-loecher-harald-lesch100.html.

310 Z. B. sog. „polyzyklische aromatische Kohlenwasserstoffe" in der Staubwolke W 5 „Berg der Schöpfung" im Sternbild *Cassiopeia* (7000 Lichtjahre entfernt). Quelle: „Mysteriöses Universum" bild der wissenschaft 11/2009, S. 33.

311 Quelle der Zahlen und weitere Informationen in Harald Lesch: Leschs Kosmos – Der Horror vor dem Nichts (http://www.youtube.com/ watch?v=4bbn-6qm2lc). Der gesamte „Leschs Kosmos": http://www. youtube.com/watch?v=B_XeCwxSGx4&list=PL2280F8B1F76BE9B 4.

312 Persönliche Mitteilung an den Autor von Krysztof Bolejko, School of Physics, The University of Sydney, Australia (CV in http://www.physics.usyd.edu.au/~bolejko/cv.html). Der angegebene Wert bezieht sich auf „bekannte" Materie – wie wir weiter unten sehen werden, gibt es noch andere Materie im All. Daher beziffert Wikipedia (https:// en.wikipedia.org/wiki/Universe) die *Gesamt*dichte im Universum mit ca. 9,9· 10–27 kg/m3.

313 Man nennt sie „Baryonische Materie" – Baryonen (von altgriechisch *barýs* „schwer") nennen Kernphysiker „schwere" Teilchen, die aus jeweils drei Quarks bestehen. Kosmologen verstehen darunter alle aus Atomen aufgebaute Materie (ein Hinweis, dass es noch „unbekannte" Materie gibt).

314 Kurt Tucholsky (alias Kaspar Hauser): Zur soziologischen Psychologie der Löcher. Die Weltbühne, 17.03.1931, Nr. 11, S. 389. Quelle: http://www.textlog.de/tucholsky-psychologie-1931.html.

315 Siehe Kap. 10.2, Endnote 299.

316 Näheres siehe Stephen Hawking, Leonard Mlodinow: Die kürzeste Geschichte der Zeit. rororo Reinbek 2006, S. 90 f.

317 Quelle: https://de.wikipedia.org/wiki/Sagittarius_A*.

318 Näheres z. B. in Bernhard Scherl: Gravitationslinsen. Vortrag Friedrich-Alexander-Universität Erlangen-Nürnberg 20.06.2011 (http://pulsar.sternwarte.uni-erlangen.de/wilms/teach/astrosem_ss11/scherl.pdf), Dirk Eidemüller: Leerer Raum als Vergrößerungslinse. 17.01.2013 Physik-Portal „Pro Physik" (http://www.pro-physik.de/details/news/4257411/Leerer_Raum_als_Vergroesserungslinse.html) oder U. Heidelberg: Älteste Galaxie unter einer Lupe aus Dunkler Materie. 20.09.2012 Physik-Portal „Pro Physik" (http://www.pro-physik.de/details/news/2659381/Aelteste_Galaxie_unter_einer_Lupe_aus_Dunkler_Materie.html).

319 Diese und einige folgende Sätze wörtlich mit freundlicher Genehmigung von Anke Kügler, Tanja Schlemm, Irma Slowik: Projektarbeit „Die Expansion des Universums und die Hubblekonstante" (http://www.thur.de/philo/tanja/expansion/).

320 Zuletzt (14. Mai 2009) das „Planck-Teleskop" der Europäischen Weltraumorganisation (ESA).

321 Messungen des Planck-Weltraumteleskops der ESA ergaben den Wert 67,15 km/(s · Mpc). Quelle: http://www.spiegel.de/wissenschaft/weltall/esa-weltraumteleskop-planck-mit-neuen-erkenntnissen-zum-urknall-a-890116.html.

322 Ausführlich (mit Hubbles Diagrammen) dargestellt (engl.) in Ned *Wright's Cosmology Tutorial* (http://www.astro.ucla.edu/~wright/cosmo_01.htm).

323 Quelle: Stephen Hawking, Leonard Mlodinow: Die kürzeste Geschichte der Zeit. rororo Reinbek 5. Aufl. 2010, S. 71 f.

324 Quelle: Bjoern Malte Schaefer, Universität Heidelberg, 9.7.2012: *Why do galaxies rotate?* (http://trenchesofdiscovery.blogspot.com.es/2012/07/why-do-galaxies-rotate.html). Siehe auch Infos auf Max-

Planck-Institut für Astrophysik *Galaxy Formation Group*, München (http://www.mpa-garching.mpg.de/galform/index.shtml).

325   Quelle: Tushna Commissariat: *Was the universe born spinning?* 25.07.2011 in *Physics World des Institute of Physics* (Bristol, UK), siehe http://physicsworld.com/cws/article/news/2011/jul/25/was-the-universe-born-spinning.

326   Quelle u. a.: https://de.wikipedia.org/wiki/Dunkle_Materie#Beobachtungsgeschichte mit schöner Animation der theoretischen und beobachteten Rotation einer Spiralgalaxie.

327   Christoph Seidler: Urknall – Esa-Teleskop zeigt die Geschichte des Universums. SPIEGEL-online vom 21.03.2013. (http://www.spiegel.de/wissenschaft/weltall/esa-weltraumteleskop-planck-mit-neuen-erkenntnissen-zum-urknall-a-890116.html).

328   Rheinische Friedrich-Wilhelms-Universität Bonn, Pressemitteilung vom 10.06.2010: Studie weckt massive Zweifel an Existenz Dunkler Materie – Beobachtungen weisen darauf hin, dass es die rätselhafte Substanz nicht gibt. Quelle: http://www3.uni-bonn.de/Pressemitteilungen/158-2010. Ein gefährlicher Titel für eine Pressemitteilung, denn sie scheint die so exakt gemessene Dunkle Materie infrage zu stellen. Aber vielleicht ist ja auch die Studie zweifelhaft?

329   WIMP ist die engl. Abkürzung für *Weakly Interacting Massive Particles*. Umgangssprachlich bedeutet *wimp* Feigling, Schwächling usw. – aber die WIMPs haben inzwischen die MACHOs (*Massive Astrophysical Compact Halo Object*) aus gewöhnlicher Materie) als Erklärung für die Dunkle Materie aus dem Feld geschlagen. Allerdings tauchen hier auch wieder Zweifel auf, siehe NZZ Wissenschaftsnachrichten 20.10.2013: Rückschlag bei der Suche nach dunkler Materie. Zitat: „Mit einem äusserst empfindlichen Detektor haben Forscher drei Monate lang nach Teilchen der dunklen Materie gesucht – vergeblich. Das weckt Zweifel an den ‚positiven‘ Resultaten anderer Experimente.“ und 5.10.2013: Die dunkle Materie scheut das Licht. Zitat: „Es gibt viele gute Gründe, die für die Existenz von dunkler Materie im Weltall sprechen. Die Suche nach dieser unsichtbaren Materieform liefert bis jetzt aber widersprüchliche Resultate.“

330   Zitat wörtlich und einige Sätze davor abgewandelt aus „Welt der Physik“: Mysteriöse Kraft im All – Dunkle Energie (http://www.welt-derphysik.de/gebiet/astro/dunkle-materie-und-dunkle-energie/dunkle-energie/). Zum Thema siehe auch Harald Lesch: „Was ist Dunkle Energie?“ alpha-Centauri 17.02.2002 (http://www.br.de/fernsehen/br-alpha/sendungen/alpha-centauri/alpha-centauri-dunkle-energie-2002_x100.html). Anm.: „Vakuumenergie“ = „Dunkle Energie“.

331 Bei den Prozentangaben handelt es sich um den Anteil an der Gesamtmasse oder – im Fall der Dunklen Energie – Gesamtenergie im Universum. Energie und Masse sind ja über $E = mc^2$ miteinander verbunden (wie wir noch sehen werden). Man kennt die Gesamtenergie und die Verhältnisse aus einem Zusammenspiel von Beobachtungen mit theoretischen Modellrechnungen. Das ist ein langer, andauernder Prozess aus Beobachtungen, die man mit vorhandenen Modellen in Einklang zu bringen versucht und anhand dessen man dann die Modelle weiterentwickelt. Quelle: Joachim Schulz, www.quantenwelt.de und www.relativitaetsprinzip.info, als persönliche Mitteilung an den Autor. Zu Dunkler Materie und Dunkler Materie siehe auch Harald Lesch: „Was ist Dunkle Energie?" alpha-Centauri 17.02.2002 (http://www.br.de/fernsehen/br-alpha/sendungen/alpha-centauri/alpha-centauri-dunkle-energie-2002_x100.html) und *University of California Television* (UCTV): *New Light on Dark Energy* (http://www.youtube.com/watch?v=9ddgV5dGfwk).

332 Gemeint sind Immanuel Kant (1724–1804) und Pierre-Simon Laplace (1749–1827), siehe u. a. http://de.wikipedia.org/wiki/Kant-Laplace-Theorie und weiterführende Links.

333 Drei Sätze nahezu wörtlich aus http://de.wikipedia.org/wiki/Stern.

334 Quelle: Stephen Hawking, Leonard Mlodinow: Die kürzeste Geschichte der Zeit. rororo Reinbek 5. Aufl. 2010, S. 64. Sie scheinen sich zu irren: 5000 geteilt durch 0,0001 % sind erst 5 Mrd. und noch nicht 100 bis 300 Mrd., der zuvor angegebenen Anzahl der Sterne in unserer Galaxis (vergl. https://de.wikipedia.org/wiki/Milchstraße).

335 Quelle: „Forscher finden Baustein des Lebens in Kometen – Aminosäure Glycin könnte aus dem Weltall stammen". 29.09.2008 in 3sat nano (http://www.3sat.de/page/?source=/nano/bstuecke/126705/index.html). Zur Tab. 10.2 siehe auch „Das Universum in Zahlen" auf http://www.astro.uni-jena.de/~p7scch2/PlanSys/univ_zahl-CGS.pdf.

336 Gerhard Vollmer: Gretchenfragen an den Naturalisten. Alibri Verlag, Aschaffenburg 2013, S. 46 f.

337 Quellen: Harald Lesch: „Warum ist nicht Nichts?" alpha-Centauri 29.11.2009 http://www.br.de/fernsehen/br-alpha/sendungen/alpha-centauri/alpha-centauri-nichts-2006_x100.html und „Was geschah in den ersten drei Minuten?" alpha-Centauri 13.08.2000 http://www.br.de/fernsehen/br-alpha/sendungen/alpha-centauri/alpha-centauri-minuten-2000_x100.html. Zum „Nichts" siehe auch Oscar Negt: „Was heißt Nichts?" in/http://www.dctp.tv/filme/was-heisst-nichts/.

338 Das sog. „Anthropische Prinzip" – es besagt, dass das beobachtbare Universum nur deshalb beobachtbar ist, weil es alle Eigenschaften hat,

die dem Beobachter ein Leben ermöglichen. Wäre es nicht für die Entwicklung bewusstseinsfähigen Lebens geeignet, so wäre auch niemand da, der es beschreiben könnte. Quelle: https://de.wikipedia.org/wiki/Anthropisches_Prinzip.

339   Jürgen Beetz: 1 + 1 = 10 – Mathematik für Höhlenmenschen. Springer, Heidelberg 2012, S. 157 f.

340   Quelle: „Symmetriebrüche in kosmischer ‚Ursuppe'" auf http://www.scinexx.de/wissen-aktuell-11238-2010-02-17.html.

341   Zumindest ist das die Meinung des Autors Amir D. Aczel: Probability 1. Warum es intelligentes Leben im All geben muss. Rowohlt Taschenbuch Verlag, Reinbek 2001. Natürlich flossen hier eine Vielzahl (7 Stk.) von Annahmen ein, deren Einzelwahrscheinlichkeiten nur „plausible" Schätzungen sind. Siehe auch Sebastian von Hoerner: Sind wir allein? – SETI und das Leben im All. Beck, München 2003.

342   Dieser und die folgenden Absätze z. T. wörtlich aus Jürgen Beetz: 1 + 1 = 10 – Mathematik für Höhlenmenschen. Springer, Heidelberg 2012, S. 389 f.

343   Joseph J. Thomson Hendrik Lorentz und andere fanden, dass die elektromagnetische Energie dem Körper eine „elektromagnetische Masse" hinzufügte, die dem Quadrat der Lichtgeschwindigkeit umgekehrt proportional war (siehe ausführlich in https://de.wikipedia.org/wiki/Geschichte_der_speziellen_Relativitätstheorie).

344   Letzter Halbsatz wörtlich aus Stephen Hawking, Leonard Mlodinow: Die kürzeste Geschichte der Zeit. rororo Reinbek 5. Aufl. 2010, S. 55.

345   In der Anfangszeit des Radios um 1920 leuchteten (einer unbestätigten Geschichte nach) in unmittelbarer Nähe eines Radiosenders die Glühbirnen in einer Berliner Schrebergartenkolonie auf.

346   Die Kalorie als Einheit der Wärmemenge wurde zugunsten der Einheit Joule aufgegeben und wird hauptsächlich noch im Lebensmittelbereich verwendet. 1 Kilokalorie (kcal) = 1000 Kalorien (cal) und 1 cal = 4,1868 Joule. Oder umgekehrt ist 1 kg · m²/s² = 1 Joule = 1 Wattsekunde = 0,239 cal. 1 J = $2,778 \cdot 10^{-7}$ kWh, also sind 2500 kJ = $2,5 \cdot 2,778 \cdot 10^{-1}$ = 0,694 kWh.

347   Frei nach Hoimar von Ditfurth: Im Anfang war der Wasserstoff. Hoffmann u. Campe Hamburg 1972, S. 28.

348   Die beiden ersten Zitate nach Manuel Uhl: Manus Homepage „Über die Zeit" (http://www.wasistzeit.de/index.php). Das Newton-Zitat aus „Warum ist nicht nichts?" (http://www.spiegel.de/spiegel/print/d-32205256.html).

349 Albert Einstein: Über die spezielle und die allgemeine Relativitätstheorie. Springer Heidelberg, 24. Aufl. 2009 im Vorwort. Die folgende Beschreibung frei nach seinen eigenen Worten.

350 Quellen: Max-Planck-Gesellschaft zur Förderung der Wissenschaften e. V., München: Einstein Online – Relativität für alle! (dt. Version von *Welcome to Einstein Online – relativity and more!*) auf http://www.einstein-online.info/?set_language=de (mit ausführlichem Lexikon) und Richard P. Feynman: Vom Wesen physikalischer Gesetze. Piper, München 2012, S. 82 f. (Abb. von dort). Vergl auch Harald Lesch: „Was ist Gleichzeitigkeit?" alpha-Centauri 10.06.2001 (http://www.br.de/fernsehen/br-alpha/sendungen/alpha-centauri/alpha-centauri-gleichzeitigkeit-2001_x100.html).

351 Mit der „Relativität der Zeit" ist die streng physikalische Aussage gemeint und nicht die Alltagsbeobachtung, dass die Zeit langsamer vergeht, wenn wir uns langweilen (das steckt ja schon im Wort: lange Weile). Und die „Zeitdilatation" tritt ebenso wie die „Längenkontraktion" erst bei Geschwindigkeiten in Erscheinung, die im Vergleich zur Lichtgeschwindigkeit bemerkbar sind.

352 Quelle (wörtlich): http://de.wikipedia.org/wiki/Zwillingsparadoxon. Dort auch eine ausführliche Auflösung dieses Rätsels. Sie besteht, kurz gesagt, in einer Asymmetrie: Der eine Zwilling erfährt Beschleunigungsphasen, der andere nicht.

353 Z. B. in den Experimenten der Physiker J. C. Hafele von R. E. Keating, die 1971 Cäsium-Atomuhren in Linienflügen einmal in westliche Richtung und einmal in östliche Richtung um die Erde transportierten (Quellen: http://www.relativitätsprinzip.info/experimente/hafele-keating.html und http://www.walter-fendt.de/zd/zd_hk.htm). Man muss jedoch beachten, dass die Erde kein (beschleunigungsfreies) Inertialsystem ist und dass auch Gravitationseffekte (nach der ART) den Gang der Uhren beeinflussen). Im „Maryland-Experiment" (http://www.relativitätsprinzip.info/experimente/maryland-experiment.html) konnte die von der allgemeinen Relativitätstheorie vorhergesagte gravitative Rotverschiebung ca. 1% genau nachgewiesen werden: Uhren in der Nähe der Erdoberfläche gingen einige Nanosekunden nach.

354 Wörtlich aus Ute Kraus, Corvin Zahn: Tempolimit Lichtgeschwindigkeit – Relativitätstheorie relativ anschaulich. Institut für Physik, Universität Hildesheim (http://www.tempolimit-Lichtgeschwindigkeit.de/). Das Aussehen relativistisch bewegter Objekte kann man auf http://www.tempolimit-Lichtgeschwindigkeit.de/phantom/pdnw97.pdf betrachten.

355   Das „Bell'sche Raumschiffparadoxon", das von dem nordirischer Physiker John Stewart Bell (1928–1990) ausführlich beschreiben wurde.

356   Das Ives-Stilwell-Experiment war das erste Experiment, mit dem der transversale Dopplereffekt und somit die aus der speziellen Relativitätstheorie folgende Zeitdilatation direkt nachgewiesen werden konnte. Zusammen mit dem Michelson-Morley-Experiment und dem Kennedy-Thorndike-Experiment ist es eines der grundlegenden Experimente der speziellen Relativitätstheorie, aus denen die gesamte Theorie hergeleitet werden kann. Quelle (wörtlich): http://de.wikipedia.org/wiki/Ives-Stilwell-Experiment. Vgl. auch http://de.wikipedia.org/wiki/Tests_der_speziellen_Relativitätstheorie.

357   Edwin A. Abbott: Flatland – A romance of many dimensions (With Illustrations by the Author, A SQUARE). Original in http://www.geom.uiuc.edu/~banchoff/Flatland/. Deutsche Ausgabe: Edwin A. Abbott: Flächenland. reprinta historica didactica, Bd. 5. Franzbecker KG Hildesheim 1982. Eine kurze Nacherzählung bei Jürgen Beetz: Denken – Nach-Denken – Handeln. Triviale Einsichten, die niemand befolgt. Alibri-Verlag, Aschaffenburg 2010, S. 45 f. oder in Jürgen Beetz: 1 + 1 = 10 – Mathematik für Höhlenmenschen. Springer, Heidelberg 2012, S. 373 (der folgende Text z. T. wörtlich von dort).

358   Zitiert nach „Wie sieht ein fast lichtschnell bewegter Körper aus?" in Ute Kraus, Corvin Zahn: Tempolimit Lichtgeschwindigkeit – Relativitätstheorie relativ anschaulich. Institut für Physik, Universität Hildesheim (http://www.tempolimit-lichtgeschwindigkeit.de/tompkins/node1.html). Auf http://www.tempolimit-lichtgeschwindigkeit.de/graummo/graummo_1.html findet man auch eine Erklärung der Raumzeit-Krümmung und einen Bastelbogen (!), mit dem man sich einen flachen und einen gekrümmten Raum bzw. ein Schwarzes Loch selbst zusammenbauen kann.

359   Zitat von Joachim Schulz: Gravitation – Was krümmt den Raum? 13.05.2011, http://www.scilogs.de/wblogs/blog/quantenwelt/allgemein/2011-05-13/ gravitation-was-kruemmt-den-raum (mehr auch auf http://www.relativitätsprinzip.info/). Die Unanschaulichkeit der echten Raumzeit-Krümmung zeigt ein Cartoon in http://xkcd.com/895/.

360   Bild frei nach User: Johnstone unter GNU Free Documentation License, Version 1.2 in http://commons.wikimedia.org/wiki/File:Spacetime_curvature.png.

361   Beides ist durch Messungen mit erstaunlicher Genauigkeit bestätigt worden (z. B. sind die Uhren in GPS-Satelliten der Erdanziehung weniger stark unterworfen, da sie vom Erdmittelpunkt weiter weg

sind). NB.: Mit „Uhr" sind natürlich sämtliche Zeitvorgänge gemeint: Eigenschwingungen von Atomen, biologische Alterungsprozesse usw. – daher das „Zwillingsparadoxon".

362 Quelle: Hoimar von Ditfurth: So laßt uns denn ein Apfelbäumchen pflanzen. Es ist soweit. Droemer Knaur München 1999, S. 306 f.

363 Leon Lederman, Dick Teresi: *The God Particle: If the Universe Is the Answer, What Is the Question?* Mariner Books, Boston MA, Reprint 2006.

364 Sehr ausführlich in Rüdiger Vaas: Der Urknall wann? wo? wie? warum?. bild der wissenschaft 11/2009, S. 42 (http://www.bild-der-wissenschaft.de/bdw/bdwlive/heftarchiv/index2.php?object_id=32051585) und bei Harald Lesch: Physikalisches Kolloquium 22. Juli 2011 in http://www.youtube.com/watch?v=u29–YNGMyg.

365 Siehe Harald Lesch: Leschs Kosmos: Die Geburt eines Sterns – und wer sind die Eltern? http://www.youtube.com/watch?v=7JRTMVmprZU.

366 Der Druck ist inzwischen *sehr* hoch und das Gas wurde zu Plasma – aber der Gegendruck gegen die Gravitation bleibt erhalten.

367 Eisen hat die höchste Bindungsenergie pro Nukleon, daher den stabilsten Kern. Energie wird sowohl durch die Fusion von leichteren Kernen als auch durch die Spaltung von schwereren Kernen freigesetzt.

368 Nachzulesen im Klassiker des Nobelpreisträgers Christian de Duve: Aus Staub geboren – Leben als kosmische Zwangsläufigkeit. Spektrum Verlag Heidelberg 1995. Eine ausführliche Darstellung von „Supernovae" u. v. a. von Mario Lehwald auf http://www.andromedagalaxie.de/html/sterne_supernova.htm.

369 Genauer gesagt sind Weiße Zwerge kompakte Sterne, die etwa so viel Masse besitzen wie die Sonne, aber nur so groß sind wie die Erde. Kreist so ein Weißer Zwerg eng um einen Riesenstern, kann er Materie von seinem Begleiter abziehen. Irgendwann hat der Weiße Zwerg so viel Materie aufgesammelt, dass er instabil wird und dann auch als Supernova explodiert. Die Grenze, bei der ein Weißer Zwerg instabil wird, ist relativ genau bekannt: Die sogenannte ChandrasekharMasse (benannt nach dem indisch-amerikanischen Astrophysiker und Nobelpreisträger Subrahmanyan Chandrasekhar) liegt bei 1,44 Sonnenmassen. Siehe dazu „Supernovae: Normale Sterne füttern Weiße Zwerge" auf http://www.weltderphysik.de/gebiet/astro/news/2011/supernovae-normale-sterne-fuettern-weisse-zwerge/. Siehe auch „Wie entsteht ein Weißer Zwerg?" auf http://www.astronews.com/frag/antworten/3/frage3271.html.

370   Quelle: Nacht der Sterne – Galaxis Milchstraße (USA 2010). Sendung in arte am 10. August 2013, 20:15 Uhr (http://www.youtube.com/watch?v=4R-3Bgtw4Ws).

371   Frei nach Bernd Vowinkel 09.07.2013: Rezension Nr. 16345 von Lawrence M. Krauss: Ein Universum aus Nichts. Albrecht Knaus Verlag München 2013 (Originaltitel: *A Universe from Nothing*) auf http://hpd.de/node/16345 (dort auch ein Link zum Video des Vortrages von Krauss bei der *Atheist Alliance International Convention* AAI 2009 zum Thema).

372   Quelle: Harald Lesch: Leschs Kosmos: „Der Tag ohne Gestern" (http://www.youtube.com/watch?v=YXgMvF374-Q).

373   „Und was ist Wahrheit? Dass das Universum im Urknall entstanden ist?… Letztlich ist das nichts als Marketing." Johann Grolle und Hilmar Schmundt: Interview in DER SPIEGEL 1/2008 mit Robert B. Laughlin: Der Urknall ist nur Marketing (http://www.spiegel.de/spiegel/print/d-55231886.html?name=Der+Urknall+ist+nur+Marketing).

374   Wie schon in Kap. 10.4 diskutiert; siehe auch Lawrence Krauss: A *Universe From Nothing*, Simon & Schuster London 2012, S. xiii (siehe Video der AAI 2009 auf http://www.youtube.com/watch?v=7ImvlS8PLIo).

375   Neil Armstrong sagte nach der Landung von „Apollo 11" am 24. Juli 1969, als er als Erster den Mond betrat: „Das ist ein kleiner Schritt für einen Menschen, aber ein großer Sprung für die Menschheit!"

376   Es gibt eine Unzahl von Informationsquellen hierzu. Von mir wurden hauptsächlich benutzt: Lawrence M. Krauss: A *Universe From Nothing*, Simon & Schuster London 2012; Stephen Hawking, Leonard Mlodinow: Die kürzeste Geschichte der Zeit. rororo Reinbek 2006; Harald Lesch: Leschs Kosmos – Aus dem Leben eines Elektrons (http://www.youtube.com/watch?v=C_CzA7pU8p4) und Leschs Kosmos – Der Horror vor dem Nichts (http://www.youtube.com/watch?v=4bbn6qm2lc).

377   Quelle: Interview mit Christof Wetterich: Die 5. Kraft im Kosmos – die Quintessenz (http://www.dctp.tv/filme/fuenfte-kraft-quintessenz/).

378   In Anlehnung an (bzw. einige Sätze wörtlich von) Werner Benger, Konrad-Zuse-Zentrum für Informationstechnik Berlin (ZIB): Voids (http://www.photon.at/~werner/kosmos/Voids/einleitung.html).

379   Ihre Schilderungen der Experimente findet man in ihren Reden anlässlich der Preisverleihung auf http://www.nobelprize.org/nobel_prizes/physics/laureates/1978/penzias-lecture.pdf und http://www.nobelprize.org/nobel_prizes/physics/laureates/1978/wilson-lecture.pdf.

380 Quelle: Lawrence M. Krauss: A *Universe From Nothing*, Simon & Schuster London 2012, S. 42.

381 Quelle (Zitat und Inhalt): ebd., S. 105 f.

382 Im Original „*2 trillion years*". Da die USA die „Kurze Leiter" für Namen großer Zahlen oberhalb der Million verwenden, ist damit 1012 gemeint, in der „Langen Leiter" (Europa) also „2 Billionen".

383 Siehe letzte Strophe bei 2:50 von Otto Reutter: In fünfzig Jahren ist alles vorbei. Deutsche Grammophon G.m.b.H., Mai 1930 (http://www. youtube.com/watch?v=b-39nl5v4Jo).

384 Bill Bryson: Eine kurze Geschichte von fast allem. Goldmann, München 2005 (3. Aufl.), S. 223.

385 Frei nach Lawrence M. Krauss: A *Universe From Nothing*, Simon & Schuster London 2012, Kap. 1 und 2.

386 Holger Dambeck: Kosmologische Konstante – Einsteins „Eselei" entpuppt sich als Geniestreich. SPIEGEL-online vom 24.11.2005 (http://www.spiegel.de/wissenschaft/weltall/kosmologische-konstante-einsteins-eselei-entpuppt-sich-als-geniestreich-a-386648.html).

387 Hier sollen nur zwei Verweise stehen: die schon oft erwähnte Serie von Harald Lesch in „Leschs Kosmos" (bzw. „Frag den Lesch" auf http://leschskosmos.zdf.de/) oder auf „alpha-Centauri" (http://www. br.de/fernsehen/br-alpha/sendungen/alpha-centauri/index.html) und „Die zehn wichtigsten Erkenntnisse der Astronomie" FOCUS Online (http://www.focus.de/wissen/weltraum/odenwalds_universum/tid-24936/weltraumforschung-die-zehn-wichtigsten-erkenntnisse-der-astronomie_aid_710176.html).

388 Der erste zitierte Satz stammt von amerikanischen Philosophen Daniel Dennett, der zweite von dem amerikanischen Neurowissenschaftler Christof Koch, der dritte vom britischen Physiker und Biochemiker Francis Crick (einer der Entdecker der DNS). Quelle: Susan Blackmore: Gespräche über Bewusstsein, Suhrkamp Frankfurt/M. 2012, S. 132 bzw. 183 bzw. 107. John Dalton veröffentlichte 1808 ein Buch über „Chemische Philosophie", wie schon erwähnt. Berühmt sind auch Isaac Newtons *Philosophiae Naturalis Principia Mathematica* (lat. für „Mathematische Prinzipien der Naturphilosophie") von 1687 oder die Gesetze der Logik im „*Organon*" von Aristoteles.

389 Jürgen Beetz: Eine phantastische Reise durch Wissenschaft und Philosophie – Don Quijote und Sancho Pansa im Gespräch. Alibri, Aschaffenburg 2012.

390 Quelle: Klappentext zu Thomas S. Kuhn: Die Struktur wissenschaftlicher Revolutionen. Suhrkamp Verlag Berlin 1996.

391   Engl. *Thanks for the message. Everything comes to him who knows to wait.* Quelle: Carsten Hof: Projekt Poltergeist und der Beta-Zerfall. Neutrino-Seminar, RWTH Aachen, WS 03/04 (http://web.physik. rwth-aachen.de/~hebbeker/lectures/sem0304/hof.pdf).

392   Über die von manchen Philosophen vorgenommenen feinsinnigen Unterscheidungen wollen wir hinwegsehen.

393   Zwei Sätze wörtlich aus der Rezension von Bernd Vowinkel 08.10.2013 Nr. 16891 des Buches von Gerhard Vollmer: Gretchenfragen an den Naturalisten, Alibri Verlag Aschaffenburg 2013 (http://hpd.de/ node/16891).

394   Quelle: Hoimar von Ditfurth: So laßt uns denn ein Apfelbäumchen pflanzen. Es ist soweit. Droemer Knaur München 1999, S. 351, 353.

395   Richard P. Feynman: Vom Wesen physikalischer Gesetze. Piper, München 2012, S. 54. Zu Galilei siehe Anm. 8.

396   Das Identitätsprinzip wird oft dem deutschen Philosophen, Wissenschaftler, Mathematiker usw. Gottfried Wilhelm Leibniz (1646–1716) zugeschrieben und daher auch Leibniz-Gesetz (*Leibniz' law*) genannt. Quelle: http://de.wikipedia.org/wiki/Identität_(Logik).

397   Ausführlich erläutert in Jürgen Beetz: 1 + 1 = 10 – Mathematik für Höhlenmenschen. Springer, Heidelberg 2012, Kap. 8, S. 203 f.

398   Allerdings (Sie erinnern sich?) hat ihre Wirkung auch eine „Laufzeit": die Lichtgeschwindigkeit. Wenn *Alpha Centauri* „jetzt" verschwindet, merken wir das erst in über 4 Jahren (das Problem der „Gleichzeitigkeit", siehe Kap. 10.5).

399   „Das Wort Familienbande hat einen Beigeschmack von Wahrheit", soll Karl Kraus einmal gesagt haben (1874–1936, österreichischer Schriftsteller und Satiriker). Quelle: http://www.spiegel.de/spiegel/ kulturspiegel/d-8671704.html.

400   Gute Zusammenfassung in Martin Lambeck: Irrt die Physik? – Über alternative Medizin und Esoterik, C. H. Beck, München. 2. Auflage 2005, S. 15 f. Einfach erklärt auch im Projekt *Solstice*: „Naturphänomene und Anregungen für den Physikunterricht" (http://www.solstice.de/grundl_d_tph/sm_ww/sm_ww_04.html).

401   An vielen anderen Stellen findet man hier 10^{-13} (Schwache Kernkraft) bzw. 10^{-39} (Gravitation). Die Werte hängen stark von der Energie der Prozesse und von der genauen Betrachtungsweise ab. Die wesentliche Feststellung ist jedoch die Winzigkeit der Gravitation sowie der kleine Wert der schwachen Wechselwirkung bei niedrigen Energien. Quelle: https://de.wikipedia.org/wiki/Grundkräfte_der_Physik#Tabellarische_Auflistung.

402   Roger Penrose: *The Road to Reality – A Complete Guide to the Laws of the Universe.* Vintage Books Reprint, New York 2007. dt. Der Weg

zur Wirklichkeit: Die Teilübersetzung für Seiteneinsteiger. Spektrum Akademischer Verlag Heidelberg 2010.

403 Quelle: Fritjof Capra: Wendezeit – Bausteine für ein neues Weltbild. Scherz-Verlag Bern 11. Aufl. 1986, S. 54.

404 Die „Politeia" (griechisch „Staat, Staatswesen") wurde ca. 370 v. Chr. geschrieben. Siehe Rudolf Rehn (Hg.): Platons Höhlengleichnis. Das Siebte Buch der Politeia. Dietrichsche Verlagsbuchhandlung Mainz 2005. Online-Text im Projekt Gutenberg-DE: http://gutenberg.spiegel.de/buch/politeia-4885/1 „Idee" bedeutet hier nicht „Einfall", sondern „Urbild" (eine eigenständige geistige Entität).

405 Vergl. Carl Friedrich von Weizsäcket: Die Einheit der Natur. Hanser München 1971, S. 133 f. und 414 f.

406 „Nicht *vollständig*", denn das Molekulargewicht gehört auch zu den Eigenschaften und ist einfach die Summe der Gewichte von Cl und Na. Aber man kann (vermutlich) noch immer nicht den Schmelzpunkt des NaCl-Kristalls halbwegs exakt ausrechnen, allerdings nur aus Gründen der Rechenleistung. Das gilt auch für alle anderen Eigenschaften.

407 Quelle (teilweise wörtlich): Richard Feynman: QED. Die seltsame Theorie des Lichts und der Materie. Piper, München 1992, S. 14 f.

408 Quelle: ebd. S. 17 („Dirac-Zahl") und „Quantum Thoughts" S. 1 (http://chaos.swarthmore.edu/courses/phys6_2005/QM/01_QM_Thoughts.pdf).

409 Die *Encyclopédie ou Dictionnaire raisonné des sciences, des arts et des métiers* von dem französischen Philosophen Denis Diderot (1713–1784) und dem Mathematiker und Physiker Jean-Baptiste le Rond, genannt D'Alembert (1717–1783).

410 Quelle: Manuel Lima: The Power of Networks. RSA Animate 21.05.2012 (http://www.youtube.com/watch?v=nJmGrNdJ5Gw).

411 Mario Livio: Ist Gott ein Mathematiker? Warum das Buch der Natur in der Sprache der Mathematik geschrieben ist. München 2010. Der Satz geht auf Galileo Galilei zurück (siehe Anm. 8).

412 Siehe z. B. das „Leib-Seele-Problem" locker erzählt von Harald Lesch: Leschs Kosmos – Die Kraft der Gedanken (http://www.youtube.com/watch?v=DZ7PT7ehPhg). Ein Physiker und Mathematiker hat diesem Thema ein vielbeachtetes Buch gewidmet: Roger Penrose: Computerdenken – Des Kaisers neue Kleider oder Die Debatte um Künstliche Intelligenz, Bewußtsein und die Gesetze der Physik. Spektrum Akademischer Verlag Heidelberg 1991.

413 An dieser Stelle sagen manche empört: „Der Mensch *ist* kein Computer!" Aber der Vergleich bezieht sich ja auch nur auf *einen* Aspekt. Der

Mensch ist auch kein Esel, kann aber mit ihm hinsichtlich der Fähigkeit, Lasten zu tragen, verglichen werden.

414 Quelle: Volker Dittmar: Psychologie, Religion & Glauben – Einwände gegen die Wissenschaft (http://www.dittmar-online.net/alt/religion/essays/religion_wissenschaft.html).

415 Quelle: Prof. Dr. Helmut Föll, Institut für Materialwissenschaft der Christian-Albrechts-Universität zu Kiel, 27.2.2014 (persönliche Mitteilung an den Autor).

416 Paul Watzlawick: Wie wirklich ist die Wirklichkeit – Wahn, Täuschung, Verstehen. Piper, München 1976.

417 Quelle: Werner Heisenberg: Die Kopenhagener Deutung der Quantentheorie (Mauthner-Gesellschaft/Verein der Sprachkritiker in http://www.blutner.de/philos/Texte/heis3.html). Siehe auch http://www.archiv.uni-leipzig.de/heisenberg/geburt_der_modernen_atomphysik/Die_Kopenhagener_Deutung/die_kopenhagener_deutung.htm.

418 Aktuelles Beispiel siehe Ron Cowen: *Simulations back up theory that Universe is a hologram – A ten-dimensional theory of gravity makes the same predictions as standard quantum physics in fewer dimensions* (dt.: Simulationen unterstützen die Theorie, dass das Universum ein Hologramm ist – Eine zehn-dimensionale Theorie der Schwerkraft macht die gleichen Vorhersagen wie die Quantenphysik in weniger Dimensionen). Nature | News, 10 December 2013 (http://www.nature.com/news/simulations-back-up-theory-that-universe-is-a-hologram-1.14328).

419 Quelle (insgesamt lesenswert): N. David Mermin: Is *the moon there when nobody looks? Reality and the quantum theory*. Physics Today/April 1985 Pag. 38–47, S. 2 (http://cp3.irmp.ucl.ac.be/~maltoni/PHY1222/mermin_moon.pdf). Das Schlagwort „spukhafte Fernwirkung" wird oft zitiert.

420 Frei nach https://de.wikipedia.org/wiki/Realität#Physik:_Realismus_und_Quantenmechanik. Die 3 Physiker waren Albert Einstein, Boris Podolsky und Nathan Rosen (nach ihnen benannt: das Einstein-Podolsky-Rosen-Paradoxon).

421 Philip K. Dick, US-amerikanischer Science-Fiction-Autor (1928–1982): „*Reality is that which, when you stop believing in it, doesn't go away*". Quelle: http://en.wikiquote.org/wiki/Philip_K._Dick.

422 Quelle: Frei zitiert aus Claus Peter Ortlieb: Die Welt lässt sich nicht berechnen. brand eins 13. Jg. Heft 11, Nov. 2011 „Fürchtet euch nicht. Schwerpunkt Rechnen", S. 110.

423 Vergl. Jürgen Beetz: 1 + 1 = 10 – Mathematik für Höhlenmenschen. Springer, Heidelberg 2012, S. 341. Siehe Philip W. Anderson: *More*

is different. In: Science. Bd. 177, 1972, S. 393, online in http://www. andersonlocalization.com/pdf/more_is_different.pdf.

424 „Feinabstimmung" ist ein hierfür gängiger Begriff. „Passgenauigkeit" wäre neutraler, denn „Abstimmung" könnte implizieren, dass jemand an einem Knopf gedreht hat. (Diese Implikation wird auch gerne von Vertretern eines Schöpfungsglaubens verwendet).

425 Zitiert nach Peter C. Hägele, Abt. Angewandte Physik Universität Ulm: Die moderne Kosmologie und die Feinabstimmung der Naturkonstanten auf Leben hin, S. 15 (Quelle: Institut für Glaube und Wissenschaft IGUW http://www.iguw.de/uploads/media/Feinabstimmung_Naturkonstanten.pdf).

426 (Für Liebhaber) siehe Günther „Gunkl" Paal: „Die großen Kränkungen der Menschheit – auch schon nicht leicht" 27. 8. 2013 (http:// www.youtube.com/watch?v=3o27aOtBeGk). Zum Universum und der Relativitätstheorie auch „Gunkl – Universum" auf http://www. youtube.com/watch?v=O5vvVxwNllQ. Sehenswert sind auch Beiträge des österreichischen Wissenschaftskabaretts „Science Busters" (gegründet 2007) auf YouTube oder http://sciencebusters.agentur-o.de/.

427 Quelle der letzten 2 Absätze: Peter C. Hägele, Abt. Angewandte Physik Universität Ulm, Kolloquium für Physiklehrer am 11. Nov. 2003: Das kosmologische anthropische Prinzip – Die merkwürdige Feinabstimmung der Naturkonstanten (http://www.uni-ulm.de/~phaegele/Feinabstimmung_Physik.pdf).

428 Siehe hierzu Victor J. Stenger: *Natural Explanations For The Anthropic Coincidences.* January 30, 2001 (http://capone.mtsu.edu/rshoward/stenger.pdf), Victor J. Stenger Homepage (http://www.colorado.edu/philosophy/vstenger/VWeb/Home.html) und *Anthropics – The Anthropic Principle and Fine-Tuning Arguments* (http://www.colorado.edu/philosophy/vstenger/anthro.html). Hier kann man auch eigene Universen bauen (*To generate your own universe, click on MonkeyGod.*). Das anthropische Prinzip behandelt auch Harald Lesch: „Sind die Naturgesetze zufällig?" alpha-Centauri 09.12.2001 (http://www.br.de/mediathek/video/sendungen/alpha-centauri/alpha-centauri-naturgesetze-2001_x100.html).

429 Ein oft gehörtes Argument. Siehe z. B. Essay von Heinz Sauren: Irrtum Wissenschaft (http://heinzsauren.wordpress.com/2011/05/10/irrtum-wissenschaft/) oder Volker Dittmar: Einwände gegen die Wissenschaft (http://www.dittmar-online.net/religion/essays/religion_wissenschaft.html) – mit entsprechenden Gegenargumenten.

430   Quelle: Frei nach Volker Dittmar: Einwände gegen die Wissenschaft, Abschnitt „Die Wissenschaft irrt häufig" (http://www.dittmar-online. net/alt/religion/essays/religion_wissenschaft.html).

431   Vom „Äther" und dem „Phlogiston" haben wir ja schon gesprochen. Weitere Irrtümer sind die „N-Strahlen" (analog zu den „X-Strahlen" = Röntgenstrahlen) und das „Polywasser" (nachzulesen in Wikipedia).

432   Dies ist eine freie Interpretation von „Russells Teekanne", eine Religionsparodie in Form eines Analogismus. Sie geht auf einen Aufsatz des Mathematikers und Philosophen Bertrand Russell aus dem Jahr 1952 zurück. Quelle: http://de.wikipedia.org/wiki/Russells_Teekanne.

433   Quelle: Hoimar von Ditfurth: Am Anfang war der Wasserstoff. Hoffmann und Campe Hamburg 1972, S. 87.

434   Quelle: Lawrence Krauss: *A Universe From Nothing*. Simon & Schuster London 2012, S. 183. Der folgende Satz stammt aus einer Rezension von „openuser" aus http://www.amazon.de/product-reviews/3518586017/ref=cm_cr_dp_hist_one?ie=UTF8&filterBy=addOneStar&showViewpoints=0.

435   Nach Ansicht von Stephen Hawking muss der Mensch innerhalb der kommenden 200 Jahre den Weltraum besiedeln, wenn er sein Überleben sichern will. Denn das Wachstum der Weltbevölkerung und die begrenzten Ressourcen der Erde würden immer mehr zu einer Bedrohung für den Menschen. Quelle: Stephen Hawking „Zukunft der Menschheit liegt im All" 10. August 2010 (http://www.sueddeutsche.de/wissen/stephen-hawking-zukunft-der-menschheit-liegt-im-all-1.986272).

436   Siehe Martin Lambeck: Irrt die Physik? – Über alternative Medizin und Esoterik, C. H. Beck, München. 2. Auflage 2005 und Teile davon bzw. weitere Informationen bei der „Gesellschaft zur wissenschaftlichen Untersuchung von Parawissenschaften (GWUP)" auf http://www.gwup.org/component/content/article/717-irrt-die-physik.

437   Quelle: Pressekonferenz des US-Verteidigungsministers Donald H. Rumsfeld, 12. Februar 2002: „... *as we know, there are known knowns; there are things we know we know. We also know there are known unknowns; that is to say we know there are some things we do not know. But there are also unknown unknowns – the ones we don't know we don't know.*" (http://www.defense.gov/transcripts/transcript.aspx?transcriptid=2636).

438   So die These von Nassim Nicholas Taleb: Der Schwarze Schwan – Die Macht höchst unwahrscheinlicher Ereignisse. Deutscher Taschenbuch

Verlag München 2010). (NB. Der Titel knüpft bewusst an Karl Poppers Thesen an).

439 Er meint die „Stringtheorie", siehe Tobias Hürter: Die Welt am Fädchen. ZEIT online 12.01.14 (Zitat aus http://www.zeit.de/2014/02/stringtheorie-physik-einstein-weltformel).

440 Karl R. Popper: „Von den Quellen unseres Wissens und unserer Unwissenheit". Mannheimer Forum 75/76 (1975), S. 50. Zitiert aus Hoimar von Ditfurth: Innenansichten eines Artgenossen – Meine Bilanz. Claasen Düsseldorf 2. Aufl. 1989, S. 69.

441 Quelle: http://www.philos-website.de/index_g.htm?autoren/laplace_g.htm~main2, siehe auch http://de.wikipedia.org/wiki/Laplacescher_Dämon.

442 Siehe Gerhard Vollmer: Gretchenfragen an den Naturalisten. Alibri Verlag, Aschaffenburg 2013, S. 30 f. Zur Chaostheorie siehe Jürgen Beetz: Denken – Nach-Denken – Handeln – Triviale Einsichten, die niemand befolgt. Alibri, Aschaffenburg 2010, S. 193 f. oder gleich den Klassiker James Gleick: Chaos – die Ordnung des Universums. Droemer Knaur München 1998. Gute knappe Darstellung auch im „Schülerlexikon" http://m.schuelerlexikon.de/phy_abi2011/Deterministisches_Chaos.htm.

443 Um ganz korrekt zu sein, muss man sagen: 1.) die Quantentheorie ist eine deterministische Theorie. Kenne ich einen Quantenzustand zu einem bestimmten Zeitpunkt, so gibt mir die „Schrödingergleichung" (sie beschreibt die quantenmechanische Dynamik eines Systems, solange an diesem keine Messung vorgenommen wird) den exakten Zustand zu einem späteren Zeitpunkt. Der Messprozess interferiert mit dem Zustand, aber die zeitliche Entwicklung (und auf die kommt es an) ist deterministisch. 2.) die Chaostheorie ist der Umgang mit einer deterministischen Theorie, sie entwertet oder negiert diese aber nicht. Fazit: Die meisten Physiker glauben weiterhin, dass der Kosmos berechenbar ist, nur gibt es möglicherweise praktische Einschränkungen (so das Selbstbekenntnis eines Physikers). Diese „praktischen Einschränkungen" haben jedoch zur Folge, dass zukünftige Ereignisse oberhalb eine gewissen Komplexität weder berechenbar noch vorhersagbar sind.

444 Frei nach Jürgen Beetz: Eine phantastische Reise durch Wissenschaft und Philosophie – Don Quijote und Sancho Pansa im Gespräch. Alibri Aschaffenburg 2012, S. 55.

445 Bernd-Olaf Küppers: Leben = Physik + Chemie? Das Lebendige aus der Sicht bedeutender Physiker. Piper München 1987, S. 74 (Beitrag von Erwin Schrödinger: Beruht Leben auf physikalischen Gesetzen?).

446   Beim Einzeller entstehen Nachfolgegenerationen durch die Teilung der „Elternzelle", sodass der ganze einzellige Organismus potenziell unsterblich ist. Beim Vielzeller beschränkt sich diese potenzielle Unsterblichkeit auf die generativen Zellen (z. B. Ei- und Samenzelle), während das aus den Körperzellen aufgebaute Individuum sterblich ist.

447   Ebd., S. 11 f., 24.

448   Pierre Teilhard de Chardin: Die Entstehung des Menschen. Beck, München 1969, S. 23.

449   Gerhard Vollmer: Gretchenfragen an den Naturalisten. Alibri Verlag, Aschaffenburg 2013, S. 49 f.

450   Frei nach Hoimar von Ditfurth: Am Anfang war der Wasserstoff. Hoffmann und Campe Hamburg 1972, S. 179 f. Diese falsche Analogie ist auch unter dem Stichwort „Shakespeares Affen" bekannt (Kann ein Affe, der auf einer Schreibmaschine zufällig Buchstaben tippt, Shakespeares „Hamlet" erzeugen?), nachzulesen in Jürgen Beetz: Denken – Nach-Denken – Handeln – Triviale Einsichten, die niemand befolgt. Alibri, Aschaffenburg 2010, S. 223 f. Siehe auch Erwin Schrödinger: Was ist Leben? – Die lebende Zelle mit den Augen des Physikers betrachtet, Piper, München 1989, S. 33 f. + S. 142 f.

451   Man kann dies unter dem Stichwort „Dissipative Strukturen" nachlesen. Der Begriff wurde 1967 vom russisch-belgischen Chemiker und Nobelpreisträger Ilya Prigogine geprägt. Der letzte Satz nahezu wörtlich (und die folgenden sinngemäß) aus Hoimar von Ditfurth: Der Geist fiel nicht vom Himmel. Die Evolution unseres Bewußtseins. dtv München, 11. Aufl. 1991, S. 32.

452   SPIEGEL-online vom 05.01.2010: Jens Lubbadeh: Synthetische Biologie – Leben aus dem Lego-Baukasten (http://www.spiegel.de/wissenschaft/natur/0,1518,670081,00.html) und SPIEGEL-online vom 21.05.2010: Cinthia Briseño: Erster künstlicher Organismus – „Sie sollen tun, was wir wollen" (http://www.spiegel.de/wissenschaft/natur/0,1518,696057,00.html). Siehe auch Scobel: Synthetisches Leben – Erkenntnisse und Diskussionen (http://www.3sat.de/page/?source=/scobel/158528/index.html), dort speziell das überraschende Ende der Zukunftsszenarien in http://www.3sat.de/mediathek/?mode=play&obj=28156.

453   Erwin Schrödinger: Was ist Leben? – Die lebende Zelle mit den Augen des Physikers betrachtet, Piper München 1989. Zu den gegensätzlichen Standpunkten siehe Deepak Chopra und Leonard Mlodinow: Schöpfung oder Zufall? Wie Spiritualität und Physik die Welt erklären – Ein Streitgespräch. Arkana München 2012.

454 Im Film „Elementarteilchen" des Regisseurs Oskar Roehler von 2005.

455 Dieser Satz wörtlich aus https://de.wikipedia.org/wiki/Theorie (weil man es nicht besser sagen kann).

456 Harald Lesch: Physikalisches Kolloquium 22. Juli 2011 in http://www.youtube.com/watch?v=u29–YNGMyg.

457 Jürgen Beetz: Eine phantastische Reise durch Wissenschaft und Philosophie – Don Quijote und Sancho Pansa in Gespräch. Alibri Verlag, Aschaffenburg 2012, S. 158.

458 Kleiner sprachlicher Scherz, analog zu den unzähligen Immobilienanzeigen „Grundstück mit Weitblick". Weitblick bedeutet eigentlich die Fähigkeit, vorauszublicken und künftige Entwicklungen abzuschätzen. Der Duden lässt allerdings auch die Bedeutung von „Fernsicht" oder „Fernblick" zu.

459 Frei nach Fritjof Capra: Wendezeit – Bausteine für ein neues Weltbild. Scherz-Verlag Bern 11. Aufl. 1986, S. 78.

460 Quelle: Hoimar von Ditfurth: So laßt uns denn ein Apfelbäumchen pflanzen. Es ist soweit. Droemer Knaur München 1999, S. 309 f.

461 Brigitte Falkenburg: Mythos Determinismus – Wieviel erklärt uns die Hirnforschung? Springer Heidelberg 2012, S. 28.

462 Eine etwas unglückliche Verkürzung des Begriffes *res cogitans* (lat. denkende Sache) und *res extensa* (lat. ausgedehnte Sache, womit die räumliche Ausdehnung jeglicher Materie gemeint ist).

463 Die Tätigkeit der „Neurowissenschaftler" (*vulgo* Hirnforscher), die nach dem „Neuronalen Korrelat des Bewusstseins" suchen. Die Hirnaktivitäten werden durch bildgebende Verfahren (funktionelle Magnetresonanztomographie, fMRT) gezeigt. „Magnetresonanz" ist eine resonante Wechselwirkung (ähnlich der akustischen Resonanz) zwischen dem magnetischen Moment von Atomkernen in einem starken statischen Magnetfeld mit einem hochfrequenten magnetischen Wechselfeld.

464 Brigitte Falkenburg: Mythos Determinismus – Wieviel erklärt uns die Hirnforschung? Springer Heidelberg 2012, S. 366 f.

465 Er spielt z. B. auf folgendes Buch an: Erwin Schrödinger: Was ist Leben? – Die lebende Zelle mit den Augen des Physikers betrachtet, Piper, München 1989.

466 Eine von (philosophischen) Materialisten oft geäußerte Meinung. Z. B. schrieb der französische Arzt und Philosoph Julien de La Mettrie 1748 ein Buch „*L'homme machine*" (Der Mensch eine Maschine). Solche mechanistischen Lehren (das „Maschinenparadigma") vertraten auch Berühmtheiten wie René Descartes (1595–1650) oder Gottfried Wilhelm von Leibniz (1646–1716).

467   Der letzte Satz wörtlich aus D. Hilbert: Mathematische Probleme – Vortrag, gehalten auf dem internationalen Mathematiker-Kongreß zu Paris 1900. In: Nachrichten von der Königl. Gesellschaft der Wissenschaften zu Göttingen. Mathematisch-Physikalische Klasse. S. 253–297. Vollst. Text in http://www.mathematik.uni-bielefeld.de/~kersten/hilbert/rede.html.

468   Wörtlich (bis auf die deutsche Übersetzung): Emil du Bois-Reymond: Über die Grenzen des Naturerkennens, 1872, Nachdruck u. a. in: Emil du Bois-Reymond: Vorträge über Philosophie und Gesellschaft, Meiner Hamburg 1974, S. 464. Zitiert nach http://de.wikipedia.org/wiki/Ignoramus_et_ignorabimus.

469   Wörtlich aus David Hilbert: Naturerkennen und Logik. Vortrag auf dem Kongress der Gesellschaft Deutscher Naturforscher und Ärzte, Königsberg 1930. Quelle: http://www.jdm.uni-freiburg.de/JdM_files/Hilbert_Redetext.pdf. NB: Seine berühmten Worte „Wir müssen wissen. Wir werden wissen." stehen auf seinem Grabstein in Göttingen eingemeißelt.

470   Siehe *Physics Forum: Neil Turok's All Known Physics Equation* (http://www.physicsforums.com/showthread.php?t=417177). Turoks Vorlesung „*From zero to infinity, and beyond!*" vom 9.5.2012 im *Perimeter Institute for Theoretical Physics* (Kanada) in http://www.youtube.com/watch?v=URYOkgbr604, Formel bei 17:55 min. f. mit ausführlicher Erklärung.

471   J. W. von Goethe: Faust. Der Tragödie Erster Teil. Reclams Universal-Bibliothek Nr. 15301, Zeile 382.

472   In der garantiert letzten Endnote möchte ich diesen Absatz wörtlich von Richard Dawkins übernehmen. Quelle: Nachwort zu Lawrence Krauss: *A Universe From Nothing*, Simon & Schuster London 2012, S. 190.

Stichwortliste und Register

Für weiterführende Informationen kann auch mit den nachfolgenden Stichwörtern im Internet in Suchmaschinen wie *Google*®, in Ausbildungsportalen wie *Khan Academy*® bzw. *Wolfram\Alpha*® oder Enzyklopädien wie *Wikipedia*® gesucht werden. Wertvoll ist auch die „Welt der Physik" (http://www.weltderphysik.de), in der ein „Navigator" hilft, sich in der „gesamten Physik" (z. B. in Massen von 10^{-44} bis 10^{52} kg) zu orientieren und passender Beiträge zu suchen. Die JHS (Joachim Herz Stiftung in Hamburg) unterhält ein Portal LEIFIphysik (www.leifiphysik.de). Man findet auch zahlreiche Foren, z. B. *Physics Forums* (http://www.physicsforums.com/), ein Partner von *Phys. org* (http://phys.org/), einer Wissenschafts-, Forschungs- und Technologie-Plattform, oder der deutsche *Matroid Matheplanet* mit seiner Physik-Sektion (http://www.matheplanet.com/).

Nicht alle im Text vorkommenden Fachbezeichnungen wurden hier aufgenommen, um das Register nicht zu überladen (z. B. alle Namen von Quarks). Sie sind unter dem jeweiligen Oberbegriff zu finden.